国防科技图书出版基金

模块变形航天器的姿态控制技术

Deformation Module Spacecraft Attitude Control Techniques

廖 瑛　杨雅君　文援兰　编著

国防工業出版社
·北京·

图书在版编目(CIP)数据

模块变形航天器的姿态控制技术 / 廖瑛, 杨雅君, 文援兰编著. —北京: 国防工业出版社, 2020.1
ISBN 978-7-118-11991-6

Ⅰ. ①模… Ⅱ. ①廖… ②杨… ③文… Ⅲ. ①航天器-姿态控制 Ⅳ. ①V448.2

中国版本图书馆 CIP 数据核字(2019)第 243293 号

※

国防工业出版社出版发行
(北京市海淀区紫竹院南路 23 号　邮政编码 100048)
天津嘉恒印务有限公司印刷
新华书店经售
*
开本 710×1000　1/16　**印张** 12½　**字数** 210 千字
2020 年 1 月第 1 版第 1 次印刷　**印数** 1—2000 册　**定价** 46.00 元

国防书店:(010)88540777　　发行邮购:(010)88540776
发行传真:(010)88540755　　发行业务:(010)88540717

致　读　者

本书由中央军委装备发展部**国防科技图书出版基金**资助出版。

为了促进国防科技和武器装备发展,加强社会主义物质文明和精神文明建设,培养优秀科技人才,确保国防科技优秀图书的出版,原国防科工委于1988年初决定每年拨出专款,设立国防科技图书出版基金,成立评审委员会,扶持、审定出版国防科技优秀图书。这是一项具有深远意义的创举。

国防科技图书出版基金资助的对象是:

1. 在国防科学技术领域中,学术水平高,内容有创见,在学科上居领先地位的基础科学理论图书;在工程技术理论方面有突破的应用科学专著。

2. 学术思想新颖,内容具体、实用,对国防科技和武器装备发展具有较大推动作用的专著;密切结合国防现代化和武器装备现代化需要的高新技术内容的专著。

3. 有重要发展前景和有重大开拓使用价值,密切结合国防现代化和武器装备现代化需要的新工艺、新材料内容的专著。

4. 填补目前我国科技领域空白并具有军事应用前景的薄弱学科和边缘学科的科技图书。

国防科技图书出版基金评审委员会在中央军委装备发展部的领导下开展工作,负责掌握出版基金的使用方向,评审受理的图书选题,决定资助的图书选题和资助金额,以及决定中断或取消资助等。经评审给予资助的图书,由中央军委装备发展部国防工业出版社出版发行。

国防科技和武器装备发展已经取得了举世瞩目的成就,国防科技图书承担着记载和弘扬这些成就,积累和传播科技知识的使命。开展好评审工作,使有限的基金发挥出巨大的效能,需要不断摸索、认真总结和及时改进,更需要国防科技和武器装备建设战线广大科技工作者、专家、教授,以及社会各界朋友的热情支持。

让我们携起手来,为祖国昌盛、科技腾飞、出版繁荣而共同奋斗!

国防科技图书出版基金

评审委员会

国防科技图书出版基金
第七届评审委员会组成人员

前　　言

自人类成功发射首颗人造卫星以来，持续半个多世纪的太空探索推动了航天技术的快速进步，给国家安全、经济发展和社会生活等领域带来了翻天覆地的变化。航天器的结构、组成也日趋复杂，性能、造价与发射成本也不断提高，对在轨服务的需求应运而生。在轨服务涵盖的任务种类繁多，但无论以何种任务为背景，服务航天器与目标航天器都会对接或捕获形成组合体，组合体的质量分布也会随着服务操作而持续变化。本书以自主式在轨服务的核心技术，即自主控制技术为背景，围绕在轨服务任务中存在的共性问题展开研究，主要涉及模块变形航天器转动惯量在轨辨识与模块变形航天器姿态控制两个方面。目前，国内外学者在此研究领域已取得大量成果，为本书的研究奠定了良好的基础，但是仍然存在下述问题有待进一步研究解决：

（1）在轨服务操作过程中模块变形航天器姿态运动模型的建立。目前已有的研究大多将模块变形航天器视为单刚体或多刚体系统，没有同时考虑系统内部质量分布的变化和各部件之间的相对运动。为此，本书将通过对典型在轨服务操作流程的分析，提炼出能够反映在轨服务操作特点的各种因素，建立更准确的数学模型，为在轨辨识与姿态控制研究提供基础。

（2）以提高模块变形航天器转动惯量在轨辨识精度为目的，快速生成激励信号轨迹的最优输入设计方法的研究。目前，已有的方法存在计算量大，以及未考虑航天器系统的物理约束问题。本书将探索直接将真实系统的物理约束纳入考虑的优化方案，使设计出的激励轨迹更具工程可实现性。

（3）无退绕的姿态控制算法研究。采用参数化的航天器姿态描述方法，因不能全局且唯一地描述完整的姿态构造空间，可能引起系统出现退绕现象，从而导致原本只需小角度姿态机动就可以完成的姿控任务，却要通过相反方向的大角度姿态机动来实现，造成不必要的控制负担。本书对姿态构造空间、退绕现象以及无退绕的姿态控制进行研究，为在轨服务模块变形航天器的自主控制提供有益的参考。

全书共分为6章，主要研究内容和研究成果如下：

第 1 章研究模块变形航天器姿态运动的数学描述。通过分析将模块变形航天器视为一个主刚体和若干质量块组成的多体系统并建立了动力学模型。

第 2 章设计航天器转动惯量辨识和最优输入方法。提出了法矩阵条件数准则,基于该准则提出了一套最优输入设计方法;介绍了一种双重无迹卡尔曼滤波算法,并将其应用于模块变形航天器转动惯量辨识;通过数值仿真验证了最优输入设计方法的有效性。

第 3 章研究模块变形航天器姿态自适应控制算法。针对在轨服务操作过程中模块变形航天器受内部参数时变特性和外部扰动影响的问题,采用必然等价性原理、非线性消除、光滑投影函数、非线性阻尼等技巧,设计了四种无退绕的自适应控制算法,通过数值仿真验证了算法的有效性和鲁棒性。

第 4 章研究模块变形航天器有限时间无退绕的姿态控制问题。提出了新型变增益快速超螺旋二阶滑模控制、双幂次组合函数趋近律、非奇异有限时间滑模面等技术,最终设计出两种有限时间姿态跟踪控制算法,并通过数值仿真验证了算法的快速性和强鲁棒性。

第 5 章研究执行器饱和情况下的模块变形航天器姿态控制问题。针对旋转矩阵描述的姿态运动子系统设计了虚拟控制律;将姿态跟踪控制问题转换为状态稳定问题;利用扩张状态观测器对模型中的总不确定项进行实时估计;分别结合非线性消除技术和非线性阻尼技术设计了四种控制算法。通过数值仿真验证了算法的有效性和鲁棒性。

第 6 章是本书的总结与展望。记述了作者对航天器姿态控制领域研究的一些思考,以及未来值得进一步研究的方向。

本书是作者及其团队近年来在该领域研究工作的总结,得到了一些具有创新性的成果,以供航天器控制及相关专业的研究人员、工程技术人员、高校教师和研究生学习和参考。

本书的研究得到了航天科技集团的航天科技创新基金的资助,在此表示衷心的感谢;中国运载火箭技术研究院研发部副总师申麟及其研究室的同志们对本书的研究提供了指导和热情的帮助,在此表示衷心的感谢;在本书的编著过程中,我们参阅和部分引用了国内外许多专家学者的论文及研究成果,在此对原作者表示衷心的感谢;团队的冯向军副教授、龚轲杰博士、王勇博士等也为本书的研究和出版做出了贡献,在此一并致谢;该书的修改和校对工作还得到了航天工程大学杨雪榕副教授的支持和热情帮助,在此表示衷心的感谢!

本书的出版得到了国防科技读书出版基金的资助,感谢评审专家们提出了宝贵的修改意见；国防工业出版社有关同志为本书的出版付出了辛勤的劳动，在此表示衷心的感谢！

模块变形航天器姿态控制问题涉及学科内容较多，鉴于作者的知识结构和能力水平所限，书中难免出现不妥甚至谬误之处，恳请读者批评指正。

编著者

2019 年 10 月于国防科技大学

目　录

Table of Contents

第 1 章　模块变形航天器姿态运动的数学描述

1.1　引　　言

航天器的姿态是航天器绕自身质心转动的物理量，描述了航天器上的固连体坐标系相对某个参考坐标系的方位或指向。为便于研究并兼顾设计结果不失一般性，取参考坐标系 F_a 为地心赤道惯性坐标系，并将原点平移到航天系统质心，后文中简称为惯性系；体坐标系 F_b 为原点在航天器系统质心上的一个固连坐标系，后文中简称为本体系。本章首先介绍姿态的参数化描述方法，解释如何定量化地描述本体系相对惯性系的方位指向，并给出采用不同描述方法得到的姿态运动学微分方程；其次研究姿态运动构造空间的拓扑结构，解决如何在三维欧几里得空间 $\mathbb{R}^3$ 中形象化地表现航天器姿态物理量的问题，同时引出矩阵指数公式和罗德里格公式等重要公式；然后通过对姿态控制中退绕现象的研究，阐述直接采用旋转矩阵设计控制律的优越性；最后针对模块变形过程中航天器系统质量分布随时间变化的特点，建立质量分布时变航天器的姿态动力学模型，并对所得模型的动力学特性进行系统分析。

1.2　航天器姿态的描述方法

航天器姿态即本体系 F_b 与惯性系 F_a 的相对转动关系，无论是为了研究姿态运动规律还是设计姿态控制律，都需要定量化地描述这种转动关系。姿态描述方法可以分为欧几里得空间中的描述和非欧几里得空间中的描述，具体来说，旋转矩阵、欧拉轴/角、四元数属于非欧几里得空间中的描述，而欧拉角、修正罗德里格参数(MRP)则属于欧几里得空间中的描述。本节就对这几种描述方法进行简要介绍，并给出不同描述方法之间的相互转换公式以及不同描述法的运动学微分方程。

1.2.1　旋转矩阵

设$\{\boldsymbol{i}_a,\boldsymbol{j}_a,\boldsymbol{k}_a\}$为组成惯性系 F_a 的三个正交单位基矢量，$\{\boldsymbol{i}_b,\boldsymbol{j}_b,\boldsymbol{k}_b\}$为组成本

体系 F_b 的三个正交单位基矢量，坐标系中的基矢量顺序应符合右手法则，略去 $\{\boldsymbol{i}_a,\boldsymbol{j}_a,\boldsymbol{k}_a\}$ 或 $\{\boldsymbol{i}_b,\boldsymbol{j}_b,\boldsymbol{k}_b\}$ 的下标，基矢量的右手法则即为

$$\boldsymbol{i}\times\boldsymbol{j}=\boldsymbol{k},\boldsymbol{j}\times\boldsymbol{k}=\boldsymbol{i},\boldsymbol{k}\times\boldsymbol{i}=\boldsymbol{j} \tag{1.1}$$

式中：符号"×"表示三维空间中的非平凡矢量乘法，或称为矢量的叉乘运算。而基矢量的"正交"和"单位"这两个性质的数学形式则分别为

$$\boldsymbol{i}\cdot\boldsymbol{j}=\boldsymbol{j}\cdot\boldsymbol{k}=\boldsymbol{k}\cdot\boldsymbol{i}=0 \tag{1.2}$$

$$\boldsymbol{i}\cdot\boldsymbol{i}=\boldsymbol{j}\cdot\boldsymbol{j}=\boldsymbol{k}\cdot\boldsymbol{k}=1 \tag{1.3}$$

式中：符号"·"表示三维空间中矢量的内积运算或点乘运算。

设一个矢量 $\boldsymbol{x}$ 在 F_a 系和 F_b 系下的坐标分量分别为 $\boldsymbol{x}_a=[x_{a1},x_{a2},x_{a3}]^{\mathrm{T}}$ 和 $\boldsymbol{x}_b=[x_{b1},x_{b2},x_{b3}]^{\mathrm{T}}$，用定义坐标系的基矢量来描述矢量 $\boldsymbol{x}$ 为

$$\boldsymbol{x}=\boldsymbol{x}_{a1}\boldsymbol{i}_a+\boldsymbol{x}_{a2}\boldsymbol{j}_a+\boldsymbol{x}_{a3}\boldsymbol{k}_a=\boldsymbol{x}_{b1}\boldsymbol{i}_b+\boldsymbol{x}_{b2}\boldsymbol{j}_b+\boldsymbol{x}_{b3}\boldsymbol{k}_b$$

根据式(1.2)和式(1.3)，可以推导出将矢量 $\boldsymbol{x}$ 从 F_b 系下分量 $\boldsymbol{x}_b$ 转换到 F_a 系下分量 $\boldsymbol{x}_a$ 的坐标变换公式

$$\boldsymbol{x}_a=\boldsymbol{R}\boldsymbol{x}_b \tag{1.4}$$

式中：$\boldsymbol{R}$ 为旋转矩阵，其具体形式为

$$\boldsymbol{R}=\begin{bmatrix}\boldsymbol{i}_b\cdot\boldsymbol{i}_a & \boldsymbol{j}_b\cdot\boldsymbol{i}_a & \boldsymbol{k}_b\cdot\boldsymbol{i}_a\\ \boldsymbol{i}_b\cdot\boldsymbol{j}_a & \boldsymbol{j}_b\cdot\boldsymbol{j}_a & \boldsymbol{k}_b\cdot\boldsymbol{j}_a\\ \boldsymbol{i}_b\cdot\boldsymbol{k}_a & \boldsymbol{j}_b\cdot\boldsymbol{k}_a & \boldsymbol{k}_b\cdot\boldsymbol{k}_a\end{bmatrix} \tag{1.5}$$

可见，旋转矩阵 $\boldsymbol{R}$ 中各元素为两个坐标系基矢量之间的方向余弦，或者说矩阵 $\boldsymbol{R}$ 的三个列向量为本体系 F_b 的三个单位基矢量 $\{\boldsymbol{i}_b,\boldsymbol{j}_b,\boldsymbol{k}_b\}$ 在惯性系 F_a 中的坐标分量，同样的，矩阵 $\boldsymbol{R}$ 的三个行向量也可视为惯性系 F_a 的三个单位基矢量 $\{\boldsymbol{i}_a,\boldsymbol{j}_a,\boldsymbol{k}_a\}$ 在本体系 F_b 中的坐标分量，因此，旋转矩阵又称为方向余弦矩阵。如果 F_a 系与 F_b 系无姿态偏差，则旋转矩阵 $\boldsymbol{R}$ 为单位矩阵 $\boldsymbol{I}$。如果 F_a 系与 F_b 系存在相对姿态偏差，则旋转矩阵的主对角线元素不完全为 1，而非主对角线元素不全为零，因此旋转矩阵 $\boldsymbol{R}$ 可以描述 F_b 系相对 F_a 系的几何方位或指向。

根据式(1.5)和式(1.1)～式(1.3)，不难得出旋转矩阵 $\boldsymbol{R}$ 一定是集合

$$\mathrm{SO}(3)=\{\boldsymbol{R}\in\mathbb{R}^{3\times3}\mid\boldsymbol{R}^{\mathrm{T}}\boldsymbol{R}=\boldsymbol{R}\boldsymbol{R}^{\mathrm{T}}=\boldsymbol{I},\det(\boldsymbol{R})=1\} \tag{1.6}$$

中的元素，其中 $\det(\cdot):\mathbb{R}^{3\times3}\to\mathbb{R}$ 表示方形矩阵的行列式。集合 SO(3) 中的全体元素能够全局且唯一地描述本体系相对惯性系的物理姿态，因而 SO(3) 也称为航天器姿态的构造空间，显然姿态构造空间 SO(3) 是非欧几里得空间。以矩阵乘法作为群运算，SO(3) 也构成一个李群，其微分几何结构是紧致的光滑流形[1]，SO(3) 通常也称为 $\mathbb{R}^3$ 空间中刚体旋转的特殊正交群。

设 $\boldsymbol{\omega}_b$ 为 F_b 系相对 F_a 系转动的角速度，$[\omega_{b1},\omega_{b2},\omega_{b3}]^{\mathrm{T}}$ 为 $\boldsymbol{\omega}_b$ 在 F_b 系中的

分量。根据矢量求导法则，有

$$\frac{\mathrm{d}}{\mathrm{d}t}\boldsymbol{i}_b = \boldsymbol{\omega}_b \times \boldsymbol{i}_b, \frac{\mathrm{d}}{\mathrm{d}t}\boldsymbol{j}_b = \boldsymbol{\omega}_b \times \boldsymbol{j}_b, \frac{\mathrm{d}}{\mathrm{d}t}\boldsymbol{k}_b = \boldsymbol{\omega}_b \times \boldsymbol{k}_b \tag{1.7}$$

式(1.5)等号两侧对时间求导并将式(1.7)代入，可以整理出旋转矩阵 $\boldsymbol{R}$ 的微分方程

$$\dot{\boldsymbol{R}} = \boldsymbol{R}\boldsymbol{\omega}_b^{\times} = -\boldsymbol{\omega}_b \times \boldsymbol{R}^{\mathrm{T}} \tag{1.8}$$

式(1.8)即为旋转矩阵描述的姿态运动学方程，上标"×"表示矢量的斜对称矩阵，对于 $\forall \boldsymbol{\omega}_b = [\omega_{b1}, \omega_{b2}, \omega_{b3}]^{\mathrm{T}} \in \mathbb{R}^3$，其斜对称矩阵 $\boldsymbol{\omega}_b^{\times}$ 为

$$\boldsymbol{\omega}_b^{\times} = \begin{bmatrix} 0 & -\omega_{b3} & \omega_{b2} \\ \omega_{b3} & 0 & -\omega_{b1} \\ -\omega_{b2} & \omega_{b1} & 0 \end{bmatrix} \tag{1.9}$$

对 $\forall \boldsymbol{x} = [x_1, x_2, x_3]^{\mathrm{T}} \in \mathbb{R}^3$，有 $\boldsymbol{\omega}_b \times \boldsymbol{x} = \boldsymbol{\omega}_b^{\times}\boldsymbol{x}$，所以矢量列阵带上标"×"又称为叉乘矩阵。斜对称矩阵具有以下性质：

$$(\boldsymbol{\omega}_b^{\times})^{\mathrm{T}} = -\boldsymbol{\omega}_b^{\times} \tag{1.10}$$

$$\boldsymbol{\omega}_b^{\times}\omega_b = \boldsymbol{0}, \boldsymbol{\omega}_b^{\mathrm{T}}\boldsymbol{\omega}_b^{\times} = \boldsymbol{0} \tag{1.11}$$

$$\boldsymbol{\omega}_b^{\times}\boldsymbol{x} = -\boldsymbol{x}^{\times}\boldsymbol{\omega}_b \tag{1.12}$$

$$\boldsymbol{x}^{\mathrm{T}}\boldsymbol{\omega}_b^{\times}\boldsymbol{x} = 0 \tag{1.13}$$

在 1.3.2 节中可以看到，对 $\forall \boldsymbol{\omega}_b = [\omega_{b1}, \omega_{b2}, \omega_{b3}]^{\mathrm{T}} \in \mathbb{R}^3$，其斜对称矩阵 $\boldsymbol{\omega}_b^{\times} \in \mathbf{so}(3)$。其中，$\mathbf{so}(3)$ 是李群 SO(3) 的李代数，也是单位元 $\boldsymbol{I}$ 处姿态构造空间 SO(3) 的切空间，SO(3) 中任意点处的切空间与 $\mathbf{so}(3)$ 同构。

1.2.2 欧拉角

坐标系绕某个基矢量的旋转称为基元旋转。欧拉定理指出：刚体绕固定点的转动可以是绕该点的若干次有限转动的合成。根据欧拉定理不难推论：从 F_a 系到 F_b 系，绕原点的转动可以是最多三次基元旋转的合成。绕基矢量 $\boldsymbol{i}$、$\boldsymbol{j}$ 和 $\boldsymbol{k}$ 的基元旋转矩阵，或称主旋转矩阵分别为

$$\boldsymbol{C}_{\varphi} = \begin{bmatrix} 1 & 0 & 0 \\ 0 & \cos\varphi & \sin\varphi \\ 0 & -\sin\varphi & \cos\varphi \end{bmatrix}, \boldsymbol{C}_{\vartheta} = \begin{bmatrix} \cos\vartheta & 0 & -\sin\vartheta \\ 0 & 1 & 0 \\ \sin\vartheta & 0 & \cos\vartheta \end{bmatrix}, \boldsymbol{C}_{\psi} = \begin{bmatrix} \cos\psi & \sin\psi & 0 \\ -\sin\psi & \cos\psi & 0 \\ 0 & 0 & 1 \end{bmatrix}$$

式中：φ 为滚转角；ϑ 为俯仰角；ψ 为偏航角。

如果采用 3-2-1 转动顺序，式(1.5)定义的旋转矩阵用基元旋转矩阵合成为

$$\boldsymbol{R}(\boldsymbol{\Omega}) = \boldsymbol{C}_{\psi}^{\mathrm{T}}\boldsymbol{C}_{\vartheta}^{\mathrm{T}}\boldsymbol{C}_{\varphi}^{\mathrm{T}}$$

$$= \begin{bmatrix} \cos\vartheta\cos\psi & -\cos\varphi\sin\psi + \sin\varphi\sin\vartheta\cos\psi & \sin\varphi\sin\psi + \cos\varphi\sin\vartheta\cos\psi \\ \cos\vartheta\sin\psi & \cos\varphi\cos\psi + \sin\varphi\sin\vartheta\sin\psi & -\sin\varphi\cos\psi + \cos\varphi\sin\vartheta\sin\psi \\ -\sin\vartheta & \sin\varphi\cos\vartheta & \cos\varphi\cos\vartheta \end{bmatrix} \tag{1.14}$$

式中：$\boldsymbol{\Omega} = [\varphi, \vartheta, \psi]^{\mathrm{T}} \in \mathbb{R}^3$ 即描述姿态的欧拉角。

显然，映射 $\boldsymbol{R}(\cdot): \mathbb{R}^3 \to \mathrm{SO}(3)$ 是多重覆盖映射，因为对 $\forall \boldsymbol{\Omega}_0 \in \mathbb{R}^3$，存在 $\Delta\boldsymbol{\Omega} = \pm 2n\pi \cdot [1,1,1]^{\mathrm{T}}, n \in \boldsymbol{N}$，使得 $\boldsymbol{R}(\boldsymbol{\Omega}_0 + \Delta\boldsymbol{\Omega}) = \boldsymbol{R}(\boldsymbol{\Omega}_0)$。

式(1.14)对时间求导，并结合旋转矩阵微分方程式(1.8)，得到欧拉角变化率 $\dot{\boldsymbol{\Omega}}$ 与角速度 $\boldsymbol{\omega}_b$ 之间的关系式

$$\boldsymbol{\omega}_b = \begin{bmatrix} 1 & 0 & -\sin\vartheta \\ 0 & \cos\varphi & \sin\varphi\cos\vartheta \\ 0 & -\sin\varphi & \cos\varphi\cos\vartheta \end{bmatrix} \dot{\boldsymbol{\Omega}} \tag{1.15}$$

由式(1.15)进一步可求出欧拉角的微分方程为

$$\dot{\boldsymbol{\Omega}} = \boldsymbol{M}(\boldsymbol{\Omega})\boldsymbol{\omega}_b \tag{1.16}$$

其中，矩阵函数 $\boldsymbol{M}(\boldsymbol{\Omega}): \mathbb{R}^3 \to \mathbb{R}^{3\times 3}$ 定义为

$$\boldsymbol{M}(\boldsymbol{\Omega}) = \begin{bmatrix} \sec\vartheta & 0 & -\tan\vartheta\sin\varphi \\ 0 & \cos\varphi & -\sin\varphi \\ 0 & \sec\vartheta\sin\varphi & \sec\vartheta\cos\varphi \end{bmatrix} \tag{1.17}$$

从式(1.17)可以看出，当 $\vartheta = \dfrac{\pi}{2} \pm 2n\pi\,(n = 0,1,2,\cdots)$ 时，计算欧拉角变化率会出现无穷大，即姿态运动学方程式(1.16)存在奇异问题。常用的基元转动顺序有“2－3－1”和“3－1－3”等，但无论采用何种转动顺序的欧拉角描述姿态，其姿态运动方程都存在奇异问题。

1.2.3 欧拉轴/角

欧拉有限转动定理指出：刚体绕固定点的任意角位移，就是绕该点的某个轴转过一个角度得到。此定理源于 SO(3) 中元素必然满足的一个性质：对 $\forall \boldsymbol{R} \in \mathrm{SO}(3)$，至少存在一个特征值为 1 的特征矢量。也就是说，对 $\forall \boldsymbol{R} \in \mathrm{SO}(3)$，存在 $\boldsymbol{e} \in \boldsymbol{S}^2$，使得 $\boldsymbol{e} = \boldsymbol{R}\boldsymbol{e}$。此等式表明：单位矢量 $\boldsymbol{e}$ 在 F_a 系和 F_b 系下的分量相同，代表了刚体转轴矢量。这样，F_a 系和 F_b 系之间的姿态关系就可用单位转轴矢量 $\boldsymbol{e}$ 在惯性系(或本体系)中的三个分量 $[e_1, e_2, e_3]^{\mathrm{T}} \in \mathbb{S}^2$ 以及绕此轴的转角 $\boldsymbol{\Phi} \in \mathbb{R}$ 来描述，即欧拉轴向与欧拉转角。

由欧拉轴 $\boldsymbol{e}\in\mathbb{S}^2$、转角 $\Phi\in\mathbb{R}$计算旋转矩阵 $\boldsymbol{R}\in\mathrm{SO}(3)$的公式为[2]

$$\boldsymbol{R}(\boldsymbol{e},\Phi)=(\cos\Phi)\boldsymbol{I}+(\boldsymbol{e}^{\times})\sin\Phi+(1-\cos\Phi)\boldsymbol{e}\boldsymbol{e}^{\mathrm{T}} \tag{1.18}$$

可以看出,映射 $\boldsymbol{R}(\cdot,\cdot):\boldsymbol{S}^2\times\mathbb{R}\to\mathrm{SO}(3)$是双重覆盖映射,因为对 $\forall\Phi\in\mathbb{R}$ 和 $\forall\boldsymbol{e}\in\mathbb{S}^2$,有 $\boldsymbol{R}(\boldsymbol{e},\Phi)=\boldsymbol{R}(-\boldsymbol{e},-\Phi)$成立。

已知旋转矩阵 $\boldsymbol{R}$,根据式(1.18)得到转角 Φ 的计算公式为

$$\Phi=\arccos\left(\frac{\mathrm{trace}(\boldsymbol{R})-1}{2}\right) \tag{1.19}$$

式中:$\mathrm{trace}(\boldsymbol{R})$为旋转矩阵 $\boldsymbol{R}$ 的迹,$\mathrm{trace}(\boldsymbol{R})=R_{11}+R_{22}+R_{33}$。

如果 $\cos\Phi=1$,那么对 $\forall\boldsymbol{e}\in\mathbb{S}^2$有 $\boldsymbol{R}(\boldsymbol{e},0)=\boldsymbol{I}$;如果 $-1<\cos\Phi<1$,那么

$$\boldsymbol{e}=\frac{1}{2\sin\Phi}\begin{bmatrix}R_{23}-R_{32}\\R_{31}-R_{13}\\R_{12}-R_{21}\end{bmatrix} \tag{1.20}$$

式中:$R_{ij}(i\neq j)$表示旋转矩阵 $\boldsymbol{R}$ 的非对角线元素。

如果 $\cos\Phi=-1$,此时有 $\boldsymbol{R}=2\boldsymbol{e}\boldsymbol{e}^{\mathrm{T}}-\boldsymbol{I}$,则欧拉轴 $\boldsymbol{e}$ 的各分量根据下式计算:

$$\begin{cases}e_1=\pm\sqrt{\dfrac{1+R_{11}}{2}},e_2=\pm\sqrt{\dfrac{1+R_{22}}{2}},e_3=\pm\sqrt{\dfrac{1+R_{33}}{2}}\\e_1e_2=\dfrac{1}{2}R_{12},e_2e_3=\dfrac{1}{2}R_{23},e_3e_1=\dfrac{1}{2}R_{31}\end{cases} \tag{1.21}$$

其中,后三个公式用来判断前三个公式的符号。

将式(1.18)代入式(1.8),可得

$$\boldsymbol{\omega}_b=\dot{\Phi}\boldsymbol{e}-(1-\cos\Phi)\boldsymbol{e}^{\times}\dot{\boldsymbol{e}}+\dot{\boldsymbol{e}}\sin\Phi \tag{1.22}$$

利用斜对称矩阵的性质和 $\boldsymbol{e}\in\mathbb{S}^2$的性质,可进一步推导出

$$\begin{cases}\dot{\Phi}=\boldsymbol{e}^{\mathrm{T}}\boldsymbol{\omega}_b\\\dot{\boldsymbol{e}}=\dfrac{1}{2}\left(\boldsymbol{e}^{\times}-\cot\left(\dfrac{\Phi}{2}\right)\boldsymbol{e}^{\times}\boldsymbol{e}^{\times}\right)\boldsymbol{\omega}_b\end{cases} \tag{1.23}$$

即为欧拉轴/角描述的姿态运动学方程。

1.2.4 姿态四元数

姿态四元数是由欧拉轴/角式引出的一种姿态描述方法,由欧拉轴/角定义姿态四元数为

$$\boldsymbol{q}=\begin{bmatrix}q_0\\\boldsymbol{q}_v\end{bmatrix}=\begin{bmatrix}\cos(\Phi/2)\\\boldsymbol{e}\sin(\Phi/2)\end{bmatrix} \tag{1.24}$$

可见,姿态四元数满足约束 $\boldsymbol{q}^{\mathrm{T}}\boldsymbol{q}=1$,因此 $\boldsymbol{q}\in\mathbb{S}^3$。

根据式(1.18)以及姿态四元数定义式(1.24),由姿态四元数表示的旋转矩阵为

$$\boldsymbol{R}(\boldsymbol{q})=(q_0^2-\boldsymbol{q}_v^{\mathrm{T}}\boldsymbol{q}_v)\boldsymbol{I}+2q_0\boldsymbol{q}_v^{\times}+2\boldsymbol{q}_v\boldsymbol{q}_v^{\mathrm{T}} \tag{1.25}$$

式(1.25)说明,映射 $\boldsymbol{R}(\cdot):\mathbb{S}^3\to\mathrm{SO}(3)$ 是双重覆盖映射,因为对 $\forall\boldsymbol{q}\in\mathbb{S}^3$,有 $\boldsymbol{R}(\boldsymbol{q})=\boldsymbol{R}(-\boldsymbol{q})$ 成立,也就是说两个相反的四元数对应同一个物理姿态。

四元数描述的姿态运动学方程可以由定义式(1.24)求导,并利用欧拉轴/角描述的姿态运动方程式(1.23)推导得到

$$\dot{\boldsymbol{q}}=\frac{1}{2}\boldsymbol{E}(\boldsymbol{q})\boldsymbol{\omega}_b \tag{1.26}$$

式中:矩阵函数 $\boldsymbol{E}(\boldsymbol{q}):\boldsymbol{S}^3\to\mathbb{R}^{4\times3}$ 为运动学雅可比矩阵,其定义为

$$\boldsymbol{E}(\boldsymbol{q})=\begin{bmatrix}-\boldsymbol{q}_v^{\mathrm{T}}\\ q_0\boldsymbol{I}+\boldsymbol{q}_v^{\times}\end{bmatrix} \tag{1.27}$$

可见,四元数对姿态运动的描述是全局且无奇异的。

1.2.5 修正罗德里格参数

修正罗德里格参数是由四元数推导出的一种姿态描述方法,利用四元数导出 MRP 的定义为

$$\boldsymbol{p}=\frac{\boldsymbol{q}_v}{1+q_0} \tag{1.28}$$

根据式(1.28)可知,MRP 向量 $\boldsymbol{p}\in\mathbb{R}^3$。由 MRP 描述的旋转矩阵为

$$\boldsymbol{R}(\boldsymbol{p})=\boldsymbol{I}+\frac{4(1-\|\boldsymbol{p}\|^2)}{(1+\|\boldsymbol{p}\|^2)^2}\boldsymbol{p}^{\times}+\frac{8}{(1+\|\boldsymbol{p}\|^2)^2}(\boldsymbol{p}^{\times}\boldsymbol{p}^{\times}) \tag{1.29}$$

注意:当 $\|\boldsymbol{p}\|=0$ 时,有 $\boldsymbol{R}=\boldsymbol{I}$,此时对应姿态转角 $\Phi=0$ 的情况;当 $\|\boldsymbol{p}\|=1$ 时,有 $\boldsymbol{R}(\boldsymbol{p})=\boldsymbol{I}+2(\boldsymbol{p}^{\times})^2=-\boldsymbol{I}+2\boldsymbol{p}\boldsymbol{p}^{\mathrm{T}}$,对应姿态转角 $\Phi=\pm\pi$;当 $\|\boldsymbol{p}\|\to\infty$ 时,有 $\boldsymbol{R}\to\boldsymbol{I}$,对应姿态转角 $\Phi\to\pm2\pi$。由此可见,除了 SO(3) 空间中的恒等元 $\boldsymbol{I}$ 以外,映射 $\boldsymbol{R}(\cdot):\mathbb{R}^3\to\mathrm{SO}(3)$ 为双重覆盖映射,在恒等元 $\boldsymbol{I}$ 处映射为单射,对应于 MRP 构造空间 $\mathbb{R}^3$ 的原点 $\boldsymbol{p}=[0,0,0]^{\mathrm{T}}$。

对定义式(1.28)求导,并利用四元数运动学方程式(1.26)可以推导出 MRP 描述的姿态运动学方程

$$\dot{\boldsymbol{p}}=\boldsymbol{G}(\boldsymbol{p})\boldsymbol{\omega}_b \tag{1.30}$$

式中:矩阵函数 $\boldsymbol{G}(\boldsymbol{p}):\mathbb{R}^3\to\mathbb{R}^{3\times3}$ 定义为

$$\boldsymbol{G}(\boldsymbol{p})=\frac{1}{2}\left(\frac{1-\boldsymbol{p}^{\mathrm{T}}\boldsymbol{p}}{2}\boldsymbol{I}+\boldsymbol{p}^{\times}+\boldsymbol{p}\boldsymbol{p}^{\mathrm{T}}\right) \tag{1.31}$$

式(1.30)和式(1.31)表明,MRP 描述的姿态运动学方程是全局且无奇异的。

1.3 姿态运动的构造空间

现在已经明确:李群 SO(3)是物体姿态运动的构造空间,同时 SO(3)还是一个非欧几里得空间。接下来的问题就是,非欧几里得空间 SO(3)与欧几里得空间 $\mathbb{R}^3$之间存在何种联系?能否在人们习惯的 $\mathbb{R}^3$空间中形象化地表现 SO(3)空间?为解答这两个问题,有必要分析李群 SO(3)的拓扑结构,并引入李代数 **so**(3)的概念。为了便于分析 SO(3)的拓扑结构,先引入实射影空间的定义。

1.3.1 SO(3)的拓扑结构

1.3.1.1 实射影空间 $\mathbb{R}P^n$

定义 1.1[3] n 维实射影空间,记为 $\mathbb{R}P^n$,是 $\mathbb{R}^{n+1}$空间中所有经过原点的直线的集合。经过原点的每一条直线与单位球面相交两次,因而也可以将 $\mathbb{R}P^n$ 空间视为具有对拓性的 n 维单位球面 $\mathbb{S}^n$。

"对拓性"是指两个正好相反的元素在拓扑结构中是等同的。如图 1.1(a)所示,经过原点的一条直线($\mathbb{R}P^n$ 中的一个元素)与单位球面 $\mathbb{S}^n$相交于两个点 $\boldsymbol{v}_1$ 和 $-\boldsymbol{v}_1$,$\boldsymbol{v}_1$ 和 $-\boldsymbol{v}_1$ 分别为 $\mathbb{S}^n$上的两个相反的元素,显然,$\mathbb{S}^n$上的一组元素对$\{\boldsymbol{v}_i, -\boldsymbol{v}_i\}$($i=1,\cdots,\infty$)与 $\mathbb{R}P^n$ 中的元素(经过原点的直线)是双向单射的。简单地说,这种由 $\mathbb{S}^n$上一对相反元素对应 $\mathbb{R}P^n$ 上一个元素的现象,就是"对拓"。

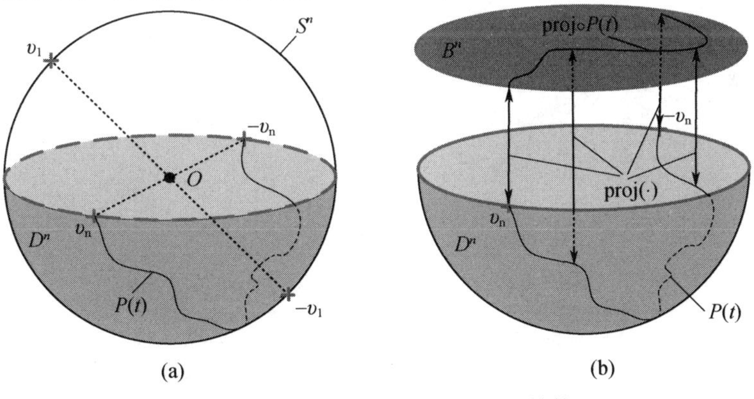

图 1.1 $n=2$ 时 $\mathbb{R}P^n$ 空间的拓扑结构

$\mathbb{R}P^n$ 并不是单连通的。为理解这个性质,可以考虑单位球面 $\mathbb{S}^n$上的任意一对点 $\boldsymbol{v}_n$ 和 $-\boldsymbol{v}_n$。设 $P(t)$是在 $\mathbb{S}^n$上连接 $\boldsymbol{v}_n$ 和 $-\boldsymbol{v}_n$ 的任意路径,$\boldsymbol{v}_n$ 和 $-\boldsymbol{v}_n$ 映射到 $\mathbb{R}P^n$ 上是同一个点,因此 $P(t)$在 $\mathbb{R}P^n$ 中的像是一个"环"。可以证明[4],这个"环"并不能收缩成 $\mathbb{R}P^n$ 中的一个点,因此 $\mathbb{R}P^n$ 不是单连通的。

设 $D^n \subset \mathbb{S}^n$ 为单位球面的下半球面，即 $D^n = \{\boldsymbol{v} \in \mathbb{S}^n \mid \boldsymbol{v}^{(n+1)} \leqslant 0\}$，$\boldsymbol{v}^{(i)}$ $(i = 1, \cdots, n+1)$ 表示 $\boldsymbol{v}$ 的第 n 维分量。因为对任意 $\boldsymbol{v} \in \mathbb{S}^n$，$\boldsymbol{v}$ 和 $-\boldsymbol{v}$ 中至少有一个属于 D^n，因此一定存在 $\mathbb{R}P^n$ 到 D^n 的满射，其中除了集合 $E^n = \{\boldsymbol{v} \in S^n \mid \boldsymbol{v}^{(n+1)} = 0\} \subset D^n$ 上的元素，D^n 到 $\mathbb{R}P^n$ 的映射是单射的。如果 $\boldsymbol{v} \in E^n$，则也有 $-\boldsymbol{v} \in E^n$。至此，可以进一步将 $\mathbb{R}P^n$ 想象为单位半球面 D^n，并且半球面的赤道线 $E^n \subset D^n$ 上的点是对拓的。

最后，利用 $\mathbb{R}^{n+1}$ 到 $\mathbb{R}^n$ 的投影，将 $\mathbb{R}^{n+1}$ 中的单位半球面 D^n 映射为 $\mathbb{R}^n$ 中的封闭单位球体 B^n，如图 1.1(b) 所示。D^n 到 B^n 的投影映射 proj(·) 是连续双向单射，D^n 中包含对拓点的赤道线 E^n 对应 B^n 的边界 ∂B^n。最终 $\mathbb{R}P^n$ 的拓扑模型可以用 $\mathbb{R}^n$ 中的一个单位球体 B^n 表示，其中 B^n 的边界 ∂B^n 是对拓点的集合。

1.3.1.2 SO(3) 与 $\mathbb{R}P^3$ 的关系

命题 1.1 及其证明过程，说明 SO(3) 的拓扑结构与 $\mathbb{R}P^3$ 完全相同。

命题 1.1[3] SO(3) 与 $\mathbb{R}P^3$ 同胚。

证明：如图 1.2(a) 所示，令 $\boldsymbol{v}$ 为 $\mathbb{R}^3$ 中的单位矢量，设 SO(3) 中的元素为 $\boldsymbol{R}(\boldsymbol{v},\theta)$。$\boldsymbol{R}(\boldsymbol{v},\theta)$ 表示在垂直于 v 的平面 $v^{\perp}$ 内，按照右手准则绕 v 矢量轴旋转 θ 角。也就是说，如果在平面 $v^{\perp}$ 上选择了一组基矢量 $(\boldsymbol{u}_1, \boldsymbol{u}_2)$，那么由单位矢量 $\boldsymbol{v}$ 和 $(\boldsymbol{u}_1, \boldsymbol{u}_2)$ 共同构成的正交基 $(\boldsymbol{u}_1, \boldsymbol{u}_2, \boldsymbol{v})$，到参考基 $(\boldsymbol{e}_1, \boldsymbol{e}_2, \boldsymbol{e}_3)$ 的线性映射的行列式为正；如果用基矢量 $(\boldsymbol{u}_1, \boldsymbol{u}_2)$ 将平面 $\boldsymbol{v}^{\perp}$ 表示成 $\mathbb{R}^2$ 的形式，那么在 $\mathbb{R}^2$ 中旋转沿逆时针方向。根据上述设定，显然有 $R(-\boldsymbol{v},\theta) = R(\boldsymbol{v}, -\theta)$ 成立。

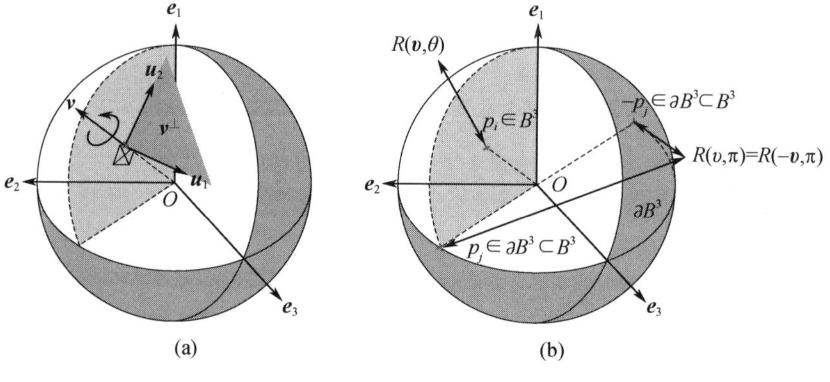

图 1.2 $\mathbb{R}^3$ 空间与 SO(3) 空间

对任意 $\boldsymbol{R} \in \mathrm{SO}(3)$，设其特征值为 λ，则对任意 $\boldsymbol{x} \in \mathbb{R}^3$，有 $\boldsymbol{Rx} = \lambda\boldsymbol{x}$，两边取转置有 $\boldsymbol{x}^{\mathrm{T}}\boldsymbol{R}^{\mathrm{T}} = \lambda\boldsymbol{x}^{\mathrm{T}}$，因此 $\boldsymbol{x}^{\mathrm{T}}\boldsymbol{R}^{\mathrm{T}}\boldsymbol{Rx} = \boldsymbol{x}^{\mathrm{T}}\boldsymbol{x} = \lambda^2\boldsymbol{x}^{\mathrm{T}}\boldsymbol{x}$ 成立，得到 $\lambda = \pm 1$；再考虑 $\det(\boldsymbol{R}) = \det(\boldsymbol{R}^{\mathrm{T}}) = 1$，将 $\lambda = 1$ 代入 $\det(\boldsymbol{R} - \lambda\boldsymbol{I})$ 得到

$$
\begin{aligned}
\det(\boldsymbol{R}-\boldsymbol{I}) &= \det(\boldsymbol{R})\det(\boldsymbol{I}-\boldsymbol{R}^{\mathrm{T}}) \\
&= \det(\boldsymbol{I}-\boldsymbol{R}) \\
&= -\det(\boldsymbol{R}-\boldsymbol{I})
\end{aligned}
$$

有 $\det(\boldsymbol{R}-\boldsymbol{I})=0$ 成立，说明 $\lambda=1$ 为 $\boldsymbol{R}$ 的特征值。因而，存在 $v\in\mathbb{R}^3$ 使得 $\boldsymbol{Rv}=\boldsymbol{v}$。任意 $\boldsymbol{u}_1\in\boldsymbol{v}^{\perp}$ 一定满足 $\boldsymbol{u}_1^{\mathrm{T}}\boldsymbol{v}=0$，设 $\boldsymbol{u}_2=\boldsymbol{R}\boldsymbol{u}_1$，可以推导出

$$
\begin{aligned}
\boldsymbol{u}_2^{\mathrm{T}}\boldsymbol{v} &= \boldsymbol{u}_1^{\mathrm{T}}\boldsymbol{R}^{\mathrm{T}}\boldsymbol{v}=\boldsymbol{u}_1^{\mathrm{T}}\boldsymbol{R}^{\mathrm{T}}\boldsymbol{R}\boldsymbol{v} \\
&= \boldsymbol{u}_1^{\mathrm{T}}\boldsymbol{v}=0
\end{aligned}
$$

即 $\boldsymbol{u}_2\in\boldsymbol{v}^{\perp}$，说明线性映射 $\boldsymbol{R}$ 将平面 $\boldsymbol{v}^{\perp}$ 上的矢量映射到 $\boldsymbol{v}^{\perp}$ 上。由此可以推断，$\boldsymbol{R}$ 是绕特征轴 $\boldsymbol{v}$ 旋转一定角度 θ 而确定的。也就是说，SO(3) 中任意元素 $\boldsymbol{R}$，可以用关于 $\boldsymbol{v}$ 和 θ 的表达式 $\boldsymbol{R}(\boldsymbol{v},\theta)$ 描述，其中 $\theta\in[-\pi,\pi]$。必要时，用 $-\boldsymbol{v}$ 代替 $\boldsymbol{v}$，可以使 θ 的范围限制在 $[0,\pi]$ 内。

当 $\boldsymbol{R}=\boldsymbol{I}$ 时，对任意单位矢量 $\boldsymbol{v}$，有 $\boldsymbol{R}(v,0)=\boldsymbol{R}$ 成立。当 R 为绕某矢量 $\boldsymbol{v}$ 旋转 π 角，有 $\boldsymbol{R}(\boldsymbol{v},\pi)=\boldsymbol{R}(-\boldsymbol{v},\pi)=\boldsymbol{R}$ 成立。不难看出，当 $\boldsymbol{R}\neq\boldsymbol{I}$，且旋转角不为 π 时，$\boldsymbol{R}$ 可以用 $\boldsymbol{R}(\boldsymbol{v},\theta)$ 唯一表示，其中 $0<\theta<\pi$。

设 B^3 为 $\mathbb{R}^3$ 中半径为 π 的封闭球体，考虑映射 $\mathcal{F}:B^3\to\mathrm{SO}(3)$ 为

$$
\begin{cases}
\mathcal{F}(v)=\boldsymbol{R}(\hat{\boldsymbol{v}},\ \|\boldsymbol{v}\|),\boldsymbol{v}\neq 0\\
\mathcal{F}(0)=\boldsymbol{I}
\end{cases}
\tag{1.32}
$$

式中：$\hat{\boldsymbol{v}}=\boldsymbol{v}/\|\boldsymbol{v}\|$ 为 $\boldsymbol{v}$ 方向的单位矢量。

对任意 $\boldsymbol{v}\in B^3$，当 $\|\boldsymbol{v}\|\to 0$ 时，有 $\mathcal{F}(\boldsymbol{v})\to\boldsymbol{I}$，因而映射 $\mathcal{F}$ 是连续的。之前的讨论已说明，$\mathcal{F}$ 将 B^3 映射到 SO(3) 上。而且，除了 B^3 边界 ∂B^3——那些会被映射出相同的像（$\boldsymbol{R}(\boldsymbol{v},\pi)=\boldsymbol{R}(-\boldsymbol{v},\pi)$）的“对拓点”——映射 $\mathcal{F}$ 是单射的。因此，$\mathcal{F}$ 是将 $\mathbb{R}P^3$ 映射到 SO(3) 上的连续单射映射。又因为 $\mathbb{R}P^3$ 和 SO(3) 都是紧致的，所以 $\mathcal{F}$ 的逆映射也是连续的。至此，就证明了 SO(3) 与 $\mathbb{R}P^3$ 同胚。

1.3.1.3 SO(3) 与 $\mathbb{R}^3$ 的关系

通过前面的分析，可知 SO(3) 的拓扑结构有三个特点：

(1) SO(3) 可以用 $\mathbb{R}^3$ 空间中的闭圆球体 B^3 形象地表示，其中圆球中心位于 $\mathbb{R}^3$ 空间的原点，圆球半径为 π；

(2) 除了 B^3 的边界 ∂B^3 以外，B^3 内的任何一个点 $\boldsymbol{p}_i$ 可以唯一地表示 SO(3) 的一个元素（某个旋转矩阵 $\boldsymbol{R}$）；

(3) 构成 ∂B^3 的点是“对拓的”，∂B^3 上任意一点 $\boldsymbol{p}_j$ 与其相对原点的镜像 $-\boldsymbol{p}_j$ 表示 SO(3) 中的同一个元素 $\boldsymbol{R}$。

1.3.2 李代数 so(3)

1.3.2.1 so(3)的定义

定义 1.2 李群 SO(3)的李代数,记为 **so**(3),是一个 3×3 阶矩阵的集合,在集合**so**(3)中的任意矩阵 $\boldsymbol{X}$,对任意实数 t,使得 $\exp(t\boldsymbol{X}) \in SO(3)$。映射 $\exp(\cdot):\mathbf{so}(3)\to SO(3)$定义为

$$\exp(\boldsymbol{X}) = \sum_{m=0}^{\infty} \frac{\boldsymbol{X}^m}{m!} \tag{1.33}$$

式中:$\boldsymbol{X}^0$ 等于单位矩阵 $\boldsymbol{I}$;0! 等于 1。式(1.33)称为矩阵指数公式。

李代数 **so**(3)的定义,等价于命题 1.2。

命题 1.2 矩阵 $\boldsymbol{X}\in\mathbf{so}(3)$,当且仅当 $\boldsymbol{X}^{\mathrm{T}} = -\boldsymbol{X}$。

证明:(充分性)设 $\boldsymbol{R}=\exp(t\boldsymbol{X})$,根据矩阵指数的定义式(1.33),有

$$\boldsymbol{R}^{\mathrm{T}} = [\exp(t\boldsymbol{X})]^{\mathrm{T}} = \exp(t\boldsymbol{X}^{\mathrm{T}})$$

若 $\boldsymbol{X}^{\mathrm{T}} = -\boldsymbol{X}$,则有 $\boldsymbol{R}^{\mathrm{T}} = \exp(t\boldsymbol{X}^{\mathrm{T}}) = \exp(-t\boldsymbol{X})$,进一步推导得

$$\boldsymbol{R}^{\mathrm{T}}\boldsymbol{R} = \exp(-t\boldsymbol{X})\exp(t\boldsymbol{X}) = \exp(0) = \boldsymbol{I} \tag{1.34}$$

此外根据 $\boldsymbol{X}^{\mathrm{T}} = -\boldsymbol{X}$,有 $\mathrm{trace}(\boldsymbol{X})=0$ 成立,结合文献[3]的定理 2.12,有

$$\det(\boldsymbol{R}) = \det(\exp(t\boldsymbol{X})) = \exp(\mathrm{trace}(t\boldsymbol{X})) = \exp(0) = 1 \tag{1.35}$$

式(1.34)和式(1.35)成立说明 $\boldsymbol{R}\in SO(3)$,根据李代数 **so**(3)的定义,这就证明了 $\boldsymbol{X}\in\mathbf{so}(3)$。

(必要性)如果 $\boldsymbol{X}\in\mathbf{so}(3)$,根据 **so**(3)的定义可知,对任意 $t\in\mathbb{R}$,有 $\exp(t\boldsymbol{X}) \in SO(3)$成立。因此,有

$$\begin{aligned}\boldsymbol{I} &= [\exp(t\boldsymbol{X})]^{\mathrm{T}}[\exp(t\boldsymbol{X})]\\ &= \exp(t(\boldsymbol{X}^{\mathrm{T}}+\boldsymbol{X}))\\ &= \boldsymbol{I} + \sum_{m=1}^{\infty}\frac{t^m(\boldsymbol{X}^{\mathrm{T}}+\boldsymbol{X})^m}{m!}\end{aligned}$$

对任意 $t\in\mathbb{R}$ 成立,进一步化简后得到

$$\sum_{m=1}^{\infty}\frac{t^m(\boldsymbol{X}^{\mathrm{T}}+\boldsymbol{X})^m}{m!} = 0,\quad \forall t\in\mathbb{R} \tag{1.36}$$

再考虑 $\exp(t\boldsymbol{X}) \in SO(3)$ 时,对 $\forall t\in\mathbb{R}$,还有 $\det(\exp(t\boldsymbol{X})) = \exp(\mathrm{trace}(t\boldsymbol{X}))=1$ 成立,即

$$\mathrm{trace}(t\boldsymbol{X}) = 0,\quad \forall t\in\mathbb{R} \tag{1.37}$$

结合式(1.36)和式(1.37)可得 $\boldsymbol{X}^{\mathrm{T}} = -\boldsymbol{X}$。

命题 1.2 说明,**so**(3)中的元素均为斜对称矩阵。因此李代数 **so**(3)可以用集合来描述

$$\mathbf{so}(3)=\{\boldsymbol{X}\in\mathbb{R}^{3\times 3}\mid \boldsymbol{X}^{\mathrm{T}}=-\boldsymbol{X}\}\tag{1.38}$$

1.3.2.2 so(3)的性质

根据定义 1.2 和命题 1.2,很容易证明下面的命题 1.3。

命题 1.3 若 $\boldsymbol{X},\boldsymbol{Y}\in\mathbf{so}(3)$,则:

(1) 对 $\forall \boldsymbol{R}\in \mathrm{SO}(3)$,有 $\boldsymbol{R}\boldsymbol{X}\boldsymbol{R}^{\mathrm{T}}\in\mathbf{so}(3)$;

(2) 对 $\forall s\in\mathbb{R}$,有 $s\boldsymbol{X}\in\mathbf{so}(3)$;

(3) $\boldsymbol{X}+\boldsymbol{Y}\in\mathbf{so}(3)$;

(4) $\boldsymbol{X}\boldsymbol{Y}-\boldsymbol{Y}\boldsymbol{X}\in\mathbf{so}(3)$。

证明:根据 $\boldsymbol{X}^{\mathrm{T}}=-\boldsymbol{X}$ 和 $\boldsymbol{Y}^{\mathrm{T}}=-\boldsymbol{Y}$,结论(1)~(4)都是显然成立的。

利用命题 1.3 的性质(4),可以定义一个映射

$$[\cdot,\cdot]:\mathbf{so}(3)\times\mathbf{so}(3)\to\mathbf{so}(3)\tag{1.39}$$

同样,可以很容易地证明映射$[\cdot,\cdot]$具有以下性质:

(1) $[\cdot,\cdot]$是双线性的,即对 $\forall \boldsymbol{X},\boldsymbol{Y},\boldsymbol{Z}\in\mathbf{so}(3)$ 和 $\forall\lambda\in\mathbb{R}$,有

$$\begin{cases}[\boldsymbol{X}+\boldsymbol{Y},\boldsymbol{Z}]=[\boldsymbol{X},\boldsymbol{Z}]+[\boldsymbol{Y},\boldsymbol{Z}]\\ [\boldsymbol{X},\boldsymbol{Y}+\boldsymbol{Z}]=[\boldsymbol{X},\boldsymbol{Y}]+[\boldsymbol{X},\boldsymbol{Z}]\\ [\lambda\boldsymbol{X},\boldsymbol{Y}]=[\boldsymbol{X},\lambda\boldsymbol{Y}]=\lambda[\boldsymbol{X},\boldsymbol{Y}]\end{cases}$$

(2) $[\cdot,\cdot]$是斜对称的,即对 $\forall \boldsymbol{X},\boldsymbol{Y}\in\mathbf{so}(3)$,有$[\boldsymbol{X},\boldsymbol{Y}]=-[\boldsymbol{Y},\boldsymbol{X}]$;

(3) $[\cdot,\cdot]$满足雅可比等式,即对 $\forall \boldsymbol{X},\boldsymbol{Y},\boldsymbol{Z}\in\mathbf{so}(3)$有

$$[\boldsymbol{X},[\boldsymbol{Y},\boldsymbol{Z}]]+[\boldsymbol{Y},[\boldsymbol{Z},\boldsymbol{X}]]+[\boldsymbol{Z},[\boldsymbol{X},\boldsymbol{Y}]]=0$$

至此,引入映射$[\cdot,\cdot]$后,集合 $\mathbf{so}(3)$就成为一个线性空间,以下元素则构成了线性空间的一组基:

$$\boldsymbol{E}_1=\begin{bmatrix}0&0&0\\0&0&-1\\0&1&0\end{bmatrix},\quad \boldsymbol{E}_2=\begin{bmatrix}0&0&1\\0&0&0\\-1&0&0\end{bmatrix},\quad \boldsymbol{E}_3=\begin{bmatrix}0&-1&0\\1&0&0\\0&0&0\end{bmatrix}\tag{1.40}$$

这组基元素的顺序满足类似 $\mathbb{R}^3$中坐标轴"右手定则"的关系:

$$[\boldsymbol{E}_1,\boldsymbol{E}_2]=\boldsymbol{E}_3,\quad [\boldsymbol{E}_2,\boldsymbol{E}_3]=\boldsymbol{E}_1,\quad [\boldsymbol{E}_3,\boldsymbol{E}_1]=\boldsymbol{E}_2\tag{1.41}$$

$\mathbf{so}(3)$中的任意元素 $\boldsymbol{X}$,都能用$\{\boldsymbol{E}_1,\boldsymbol{E}_2,\boldsymbol{E}_3\}$的线性组合表示:

$$\begin{aligned}\boldsymbol{X}&=x_1\boldsymbol{E}_1+x_2\boldsymbol{E}_2+x_3\boldsymbol{E}_3\\&=[\boldsymbol{E}_1,\boldsymbol{E}_2,\boldsymbol{E}_3][x_1,x_2,x_3]^{\mathrm{T}},x_1,x_2,x_3\in\mathbb{R}\\&=[\boldsymbol{E}_1,\boldsymbol{E}_2,\boldsymbol{E}_3]\boldsymbol{x},\boldsymbol{x}\in\mathbb{R}^3\end{aligned}\tag{1.42}$$

如果将这种线性组合表示视为映射 $\mathcal{G}:\mathbb{R}^3\to\mathbf{so}(3)$,显然映射 $\mathcal{G}$是双向单射的,因此 $\mathbb{R}^3$与 $\mathbf{so}(3)$同构。

根据定义 1.2,若 $\boldsymbol{X}\in\mathbf{so}(3)$,$t\in\mathbb{R}^+$,$\boldsymbol{R}=\exp(t\boldsymbol{X})\in\mathrm{SO}(3)$。求 $\boldsymbol{R}$ 对 t 的导数得

$$\dot{\boldsymbol{R}}=\frac{\mathrm{d}}{\mathrm{d}t}[\exp(t\boldsymbol{X})]=\exp(t\boldsymbol{X})\boldsymbol{X}=\boldsymbol{R}\boldsymbol{X} \tag{1.43}$$

当 $t\to0$ 时,有 $\boldsymbol{R}\to\boldsymbol{I}$ 和 $\dot{\boldsymbol{R}}\to\boldsymbol{X}$。前面已论证 $\mathbf{so}(3)$ 是线性空间,式(1.43)则进一步表明,李代数 $\mathbf{so}(3)$ 是李群 SO(3)在恒等元 $\boldsymbol{I}$ 处的“切空间”。

1.3.2.3 罗德里格公式

在 1.3.1.2 节中,设 SO(3)中的元素为 $\boldsymbol{R}(\boldsymbol{v},\theta)$,其中 $\boldsymbol{v}\in\mathbb{S}^2$,$\theta\in\mathbb{R}$,$\mathbb{S}^2$ 表示 $\mathbb{R}^3$ 空间中所有单位矢量的集合,这相当于定义了一个映射 $\boldsymbol{R}(\cdot,\cdot):\boldsymbol{S}^2\times\mathbb{R}\to\mathrm{SO}(3)$。注意 $\boldsymbol{S}^2\times\mathbb{R}$ 与 $\mathbb{R}^3$ 同构,因为对 $\forall\boldsymbol{x}\in\mathbb{R}^3$ 有 $\boldsymbol{x}=\theta\boldsymbol{v}$。在 1.3.2.2 节中,又论证了 $\mathbb{R}^3$ 与 $\mathbf{so}(3)$ 同构,同构关系为 $\boldsymbol{X}=\boldsymbol{x}^\times$。再根据李代数 $\mathbf{so}(3)$ 的定义 1.2,取 $t=1$ 还可以得到 $\forall\boldsymbol{X}\in\mathbf{so}(3)$ 与 SO(3)中元素 $\boldsymbol{R}$ 的关系为

$$\boldsymbol{R}=\exp(\boldsymbol{X})=\boldsymbol{I}+\sum_{m=1}^{\infty}\frac{\boldsymbol{X}^m}{m!} \tag{1.44}$$

将同构关系 $\boldsymbol{X}=\boldsymbol{x}^\times$ 和 $\boldsymbol{x}=\theta\boldsymbol{v}$ 代入式(1.44),就可以建立映射 $\boldsymbol{R}(\cdot,\cdot):\boldsymbol{S}^2\times\mathbb{R}\to\mathrm{SO}(3)$ 的具体表达式

$$\begin{aligned}\boldsymbol{R}(\boldsymbol{v},\theta)&=\exp(\theta\boldsymbol{v}^\times)=\boldsymbol{I}+\sum_{m=1}^{\infty}\theta\frac{(\boldsymbol{v}^\times)^m}{m!}\\&=\boldsymbol{I}+\boldsymbol{v}^\times\sin\theta+(\boldsymbol{v}^\times)^2(1-\cos\theta)\end{aligned} \tag{1.45}$$

式(1.45)即为罗德里格公式。

注意到 $\forall\boldsymbol{v}\in\mathbb{S}^2$ 的斜对称矩阵 $\boldsymbol{v}^\times\in\mathbf{so}(3)$ 满足等式 $(\boldsymbol{v}^\times)^2=-\boldsymbol{I}+\boldsymbol{v}\boldsymbol{v}^{\mathrm{T}}$,因而式(1.45)与式(1.18)是等价的。

1.3.3 航天器姿态控制的退绕现象

设计姿态控制律首先要面对的问题是选择何种姿态描述方法。以此为标准,现有的研究文献可大致分成两类:其中占绝大多数的一类文献在设计控制律时采用参数化的姿态描述方法,即利用欧拉角[5-7]、四元数[8-16]、MRP[17-19]等作为反馈变量来综合控制函数,其闭环系统稳定性也只在 $\mathbb{R}^3$ 或 $\mathbb{S}^3$ 空间中进行讨论;而另一类文献则直接反馈旋转矩阵[20-27]获得控制律,其闭环系统稳定性也在姿态构造空间 SO(3)中进行分析。由于参数化的姿态描述方法并不能全局且唯一地表示真实的物理姿态,其控制律设计结果应该在姿态构造空间 SO(3)中重新考查;否则,闭环系统姿态轨迹蕴含的某些不稳定性质就会被忽略掉。例如,如果设计得到的控制律是关于姿态参数的连续函数,那么闭环系统的姿态运动轨迹可能会出现退绕现象[28]。

1.3.3.1 退绕产生的原因

退绕一词,最初是用于形容控制倒立摆时,摆锤受扰离开倒立平衡点后,绕

转轴旋转 360°后再回到倒立平衡点的现象。类似的，航天器控制中的“退绕现象”是指：当系统处于某些特定的初始状态时，在 SO(3) 空间中看来，姿态运动轨迹的起点就在期望的姿态平衡点附近；但在控制律的作用下，姿态轨迹先远离期望姿态，经过大于 180°的旋转后再返回到平衡点附近。

退绕现象存在时，原本只需小角度姿态机动就可以完成的姿控任务却通过大角度姿态机动实现，造成不必要控制能量损耗。从李雅普诺夫稳定性的观点来看，如果退绕现象存在，就说明闭环系统在姿态构造空间 SO(3) 中并不满足渐近稳定性。

退绕现象产生的直接原因是使用了不合适的姿态描述法，但根据 1.2 节可知，没有一种在 $\mathbb{R}^3$或 $\mathbb{S}^3$空间中的参数化姿态描述法能够全局且唯一地表示真实的物理姿态。具体而言，欧拉角和 MRP 这类三元姿态参数其实是用 $\mathbb{R}^3$的一个内嵌子集对 SO(3) 空间进行描述，若将内嵌子集扩大到整个 $\mathbb{R}^3$空间，那么欧拉角描述法就意味着 $\mathbb{R}^3$空间对 SO(3) 空间的多重覆盖，MRP 描述法则意味着 $\mathbb{R}^3$空间对 SO(3) 空间的双重覆盖。也就是说SO(3) 中的某个姿态 $\boldsymbol{R}$ 一定对应着多个不同的欧拉角 $\boldsymbol{\Omega}_i$ $(i\in\mathbb{N})$ 或两个不同的 MRP 参数 $\{\boldsymbol{p},\boldsymbol{p}'\}$ $(\|\boldsymbol{p}\|\leqslant1,\|\boldsymbol{p}'\|>1)$；四元数姿态描述法也意味着 $\mathbb{S}^3$空间对 SO(3) 空间的双重覆盖，即某个姿态 $\boldsymbol{R}$ 对应着两个对拓的四元数 $\boldsymbol{q}$ 和 $-\boldsymbol{q}$。

利用姿态参数设计反馈控制律，本质上就是建立一个映射到 $\mathbb{R}^3$空间上的关于姿态参数的连续矢量函数 $\boldsymbol{u}(\cdot)$。具体而言，设计欧拉角反馈控制，就是建立映射 $\boldsymbol{u}_E(\boldsymbol{\Omega}):\mathbb{R}^3\to\mathbb{R}^3$；设计 MRP 反馈控制，就是建立映射 $\boldsymbol{u}_M(\boldsymbol{p}):\mathbb{R}^3\to\mathbb{R}^3$；设计四元数反馈控制，就是构造映射 $\boldsymbol{u}_U(\boldsymbol{q}):\boldsymbol{S}^3\to\mathbb{R}^3$。多数研究姿态控制问题的文献，只在 $\mathbb{R}^3\times\mathbb{R}^3$或 $\mathbb{S}^3\times\mathbb{R}^3$中证明了闭环系统的稳定性，而忽略了在姿态构造空间 SO(3) 中的稳定性分析。事实上，闭环系统在 $\mathbb{R}^3\times\mathbb{R}^3$或 $\mathbb{S}^3\times\mathbb{R}^3$中的平衡点具有稳定性并不保证在 $\mathrm{SO}(3)\times\mathbb{R}^3$相应的平衡点处具有一样的稳定性，因为姿态参数空间到 SO(3) 空间的多重/双重覆盖性，连续控制函数 $\boldsymbol{u}(\cdot)$ 在 SO(3) 的同一个点 $\boldsymbol{R}_0$ 上可能取多个不同值：

$$\boldsymbol{u}\,|_{\boldsymbol{R}_0}=\boldsymbol{u}_E(\boldsymbol{\Omega}_i),i\in\mathbb{N};\boldsymbol{u}\,|_{\boldsymbol{R}_0}=\begin{cases}\boldsymbol{u}_M(\boldsymbol{p})\\\boldsymbol{u}_M(\boldsymbol{p}')\end{cases};\boldsymbol{u}\,|_{\boldsymbol{R}_0}=\begin{cases}\boldsymbol{u}_U(\boldsymbol{q})\\\boldsymbol{u}_U(-\boldsymbol{q})\end{cases}$$

导致闭环系统在 $\mathrm{SO}(3)\times\mathbb{R}^3$的同一个点上存在不同的方向的矢量场，这是产生退绕现象的根本原因。

如果设计的控制函数 $\boldsymbol{u}(\cdot)$ 在 SO(3) 的同一个点 $\boldsymbol{R}_0$ 上具有相同的取值，即

$$\boldsymbol{u}\,|_{\boldsymbol{R}_0}=\boldsymbol{u}_E(\boldsymbol{\Omega}_1)=\cdots=\boldsymbol{u}_E(\boldsymbol{\Omega}_i),i\in\mathbb{N};\boldsymbol{u}\,|_{\boldsymbol{R}_0}=\boldsymbol{u}_M(\boldsymbol{p})=\boldsymbol{u}_M(\boldsymbol{p}');$$

$$\boldsymbol{u}\,|_{\boldsymbol{R}_0}=\boldsymbol{u}_U(\boldsymbol{q})=\boldsymbol{u}_U(-\boldsymbol{q})$$

就可以避免退绕现象。但这样的控制函数 $\boldsymbol{u}(\cdot)$ 则不一定是连续的,系统轨迹在经过某些点时会导致控制量跳变,诱发抖振问题。

1.3.3.2 退绕现象的例子

接下来给出三个由于采用了姿态参数反馈而产生退绕现象的例子。考虑空间中一个自由转动刚体,所受外力矩只有控制力矩,其姿态动力学方程为

$$\boldsymbol{J}\dot{\boldsymbol{\omega}}_b = \boldsymbol{J}\boldsymbol{\omega}_b \times \boldsymbol{\omega}_b + \boldsymbol{u} \tag{1.46}$$

式中:$\boldsymbol{J}$ 为精确已知的转动惯量矩阵;$\boldsymbol{\omega}_b$ 为本体系中的角速度矢量;$\boldsymbol{u}$ 为待设计的控制力矩。

分别取姿态运动学方程为式(1.16)、式(1.26)和式(1.30),设计欧拉角反馈、四元数反馈和 MRP 反馈控制律,其中,欧拉角和 MRP 控制采用反馈线性化方法设计,四元数控制采用与模型无关的 PD 控制方案。

例 1.1(欧拉角反馈) 针对式(1.16)和式(1.46)描述的系统,设计欧拉角反馈控制律为

$$\boldsymbol{u}(\boldsymbol{\Omega},\boldsymbol{\omega}_b) = -\boldsymbol{J}\boldsymbol{M}^{-1}\frac{\partial(\boldsymbol{M}\boldsymbol{\omega}_b)}{\partial\boldsymbol{\Omega}}\boldsymbol{M}\boldsymbol{\omega}_b - (\boldsymbol{J}\boldsymbol{\omega}_b)^{\times}\boldsymbol{\omega}_b - \boldsymbol{J}\boldsymbol{M}^{-1}(\boldsymbol{K}_1\boldsymbol{\Omega} + \boldsymbol{K}_2\boldsymbol{M}\boldsymbol{\omega}_b) \tag{1.47}$$

式中:矩阵 $\boldsymbol{M}$ 即为式(1.16)中的矩阵函数 $\boldsymbol{M}(\boldsymbol{\Omega}):\mathbb{R}^3\to\mathbb{R}^3$。

不难证明,当控制参数矩阵 $\boldsymbol{K}_1,\boldsymbol{K}_2>0$ 时,闭环系统在 $\mathbb{R}^3\times\mathbb{R}^3$ 上的平衡点 $[\boldsymbol{\Omega}_e,\boldsymbol{\omega}_{be}]=[\boldsymbol{0},\boldsymbol{0}]$ 全局渐近稳定,该平衡点对应 $\mathrm{SO}(3)\times\mathbb{R}^3$ 上的点 $[\boldsymbol{R},\boldsymbol{\omega}_b]=[\boldsymbol{I},\boldsymbol{0}]$。但是,注意到在 $\mathbb{R}^3\times\mathbb{R}^3$ 上的非平衡点 $[\boldsymbol{\Omega}_e,\boldsymbol{\omega}_{be}]=[2n\pi\cdot\boldsymbol{1},\boldsymbol{0}]$ ($\boldsymbol{1}=[1,1,1]^{\mathrm{T}}$) 也对应着 $[\boldsymbol{R},\boldsymbol{\omega}_b]=[\boldsymbol{I},\boldsymbol{0}]$,这说明闭环系统在流形 $\mathrm{SO}(3)\times\mathbb{R}^3$ 上存在着背离期望平衡点 $[\boldsymbol{I},\boldsymbol{0}]$ 的矢量场。

例 1.2(四元数反馈) 针对式(1.26)和式(1.46)描述的系统,设计四元数反馈控制律为

$$\boldsymbol{u}(\boldsymbol{q},\boldsymbol{\omega}_b) = -\boldsymbol{K}_1\boldsymbol{q}_v - \boldsymbol{K}_2\boldsymbol{\omega}_b \tag{1.48}$$

式中:$\boldsymbol{q}_v$ 为四元数中的矢量部分。

不难证明,当控制参数矩阵 $\boldsymbol{K}_1,\boldsymbol{K}_2>0$ 时,闭环系统在 $\boldsymbol{S}^3\times\mathbb{R}^3$ 上几乎全局渐近稳定,稳定平衡点 $\boldsymbol{q}_e=[1,0,0,0]$,$\boldsymbol{\omega}_{be}=\boldsymbol{0}$ 对应 $\mathrm{SO}(3)\times\mathbb{R}^3$ 上的点 $[\boldsymbol{R},\boldsymbol{\omega}_b]=[\boldsymbol{I},\boldsymbol{0}]$,但是不稳定平衡点 $\boldsymbol{q}_e=[-1,0,0,0]$,$\boldsymbol{\omega}_{be}=\boldsymbol{0}$ 也对应着 $[\boldsymbol{R},\boldsymbol{\omega}_b]=[\boldsymbol{I},\boldsymbol{0}]$。因此,在 $\mathrm{SO}(3)\times\mathbb{R}^3$ 上的期望平衡点 $[\boldsymbol{I},\boldsymbol{0}]$ 附近存在背离平衡点方向的矢量场。

例 1.3(MRP 反馈) 针对式(1.30)和式(1.46)描述的系统,设计 MRP 反馈控制律为

$$\boldsymbol{u}(\boldsymbol{p},\boldsymbol{\omega}_b) = -\boldsymbol{J}\boldsymbol{G}^{-1}[\partial(\boldsymbol{G}\boldsymbol{\omega}_b)/\partial\boldsymbol{p}]\boldsymbol{G}\boldsymbol{\omega}_b - (\boldsymbol{J}\boldsymbol{\omega}_b)^{\times}\boldsymbol{\omega}_b - \boldsymbol{J}\boldsymbol{G}^{-1}(\boldsymbol{K}_1\boldsymbol{p} + \boldsymbol{K}_2\boldsymbol{G}\boldsymbol{\omega}_b) \tag{1.49}$$

式中：矩阵 $\boldsymbol{G}$ 即为式(1.30)中的矩阵函数 $\boldsymbol{G}(\boldsymbol{p})$：$\mathbb{R}^3 \to \mathbb{R}^3$。

不难证明，当控制参数矩阵 $\boldsymbol{K}_1, \boldsymbol{K}_2 > 0$ 时，闭环系统在 $\mathbb{R}^3 \times \mathbb{R}^3$ 上全局渐近稳定，平衡点 $[\boldsymbol{p}_e, \boldsymbol{\omega}_{be}] = [\boldsymbol{0}, \boldsymbol{0}]$ 对应 $SO(3) \times \mathbb{R}^3$ 上的点 $[\boldsymbol{R}, \boldsymbol{\omega}_b] = [\boldsymbol{I}, \boldsymbol{0}]$。但是，当 $\|\boldsymbol{p}\|$ 足够大而 $\|\boldsymbol{\omega}_b\|$ 足够小时，对应期望平衡点 $[\boldsymbol{I}, \boldsymbol{0}]$ 的一个邻域 $\mathcal{E} \subset SO(3) \times \mathbb{R}^3$，当 $[\|\boldsymbol{p}\|, \|\boldsymbol{\omega}_b\|] \to [+\infty, +\infty]$ 时，$\mathcal{E} \to [\boldsymbol{I}, \boldsymbol{0}]$，说明在 $[\boldsymbol{I}, \boldsymbol{0}]$ 附近存在背离平衡点的矢量场。

图 1.3 ~ 图 1.5 分别为例 1.1、例 1.2 以及例 1.3 的仿真结果图，仿真中角速度初值均取为 0，转动惯量 $\boldsymbol{J} = \mathrm{diag}(1,2,3)$。图 1.3(a) ~ 图 1.5(a) 中包括了

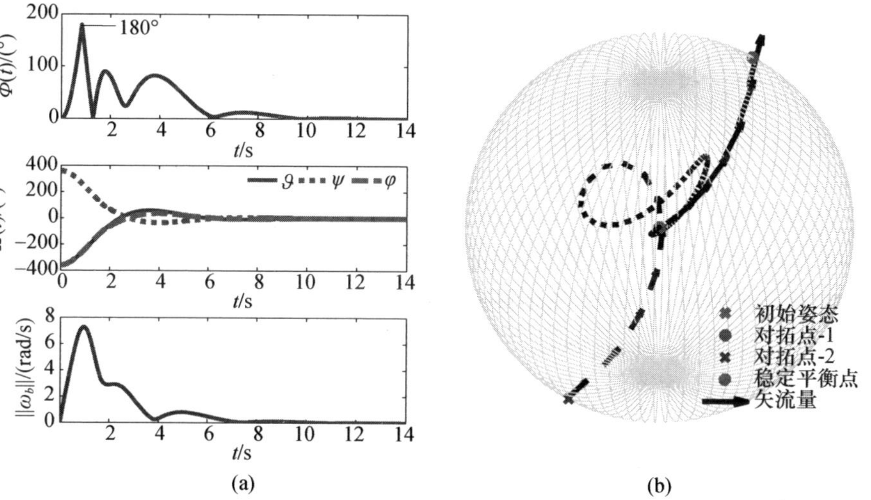

图 1.3　欧拉角反馈控制结果

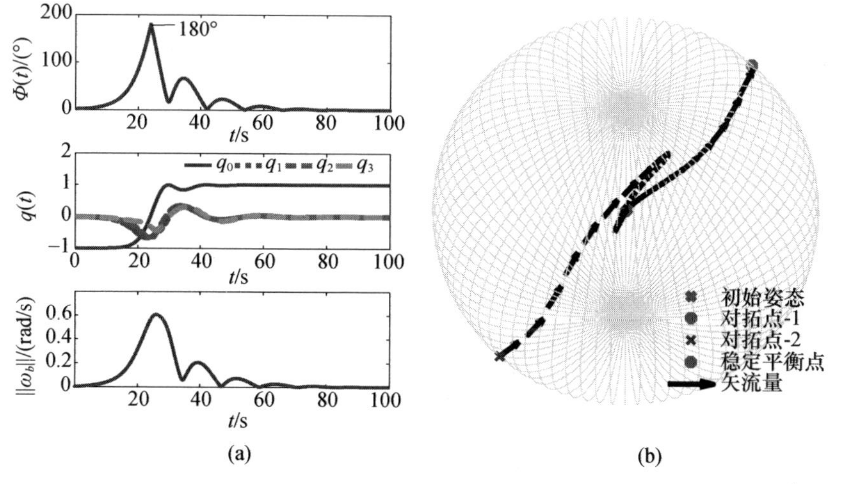

图 1.4　四元数反馈控制结果

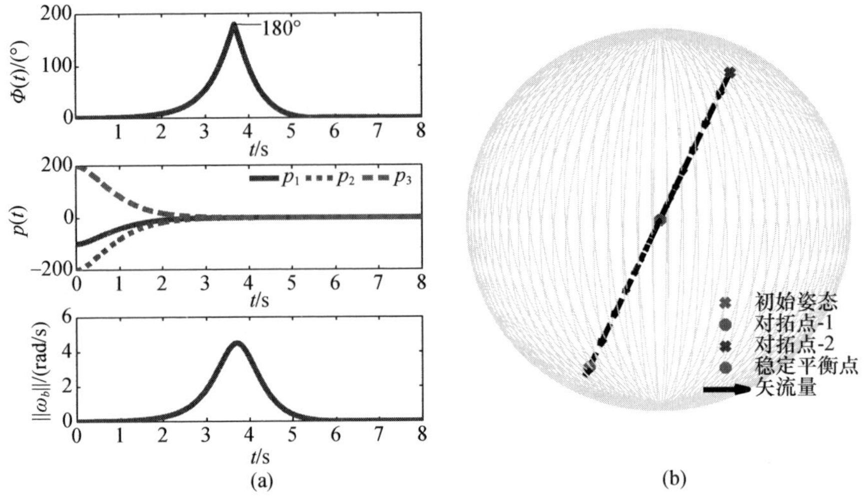

图 1.5　MRP 反馈控制结果

特征转角 $\boldsymbol{\Phi}$、姿态参数($\boldsymbol{\Omega}/\boldsymbol{q}/\boldsymbol{p}$)和角速度幅值 $\|\boldsymbol{\omega}_b\|$ 的变化曲线;图 1.3(b)~图 1.5(b)是刚体姿态在SO(3)空间中的轨迹图,箭头方向表示姿态轨迹上某一点处的矢量场方向,姿态构造空间 SO(3)用具有对拓边界的封闭三维球体表示。

对例 1.1 进行仿真时,欧拉角初值 $\boldsymbol{\Omega}(0)=[-360,-360,360](°)$,控制过程中,欧拉角渐近收敛到原点,但在 SO(3)空间中,姿态轨迹从封闭圆球的中心点($\boldsymbol{R}=\boldsymbol{I}$)出发并远离,抵达圆球边界后穿过对拓点再返回到起点。事实上,整个姿态运动的路径形成了 SO(3)空间中的一个"环",由于 SO(3)空间不是单连通的,姿态运动路径形成的"环"不能收缩成一个点。由此可见,姿态控制中的退绕现象是由姿态构造空间 SO(3)的拓扑结构决定的。

对例 1.2 进行仿真时,四元数初值为 $\boldsymbol{q}(0)=[-0.999,-0.01,-0.01,-0.01]^{\mathrm{T}}$,控制过程中,四元数渐近收敛到稳定平衡点 $\boldsymbol{q}_e=[1,0,0,0]^{\mathrm{T}}$,在 SO(3)空间中,姿态轨迹也呈现出"先远离中心,穿过对拓点后再返回"的过程。但是在这个例子中,姿态运动形成的路径并不构成一个"环",因为 $\boldsymbol{q}=[-1,0,0,0]^{\mathrm{T}}$ 是闭环系统的一个不稳定平衡点,从该点出发的轨迹一直停留在该点。

对例 1.3 进行仿真时,MRP 初值 $\boldsymbol{p}(0)=[-100,-200,200]^{\mathrm{T}}$,控制过程中,MRP 渐近收敛到原点,由于 MRP 不能表示转角 $\Phi=360°$ 的情况,因此,此例中的姿态运动路径也没有构成一个"环"。值得注意的是,MRP 反馈控制形成的轨迹在 SO(3)空间中是一条直线,说明这种控制方法只改变特征转角 $\boldsymbol{\Phi}$,却不改变特征转轴的指向。

通过对退绕现象产生原因的阐述以及上述三个例子可以明确：姿态构造空间 SO(3)特殊的拓扑结构是产生退绕现象的根本原因，姿态参数不能全局唯一地描述现实中的物理姿态则是诱发退绕现象的直接原因，采用姿态参数反馈的连续控制函数必然会导致退绕发生。若采用映射集方法限制姿态参数定义空间的范围，消除姿态参数描述的不唯一性，则会导致综合出的控制量不连续。因此，直接使用 SO(3) 中的旋转矩阵 $\boldsymbol{R}$ 来设计控制律是一个值得关注的研究方向。

1.4 模块变形航天器姿态动力学方程

在轨服务主要包括在轨装配、在轨维护和后勤支持三大类任务，无论何种任务都需要采用一定的服务操作手段才能实施，本章的主要工作就是建立服务操作过程中的模块变形航天器的姿态动力学模型。然而，在轨服务的任务类型繁多，不同的服务任务需要不同的服务操作来执行，本书将主要讨论两种比较重要的在轨服务操作，即在轨模块更换与在轨加注操作。这两类服务操作是实现自主在轨服务的难点和关键，具有十分重要的研究价值。

1.4.1 典型的在轨服务操作描述

在轨模块更换操作是支持实现在轨故障模块更换、功能扩展和升级的关键。目前，已经成功完成在轨自主模块更换飞行试验的项目有日本的 ETS－VII 项目和美国的 Orbital Express 计划。在 ETS－VII 项目中，通过遥操作机械臂实现了服务航天器与目标航天器之间电池模块和燃料贮箱模块的传递与更换。在 Orbital Express 计划中，同样通过机械臂实现了电池模块和姿控分系统控制计算机模块的更换。根据这两个项目的具体实施过程，可以归纳出在轨模块更换操作的一般流程[29]：

(1) 服务航天器携带新模块发射入轨、机动变轨，与目标航天器交会对接；

(2) 两航天器完成刚性连接后，服务航天器通过机械臂将目标航天器原有故障模块拔出，移动并置于服务航天器指定位置；

(3) 服务航天器通过机械臂将新模块安装于目标航天器指定位置；

(4) 目标航天器对插入的新模块进行识别、集成与检测；

(5) 两航天器分离，完成在轨服务。

在轨加注操作是实现航天器的气、液消耗品在轨补给的关键技术。目前在轨加注方式主要分为燃料直接传输加注式与推进系统更换式两大类。推进系统更换式操作流程与在轨模块更换相同，这里给出燃料直接传输加注操作的一般流程：

(1) 服务航天器携带补加推进剂发射入轨、机动变轨，与目标航天器交会对接；

(2) 两航天器完成刚性连接后，进行推进剂传输接口连接，检测接口、管路等系统气密性及其他相关参数，做好推进剂传输准备；

(3) 推进剂从服务航天器贮箱传输至目标航天器贮箱，监测传输状态；

(4) 推进剂传输停止，检测接口和管路，准备分离；

(5) 传输接口分离，两航天器分离，完成在轨服务。

综合以上两种典型服务操作流程，不难发现：①服务航天器必然与目标航天器刚性连接，两航天器形成了一个模块变形航天器；②在操作过程中，模块变形航天器中的部分质量块持续移动或变形，如机械臂上各刚性连杆和在轨可替换模块位置的移动，服务贮箱中的燃料体积减小，目标贮箱中的燃料体积增大等；③操作结束后，模块变形航天器的构型或质量分布与操作前相比存在差异。

1.4.2 航天器系统的抽象化处理

为了建立模块变形航天器姿态模型，基于典型服务操作流程的分析，本书对模块变形航天器系统进行一定的抽象化：①将服务航天器与目标航天器刚性连接形成的整个组合体系统分为两个部分；②将系统中不随服务操作而变化的部分视为一个主刚体，称为刚性平台；③将服务操作过程中，位置或外形变化的各部件、质量块视为若干个子体。这样，整个模块变形航天器系统就被抽象为由平台和子体组成的多体复杂系统。其详细描述如下：

设整个模块变形航天器系统由 1 个刚性平台和 N 个附着在平台上的子体组成，子体可以相对平台进行旋转和位移运动，子体的外形和质量也随时间而变化，如图 1.6 所示。图中：F_a 表示惯性系；$\{\boldsymbol{i}_b,\boldsymbol{j}_b,\boldsymbol{k}_b\}$ 为本体系 F_b 的基矢量；$\{\boldsymbol{i}_i,\boldsymbol{j}_i,\boldsymbol{k}_i\}$ 为第 i 个子体的惯量主轴系基矢量；$\{\omega_{b1},\omega_{b2},\omega_{b3}\}$ 为刚性平台角速度矢量 $\boldsymbol{\omega}_b$ 在 F_b 系中的三分量；O 表示刚性平台质心；C 表示整个系统的质心；$\boldsymbol{\mathcal{R}}_i$ 为第 i 个子体的质心绝对位矢；$\boldsymbol{\mathcal{R}}_O$ 为刚性平台的质心绝对位矢；$\boldsymbol{\mathcal{R}}_C$ 为整个系统的质心绝对位矢；$\boldsymbol{r}_i$ 为第 i 个子体质心相对刚体平台质心的相对位矢；$\boldsymbol{r}_C$ 为整个系统质心相对刚体平台质心的相对位矢。进一步，也给出刚体平台和各子体的质量特性的符号描述：设 m_i 和 $\boldsymbol{J}_i$ 分别表示第 i 个子刚体的质量和转动惯量，其中 $i\in\{1,2,\cdots,N\}$，特别地，m_0 和 $\boldsymbol{J}_0$ 分别为刚体平台的质量和转动惯量。

1.4.3 系统的角动量

研究姿态动力学时，往往并不关心航天器系统质心位置的变化，而主要关注

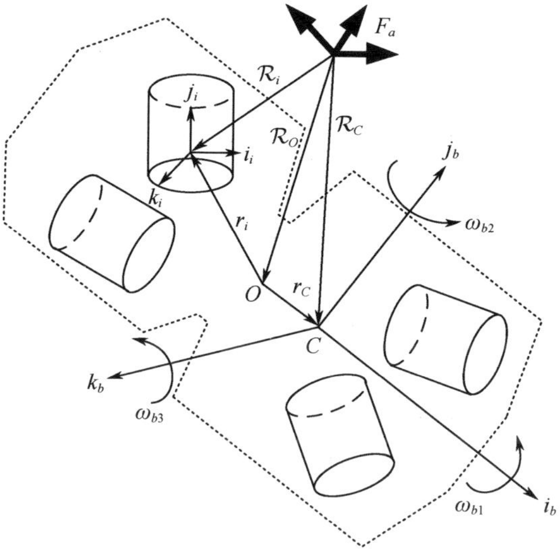

图 1.6　模块变形航天器多体系统结构示意图

惯性张量的变化。采用从系统总角动量出发建立转动惯量计算公式的方法，可以避免计算整个系统的质心位置。

图 1.6 所示系统的绝对质心位置为

$$\boldsymbol{\mathcal{R}}_C = \left[\sum_{i=0}^{N} m_i(\boldsymbol{r}_i + \boldsymbol{\mathcal{R}}_O)\right] \Big/ \left(\sum_{i=0}^{N} m_i\right) = \boldsymbol{\mathcal{R}}_O + \left(\sum_{i=0}^{N} m_i \boldsymbol{r}_i\right) \Big/ \left(\sum_{i=0}^{N} m_i\right) \tag{1.50}$$

式中，特别注意 $\boldsymbol{r}_0 = [0,0,0]^{\mathrm{T}}$。

根据理论力学知识，多体系统相对系统质心 C 点的总角动量等于各个子体的平移角动量与自旋角动量的矢量和，即

$$\boldsymbol{H} = \sum_{i=0}^{N}\left[\boldsymbol{J}_i\boldsymbol{\omega}_i + m_i(\boldsymbol{\mathcal{R}}_i - \boldsymbol{\mathcal{R}}_C) \times \frac{\mathrm{d}\boldsymbol{\mathcal{R}}_i}{\mathrm{d}t}\right] \tag{1.51}$$

式中：$\boldsymbol{\omega}_i$ 为各子体相对惯性参考系的绝对角速度矢量；$\boldsymbol{J}_i$ 为各子体转动惯量，特别地，$\boldsymbol{J}_0$ 为刚体平台转动惯量；$\boldsymbol{\mathcal{R}}_i$ 为各子刚体的绝对位置矢量，特别地，$\boldsymbol{\mathcal{R}}_0 = \boldsymbol{\mathcal{R}}_O$。

注意：$\boldsymbol{\mathcal{R}}_i = \boldsymbol{\mathcal{R}}_O + r_i$，$\boldsymbol{\mathcal{R}}_C$ 和 $\boldsymbol{\mathcal{R}}_O$ 的关系由式(1.50)给出，且姿态运动问题中不考虑系统质心相对惯性系的运动，即 $\mathrm{d}\boldsymbol{\mathcal{R}}_C/\mathrm{d}t = 0$。将式(1.51)中的 $\boldsymbol{\mathcal{R}}_i$、$\mathrm{d}\boldsymbol{\mathcal{R}}_i/\mathrm{d}t$ 用 $\boldsymbol{\mathcal{R}}_C$ 和 $\boldsymbol{r}_i$ 表示，可得

$$\boldsymbol{H} = \sum_{i=0}^{N}(\boldsymbol{J}_i\boldsymbol{\omega}_i) + \sum_{i=1}^{N}\left(m_i\boldsymbol{r}_i \times \frac{\mathrm{d}\boldsymbol{r}_i}{\mathrm{d}t}\right) - \frac{1}{\boldsymbol{M}}\left(\sum_{i=1}^{N} m_i\boldsymbol{r}_i\right) \times \left(\sum_{i=1}^{N} m_i \frac{\mathrm{d}\boldsymbol{r}_i}{\mathrm{d}t}\right) \tag{1.52}$$

式中：M 为系统的总质量，$M=\sum_{i=0}^{N}m_i$。

再注意

$$\boldsymbol{\omega}_i=\boldsymbol{\omega}_b+\boldsymbol{\Omega}_i,\frac{\mathrm{d}\boldsymbol{r}_i}{\mathrm{d}t}=\frac{\partial\boldsymbol{r}_i}{\partial t}+\boldsymbol{\omega}_b\times\boldsymbol{r}_i \tag{1.53}$$

式中：$\boldsymbol{\omega}_b$ 为刚性平台相对惯性系的角速度；$\boldsymbol{\Omega}_i$ 为子体相对刚性平台的角速度；$\partial\boldsymbol{r}_i/\partial t$ 表示 $\boldsymbol{r}_i$ 对时间的相对导数；特别地，$\boldsymbol{\Omega}_0=[0,0,0]^{\mathrm{T}}$，$\partial\boldsymbol{r}_0/\partial t=[0,0,0]^{\mathrm{T}}$，表示刚性平台相对自身无运动。

重新整理式(1.52)得到

$$\begin{aligned}\boldsymbol{H}=&\left(\sum_{i=0}^{N}\boldsymbol{J}_i\right)\boldsymbol{\omega}_b+\sum_{i=1}^{N}\left(m_i\boldsymbol{r}_i\times\left(\frac{\partial\boldsymbol{r}_i}{\partial t}+\boldsymbol{\omega}_b\times\boldsymbol{r}_i\right)\right)\\&-\frac{1}{M}\left(\sum_{i=1}^{N}m_i\boldsymbol{r}_i\right)\times\left(\left(\sum_{i=1}^{N}m_i\frac{\partial\boldsymbol{r}_i}{\partial t}\right)+\boldsymbol{\omega}_b\times\left(\sum_{i=1}^{N}m_i\boldsymbol{r}_i\right)\right)+\sum_{i=1}^{N}(\boldsymbol{J}_i\boldsymbol{\Omega}_i)\end{aligned}$$

考虑到 $\forall\boldsymbol{r}\in\mathbb{R}^3,\boldsymbol{\omega}\in\mathbb{R}^3$，有 $\boldsymbol{r}\times(\boldsymbol{\omega}\times\boldsymbol{r})=(\boldsymbol{r}^{\mathrm{T}}\boldsymbol{r}\boldsymbol{I}-\boldsymbol{r}\boldsymbol{r}^{\mathrm{T}})\boldsymbol{\omega}$，最终整理得到全系统角动量为

$$\boldsymbol{H}=\boldsymbol{J}\boldsymbol{\omega}_b+\boldsymbol{h} \tag{1.54}$$

式中：$\boldsymbol{J}$ 为系统的转动惯量，具体表达式为

$$\begin{aligned}\boldsymbol{J}=&\sum_{i=0}^{N}\boldsymbol{J}_i+\sum_{i=1}^{N}m_i(\boldsymbol{r}_i^{\mathrm{T}}\boldsymbol{r}_i\boldsymbol{I}-\boldsymbol{r}_i\boldsymbol{r}_i^{\mathrm{T}})\\&-\frac{1}{M}\left[\left(\sum_{i=1}^{N}m_i\boldsymbol{r}_i\right)^{\mathrm{T}}\left(\sum_{i=1}^{N}m_i\boldsymbol{r}_i\right)\boldsymbol{I}-\left(\sum_{i=1}^{N}m_i\boldsymbol{r}_i\right)\left(\sum_{i=1}^{N}m_i\boldsymbol{r}_i\right)^{\mathrm{T}}\right]\end{aligned} \tag{1.55}$$

$\boldsymbol{h}$ 为子体位移和转动引起的附加角动量，具体表达式为

$$\boldsymbol{h}=\sum_{i=1}^{N}\left(m_i\boldsymbol{r}_i\times\frac{\partial r_i}{\partial t}\right)-\frac{1}{M}\left(\sum_{i=1}^{N}m_i\boldsymbol{r}_i\right)\times\left(\sum_{i=1}^{N}m_i\frac{\partial\boldsymbol{r}_i}{\partial t}\right)+\sum_{i=1}^{N}(\boldsymbol{J}_i\boldsymbol{\Omega}_i) \tag{1.56}$$

$\boldsymbol{I}$ 为 3 阶单位矩阵。

式(1.54)~式(1.56)即为在轨服务操作中模块变形航天器系统的角动量方程。其与单刚体航天器相比，组合体航天器的角动量方程中多出一项由各子体的质心平移和绕质心转动引起的附加角动量 $\boldsymbol{h}$。

工程中可以通过一些特殊的设计手段消除附加角动量的影响，比如：在轨模块更换操作中，可以将 $\boldsymbol{h}=\boldsymbol{0}$ 作为约束条件，通过机械臂路径规划技术实现对载体无扰动的服务操作；在轨加注操作中，通过合理设计贮箱布局使系统中推进剂部分的质心位移矢量与刚性平台质心共线，使得 $\boldsymbol{h}=\boldsymbol{0}$ 恒成立，就能够消除推进

剂传输对姿态运动的影响。但是，对于更广泛的一类在轨服务任务，比如采用通用服务航天器对非合作目标航天器进行在轨服务的情况，此时系统总质量未知，也不具备改变目标贮箱安装结构的条件，建模分析中就必须考虑附加角动量 $\boldsymbol{h}$。

1.4.4 姿态动力学方程推导

利用系统角动量方程式(1.54)，根据牛顿第二定律可以直接列出在轨服务操作过程中的模块变形航天器姿态动力学方程

$$\boldsymbol{J}\dot{\boldsymbol{\omega}}_b = \boldsymbol{T} - \dot{\boldsymbol{J}}\boldsymbol{\omega}_b + (\boldsymbol{J}\boldsymbol{\omega}_b)\times\boldsymbol{\omega}_b - \dot{\boldsymbol{h}} - \boldsymbol{\omega}_b \times \boldsymbol{h} \tag{1.57}$$

式中：$\boldsymbol{T}$ 为作用在模块变形航天器上的合外力矩；$\dot{\boldsymbol{\omega}}_b = \dfrac{\partial \boldsymbol{\omega}_b}{\partial t}$、$\dot{\boldsymbol{J}} = \dfrac{\partial \boldsymbol{J}}{\partial t}$、$\dot{\boldsymbol{h}} = \dfrac{\partial \boldsymbol{h}}{\partial t}$分别为角速度 $\boldsymbol{\omega}_b$、系统转动惯量 $\boldsymbol{J}$、附加角动量 $\boldsymbol{h}$ 对时间的相对导数，$\dfrac{\partial \boldsymbol{J}}{\partial t}$的具体表达式为

$$\begin{aligned}
\frac{\partial \boldsymbol{J}}{\partial t} = {} & \sum_{i=1}^{N}\frac{\partial \boldsymbol{J}_i}{\partial t} + \sum_{i=1}^{N}\frac{\partial m_i}{\partial t}(\boldsymbol{r}_i^{\mathrm{T}}\boldsymbol{r}_i\boldsymbol{I} - \boldsymbol{r}_i\boldsymbol{r}_i^{\mathrm{T}}) + \sum_{i=1}^{N} m_i\left(2\boldsymbol{r}_i^{\mathrm{T}}\frac{\partial \boldsymbol{r}_i}{\partial t}\boldsymbol{I} - \frac{\partial \boldsymbol{r}_i}{\partial t}\boldsymbol{r}_i^{\mathrm{T}} - \boldsymbol{r}_i\left[\frac{\partial \boldsymbol{r}_i}{\partial t}\right]^{\mathrm{T}}\right) \\
& - \frac{1}{M}\left[2\left(\sum_{i=1}^{N} m_i\boldsymbol{r}_i\right)^{\mathrm{T}}\left(\sum_{i=1}^{N}\frac{\partial m_i}{\partial t}\boldsymbol{r}_i\right)\boldsymbol{I} - \left(\sum_{i=1}^{N}\frac{\partial m_i}{\partial t}\boldsymbol{r}_i\right)\left(\sum_{i=1}^{N} m_i\boldsymbol{r}_i\right)^{\mathrm{T}}\right. \\
& \left. - \left(\sum_{i=1}^{N} m_i\boldsymbol{r}_i\right)\left(\sum_{i=1}^{N}\frac{\partial m_i}{\partial t}\boldsymbol{r}_i\right)^{\mathrm{T}}\right] - \frac{1}{M}\left[2\left(\sum_{i=1}^{N} m_i\boldsymbol{r}_i\right)^{\mathrm{T}}\left(\sum_{i=1}^{N} m_i\frac{\partial \boldsymbol{r}_i}{\partial t}\right)\boldsymbol{I}\right. \\
& \left. - \left(\sum_{i=1}^{N} m_i\frac{\partial \boldsymbol{r}_i}{\partial t}\right)\left(\sum_{i=1}^{N} m_i\boldsymbol{r}_i\right)^{\mathrm{T}} - \left(\sum_{i=1}^{N} m_i\boldsymbol{r}_i\right)\left(\sum_{i=1}^{N} m_i\frac{\partial \boldsymbol{r}_i}{\partial t}\right)^{\mathrm{T}}\right]
\end{aligned} \tag{1.58}$$

$\dfrac{\partial \boldsymbol{h}}{\partial t}$的具体表达式为

$$\begin{aligned}
\frac{\partial \boldsymbol{h}}{\partial t} = {} & \sum_{i=1}^{N}\left(\frac{\partial m_i}{\partial t}\boldsymbol{r}_i \times \frac{\partial \boldsymbol{r}_i}{\partial t}\right) + \sum_{i=1}^{N}\left(m_i\boldsymbol{r}_i \times \frac{\partial^2 \boldsymbol{r}_i}{\partial t^2}\right) - \frac{1}{M}\left(\sum_{i=1}^{N}\frac{\partial m_i}{\partial t}\boldsymbol{r}_i\right) \times \left(\sum_{i=1}^{N} m_i\frac{\partial \boldsymbol{r}_i}{\partial t}\right) \\
& - \frac{1}{M}\left(\sum_{i=1}^{N} m_i\boldsymbol{r}_i\right) \times \left(\sum_{i=1}^{N}\frac{\partial m_i}{\partial t}\frac{\partial \boldsymbol{r}_i}{\partial t}\right) - \frac{1}{M}\left(\sum_{i=1}^{N} m_i\boldsymbol{r}_i\right) \times \left(\sum_{i=1}^{N} m_i\frac{\partial^2 \boldsymbol{r}_i}{\partial t^2}\right) \\
& + \sum_{i=1}^{N}\left(\frac{\partial \boldsymbol{J}_i}{\partial t}\boldsymbol{\Omega}_i + \boldsymbol{J}_i\frac{\partial \boldsymbol{\Omega}_i}{\partial t}\right)
\end{aligned} \tag{1.59}$$

式(1.58)和式(1.59)中：$\dfrac{\partial \boldsymbol{J}_i}{\partial t}$、$\dfrac{\partial m_i}{\partial t}$、$\dfrac{\partial \boldsymbol{\Omega}_i}{\partial t}$、$\dfrac{\partial \boldsymbol{r}_i}{\partial t}$和$\dfrac{\partial^2 \boldsymbol{r}_i}{\partial t^2}$分别为各子体的惯量变化率、质量变化率、转速变化率、相对刚性平台的质心 O 点的速度和加速度，当这些量都为零，且子体相对平台角速度 $\boldsymbol{\Omega}_i = \boldsymbol{0}$ 时，就得到了服务操作开始前或结束后的模块变形航天器的动力学方程

$$\boldsymbol{J}\dot{\boldsymbol{\omega}}_b=\boldsymbol{T}+(\boldsymbol{J}\boldsymbol{\omega}_b)\times\boldsymbol{\omega}_b \tag{1.60}$$

式(1.60)即为单刚体的姿态动力学方程。对比式(1.60)与式(1.57)可见,在轨服务操作过程中,姿态动力学方程右侧多出了一项 $-\dot{\boldsymbol{J}}\boldsymbol{\omega}_b-\dot{\boldsymbol{h}}-\boldsymbol{\omega}_b\times\boldsymbol{h}$。表明系统质量分布的时变特性产生了附加干扰力矩。此外,应注意式(1.57)中的转动惯量是关于时间的矩阵函数,即 $\boldsymbol{J}(t):\mathbb{R}^+\to\mathbb{D}^{3\times3}$,其中集合 $\mathbb{D}^{3\times3}$定义为

$$\mathbb{D}^{3\times3}=\{\boldsymbol{J}\in\mathbb{R}^{3\times3}\mid\boldsymbol{J}^{\mathrm{T}}=\boldsymbol{J},\lambda_{\min}(\boldsymbol{J})>0\} \tag{1.61}$$

$\lambda_{\min}(\cdot):\mathbb{R}^{3\times3}\to\mathbb{R}$ 表示矩阵的最小特征值。对于单刚体航天器而言,其转动惯量则是常矩阵 $\boldsymbol{J}\in\mathbb{D}^{3\times3}$。

根据式(1.55)~式(1.59)可明确,在轨服务操作过程中,影响模块变形航天器姿态的时变项包括 $\boldsymbol{J}_i(t)$、$\partial\boldsymbol{J}_i(t)/\partial t$、$m_i(t)$、$\partial m_i(t)/\partial t$、$\boldsymbol{r}_i(t)$、$\partial\boldsymbol{r}_i(t)/\partial t$、$\partial^2\boldsymbol{r}_i(t)/\partial t^2$、$\boldsymbol{\Omega}_i(t)$、$\partial\boldsymbol{\Omega}_i(t)/\partial t$,即子体的质量特性参数时变和相对转速时变。另外要说明:因为姿态动力学方程是根据牛顿第二定律推导的,以上方程中的所有张量和矢量均在本体坐标系 F_b 中列写。

1.4.5 质量分布时变效应对稳定性的影响

假设工程中采用了特别的技术手段,使得式(1.54)中附加角动量 $\boldsymbol{h}\equiv\boldsymbol{0}$ 恒成立,即只考虑转动惯量变化对姿态运动的影响。此时,无外力矩输入的姿态动力学方程为

$$\boldsymbol{J}\dot{\boldsymbol{\omega}}=-\dot{\boldsymbol{J}}\boldsymbol{\omega}+(\boldsymbol{J}\boldsymbol{\omega})\times\boldsymbol{\omega} \tag{1.62}$$

式中,略去了表示坐标系的下标“b”。显然 $\boldsymbol{\omega}=\boldsymbol{0}$ 是微分方程式(1.62)的一个平衡点。

下面分析该平衡点的稳定性。先对式(1.62)进行线性化,设偏离平衡点 $\boldsymbol{\omega}=\boldsymbol{0}$的角速度初值为 $\boldsymbol{\omega}(0,\varepsilon)=\varepsilon\boldsymbol{\omega}_0$,其中 $\varepsilon\in\mathbb{R}$,$\boldsymbol{\omega}_0\in\mathbb{R}^3$。注意:当 $\varepsilon\to0$ 时,有 $\boldsymbol{\omega}(0,\varepsilon)\to\boldsymbol{0}$ 成立。$\boldsymbol{\omega}(t,\varepsilon)$ 表示以 $\boldsymbol{\omega}(0,\varepsilon)$ 为初值形成的角速度轨迹,根据式(1.62)得到 $\boldsymbol{\omega}(t,\varepsilon)$ 演化的微分方程为

$$\boldsymbol{J}\dot{\boldsymbol{\omega}}(t,\varepsilon)=-\dot{\boldsymbol{J}}\boldsymbol{\omega}(t,\varepsilon)+\boldsymbol{J}\boldsymbol{\omega}(t,\varepsilon)\times\boldsymbol{\omega}(t,\varepsilon) \tag{1.63}$$

式(1.63)等号两侧对 ε 求偏导得

$$\boldsymbol{J}\frac{\partial\dot{\boldsymbol{\omega}}(t,\varepsilon)}{\partial\varepsilon}=-\dot{\boldsymbol{J}}\frac{\partial\boldsymbol{\omega}(t,\varepsilon)}{\partial\varepsilon}+\left[\boldsymbol{J}\frac{\partial\boldsymbol{\omega}(t,\varepsilon)}{\partial\varepsilon}\right]\times\boldsymbol{\omega}(t,\varepsilon)+\boldsymbol{J}\boldsymbol{\omega}(t,\varepsilon)\times\frac{\partial\boldsymbol{\omega}(t,\varepsilon)}{\partial\varepsilon}$$

同样,$\boldsymbol{\omega}(t,0)$表示以 $\boldsymbol{\omega}(0,0)$为初值形成的角速度轨迹,由于 $\boldsymbol{\omega}(0,0)=\boldsymbol{0}$,所以 $\boldsymbol{\omega}(t,0)\equiv\boldsymbol{0}$。则 $\varepsilon=0$ 时,上式为

$$\boldsymbol{J}\dot{\boldsymbol{\omega}}_\varepsilon(t,0)=-\dot{\boldsymbol{J}}\boldsymbol{\omega}_\varepsilon(t,0) \tag{1.64}$$

式中

$$\dot{\boldsymbol{\omega}}_{\varepsilon}(t,0)=\frac{\partial\dot{\boldsymbol{\omega}}(t,\varepsilon)}{\partial\varepsilon}\bigg|_{\varepsilon=0},\boldsymbol{\omega}_{\varepsilon}(t,0)=\frac{\partial\boldsymbol{\omega}(t,\varepsilon)}{\partial\varepsilon}\bigg|_{\varepsilon=0}$$

定义线性化状态为$\boldsymbol{x}(t)=\boldsymbol{\omega}_{\varepsilon}(t,0)$，得到姿态动力学的线性化方程为

$$\dot{\boldsymbol{x}}(t)=\boldsymbol{A}(t)\boldsymbol{x}(t) \tag{1.65}$$

式中：$\boldsymbol{A}(t)=-\boldsymbol{J}^{-1}(t)\dot{\boldsymbol{J}}(t)$。

这是一个线性时变系统，由于线性时变系统的稳定性不能通过矩阵$\boldsymbol{A}(t)$的特征值位置进行分析，将利用李雅普诺夫稳定性定理进行分析。

定理 1.1 如果动力学系统（式(1.62)）中，转动惯量变化率$\dot{\boldsymbol{J}}(t)$对$\forall t\in[0,\infty)$满足$\dot{\boldsymbol{J}}(t)>0$，那么平衡点$\boldsymbol{\omega}=0$是局部指数稳定的。

证明：取备选李雅普诺夫函数$V(t,\boldsymbol{x}):[0,\infty)\times\mathbb{R}^3\to\mathbb{R}$为

$$V(t,\boldsymbol{x})=\boldsymbol{x}^{\mathrm{T}}\boldsymbol{J}(t)\boldsymbol{x} \tag{1.66}$$

式中：$\boldsymbol{J}(t)$为系统的时变转动惯量矩阵。

对$\forall t\in[0,\infty)$有$\boldsymbol{J}(t)>0$恒成立，进而$V(t,\boldsymbol{x})$满足

$$k_1\|\boldsymbol{x}\|^2\leqslant V(t,\boldsymbol{x})\leqslant k_2\|\boldsymbol{x}\|^2 \tag{1.67}$$

式中：k_1和k_2分别表示时变函数矩阵$\boldsymbol{J}(t)$的最小特征值下界和最大特征值上界，且有$k_1=\inf\limits_{t\in[0,\infty)}\lambda_{\min}^{J}(t)$，$k_2=\sup\limits_{t\in[0,\infty)}\lambda_{\max}^{J}(t)$

$V(t,\boldsymbol{x})$沿线性时变系统（式(1.65)）对时间t的全微分为

$$\begin{aligned}\dot{V}(t,\boldsymbol{x})&=\boldsymbol{x}^{\mathrm{T}}\dot{\boldsymbol{J}}(t)\boldsymbol{x}+2\boldsymbol{x}^{\mathrm{T}}J(t)\dot{\boldsymbol{x}}=\boldsymbol{x}^{\mathrm{T}}[\dot{\boldsymbol{J}}(t)+2\boldsymbol{J}(t)\boldsymbol{A}(t)]\boldsymbol{x}\\&=-\boldsymbol{x}^{\mathrm{T}}\dot{\boldsymbol{J}}(t)\boldsymbol{x}\end{aligned} \tag{1.68}$$

根据式(1.68)，如果对$\forall t\in[0,\infty)$有$\dot{\boldsymbol{J}}(t)>0$恒成立，那么$\dot{V}(t,\boldsymbol{x})$一定满足$\dot{V}(t,\boldsymbol{x})\leqslant -k_3\|\boldsymbol{x}\|^2$，其中，$k_3$表示时变矩阵函数$\dot{\boldsymbol{J}}(t)$的最小特征值下界，$k_3=\inf_{t\in[0,\infty)}\lambda_{\min}^{dJ}(t)$。结合式(1.67)，可以得到$\dot{V}(t,\boldsymbol{x})\leqslant-(k_3/k_2)V(t,\boldsymbol{x})$，进一步根据比较引理可得

$$V(t,\boldsymbol{x})\leqslant V(0,x(0))\exp\{-(k_3/k_2)t\} \tag{1.69}$$

再次结合式(1.67)，推导可得

$$\begin{aligned}\|\boldsymbol{x}\|&\leqslant\left(\frac{V(t,\boldsymbol{x})}{k_1}\right)^{1/2}\leqslant\left(\frac{V(0,\boldsymbol{x}(0))\exp\{-(k_3/k_2)t\}}{k_1}\right)^{1/2}\\&\leqslant\left(\frac{k_2}{k_1}\right)^{1/2}\|\boldsymbol{x}(0)\|\exp\left(-\frac{k_3}{2k_2}t\right)\end{aligned}$$

根据上式可见，线性时变系统（式(1.65)）的平衡点$\boldsymbol{x}=0$是指数稳定的，又因为线性时变系统（式(1.65)）是非线性系统（式(1.62)）在平衡点$\boldsymbol{\omega}=0$附近的局部线性化，因而非线性系统（式(1.62)）的平衡点$\boldsymbol{\omega}=\boldsymbol{0}$是局部指数稳定的。

定理 1.1 说明，只要服务操作过程中系统转动惯量矩阵 $\boldsymbol{J}(t)$ 持续变大，那么角速度空间在原点附近就是局部稳定的。事实上还可以证明，当 $\dot{\boldsymbol{J}}(t)>0$ 时，平衡点 $\boldsymbol{\omega}=\mathbf{0}$ 不仅是局部指数稳定的，也是全局指数稳定的。证明思路如下：

取备选李雅普诺夫函数 $V(t,\boldsymbol{\omega}):[0,\infty)\times\mathbb{R}^3\to\mathbb{R}$ 为

$$V(t,\boldsymbol{\omega})=\boldsymbol{\omega}^{\mathrm{T}}\boldsymbol{J}(t)\boldsymbol{\omega} \tag{1.70}$$

沿系统（式(1.62)）的轨线求导，有 $\dot{V}(t,\omega)=-\boldsymbol{\omega}^{\mathrm{T}}\dot{\boldsymbol{J}}(t)\boldsymbol{\omega}$。若 $\dot{\boldsymbol{J}}(t)>0$，采用定理 1.1 相同的方法，可以推导出

$$\|\boldsymbol{\omega}(t)\|\leqslant\left(\frac{k_2}{k_1}\right)^{1/2}\|\boldsymbol{\omega}(0)\|\exp\left(-\frac{k_3}{2k_2}t\right) \tag{1.71}$$

对 $\forall\,\boldsymbol{\omega}(0)\in\mathbb{R}^3$ 成立。因此，$\boldsymbol{\omega}=\mathbf{0}$ 是全局指数稳定平衡点。

通过上述分析，可以获得如下结论：如果操作过程使得模块变形航天器系统转动惯量持续增大，那么航天器的角速度将会不断减小。这一结论可作为增强航天器角速度稳定性设计的参考。

1.5 姿态跟踪问题的数学模型

姿态控制的目标有姿态机动和姿态跟踪两类。姿态机动是指将航天器从当前姿态调节到预设的期望姿态，而姿态跟踪则要求航天器实际姿态实时跟踪以一定规律变化的期望姿态。在轨服务操作过程中，通常要求模块变形航天器的姿态与轨道坐标系 F_o 重合。轨道坐标系 F_o 定义如下：

$F_o:OX_oY_oZ_o$，原点在模块变形航天器质心，OZ_o 轴由质心指向地心，OX_o 轴在轨道平面内与 OZ_o 轴垂直并指向速度前进方向，OY_o 轴与 OX_o、OZ_o 轴形成右手正交且与轨道平面法线平行。

根据此定义可知，轨道坐标系 F_o 是一个动坐标系，其与空间参考坐标系 F_a 的相对姿态关系可以根据轨道参数实时计算。因此，在轨服务操作时模块变形航天器的姿态控制属于姿态跟踪的范畴。事实上，姿态机动问题可以视为期望角速度为零的特殊姿态跟踪问题，针对姿态跟踪设计的控制算法也可以直接用于姿态机动任务，因此，本书将研究姿态跟踪问题。

考虑动力学方程式(1.57)中合外力矩 $\boldsymbol{T}\in\mathbb{R}^3$ 由控制力矩 $\boldsymbol{u}\in\mathbb{R}^3$ 与外部干扰力矩 $\boldsymbol{d}\in\mathbb{R}^3$ 组成，则动力学方程改写为

$$\boldsymbol{J}(t)\dot{\boldsymbol{\omega}}_b=-\boldsymbol{\omega}_b\times\boldsymbol{J}(t)\boldsymbol{\omega}_b+[\boldsymbol{\mathcal{H}}(t)-\dot{\boldsymbol{J}}(t)]\boldsymbol{\omega}_b+\boldsymbol{u}+\boldsymbol{d} \tag{1.72}$$

其中，矩阵函数 $\boldsymbol{\mathcal{H}}(t):\mathbb{R}\to\mathbf{so}(3)$ 定义为 $\boldsymbol{\mathcal{H}}(t)=\boldsymbol{h}^{\times}(t)$，$\boldsymbol{h}^{\times}\in\mathbf{so}(3)$ 为附加角动量 $\boldsymbol{h}\in\mathbb{R}^3$ 对应的斜对称矩阵。

姿态跟踪控制，即设计控制力矩 $\boldsymbol{u}$，使式(1.8)描述的实际姿态 $\boldsymbol{R}$，跟踪一随时间变化的期望的姿态轨迹 $\boldsymbol{R}_d(t)$。对于 $\forall t>0$，$\boldsymbol{R}_d(t)$ 由以下运动学方程决定：

$$\dot{\boldsymbol{R}}_d(t)=\boldsymbol{R}_d(t)\boldsymbol{\omega}_d^{\times}(t),\quad \boldsymbol{R}_d(0)=\boldsymbol{R}_{d0} \tag{1.73}$$

式中：$\boldsymbol{\omega}_d\in\mathbb{R}^3$ 为随时间变化的期望角速度。

实际姿态 $\boldsymbol{R}(t)$ 与期望姿态 $\boldsymbol{R}_d(t)$ 之间的姿态误差旋转矩阵为

$$\widetilde{\boldsymbol{R}}=\boldsymbol{R}_d^{\mathrm{T}}\boldsymbol{R} \tag{1.74}$$

再定义角速度误差为

$$\widetilde{\boldsymbol{\omega}}=\boldsymbol{\omega}_b-\widetilde{\boldsymbol{R}}^{\mathrm{T}}\boldsymbol{\omega}_d \tag{1.75}$$

对式(1.74)求导，并用 $\widetilde{\boldsymbol{R}}$ 和 $\widetilde{\boldsymbol{\omega}}$ 代替式(3.2)中的 $\boldsymbol{\omega}_b$ 和 $\boldsymbol{R}$，得到姿态跟踪误差模型

$$\dot{\widetilde{\boldsymbol{R}}}=\widetilde{\boldsymbol{R}}\widetilde{\boldsymbol{\omega}}^{\times} \tag{1.76}$$

$$\begin{aligned}\boldsymbol{J}\dot{\widetilde{\boldsymbol{\omega}}}=&-(\widetilde{\boldsymbol{\omega}}+\widetilde{\boldsymbol{R}}^{\mathrm{T}}\boldsymbol{\omega}_d)\times\boldsymbol{J}(\widetilde{\boldsymbol{\omega}}+\widetilde{\boldsymbol{R}}^{\mathrm{T}}\boldsymbol{\omega}_d)+\boldsymbol{J}(\widetilde{\boldsymbol{\omega}}\times\widetilde{\boldsymbol{R}}^{\mathrm{T}}\boldsymbol{\omega}_d-\widetilde{\boldsymbol{R}}^{\mathrm{T}}\dot{\omega}_d)\\&+[\mathcal{H}(t)-\dot{\boldsymbol{J}}(t)](\widetilde{\boldsymbol{\omega}}+\widetilde{\boldsymbol{R}}^{\mathrm{T}}\boldsymbol{\omega}_d)+\boldsymbol{u}+\boldsymbol{d}\end{aligned} \tag{1.77}$$

至此，就建立了姿态跟踪问题的数学模型。

姿态跟踪的控制目标可以归纳为：设计连续的控制律 $\boldsymbol{u}(t)\in\mathbb{R}^3$，使得模型(3.5)~模型(3.7)中的状态满足

$$(\widetilde{\boldsymbol{R}}(t),\widetilde{\boldsymbol{\omega}}(t))\rightarrow(\boldsymbol{I},\boldsymbol{0}) \tag{1.78}$$

或者

$$(\widetilde{\boldsymbol{R}}(t),\widetilde{\boldsymbol{\omega}}(t))\rightarrow(\exp(\varepsilon\boldsymbol{\theta}_0^{\times}),\varepsilon\boldsymbol{\omega}_0) \tag{1.79}$$

式中：函数 $\exp(\cdot):\mathbf{so}(3)\rightarrow \mathrm{SO}(3)$ 定义为

$$\exp(\varepsilon\boldsymbol{\theta}_0^{\times})=\boldsymbol{I}+\sum_{m=1}^{\infty}\varepsilon\frac{(\boldsymbol{\theta}_0^{\times})^m}{m!}=\boldsymbol{I}+\boldsymbol{\theta}_0^{\times}\sin\varepsilon+(\boldsymbol{\theta}_0^{\times})^2(1-\cos\varepsilon)$$

式中：$\varepsilon\in\mathbb{R}$ 为任意小的常数；$\boldsymbol{\theta}_0\in\mathbb{S}^2$ 和 $\boldsymbol{\omega}_0\in\mathbb{S}^2$ 为任意的三维单位矢量。式(1.78)表示姿态无误差跟踪；式(1.79)表示姿态跟踪误差有界，且稳态误差界任意小。

1.6 航天器姿态控制研究综述

姿态控制算法是航天器控制系统的核心，是实现复杂空间任务的基础，在过去的数十年里作为非线性系统控制领域的一个重要分支，得到了控制学界甚至数学界的广泛研究。

长久以来，研究者习惯于将姿态控制的对象抽象为一个悬浮在空间中的刚体，并在刚体航天器的姿态运动方程中，考虑存在“未建模环境力矩引起的外部扰动”和“转动惯量建模不准导致的参数不确定性”两类不确定性因素。正是由于外部扰动与参数不确定性的存在，才使姿态控制问题充满了挑战和趣味，众多研究者提出了各种方法，来消除、抑制、削弱外部扰动和参数不确定性对航天器姿态运动的影响，以实现控制算法的强鲁棒性。

对于姿态机动任务，文献[30]研究了刚体航天器三轴姿态稳定问题，设计了单位四元数-角速度反馈控制律，实现了在四元数域里姿态运动的全局渐近稳定，该控制律与模型参数无关，实现了对参数不确定性的鲁棒性。文献[31]结合极小极大化方法和逆最优控制方法提出了用于刚体航天器姿态稳定的控制方案，在实现最优姿态控制的同时还能够削弱扰动的影响，实现了对外部扰动的鲁棒性。文献[32]研究了执行器饱和情况下的柔性卫星姿态机动问题，基于反步法提出了自适应滑模控制(SMC)律，能保证姿态运动在无外部扰动的情况下达到指数收敛，在有外部扰动的情况下达到一致有界。文献[33]考虑控制力矩受限、参数不确定和存在外扰的航天器，提出了基于变结构控制的姿态控制算法，是较早的一篇同时考虑了参数不确定和外部扰动存在的论文，其采用的类李雅普诺夫分析法对姿态控制研究极具借鉴意义。

对于姿态跟踪任务，其动力学方程相比姿态机动任务稍显复杂，但从控制的角度看并无本质差异。文献[34]采用高阶滑模控制方法处理姿态跟踪问题，针对四元数描述的姿态跟踪问题设计了二阶滑模控制器和微分器，其中线性滑模面为误差角速度和误差四元数的函数。文献[35]提出了基于无源性的控制律，可以使姿态跟踪闭环系统达到渐近稳定，而且不需要测量角速度信息。文献[36]通过引入与实际单位四元数姿态模型结构相同的四元数辅助系统，提出了一种在不考虑扰动和不确定性情况下能使闭环系统全局渐近稳定的控制律。文献[37]也考虑了无角速度测量时的姿态跟踪问题，基于必然等价性和无源性设计的控制律通过自适应观测器估计角速度。文献[38]考虑了没有角速度测量信息和转动惯量未知情况下的刚体姿态跟踪问题，提出的自适应控制律能够使角速度估计误差收敛，并且闭环系统还是渐近稳定的。文献[39]分别结合自适应技术和扩张状态观测器设计了滑模控制律，在转动惯量不确定和外部扰动存在的情况下实现姿态跟踪。

前面提到的文献，都将航天器的转动惯量参数视为恒定不变的常量。而值得注意的是，本书研究的模块变形航天器(式(1.76)和式(1.77))与刚体航天器相比，最大不同在于参数是时变的，这给控制算法的设计带来了新的困难。但幸运的是，作者发现有少数几篇文献研究了参数时变航天器的控制问题。比如，文献[40]采用间接型鲁棒自适应方法设计了控制律,考虑了姿控推力器的饱和与故障,以及外部扰动和转动惯量时变的情况。文献[41]研究了内部有平移运动部件的航天器姿态跟踪问题,在自适应控制方法的框架下,结合必然等价性和内模法设计了采用旋转矩阵描述姿态的自适应控制律,闭环系统在转动惯量时变和外扰存在的情况下是渐近稳定的。文献[42]分别研究了转动惯量为时间相关函数和控制量相关函数两种情况下的姿态跟踪问题,利用必然等价性和光滑投影函数设计了自适应控制律,证明了当转动惯量为时间相关函数时闭环系统是渐近稳定的,而当转动惯量为控制量相关函数时闭环系统是一致有界的。

综合现有的文献不难看出,在众多控制方法中,自适应控制、滑模控制和自抗扰控制,因其对被控对象的参数不确定和外扰具有很强的鲁棒性,是航天器姿态控制中的常用方法。针对这三种控制方法开展研究,能够为本书关注的模块变形航天器姿态控制问题提供有效的解决方案。

参 考 文 献

[1] Boch A M. Nonholonomic Mechanics and Control[M]. New York: Springer – Verlag, 2003.

[2] Markley F L, Crassidis J L. Fundamentals of Spacecraft Attitude Determination and Control[M]. New York – Heidelberg – Dordrecht – London: Springer, 2014.

[3] Hall B C. Lie groups, Lie algebras, and representations: an elementary introduction[M]. New York – Heidelberg – Dordrecht – London: Springer, 2015.

[4] Hatcher A. Algebraic Topology[M]. Cambridge: Cambridge University Press, 2002.

[5] Show L L, Juang J C, Lin C T, et al. Spacecraft robust attitude tracking design: PID control approach [C]//Proceedings of the 2002 American Control Conference (IEEE Cat. No. CH37301). IEEE, 2002, 2: 1360 – 1365.

[6] Hall C E, Shtessel Y B. Sliding mode disturbance observer – based control for a reusable launch vehicle [J]. Journal of Guidance Control And Dynamics, 2006, 29(6): 1315 – 1328.

[7] Derafa L, Benallegue A, Fridman L. Super twisting control algorithm for the attitude tracking of a four rotors UAV[J]. Journal of the Franklin Institute. 2012, 349(2): 685 – 699.

[8] Shi L, Kinkaid N, Katupitiya J. Robust control for satellite attitude regulation during on – orbit assembly [J]. IEEE Transactions on Aerospace and Electronic Systems, 2016, 52(1): 49 – 59.

[9] Song C, Kim S, Kim S, et al. Robust control of the missile attitude based on quaternion feedback[J]. Control Engineering Practice, 2006(14): 811 – 818.

[10] Luo W, Chu Y, Ling K. Inverse optimal adaptive control for attitude tracking of spacecraft[J]. IEEE Transactions on Automatic Control. 2005, 50(11): 1639 – 1654.

[11] Hu Q, Li B, Zhang Y. Robust attitude control design for spacecraft under assigned velocity and control constraints[J]. ISA Transactions, 2013, 52(4): 480 – 493.

[12] Pukdeboon C, Zinober A S I. Control Lyapunov function optimal sliding mode controllers for attitude track-

ing of spacecraft[J]. Journal of the Franklin Institute, 2012, 349(2): 456 –475.
[13] Hu Q, Li B, Zhang A. Robust finite – time control allocation in spacecraft attitude stabilization under actuator misalignment[J]. Nonlinear Dynamics, 2013, 73(1 –2): 53 –71.
[14] Thakur D, Srikant S, Akella M R. Adaptive attitude – tracking control of spacecraft with uncertain time – varying inertia parameters[J]. Journal of Guidance, Control, and Dynamics, 2014, 38(1): 41 –52.
[15] Zhang X, Liu X, Zhu Q. Chattering – free adaptive sliding mode control for attitude tracking of spacecraft with external disturbance[J]. Mathematical Problems in Engineering, 2014, 2014: 1 –7.
[16] Song Y D, Cai W. Quaternion observer – based model – independent attitude tracking control of spacecraft [J]. Journal of Guidance Control and Dynamics, 2009, 32(5): 1476 – 1482.
[17] Li B, Hu Q, Ma G. Extended state observer based robust attitude control of spacecraft with input saturation [J]. Aerospace Science and Technology, 2016, 50: 173 – 182.
[18] Schaub H, Akella M R, Junkins J L. Adaptive realization of linear closed loop tracking dynamics in the presence of large system model errors[J]. Journal of the Astronautical Sciences, 2000, 4(48):537 –551.
[19] Crassidis J L, Markley F L. Sliding mode control using modified rodrigues parameters[J]. Journal of Guidance Control and Dynamics, 1996, 19(6): 1381 –1383.
[20] Sanyal A K, Bohn J, Bloch A M. Almost global finite time stabilization of rigid body attitude dynamics [C]//52nd IEEE Conference on Decision and Control. IEEE, 2013: 3261 –3266.
[21] Bohn J, Sanyal A K. Almost global finite – time stabilization of rigid body attitude dynamics using rotation matrices[J]. International Journal of Robust and Nonlinear Control, 2016, 26(9): 2008 –2022.
[22] Samiei E, Sanyal A K, Butcher E A. Almost global stochastic stabilization of attitude motion with unknown multiplicative diffusion coefficient [C]//American Institute of Aeronautics and Astronautics Inc, AIAA, 2016.
[23] Yong Guo, Shen Minsong, Xue Huili. Finite – time output feedback attitude coordination control for formation flying spacecraft without unwinding[J]. Acta Astronautica, 2016, 122: 159 – 174.
[24] Samiei E, Sanyal A K, Butcher E A. Asymptotic stabilization of rigid body attitude motion in the presence of unknown time delay in feedback[C]//2015 IEEE Indian Control Conference (ICC), 2015: 5 –7.
[25] Weiss A, Kolmanovsky I, Bernstein D S, et al. Inertia – free spacecraft attitude control using reaction wheels[J]. Journal of Guidance, Control, and Dynamics, 2013, 36(5): 1425 – 1439.
[26] Chaturvedi N A, Sanyal A K, Mcclamroch N H. Rigid body attitude control: using rotation matrices for continuous, singularity – free control laws[J]. IEEE Control Systems, 2011, 31(3): 30 –51.
[27] Sanyal A, Fosbury A, Chaturvedi N, et al. Inertia – free spacecraft attitude tracking with disturbance rejection and almost global stabilization[J]. Journal of Guidance Control And Dynamics, 2009, 32(4): 1167 – 1178.
[28] Bhat S P, Bernstein D S. A topological obstruction to continuous global stabilization of rotational motion and the unwinding phenomenon[J]. Systems & Control Letters, 2000, 39(1): 63 –70.
[29] 陈小前,袁建平,姚雯,等. 航天器在轨服务技术[M]. 北京:中国宇航出版社,2009.
[30] Joshi S M, Kelkar A G, Wen J T Y. Robust attitude stabilization of spacecraft using nonlinear quaternion feedback[J]. IEEE Transactions on Automatic control, 1995, 40(10): 1800 – 1803.
[31] Park Y. Robust and optimal attitude stabilization of spacecraft with external disturbances[J]. Aerospace Science and Technology, 2005, 9(3): 253 –259.

[32] Hu Q. Robust adaptive sliding mode attitude maneuvering and vibration damping of three – axis – stabilized flexible spacecraft with actuator saturation limits[J]. Nonlinear Dynamics, 2009, 55(4): 301 – 321.
[33] Boškovic J D, Li S M, Mehra R K. Robust adaptive variable structure control of spacecraft under control input saturation[J]. Journal of Guidance, Control, and Dynamics, 2001, 24(1): 14 – 22.
[34] Pukdeboon C, Zinober A S I, Thein M W L. Quasi – continuous higher order sliding – mode controllers for spacecraft attitude tracking maneuvers[J]. IEEE Transactions on Industrial Electronics, 2010, 57(4): 1436 – 1444.
[35] Tsiotras P. Further passivity results for the attitude control problem[J]. IEEE Transactions on Automatic Control, 1998, 43(11): 1597 – 1600.
[36] Tayebi A. Unit quaternion – based output feedback for the attitude tracking problem[J]. IEEE Transactions on Automatic Control, 2008, 53(6): 1516 – 1520.
[37] Pisu P, Serrani A. Attitude tracking with adaptive rejection of rate gyro disturbances[J]. IEEE Transactions On Automatic Control,2007,52(12):2374 – 2379.
[38] Costic B T, Dawson D M, de Queiroz M S, et al. Quaternion – based adaptive attitude tracking controller without velocity measurements[J]. Journal of Guidance,Control and Dynamics, 2001, 24(6): 1214 – 1222.
[39] Xia Y, Zhu Z, Fu M, et al. Attitude tracking of rigid spacecraft with bounded disturbances[J]. IEEE Transactions on Industrial Electronics, 2011, 58(2): 647 – 659.
[40] Cai W, Liao X H, Song Y D. Indirect robust adaptive fault – tolerant control for attitude tracking of spacecraft[J]. Journal of Guidance, Control, and Dynamics, 2008, 5(31): 1456 – 1463.
[41] Weiss A, Kolmanovsky I, Bernstein D S. Inertia – free attitude control of spacecraft with unknown time – varying mass distribution[C]//62nd International Astronautical Congress, 2011.
[42] Thakur D. Adaptiation, gyro – free stabilization, and smooth angular velocity observers for attitude tracking control applications[D]. Austin: The University of Texas at Austin, 2014.

第 2 章　航天器转动惯量辨识和最优输入设计

2.1 引　　言

在轨服务任务中,空间对接、在轨加注、模块更换和在轨装配等操作会使模块变形航天器的构型发生改变,导致其转动惯量产生很大的不确定性。通常,航天器的转动惯量采用“地面试验”结合“建模计算”的方法得到,但对于在轨运行的模块变形航天器而言,结构构型的多样性、地面与太空环境的不一致性、建模计算的不精确性等因素限制了地面试验和建模计算方法的应用,只能通过“在轨辨识”才能确定系统的转动惯量。辨识包括模型结构的确定和未知参数的估计,模块变形航天器的数学模型是基于物理学原理得到的,可认为是“白箱”系统,在轨辨识就是根据系统的输入输出信息,反推得到系统的状态和参数,故其属于参数估计问题。参数估计包括试验设计与数据处理两个步骤。辨识算法属于数据处理问题。

航天器的姿态动力学参数包括:质量特性参数(质量、转动惯量、质心位置)、挠性结构参数和执行器特性参数(安装矩阵、动量轮偏差、磁力矩偏差),在航天器制造完成后,这些参数的取值可通过地面转台试验和建模计算获得。但对于在轨服务中的模块变形航天器,各类服务操作(如空间对接、在轨加注、模块更换、在轨装配等)会引起参数值发生变化,此时需要通过在轨辨识技术来标定变化后的系统参数。事实上,传统航天器在轨长期运行后,推进剂工质的消耗也会导致系统实际参数与标称参数之间存在巨大差异,因此,国外很早便开始了航天器在轨辨识问题的研究,取得了许多开创性的成果。

Bergmann[1,2]是最早提出航天器质量特性参数在轨辨识问题的学者,他以控制力和控制力矩作为输入激励,采用二阶滤波器估计转动惯量和质心位置参数,采用卡尔曼滤波器估计质量参数,同时他还指出辨识算法的收敛速度依赖于航天器的机动路径,在其后续的研究中,又提出了仅以控制力矩作为输入激励的质量 - 质心位置参数联合辨识算法。以 Bergmann 的研究为基础,Richfield[3]进一步分析了输入信号的优选问题,通过对辨识收敛效率的分析,指出 Bergmann

的算法难以满足在轨辨识的实时性要求。Lam[4]基于误差反演原理和Hopfield网络提出了一种神经网络估计器，该算法要求系统状态方程是线性的，并且输出是全维可测的，该算法的有效性得到了"自由"号空间站的实际飞行数据的验证。在Lam的另一篇文献[5]中，对比了扩展卡尔曼滤波算法和神经滤波算法求解航天器质量特性参数的性能，指出神经滤波具有更好的鲁棒性，在"弱持续非平衡输入信号"的激励下也能得到较为准确的辨识结果。Palimaka[6]针对双自旋卫星质量特性参数辨识问题，提出了基于加权最小二乘的辨识算法，该算法仅需要陀螺角速度测量信息。Tanygin[7]研究了自旋刚体卫星的质量特性辨识，提出了可以同时估计转动惯量和质心位置的辨识算法，该算法与Palimaka的算法类似，都基于加权最小二乘法，不同点在于辨识过程中需要航天器姿态进行"惯性机动"，并根据随机分析理论设计了提高辨识效率的最优机动路径，该算法有效性也得到了实际在轨飞行数据的验证。这些早期的工作对航天器参数辨识进行了有益的探索，为该领域的研究奠定了坚实的基础。

进入21世纪，航天器参数辨识的研究继续深入。Keim[8]将转动惯量辨识问题转换为优化问题进行研究，最终归结为一类设计变量有界的最小二乘问题进行求解。Peck[9]研究了能量耗散条件下的自旋航天器的动力学特性参数辨识问题，基于角动量守恒原理提出的辨识算法，适用于航天器存在较高内部阻尼的情况；在文献[10]中，进一步考虑了存在重力梯度力矩的情况，指出可以利用重力梯度力矩作为系统的输入激励；在文献[11]中，还研究了动量轮执行器安装矩阵的估计问题。Wertz[12]、Lee[13]、Feldman[14]等人基于角动量守恒原理提出了多种航天器动力学参数估计算法，这些算法的有效性得到了Cassini卫星的在轨试验数据的检验。Wilson[15]以麻省理工学院的SPHERES项目为背景，提出了基于指数加权递归最小二乘的辨识算法，利用喷气机构产生激励力矩，结合陀螺的测量数据，可同时辨识转动惯量、质心位置以及每个推力器的特性参数，然而无法辨识航天器的质量；该算法的改进版[16]增加了加速度计测量数据，实现了质量、惯量、质心位置的联合估计；此外，Wilson[17-19]还研究了基于参数辨识的姿控喷管执行器故障诊断与隔离。Psiaki[20]提出了基于牛顿迭代和回归因数分解的最小二乘算法，利用姿态和角速率测量信息，可以同时辨识姿态动力学方程中的干扰力矩、惯量积、比例因子和控制力矩偏差等参数，其有效性得到了威尔金森微波各向异性探测卫星在轨飞行数据的验证；在转动惯量估计问题上，Psiaki[21-24]提出将转动惯量矩阵元素增广为滤波状态，对6个独立变量中的5个进行估计，提高了无角速度测量信息时的姿态确定精度。

随着在轨服务技术的发展，机械臂成为服务航天器上普遍安装的机构。与利用控制力、控制力矩作为激励信号的辨识算法不同，Ou Ma[25-26]研究了利用机器臂操作进行动力学参数辨识的问题，通过改变航天器上机械臂的构型，使系统的线速度和角速度发生变化，根据不同机械臂构型所对应的速度测量信息和机械臂本身惯量已知的条件，可以计算航天器平台的质量特性参数。此外，一些学者还研究了利用自适应控制技术同时完成航天器姿态控制和参数辨识的问题。Paynter[27]在反馈线性化控制回路中引入了参数估计值，通过结合参数辨识与自适应控制，实现了对变参数系统的实时跟踪控制。Chaturvedi[28]通过设计自适应控制器，使航天器角速度跟踪正弦角速度轨迹，实现了对转动惯量矩阵的精确估计；Luquette[29]指出，只有当目标角速度轨迹满足“持续激励条件”时，自适应控制器中得出的转动惯量估计结果才是可信的。

自在轨辨识技术提出以来，研究工作主要围绕辨识算法展开，目前的辨识精度已基本能够满足工程应用的需求。值得注意的是，现有的实时高精度辨识算法基本采用迭代或递推的计算结构，需要提供参数初值才能启动运算，而且辨识效率也与参数初值密切相关。对于模块变形航天器，其转动惯量参数的先验值与真实值之间存在很大的差异，需要重点关注参数初值选择和辨识效率提高的问题。

当辨识算法选定之后，参数估计的最终结果完全取决于试验设计是否合理。对未知参数进行估计时，得到的结果与激励系统时所选用的输入信号有较大的关系，为了提高参数辨识的精度和效率，需要选择合适的输入信号，由此产生了“最优输入设计”的概念[30]。最优输入设计（Optimal Input Design，OID）就是在一定约束下寻找使系统辨识精度的某一性能指标达到最高的输入轨迹。对于航天器在轨辨识问题而言，试验设计的主要工作是对激励航天器系统产生运动变化的输入量轨迹进行优化，即在一定约束下寻找使系统辨识精度的某一性能指标达到最高的输入轨迹。此外，航天器上提供动能的资源（如燃料、电能、工质等）和执行机构的输出范围有限，并且航天器上还存在各种挠性部件和晃动的液体，使得输入轨迹设计显得尤为重要。作用在航天器系统上的输入力矩不仅要充分激励系统动态以提高参数辨识精度，还需要确保航天器姿态在激励过程中不出现剧烈变化。

OID 问题的萌芽可追溯至 20 世纪 30 年代 Fisher 的专著[31]，但人们还是公认 Levin[32]为最早完整地提出 OID 概念的学者，Levin 研究了线性离散 SISO 系统 MA 模型的参数估计问题，证明了在白噪声干扰、有限输入功率和输入饱和约束下，脉冲自相关输入信号能够使参数辨识的误差协方差矩阵最小化。其后，Litman[33]研究了一阶连续定常系统的传递函数辨识问题，指出采用正交增长指数型输入信号能够提高辨识效率。Levadi[34]研究了相关噪声条件下的连续时变系统参数辨识的最优输入设计问题。Gagliardi[35]提出了以试验误差概率为准则的最优输入设计方法。这些早期的研究奠定了 OID 领域发展的基础,值得一提的是,Mehra[36]贡献了关于 OID 问题研究的第一篇综述文章,内容涵盖了该领域发展初期 20 年里的大部分重要工作,这一阶段的主要成果是针对离散的线性系统提出了许多实用的最优输入设计方法。

相对于 AR 模型、MA 模型、ARMA 模型等经典的辨识模型,针对微分方程模型的最优输入设计研究开展较晚并且发展相对缓慢。根据已掌握的文献来看,Espie[37]是第一个考虑该问题的学者,Shirt[38]在 Espie 研究的基础上,将输入信号轨迹的设计问题归结为最优控制问题,提出了一种强健且高效的设计方法,可以提高线性微分方程的参数估计精度。此外 Zullo[39]和 Atkinson[40]的工作也为该问题的研究做出了突出贡献。近年来,最优输入设计方法的研究工作,大多围绕着完善目标函数和开发高效优化算法两个方面展开。

提高参数估计的精度,用数学语言描述就是缩小模型参数的不确定性域,也就是使描述参数概率分布的协方差矩阵的元素最小化。Zullo[39]定义了一种离散形式的信息矩阵,适用于非线性多输出系统的最优输入设计。值得注意的是,对于非线性模型,信息矩阵的逆矩阵与协方差矩阵是渐近等价的,而且取决于未知参数的真值。为了能够执行优化设计过程,需要在最优输入设计中给未知参数赋予初值。这种需要给定参数初值的设计方法称为局部最优输入设计方法[40],如果给定的初始参数不准确,在参数估计时就需要对最优输入设计过程进行多次迭代。

现有的最优输入设计方法,是通过最小化协方差矩阵的某个特定的标量函数或是最大化信息矩阵的某个标量函数来获得最优输入轨迹。有很多种标量函数可以作为评价矩阵大小的定量指标,最常用的三种准则:①D 最优准则,即最大化信息矩阵的行列式或者最小化协方差矩阵的行列式;②E 最优准则,即最大化信息矩阵的最小特征值或者最小化协方差矩阵最大特征值;③A 最优准则,即最大化信息矩阵的迹或者最小化协方差矩阵的迹。

上述这三种准则都有明确的几何意义,D 最优准则的几何意义是参数估计的不确定性椭球体积,E 最优准对应于不确定性椭球的长轴,A 最优准表示不确定性椭球的包络立方体。D 最优准则在最优输入设计的早期研究中使用得最为普遍[41],原因在于它具有明确的几何意义,对任何作用于模型参数的非退化变换具有理论上的恒定性。D 最优准则也存在不可避免的缺点,一些学者认为,该准则会给灵敏度最高的待估参数赋予过大的权重,虽然减小了不确定性椭球的体积,但忽视了其他待估参数的不确定性。对于 A 最优准则,信息矩阵的非对角线元素没有包含在优化目标函数中,有的学者[42]认为它是不可靠的,特别是当参数之间存在很强的互相关性时,会导致信息缺失,Munack[43]更加明确地指出，该准则会导致"非信息实验"问题的产生。为此，Versyck[44]提出了改进型的E－最优准则，即通过最小化信息矩阵的条件数（最大特征值和最小特征值之比），使得参数不确定椭球尽可能的趋近于圆球体，准则可以减轻参数的互相关性。但也有学者[45－46]认为，只有在双参数模型中，E准则才具有减少参数互相关性的作用。改进型E最优准则最大的缺点是它的数学特性，以条件数作为准则使得目标函数不连续，在使用梯度优化算法求解最优输入轨迹时会导致收敛问题。近年来，针对具体的应用对象，发展出许多新的设计准则和设计方法，比如，Galvanin[47]提出的适用于并行实验条件的SV准则，Stigter[48]提出的采用自适应时域回滚最优控制方法进行输入设计等。

最优输入设计问题最终能归结成一个最优控制问题，或称为动态优化问题，这类问题通常只能获得数值解。最优控制问题的数值解法在近年来发展迅速，形成了完备的理论体系，也出现了很多成熟的计算程序，为最优输入设计的实现研究提供了坚实的基础。国外针对微分方程模型的最优输入设计研究始于20世纪90年代初，当前已成为快速建模与模型确认的可靠工具，并得到了广泛应用。在实际工程中进行最优输入设计时，需要充分考虑硬件条件和实验条件的约束。对在轨服务背景中的模块变形航天器而言，控制执行机构的输出能力是有限的，从安全性的角度考虑也不希望航天器在输入信号的激励下出现剧烈或大幅度的姿态运动，最好在激励结束后航天器姿态还能回到初始时刻的状态。因此，针对航天器的最优输入设计中，应充分考虑输入量与状态量的变化范围以及边值条件等约束。

本章以在轨运行的模块变形航天器为对象，围绕着转动惯量参数估计问题展开研究，旨在提出一种可以提高参数估计精度和收敛速度的最优输入设计方法。本章组织结构如下：2.2节对最优输入设计问题的一般数学模型进行了描述；2.3节基于法矩阵条件数性能指标提出了一种最优输入设计方法，并给出输入轨迹设计的算例；2.4节介绍了DUKF算法，一种基于UKF滤波器的参数－状态并行估计算法，并将该算法用于无角速度测量情况下的转动惯量估计问题；2.5节通过数值仿真，对比了最优输入信号和正弦输入信号激励下DUKF算法收敛速度与参数估计精度。

2.2 航天器参数辨识的数学模型

根据1.3节可知，在轨服务操作时，模块变形航天器的转动惯量随时间连续变化。由于时变参数不易辨识，因此，本章研究的在轨辨识问题只针对转动惯量为常矩阵的情况（此时模块变形航天器上的活动部件处于锁定状态），在轨辨识过程中模块变形航天器需满足以下假设：

（1）模块变形航天器各分体的动力学特性不因连接而发生变化；

（2）各分体间不存在已知之外的连接形式；

（3）各分体间刚性连接，模块变形航天器具有整体动力学行为。

满足这些假设条件后，模块变形航天器可视为具有独立于原服务航天器和目标航天器各自特性的新航天器，其动力学方程由式（1.60）表示，展开后写为

$$\begin{bmatrix}\dot{\omega}_x\\ \dot{\omega}_y\\ \dot{\omega}_z\end{bmatrix}=\begin{bmatrix}J_{11} & J_{12} & J_{13}\\ J_{12} & J_{22} & J_{23}\\ J_{13} & J_{23} & J_{33}\end{bmatrix}^{-1}\left(-\begin{bmatrix}0 & -\omega_z & \omega_y\\ \omega_z & 0 & -\omega_x\\ -\omega_y & \omega_x & 0\end{bmatrix}\begin{bmatrix}J_{11} & J_{12} & J_{13}\\ J_{12} & J_{22} & J_{23}\\ J_{13} & J_{23} & J_{33}\end{bmatrix}\begin{bmatrix}\omega_x\\ \omega_y\\ \omega_z\end{bmatrix}+\begin{bmatrix}u_1\\ u_2\\ u_3\end{bmatrix}\right) \tag{2.1}$$

式中：$[J_{11},J_{22},J_{33},J_{12},J_{13},J_{23}]^{\mathrm{T}}$ 为待估计的转动惯量参数；$[\omega_x,\omega_y,\omega_z]^{\mathrm{T}}$ 为模块变形航天器本体坐标系相对空间参考坐标系的角速度分量；$[u_1,u_2,u_3]^{\mathrm{T}}$ 为控制力矩，也是在轨辨识过程中的激励系统运动的输入信号。

由于在轨辨识中不涉及反馈控制问题，因而不必考虑退绕等问题，所以模块变形航天器的姿态采用四元数 $\boldsymbol{q}=[q_0,q_1,q_2,q_3]^{\mathrm{T}}$ 描述，姿态运动学方程见式（1.26），展开后写为

$$\begin{bmatrix}\dot{q}_0\\ \dot{q}_1\\ \dot{q}_2\\ \dot{q}_3\end{bmatrix}=\begin{bmatrix}-\frac{1}{2}(q_1\omega_x+q_2\omega_y+q_3\omega_z)\\ \frac{1}{2}(q_0\omega_x-q_3\omega_y+q_2\omega_z)\\ \frac{1}{2}(q_3\omega_x+q_0\omega_y-q_1\omega_z)\\ \frac{1}{2}(q_1\omega_y-q_2\omega_x+q_0\omega_z)\end{bmatrix} \tag{2.2}$$

$$q_0^2+q_1^2+q_2^2+q_3^2=1 \tag{2.3}$$

式（2.1）~式（2.3）构成的一阶微分等式方程组（DAE）描述了锁定状态下模块变形航天器的姿态运动规律，写为状态空间模型的形式

$$\begin{cases}\dot{\boldsymbol{x}}=\boldsymbol{f}(\boldsymbol{x},\boldsymbol{u},\boldsymbol{\theta})\\ \boldsymbol{g}(\boldsymbol{x})=0\end{cases} \tag{2.4}$$

式中：$\boldsymbol{x}$ 为状态变量，$\boldsymbol{x}=[q_0,q_1,q_2,q_3,\omega_x,\omega_y,\omega_z]^{\mathrm{T}}\in\mathbb{R}^7$；$\boldsymbol{u}$ 为输入变量，$\boldsymbol{u}=[u_1,u_2,u_3]^{\mathrm{T}}\in\mathbb{R}^3$；$\boldsymbol{\theta}$ 为待估参数变量，$\boldsymbol{\theta}=[J_{11},J_{22},J_{33},J_{12},J_{13},J_{23}]^{\mathrm{T}}\in\mathbb{R}^6$；$f(\cdot):\mathbb{R}^7\times\mathbb{R}^3\times\mathbb{R}^6\to\mathbb{R}^7$ 由式（2.1）和式（2.2）的右函数组成；$\boldsymbol{g}(\cdot):\mathbb{R}^7\to\mathbb{R}$ 为非线性等式约束，由式（2.3）确定。

最优输入设计，就是利用待估参数的先验值 $\boldsymbol{\theta}_0$，在一定约束条件下对模型

(2.4)中的输入轨迹和状态轨迹$\{\boldsymbol{x}(t),\boldsymbol{u}(t)\}$进行优化,使某个表示参数估计精度的性能指标$J(\boldsymbol{x}(t),\boldsymbol{u}(t),\boldsymbol{\theta}_0)$最优,其数学描述是一个动态优化问题:

$$\begin{cases}\min J(\boldsymbol{x}(t),\boldsymbol{u}(t),\boldsymbol{\theta}_0)\\ \text{s. t.}\quad \dot{\boldsymbol{x}}=\boldsymbol{f}(\boldsymbol{x},\boldsymbol{u},\boldsymbol{\theta}_0)\\ \qquad\ \ \boldsymbol{g}(\boldsymbol{x})=0\\ \qquad\ \ \boldsymbol{x}(t_0)=\boldsymbol{x}_0,\boldsymbol{x}(t_{\mathrm{f}})=\boldsymbol{x}_{\mathrm{f}}\\ \qquad\ \ \boldsymbol{u}_{\mathrm{lb}}\leqslant\boldsymbol{u}(t)\leqslant\boldsymbol{u}_{\mathrm{ub}}\\ \qquad\ \ \boldsymbol{x}_{\mathrm{lb}}\leqslant\boldsymbol{x}(t)\leqslant\boldsymbol{x}_{\mathrm{ub}}\end{cases}\tag{2.5}$$

式中:$\boldsymbol{x}_0$、$\boldsymbol{x}_{\mathrm{f}}$ 表示系统的初始状态和终端状态;$\boldsymbol{u}_{\mathrm{lb}}$、$\boldsymbol{u}_{\mathrm{ub}}$表示输入轨迹变化范围的边界;$\boldsymbol{x}_{\mathrm{lb}}$、$\boldsymbol{x}_{\mathrm{ub}}$表示状态轨迹变化范围的边界。

式(2.5)中,指标函数$J(\boldsymbol{x}(t),\boldsymbol{u}(t),\boldsymbol{\theta}_0)$的选择非常关键。在实际工程中,待估参数的先验值$\boldsymbol{\theta}_0$与未知的真实值$\boldsymbol{\theta}$之间通常存在较大偏差,如果指标函数对参数的摄动较为敏感,那么用先验值$\boldsymbol{\theta}_0$计算出指标函数值就与真实的指标函数值相差过大,导致利用先验值$\boldsymbol{\theta}_0$综合出的最优输入轨迹$\boldsymbol{u}(t)$对真实系统无效。

现有文献中[49-56],通常以 Fisher 信息矩阵(FIM)的某个标量函数(如矩阵的行列式、迹或最小特征值)作为评价参数估计精度的指标函数,再应用最优控制方法综合出动态优化问题(2.5)的解。在机器人领域的参数辨识研究中[57],因为系统的动力学方程能被改写为关于待估参数的线性回归方程,所以可以采用回归矩阵的条件数作为指标函数。由于 FIM 和回归矩阵都是关于状态轨迹和输入轨迹的矩阵函数,在求解动态优化问题的每一步迭代计算中,需要对微分方程进行数值积分才能计算性能指标函数值,因此优化过程非常耗时。本书给出一种新型的指标函数,基于该指标函数的优化迭代中无须进行数值积分。

2.3 最优激励轨迹设计

2.3.1 基于法矩阵条件数的性能指标函数

航天器姿态动力学方程式(2.1)可以改写为关于惯量参数的线性回归方程:

$$\boldsymbol{\Phi}(\dot{\boldsymbol{\omega}},\boldsymbol{\omega})\boldsymbol{\theta}=\boldsymbol{u}\tag{2.6}$$

式中:$\boldsymbol{\Phi}(\dot{\boldsymbol{\omega}},\boldsymbol{\omega})$为回归矩阵,具体为

$$
\boldsymbol{\Phi}(\cdot)=\begin{bmatrix} \dot{\omega}_x & -\omega_y\omega_z & \omega_y\omega_z & \dot{\omega}_y-\omega_x\omega_z & \dot{\omega}_z+\omega_x\omega_y & \omega_y^2-\omega_z^2 \\ \omega_x\omega_z & \dot{\omega}_y & -\omega_x\omega_z & \dot{\omega}_x+\omega_y\omega_z & \omega_z^2-\omega_x^2 & \dot{\omega}_z-\omega_x\omega_y \\ -\omega_x\omega_y & \omega_x\omega_y & \dot{\omega}_z & \omega_x^2-\omega_y^2 & \dot{\omega}_x-\omega_y\omega_z & \dot{\omega}_y+\omega_x\omega_z \end{bmatrix} \tag{2.7}
$$

如果对轨迹$\dot{\boldsymbol{\omega}}(t)$和 $\boldsymbol{\omega}(t)$在激励持续时段$[t_0,t_f]$上共进行了 $M+1>2$ 次测量，得到测量数据$\{\dot{\boldsymbol{\omega}}(t_0),\dot{\boldsymbol{\omega}}(t_1),\cdots,\dot{\boldsymbol{\omega}}(t_M)\}$和$\{\boldsymbol{\omega}(t_0),\boldsymbol{\omega}(t_1),\cdots,\boldsymbol{\omega}(t_M)\}$，根据式(2.6)就能构造出一个超定的线性方程组

$$
\boldsymbol{D}(t_0,t_1,\cdots,t_M,\dot{\boldsymbol{\omega}},\boldsymbol{\omega})\boldsymbol{\theta}=\boldsymbol{Y} \tag{2.8}
$$

式中：$\boldsymbol{D}(\cdot)=[\boldsymbol{\Phi}^{\mathrm{T}}(t_0),\boldsymbol{\Phi}^{\mathrm{T}}(t_1),\cdots,\boldsymbol{\Phi}^{\mathrm{T}}(t_M)]^{\mathrm{T}}$ 称为激励矩阵，由所有测量时刻 t_k 的回归矩阵 $\boldsymbol{\Phi}(t_k)$构成；$\boldsymbol{Y}=[\boldsymbol{u}^{\mathrm{T}}(t_0),\boldsymbol{u}^{\mathrm{T}}(t_1),\cdots,\boldsymbol{u}^{\mathrm{T}}(t_M)]^{\mathrm{T}}$ 为输入列阵，由所有测量时刻 t_k 的输入矢量 $\boldsymbol{u}(t_k)$构成。

超定方程组(2.8)的解为$\hat{\boldsymbol{\theta}}_{\mathrm{LS}}=(\boldsymbol{D}^{\mathrm{T}}\boldsymbol{D})^{-1}\boldsymbol{D}^{\mathrm{T}}\boldsymbol{Y}$，即最小二乘意义下未知参数 θ 的估计，其等价的适定线性方程组为

$$
(\boldsymbol{D}^{\mathrm{T}}\boldsymbol{D})\boldsymbol{\theta}=\boldsymbol{D}^{\mathrm{T}}\boldsymbol{Y} \tag{2.9}
$$

将 $\boldsymbol{D}(\cdot)$和 $\boldsymbol{Y}$ 的具体形式代入后，展开得到

$$
\left(\sum_{k=0}^{M}[\boldsymbol{\Phi}^{\mathrm{T}}(t_k)\boldsymbol{\Phi}(t_k)]\right)\boldsymbol{\theta}=\sum_{k=0}^{M}[\boldsymbol{\Phi}^{\mathrm{T}}(t_k)\boldsymbol{u}(t_k)] \tag{2.10}
$$

设 $\Delta t=t_{k+1}-t_k(k=1,2,\cdots,M)$，将 Δt 同乘于式(2.10)两侧，则有

$$
\left(\sum_{k=0}^{M}[\boldsymbol{\Phi}^{\mathrm{T}}(t_k)\boldsymbol{\Phi}(t_k)]\right)\Delta t\cdot\boldsymbol{\theta}=\sum_{k=0}^{M}[\boldsymbol{\Phi}^{\mathrm{T}}(t_k)\boldsymbol{u}(t_k)]\Delta t
$$

当 $\Delta t\to 0$ 时，上式等价于

$$
\boldsymbol{N}(t_f)\boldsymbol{\theta}=\int_{t_0}^{t_f}[\boldsymbol{\Phi}^{\mathrm{T}}(t)\boldsymbol{u}(t)]\mathrm{d}t \tag{2.11}
$$

式中：$\boldsymbol{N}(t_f)=\int_{t_0}^{t_f}[\boldsymbol{\Phi}^{\mathrm{T}}(t)\boldsymbol{\Phi}(t)]\mathrm{d}t$ 即为法矩阵。

方程式(2.11)的解为

$$
\hat{\boldsymbol{\theta}}=[\boldsymbol{N}^{-1}(t_f)]\left(\int_{t_0}^{t_f}[\boldsymbol{\Phi}^{\mathrm{T}}(t)\boldsymbol{u}(t)]\mathrm{d}t\right)
$$

$\hat{\boldsymbol{\theta}}$同样也是未知参数 $\boldsymbol{\theta}$ 在最小二乘意义下的估计。

方程式(2.11)的解$\hat{\boldsymbol{\theta}}$对法矩阵元素摄动 $\Delta\boldsymbol{N}(t_f)$的敏感性可以用 $\boldsymbol{N}(t_f)$在任意范数意义下的条件数 $\kappa(\boldsymbol{N}(t_f))\in[1,+\infty)$来评估。具体而言，当 $\kappa(\boldsymbol{N}(t_f))$

$\to 1$ 时,法矩阵$\boldsymbol{N}(t_f)$是良态的,此时估计值$\hat{\boldsymbol{\theta}}$对法矩阵摄动 $\Delta\boldsymbol{N}(t_f)$不敏感,摄动影响产生的误差将比较小;当 $\kappa(\boldsymbol{N}(t_f))\to+\infty$ 时,法矩阵 $\boldsymbol{N}(t_f)$是病态的,估计值$\hat{\boldsymbol{\theta}}$在摄动 $\Delta\boldsymbol{N}(t_f)$影响下产生的估计误差将非常大。由于 $\kappa(\boldsymbol{N}(t_f))$的值取决于动力学系统(2.1)的状态轨迹 $\boldsymbol{\omega}(t)$及其微分$\dot{\boldsymbol{\omega}}(t)$,激励系统的输入轨迹$\boldsymbol{u}(t)$直接决定了参数估计值$\hat{\boldsymbol{\theta}}$的准确性。因此,不合适的输入轨迹 $\boldsymbol{u}(t)$将导致参数估计的性能变差。

根据以上分析可见,法矩阵的条件数 $\kappa(\boldsymbol{N}(t_f))$可作为一种定量指标,用于衡量备选激励轨迹 $\boldsymbol{u}(t)$在参数辨识中能够激励出的有效信息量。为了获得最佳的参数估计结果,选择的状态轨迹 $\boldsymbol{\omega}(t)$和输入轨迹 $\boldsymbol{u}(t)$必须能使 $\kappa(\boldsymbol{N}(t_f))$最小化。

2.3.2 最优输入设计的增广状态模型

如果直接利用式(2.5)作为最优输入设计的数学模型,那么根据 $\boldsymbol{N}(t_f)$的定义式(2.11),轨迹优化的迭代计算中求解指标函数 $J(\boldsymbol{x}(t),\boldsymbol{u}(t),\boldsymbol{\theta}_0)$时仍然需要进行数值积分。下面通过定义新的状态变量避免了这个问题。

如果将法矩阵$\boldsymbol{N}(t_f)$视为矩阵函数$\boldsymbol{N}(\cdot):\mathbb{R}\to\mathbb{R}^{6\times 6}$在终端时刻 t_f 的函数值,那么可以建立时变函数$\boldsymbol{N}(t)$的微分方程

$$\dot{\boldsymbol{N}}(t)=\begin{bmatrix}\dot{N}_{11} & \cdots & \dot{N}_{16}\\ \vdots & \ddots & \vdots\\ \dot{N}_{16} & \cdots & \dot{N}_{66}\end{bmatrix}=\boldsymbol{\Phi}^{\mathrm{T}}(t)\boldsymbol{\Phi}(t) \tag{2.12}$$

很容易验证 $\boldsymbol{N}(t)$具有以下三个性质:

(1) $\boldsymbol{N}(t_0)=\boldsymbol{0}$;

(2) $\boldsymbol{N}(t)=\boldsymbol{N}^{\mathrm{T}}(t)$;

(3) 对 $\forall t_1\geqslant t_2$ 有 $\boldsymbol{N}(t_1)\geqslant\boldsymbol{N}(t_2)$恒成立。

不妨将 $\boldsymbol{N}(t)$中的 21 个独立元素视为增广状态量,并定义增广状态矢量$\boldsymbol{\xi}\in\mathbb{R}^{21}$。根据式(2.12)得到增广状态矢量的微分方程:

$$\dot{\boldsymbol{\xi}}=\boldsymbol{F}(\boldsymbol{x},\boldsymbol{u},\boldsymbol{\theta}) \tag{2.13}$$

式中

$$\boldsymbol{\xi}=[N_{11},\cdots,N_{16},N_{22},\cdots,N_{26},N_{33},\cdots,N_{36},\cdots,N_{55},N_{56},N_{66}]^{\mathrm{T}}$$

$$\boldsymbol{F}(\cdot)=[F_{11}(\cdot),\cdots,F_{16}(\cdot),F_{22}(\cdot),\cdots,F_{26}(\cdot),F_{33}(\cdot),\cdots,F_{36}(\cdot),$$
$$F_{44}(\cdot),\cdots,F_{46}(\cdot),F_{55}(\cdot),F_{56}(\cdot),F_{66}(\cdot)]^{\mathrm{T}}$$

矢量函数 $\boldsymbol{F}(\cdot):\mathbb{R}^7\times\mathbb{R}^3\times\mathbb{R}^6\to\mathbb{R}^{21}$ 中各分量函数具体为

$$F_{11}(\boldsymbol{x},\boldsymbol{u},\boldsymbol{\theta})=\dot\omega_x^2+\omega_x^2\omega_y^2+\omega_x^2\omega_z^2$$

$$F_{12}(\boldsymbol{x},\boldsymbol{u},\boldsymbol{\theta})=-\omega_x^2\omega_y^2+\dot\omega_y\omega_z\omega_x-\dot\omega_x\omega_z\omega_y$$

$$F_{13}(\boldsymbol{x},\boldsymbol{u},\boldsymbol{\theta})=-\omega_x^2\omega_z^2-\dot\omega_z\omega_y\omega_x+\dot\omega_x\omega_y\omega_z$$

$$F_{14}(\boldsymbol{x},\boldsymbol{u},\boldsymbol{\theta})=-\omega_x^3\omega_y+\omega_x\omega_y^3+\omega_x\omega_y\omega_z^2+\dot\omega_x\dot\omega_y$$

$$F_{15}(\boldsymbol{x},\boldsymbol{u},\boldsymbol{\theta})=-\omega_x^3\omega_z+\omega_x\omega_y^2\omega_z+\omega_x\omega_z^3+\dot\omega_x\dot\omega_z$$

$$F_{16}(\boldsymbol{x},\boldsymbol{u},\boldsymbol{\theta})=-2\omega_x^2\omega_y\omega_z-\dot\omega_y\omega_x\omega_y+\dot\omega_z\omega_x\omega_z+\dot\omega_x\omega_y^2-\dot\omega_x\omega_z^2$$

$$F_{22}(\boldsymbol{x},\boldsymbol{u},\boldsymbol{\theta})=\dot\omega_y^2+\omega_x^2\omega_y^2+\omega_y^2\omega_z^2$$

$$F_{23}(\boldsymbol{x},\boldsymbol{u},\boldsymbol{\theta})=-\omega_y^2\omega_z^2+\dot\omega_z\omega_x\omega_y-\dot\omega_y\omega_x\omega_z$$

$$F_{24}(\boldsymbol{x},\boldsymbol{u},\boldsymbol{\theta})=\omega_x^3\omega_y-\omega_x\omega_y^3+\omega_x\omega_y\omega_z^2+\dot\omega_x\dot\omega_y$$

$$F_{25}(\boldsymbol{x},\boldsymbol{u},\boldsymbol{\theta})=-\dot\omega_y\omega_x^2-2\omega_x\omega_y^2\omega_z+\dot\omega_x\omega_x\omega_y+\dot\omega_z\omega_y\omega_z-\dot\omega_y\omega_z^2$$

$$F_{26}(\boldsymbol{x},\boldsymbol{u},\boldsymbol{\theta})=\omega_x^2\omega_y\omega_z-\omega_y^3\omega_z+\omega_y\omega_z^3+\dot\omega_x\dot\omega_z$$

$$F_{33}(\boldsymbol{x},\boldsymbol{u},\boldsymbol{\theta})=\dot\omega_z^2+\omega_x^2\omega_z^2+\omega_y^2\omega_z^2$$

$$F_{34}(\boldsymbol{x},\boldsymbol{u},\boldsymbol{\theta})=\dot\omega_z\omega_x^2-2\omega_x\omega_y\omega_z^2-\dot\omega_x\omega_x\omega_y-\dot\omega_z\omega_y^2+\dot\omega_y\omega_y\omega_z$$

$$F_{35}(\boldsymbol{x},\boldsymbol{u},\boldsymbol{\theta})=\omega_x^3\omega_z+\omega_x\omega_y^2\omega_z-\omega_x\omega_z^3+\dot\omega_x\dot\omega_z$$

$$F_{36}(\boldsymbol{x},\boldsymbol{u},\boldsymbol{\theta})=\omega_x^2\omega_y\omega_z+\omega_y^3\omega_z-\omega_y\omega_z^3+\dot\omega_y\dot\omega_z$$

$$F_{44}(\boldsymbol{x},\boldsymbol{u},\boldsymbol{\theta})=(\dot\omega_y-\omega_x\omega_z)^2+(\dot\omega_x+\omega_y\omega_z)^2+(\omega_x^2-\omega_y^2)^2$$

$$F_{45}(\boldsymbol{x},\boldsymbol{u},\boldsymbol{\theta})=-3\omega_x^2\omega_y\omega_z+\dot\omega_y\omega_x\omega_y-\dot\omega_z\omega_x\omega_z+\omega_y^3\omega_z-\dot\omega_x\omega_y^2+\omega_y\omega_z^3+\dot\omega_x\omega_z^2+\dot\omega_y\dot\omega_z$$

$$F_{46}(\boldsymbol{x},\boldsymbol{u},\boldsymbol{\theta})=\omega_x^3\omega_z+\dot\omega_y\omega_x^2-3\dot\omega_x\omega_y^2\omega_z-\dot\omega_x\omega_x\omega_y+\omega_x\omega_z^3+\dot\omega_z\omega_y\omega_z-\dot\omega_y\omega_z^2+\dot\omega_x\dot\omega_z$$

$$F_{55}(\boldsymbol{x},\boldsymbol{u},\boldsymbol{\theta})=(\dot\omega_z+\omega_x\omega_y)^2+(\dot\omega_x-\omega_y\omega_z)^2+(\omega_x^2-\omega_z^2)^2$$

$$F_{56}(\boldsymbol{x},\boldsymbol{u},\boldsymbol{\theta})=\omega_x^3\omega_y-\dot\omega_z\omega_x^2+\omega_x\omega_y^3-3\omega_x\omega_y\omega_z^2+\dot\omega_x\omega_x\omega_z+\dot\omega_z\omega_y^2-\dot\omega_y\omega_y\omega_z+\dot\omega_x\dot\omega_y$$

$$F_{66}(\boldsymbol{x},\boldsymbol{u},\boldsymbol{\theta})=(\dot\omega_z-\omega_x\omega_y)^2+(\dot\omega_y+\omega_x\omega_z)^2+(\omega_y^2-\omega_z^2)^2$$

如果将微分方程式(2.13)也作为动态优化问题的微分等式约束,增加到最优输入设计模型(2.5)中,就能构造出一个新的具有 Mayer 型代价函数的动态优化模型:

$$
\begin{cases}
\min \quad J(\boldsymbol{\xi}(t_{\mathrm{f}}))=\kappa_2(\boldsymbol{N}(\boldsymbol{\xi}(t_{\mathrm{f}}))) \\
\text{s. t.} \quad \dot{\boldsymbol{x}}=\boldsymbol{f}(\boldsymbol{x},\boldsymbol{u},\boldsymbol{\theta}_0) \\
\qquad \dot{\boldsymbol{\xi}}=\boldsymbol{F}(\boldsymbol{x},\boldsymbol{u},\boldsymbol{\theta}_0) \\
\qquad \boldsymbol{g}(\boldsymbol{x})=0 \\
\qquad \boldsymbol{x}(t_0)=\boldsymbol{x}_0 \\
\qquad \boldsymbol{x}(t_{\mathrm{f}})=\boldsymbol{x}_{\mathrm{f}} \\
\qquad \boldsymbol{\xi}(t_0)=\boldsymbol{0} \\
\qquad \boldsymbol{u}_{lb}\leqslant\boldsymbol{u}(t)\leqslant\boldsymbol{u}_{ub} \\
\qquad \boldsymbol{x}_{lb}\leqslant\boldsymbol{x}(t)\leqslant\boldsymbol{x}_{ub} \\
\qquad \boldsymbol{\xi}(t)\geqslant\boldsymbol{0}
\end{cases}
\tag{2.14}
$$

式中:代价函数 $J(\boldsymbol{\xi}(t_{\mathrm{f}}))$ 只与终端时刻 t_{f} 的增广状态矢量 $\boldsymbol{\xi}(t_{\mathrm{f}})$ 有关,因此称为 Mayer 型代价函数;$\kappa_2(\boldsymbol{N}(\xi))$ 特指矩阵函数 $\boldsymbol{N}(\cdot):\mathbb{R}^{21}\to\mathbb{R}^{6\times6}$ 在 2 范数意义下条件数,其计算公式为 $\kappa_2(\boldsymbol{N}(\boldsymbol{\xi}))=\sigma_{\max}/\sigma_{\min}$,$\sigma_{\max}$ 和 $\sigma_{\min}$ 分别为矩阵 $\boldsymbol{N}(\boldsymbol{\xi})$ 的最大奇异值和最小奇异值,$\boldsymbol{N}(\boldsymbol{\xi})$ 的具体形式参见式(2.12)。

求解上述动态优化问题,需要预先给出待估参数的先验值 $\boldsymbol{\theta}_0$,这似乎与参数估计的目的相矛盾。事实上输入设计阶段并不需要十分准确的参数先验信息,2.5 节中将会看到,在先验值 $\boldsymbol{\theta}_0$ 与真实值 $\boldsymbol{\theta}$ 相差 50% 的情况下,用 $\boldsymbol{\theta}_0$ 计算出的输入轨迹 $\boldsymbol{u}(t)$ 对真实参数 $\boldsymbol{\theta}$ 的系统仍然有效。这是由于最小化 $\kappa_2(\boldsymbol{N}(\boldsymbol{\xi}))$ 使得估计值 $\hat{\boldsymbol{\theta}}$ 对矩阵摄动 $\Delta\boldsymbol{N}(\boldsymbol{\xi})$ 不敏感,而矩阵摄动 $\Delta\boldsymbol{N}(\boldsymbol{\xi})$ 中也包括了先验值 $\boldsymbol{\theta}_0$ 不精确造成的部分摄动,因此最小化的指标函数 $\kappa_2(\boldsymbol{N}(\boldsymbol{\xi}))$ 对参数先验值 $\boldsymbol{\theta}_0$ 的误差具有鲁棒性。

类似式(2.14)的非线性动态优化问题通常很难找出解析的控制量,大部分时候都是利用离散化状态轨迹和输入轨迹逼近整个系统,将动态优化问题转化为静态的参数优化问题后再进行数值求解。

2.3.3 模型的求解

求解动态优化问题的数值解法有间接转换法和直接转换法两类。间接转换法基于庞特里亚金(Pontryagin)极大值原理,将动态优化问题转化为哈密顿(Hamilton)边值问题(HBVP),需要求出输入量的表达式,其为关于伴随变量和状态变量的函数,通过参数化求解 HBVP 获得最优状态变量和最优输入变量。但本章研究的问题,代价函数为矩阵的条件数,无法求出输入量的解析表达式,不能采用间接转换法求解。在众多的直接法中,起源于谱方法的伪谱法是一种高效率、高精度的数值计算方法,近年来逐渐受到控制领域研究者的关注[58]。伪谱法的特点是用全局正交多项式离散特定时间节点的状态量和输入量,无须进行数值积分,提高了计算效率。作为一种基于有限元思想的配点法,由于采用了正交配置[59],能够以较少的离散时间节点得到较高的拟合精度。根据离散点类型的不同,伪谱法又可细分为勒让德(Legendre)伪谱法[60-61](LPM)、高斯(Gauss)伪谱法[62](GPM)、切比雪夫(Chebyschev)伪谱法(CPM)、拉道(Radau)伪谱法[63-65](RPM)等。相比较其他几种伪谱法,RPM 求解非线性最优控制问题的速度更快、精度更高[66]。

2.3.3.1 拉道伪谱法

本节采用 RPM 方法求解模型(2.14),首先将模型整理成一般最优控制问题:

$$\begin{cases} \min \quad J = E(\boldsymbol{X}(t_f)) \\ \text{s.t.} \quad \dot{\boldsymbol{X}} = \mathcal{F}(\boldsymbol{X}(t),\boldsymbol{u}(t)) \\ \qquad \boldsymbol{G}(\boldsymbol{X}(t_0),\boldsymbol{X}(t_f)) = \boldsymbol{0} \\ \qquad \boldsymbol{C}(\boldsymbol{X}(t),\boldsymbol{u}(t)) \leqslant \boldsymbol{0} \end{cases} \tag{2.15}$$

式中:Mayer 型代价函数定义为 $E(\boldsymbol{X}(t_f)) = \kappa_2(\boldsymbol{N}(\boldsymbol{\xi}(t_f)))$;边界条件 $\boldsymbol{G}(\cdot) = \boldsymbol{0}$ 和路径约束 $\boldsymbol{C}(\cdot) \leqslant \boldsymbol{0}$ 的左函数分别定义为

$$\boldsymbol{G}(\boldsymbol{X}(t_0),\boldsymbol{X}(t_f)) = \begin{bmatrix} \boldsymbol{x}(t_0) - \boldsymbol{x}_0 \\ \boldsymbol{x}(t_f) - \boldsymbol{x}_f \\ \boldsymbol{\xi}(t_0) \end{bmatrix}, \quad \boldsymbol{C}(\boldsymbol{X}(t),\boldsymbol{u}(t)) = \begin{bmatrix} \boldsymbol{g}(\boldsymbol{x}(t)) \\ -\boldsymbol{g}(\boldsymbol{x}(t)) \\ \boldsymbol{x}(t) - \boldsymbol{x}_{ub} \\ -\boldsymbol{x}(t) + \boldsymbol{x}_{lb} \\ \boldsymbol{u}(t) - \boldsymbol{u}_{ub} \\ -\boldsymbol{u}(t) + \boldsymbol{u}_{lb} \\ -\boldsymbol{\xi}(t) \end{bmatrix}$$

右函数定义为 $\mathcal{F}(\cdot) = [\boldsymbol{f}^{\mathrm{T}}(\cdot), \boldsymbol{F}^{\mathrm{T}}(\cdot)]^{\mathrm{T}}$;动态约束 $\dot{\boldsymbol{X}} = \mathcal{F}(\cdot)$ 的状态定义为 $\boldsymbol{X} = [\boldsymbol{x}^{\mathrm{T}}, \boldsymbol{\xi}^{\mathrm{T}}]^{\mathrm{T}}$。

以上非线性最优控制问题定义在时间区间 $t \in [t_0, t_f]$ 上,而伪谱法则在一个固定的时间区间[-1,1]上进行求解,需要通过式(2.16)将自变量 t 映射到一般区间 $\tau \in [-1,1]$ 上

$$t=\frac{t_{\mathrm{f}}-t_0}{2}\tau+\frac{t_{\mathrm{f}}+t_0}{2} \tag{2.16}$$

在新的时间区间中问题(2.15)变为如下形式:

$$\begin{cases}\min \quad J=E(X(1)) \\ \text{s.t.} \quad \dfrac{\mathrm{d}\boldsymbol{X}}{\mathrm{d}t}=\dfrac{t_{\mathrm{f}}-t_0}{2}\mathcal{F}(\boldsymbol{X}(\tau),\boldsymbol{u}(\tau)) \\ \qquad \boldsymbol{G}(\boldsymbol{X}(-1),\boldsymbol{X}(1))=\boldsymbol{0} \\ \qquad \boldsymbol{C}(\boldsymbol{X}(\tau),\boldsymbol{u}(\tau))\leqslant\boldsymbol{0}\end{cases} \tag{2.17}$$

文献[67]指出,根据拉道协态映射定理,采用 RPM 得到的非线性规划问题(NLP)的 KKT(Karush - Kuhn - Tucker)条件与原最优控制问题的一阶最优必要条件的离散形式具有一致性。因此 RPM 使得其等价 NLP 的解满足传统间接法的一阶最优必要条件,避免了常规直接法的不足。

RPM 采用 N 阶拉格朗日多项式近似状态变量和控制变量,问题(2.17)中的 $\boldsymbol{X}(\tau)$ 和 $\boldsymbol{u}(\tau)$ 近似为

$$\begin{cases}\boldsymbol{X}(\tau)\approx \boldsymbol{I}_N\boldsymbol{X}(\tau)=\sum\limits_{k=1}^{N+1}\overline{\boldsymbol{X}}_k l_k(\tau) \\ \boldsymbol{u}(\tau)\approx \boldsymbol{I}_N\boldsymbol{u}(\tau)=\sum\limits_{k=1}^{N+1}\overline{\boldsymbol{u}}_k l_k(\tau)\end{cases} \tag{2.18}$$

式中:$l_k(\tau)$ 为拉格朗日基函数,定义为

$$l_k(\tau)=\prod_{\substack{l=1\\ l\neq k}}^{N+1}\frac{\tau-\tau_l}{\tau_k-\tau_l}\quad (k=1,\cdots,N+1) \tag{2.19}$$

其中:τ_k 为多项式的配点。

根据基函数的定义,用拉格朗日多项式近似的状态变量和控制变量在配点处有 $\boldsymbol{X}(\tau_k)=\boldsymbol{I}_N\boldsymbol{X}(\tau_k)=\overline{\boldsymbol{X}}_k$ 和 $\boldsymbol{u}(\tau_k)=\boldsymbol{I}_N\boldsymbol{u}(\tau_k)=\overline{\boldsymbol{u}}_k$ 成立,$\overline{\boldsymbol{X}}_k$ 和 $\overline{\boldsymbol{u}}_k$ 为最优控制问题(2.17)中状态轨迹和控制轨迹的离散值,即最终的等价 NLP 的决策变量。

在 RPM 中,配点 τ_k 需要根据下式选定:

$$\begin{cases}\tau_k\in\{P_{N-1}(\tau_i)+P_N(\tau_i)=0(i=1,\cdots,N\}\cup\{-1\}) \\ P_N(\tau)=\dfrac{1}{2^N N!}\dfrac{\mathrm{d}^N}{\mathrm{d}\tau^N}[(\tau^2-1)^N]\end{cases} \tag{2.20}$$

式中:$P_N(\tau)$ 为 N 次拉格朗日多项式,根据该式选定的配点 τ_k 称为 LGR 配点。至此,可以得到状态变量微分表达式为

$$\frac{\mathrm{d}}{\mathrm{d}\tau}\boldsymbol{I}_N\boldsymbol{X}(\tau)=\sum_{k=1}^{N+1}\overline{\boldsymbol{X}}_k\frac{\mathrm{d}}{\mathrm{d}\tau}l_k(\tau)=(\boldsymbol{D}_N\boldsymbol{X})(\tau) \tag{2.21}$$

式中:$\boldsymbol{D}_N$ 为 $N\times(N+1)$ 阶拉道伪谱微分矩阵,具体表达式和详细的离散化过程

参见文献[63]。

最终,连续时间的最优控制问题(2.17)就被转化为寻找最优决策变量$\{\bar{\boldsymbol{X}}_k, \bar{\boldsymbol{u}}_k\}$ $(k\in\{0,1,\cdots,N\})$的静态 NLP

$$\begin{cases}\min \quad J=E(\boldsymbol{X}(1))\\ \text{s. t.} \quad \|\mathcal{F}(\bar{\boldsymbol{X}}_k,\bar{\boldsymbol{u}}_k)-\boldsymbol{D}_N\bar{\boldsymbol{X}}_k\|_N\leqslant c_0N^{-2}\\ \qquad \boldsymbol{G}(\bar{\boldsymbol{X}}_0,\bar{\boldsymbol{X}}_N)=\boldsymbol{0}\\ \qquad \boldsymbol{C}(\bar{\boldsymbol{X}}_k,\bar{\boldsymbol{u}}_k)\leqslant\boldsymbol{0}(k=0,1,\cdots,N)\end{cases} \tag{2.22}$$

式中:c_0为正常数,决定了优化后的离散变量$\{\bar{\boldsymbol{X}}_k,\bar{\boldsymbol{u}}_k\}$与原问题(2.17)中动态约束$\dot{\boldsymbol{X}}=\mathcal{F}(\cdot)$的相容程度,$c_0$越小,离散变量$\{\bar{\boldsymbol{X}}_k,\bar{\boldsymbol{u}}_k\}$与原动态约束越接近。

在严格意义下,NLP 中的第一组约束应写为

$$\mathcal{F}(\bar{\boldsymbol{X}}_k,\bar{\boldsymbol{u}}_k)-\boldsymbol{D}_N\bar{\boldsymbol{X}}_k=\boldsymbol{0} \quad (k=0,1,\cdots,N)$$

2.3.3.2 优化策略与求解器

从理论上讲,可以直接应用拉道伪谱法求解模型(2.14)定义的最优输入设计问题,在实际应用中却存在以下困难:

(1) 当 LGR 配点较多时,决策变量的数目非常庞大。对 2.3.2 节中描述的问题,当拉格朗日多项式的阶次为 N 时,LGR 点的个数为 $N+1$,采用 RPM 得到的等价 NLP 将包含$(N+1)\times31$个决策变量,当阶次大于 9 时,决策变量有 310 个。如此大规模的 NLP 问题通常采用序列二次规划(SQP)算法进行求解,而 SQP 算法的启动需要先设置初猜值(IG)。决策变量过多,将使设置 SQP 算法初猜值的工作非常繁琐,而且不恰当的初猜值还可能导致计算不能收敛到可行解。

(2) 拉道伪谱法将微分方程描述的动态约束转换为代数约束,对应于 NLP 中的$(N+1)\times28$个等式约束,同时最优输入设计问题中还存在严格的路径约束和边界条件约束,分别对应于 NLP 中的$(N+1)\times43$个不等式约束和 35 个等式约束。在如此多的约束条件下,一般 SQP 算法很难快速地找到可行解。

为了解决拉道伪谱法应用于最优输入设计时存在的困难,提出如下的求解策略:

(1) 构造决策变量初猜值生成器(IGG)。先不考虑问题中的边界条件和路径约束,只根据动态约束的微分方程,通过一次数值积分得到任意输入轨迹激励下的状态轨迹;再根据得到的输入和状态轨迹、取较少的配点近似计算决策变量,作为下一步精确计算的初值。这样可以确保决策变量至少满足问题中的动

态约束。

(2) 采用从可行解到最优解的串行优化策略。串行优化策略是指,不直接寻找满足所有约束的解,而是先以原问题中的等式约束为目标函数构造一个新的优化问题,再以新问题的解为初值来求解原问题的解。以问题(2.15)为例,构造出的求可行解的新问题为

$$\begin{cases} \min \quad J_{\mathrm{IG}} = \sqrt{\boldsymbol{G}^{\mathrm{T}}(\cdot)\boldsymbol{G}(\cdot)} \\ \text{s. t.} \quad \dot{\boldsymbol{X}} = \mathcal{F}(\boldsymbol{X}(t), \boldsymbol{u}(t)) \\ \qquad\quad \boldsymbol{C}(\boldsymbol{X}(t), \boldsymbol{u}(t)) \leqslant \boldsymbol{0} \end{cases} \tag{2.23}$$

该问题同样可以采用拉道伪谱法进行求解。

基于上述求解策略,整个优化流程分如下两步进行(图 2.1):

(1) 由 IGG 获得少量配点对应的决策变量初猜值,这些初猜值满足动态优化问题(2.15)中所有的约束条件,其中微分等式约束通过数值积分计算状态轨迹满足,等式约束则基于拉道伪谱法求解满足。

(2) 选取足够多的配点,基于拉道伪谱法求解高精度的最优轨迹,并利用数值积分再计算连续的状态轨迹,以验证拉道伪谱法求出的状态离散值是否正确,以及最优输入指标是否得到改善。该优化策略将最优输入设计问题转换为两个非线性规划问题。

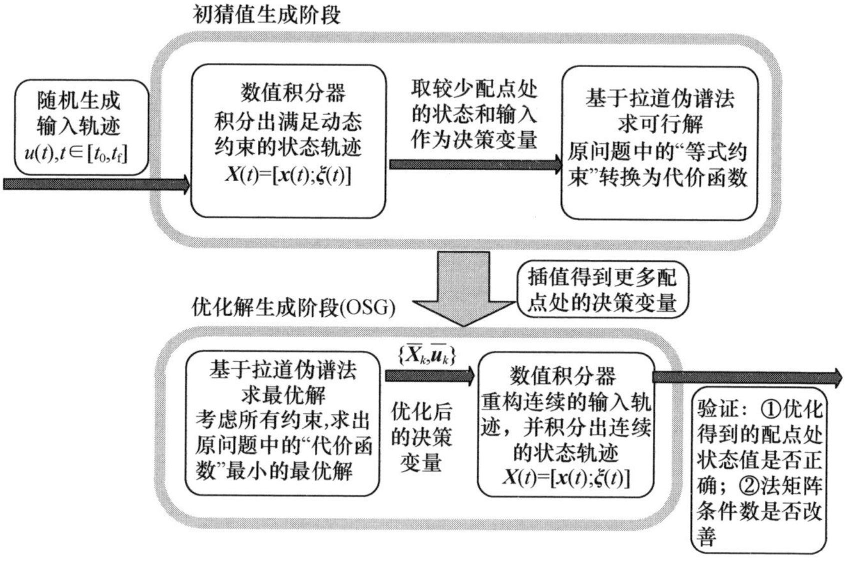

图 2.1　基于拉道伪谱法的最优输入轨迹优化流程

2.3.4 最优输入设计算例与结果分析

2.3.4.1 仿真参数设置

以姿态运动模型(2.1)~(2.3)描述的模块变形航天器为仿真对象,转动惯量参数的真实值与先验值列于表2.1中,用于最优输入设计的参数先验值与真实值相差50%。

表2.1 最优输入设计算例的转动惯量取值

	惯量矩/(kg·m²)			惯量积/(kg·m²)		
	J_{11}	J_{22}	J_{33}	J_{12}	J_{13}	J_{23}
真实值	200	400	300	20	40	30
先验值	100	200	150	10	20	15

算例中涉及姿态运动的边界条件和路径约束统一列于表2.2中,为了不影响航天器的姿态指向,设置初始时刻与终端时刻航天器处于零姿态无转动状态。

表2.2 最优输入设计算例的约束条件

	四元数 $\boldsymbol{q}(t)$	角速度 $\boldsymbol{\omega}(t)$/(rad/s)	输入力矩 $\boldsymbol{u}(t)$/(N·m)
初始条件	$\boldsymbol{q}(t_0)=[1,0,0,0]^{\mathrm{T}}$	$\boldsymbol{\omega}(t_0)=[0,0,0]^{\mathrm{T}}$	—
终端条件	$\boldsymbol{q}(t_f)=[1,0,0,0]^{\mathrm{T}}$	$\boldsymbol{\omega}(t_f)=[0,0,0]^{\mathrm{T}}$	—
路径约束	$-1\leqslant q_i\leqslant 1(i=0,1,2,3)$	$-0.3\leqslant \omega_i\leqslant 0.3(i=x,y,z)$	$-4\leqslant u_i\leqslant 4(i=1,2,3)$

采用本章提出方法对[0,120s]时间区间内的输入力矩轨迹进行设计,IGG阶段的初始输入轨迹由多个正弦基函数构成,即

$$u_i(t) = \sum_{k\in S_i} A_k \sin(2\pi kt\cdot T^{-1}+\phi_k)$$

式中:

$$S_1=\{2,5,8,11\},S_2=\{3,6,9,12\},S_3=\{4,7,10,13\}$$

正弦基函数的幅值 A_k 和相位 ϕ_k 的取值分为三种情况,列于表2.3中。

表2.3 最优输入设计算例中的三种初始输入轨迹

	情况1		情况2		情况3	
	A_k/(N·m)	ϕ_k/rad	A_k/(N·m)	ϕ_k/rad	A_k/(N·m)	ϕ_k/rad
$u_1(t)$	0.5573	1.7201	0.0786	2.7262	0.7133	2.1096
	0.6459	-1.0283	0.5585	-3.0685	0.1100	-3.7934
	0.4987	0.9094	0.0824	-3.0249	0.3141	2.2533
	0.7974	-0.7317	0.6178	3.1375	0.6168	5.1215

（续）

	情况 1		情况 2		情况 3	
	A_k/(N·m)	ϕ_k/rad	A_k/(N·m)	ϕ_k/rad	A_k/(N·m)	ϕ_k/rad
$u_2(t)$	0.2256	2.2065	0.8780	−3.1270	0.5707	1.5359
	0.5514	2.1998	0.9364	−3.1243	0.5751	3.2506
	0.3594	−1.5282	0.1869	2.8878	0.0939	2.2836
	0.1418	0.6611	0.8676	3.0590	0.5785	−0.9533
$u_3(t)$	0.4365	0.3720	0.0009	−3.1313	0.7110	0.9232
	0.3213	0.1414	0.0015	−3.1237	0.3605	−2.4733
	0.3594	2.4337	0.0245	3.1406	0.5945	2.7910
	0.6538	−1.4927	0.7566	−3.0446	0.1054	−3.6036

优化计算在 CPU 为 1.86GHz/Intel Core 2 Duo，操作系统为 Windows 7 的微机上采用 Matlab 环境编程实现。最优输入轨迹通过 GPOPS 5.0 软件生成，该软件是佛罗里达大学 Anil V. Rao 教授开发的一款 Matlab 最优控制程序包，其优化方法为拉道伪谱法，其调用的非线性规划求解器为加利福尼亚大学 Philip E. Gill 教授开发的 SQP 算法程序 SNOPT。

2.3.4.2 计算时间分析

对三种不同初始输入轨迹的情况进行仿真，优化策略中各阶段的计算耗时及平均耗时见表 2.4。结果表明，对激励持续时长为 120s 的输入力矩轨迹进行优化，在 Matlab 环境下的计算耗时仅为 5.88 ~ 6.66min。值得注意的是，采用不同初始输入轨迹进行优化计算，得到的最优法矩阵条件数各不相同，说明本书的方法只能寻找到局部最优解。

表 2.4 最优输入轨迹的计算时间

编号	可行解计算/s	最优解计算/s	共计/s	平均用时/s	最优性能指标 $\kappa_2(\boldsymbol{N}(t_f))$
情况 1	38.8	314.0	352.8	381.2	1.68
情况 2	18.2	373.2	391.4		1.24
情况 3	39.0	360.4	399.4		1.32

2.3.4.3 可行性分析

利用未知参数的先验值，通过本章提出的输入轨迹设计方法可以得到满足所有约束条件的可行解和最优解轨迹，但这些轨迹对参数为真实值的系统是否可行还需要进一步验证。下面将计算得到的输入轨迹代入参数为真实值的运动微分方程中进行积分，得到真实系统的状态响应轨迹。通过分析真实系统状态响应轨迹的变化范围和初/末时刻值，可以验证该方法所得输入轨迹的可行性。

图 2.2 给出了初始输入轨迹为情况 1 时的优化结果，其中，图 2.2(a)为优化流程中 IGG 阶段得到的输入轨迹的可行解，图 2.2(b)为 OSG 阶段得到的输入轨迹的最优解。可以看出：最优输入轨迹的变化范围更大，这从直观上可以理解为辨识条件好的输入轨迹必然充分利用了执行器的输出能力。将图 2.2 中两组输入轨迹代入到真实参数系统的运动微分方程中分别进行数值积分，得到了如图 2.3 ~ 图 2.4 所示的状态响应曲线。

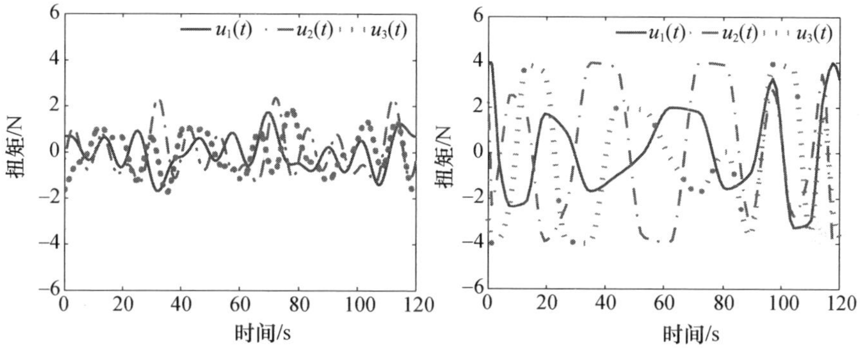

(a) 可行输入轨迹　　(b) 最优输入轨迹

图 2.2　拉道伪谱法得到的输入轨迹曲线

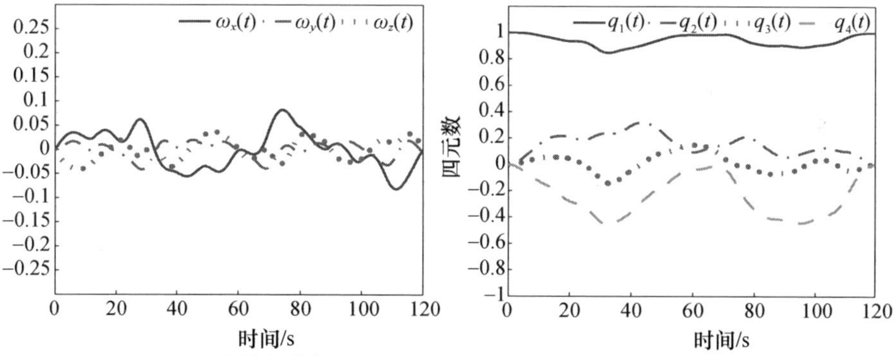

(a) 角速度响应　　(b) 四元数响应

图 2.3　可行输入轨迹激励下的姿态响应曲线

图 2.3 和图 2.4 分别给出了可行输入轨迹与最优输入轨迹激励下，真实参数系统的姿态响应曲线。可以看出，最优输入轨迹的姿态响应变化范围更大，从提高观测数据信噪比的角度来讲，变化范围更大的响应轨迹必然更有利于获得精确的参数估计。同时也可以看到：虽然输入轨迹是利用参数先验值计算得到的，但是真实系统在其激励下的状态响应仍然满足于表 2.2 中规定的约束条件，

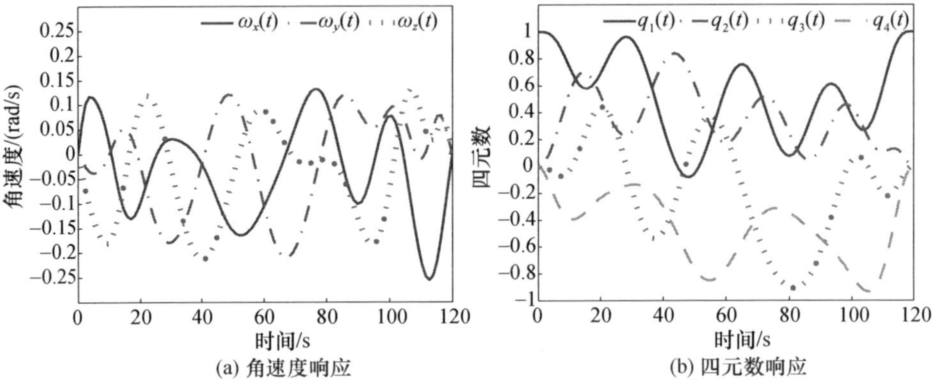

图 2.4　最优输入轨迹激励下的姿态响应曲线

这说明本书提出的最优输入设计方法不仅能够任意限制航天器的姿态运动范围,而且综合出的输入轨迹对真实系统仍然可用。

2.4　DUKF 状态 - 参数估计算法

当线性方程式(2.6)中的所有变量(包括 $\boldsymbol{\omega}(t)$、$\dot{\boldsymbol{\omega}}(t)$和 $\boldsymbol{u}(t)$)均可测量时,可以通过直接求解超定方程组(2.8)或适定方程组(2.10)获得转动惯量的估计(若考虑测量噪声,则采用总体最小二乘法计算,见附录 D.2)。但是,本书中假设只能够测量航天器的姿态,因此采用一种双重无迹卡尔曼滤波(DUKF)算法[68]来估计转动惯量。DUKF 算法是一种基于 UKF 滤波器的参数 - 状态并行估计方案,UKF 通过非线性系统的动态模型对 sigma 采样点进行传播,利用传播后的 sigma 点信息计算每步递推估计的后验均值和方差。UKF 保留了非线性系统的一阶和二阶统计学信息,相比于只能保留一阶统计学信息的 EKF 滤波器而言,具有更优良的估计性能。在参数 - 状态并行估计方案中,参数估计器与状态估计器循序执行并缠绕互连,每个估计器在执行下一时刻的滤波计算时都融合了另一个估计器的滤波信息。本节对 DUKF 算法进行简要介绍。

2.4.1　参数滤波模型和状态滤波模型

参数 - 状态双重估计方案的基本思想是将参数估计和状态估计分别置于两个相对独立的滤波递推流程中,再结合高精度的姿态敏感器测量信息进行滤波估计。由于估计对象不同,参数估计器与状态估计器的滤波模型也各不相同。

对于状态估计器,采用如下状态滤波估计模型:

$$
\begin{cases}
\boldsymbol{x}_k = \boldsymbol{x}_{k-1} + \Delta t \cdot \boldsymbol{f}(\boldsymbol{x}_{k-1}, \boldsymbol{u}_{k-1}, \boldsymbol{\theta}_{k-1}) + \boldsymbol{W}_x \\
\boldsymbol{y}_k = \boldsymbol{q}_k + \boldsymbol{V}_q
\end{cases}
\tag{2.24}
$$

式中:Δt 为两次观测之间的时间间隔;$\boldsymbol{x}_k = [\boldsymbol{q}_k^{\mathrm{T}}, \boldsymbol{\omega}_k^{\mathrm{T}}]^{\mathrm{T}}$ 为第 k 时刻状态值;$\boldsymbol{W}_x$ 为对微分方程进行离散化引起的动力学模型误差;$\boldsymbol{y}_k$ 为第 k 时刻状态滤波模型中的观测量;$\boldsymbol{V}_q$ 为姿态敏感器测量误差。

滤波模型中函数 $\boldsymbol{f}(\cdot)$ 的定义与模型式(2.4)中的相同。该模型的动态方程为连续的系统微分方程离散化而得,观测方程为线性方程,也可以写为 $\boldsymbol{y}_k = [\boldsymbol{I}, \boldsymbol{0}]\boldsymbol{x}_k + \boldsymbol{V}_q$。

对于参数估计器,采用如下参数滤波估计模型:

$$
\begin{cases}
\boldsymbol{\theta}_k = \boldsymbol{\theta}_{k-1} + \boldsymbol{W}_\theta \\
\boldsymbol{\psi}_k = \boldsymbol{x}_{k-1} + \Delta t \cdot \boldsymbol{f}(\boldsymbol{x}_{k-1}, \boldsymbol{u}_{k-1}, \boldsymbol{\theta}_k) + \boldsymbol{V}_\psi
\end{cases}
\tag{2.25}
$$

式中:$\boldsymbol{\theta}_k$ 为第 k 时刻参数值;$\boldsymbol{W}_\theta$ 为参数不准确引起的误差;$\boldsymbol{\psi}_k$ 为第 k 时刻参数滤波模型中的观测量,其意义为当前参数值对应的状态预测值;$\boldsymbol{V}_\psi$ 为由状态预测不准确引起的参数观测误差。

该模型具有线性的动态方程和非线性的观测方程,其中,观测方程为状态滤波模型的动态方程。

双重滤波方案的优点在于:能够根据需要将参数滤波计算与状态滤波计算暂时解耦,避免因参数误差过大造成的状态滤波发散。

2.4.2 参数-状态双重滤波方案的实现

2.4.2.1 状态估计器

图 2.5 给出了状态估计器的完整计算流程,计算中涉及的具体公式参见附录 D.1。

如图 2.5 所示,在每一个测量采样周期内,利用 UKF 对系统式(2.24)进行状态估计的全过程可初略地分为预报和更新两个步骤。

预报,即根据前一时刻的滤波信息(如 $\hat{\boldsymbol{x}}_{k-1|k-1}$ 和 $\boldsymbol{P}_{k-1|k-1}$)计算当前时刻的预报信息(如 $\hat{\boldsymbol{x}}_{k|k-1}$ 和 $\boldsymbol{P}_{k|k-1}$)。在预报步骤的执行中,假设所有的状态变量和观测变量均为高斯随机变量,通过无迹变换捕捉状态和观测量的一阶及二阶统计信息,并将这些统计信息嵌入到一组 sigma 点 $\boldsymbol{\chi}_{i,k-1}$($i = 0, 1, \cdots, n$)中。之后,预报步骤可细分为以下三个步骤:

(1) 通过非线性动态方程对 $\boldsymbol{\chi}_{i,k-1}$ 进行传播,得到传播后的 sigma 点 $\boldsymbol{\chi}_{i,k|k-1}$;

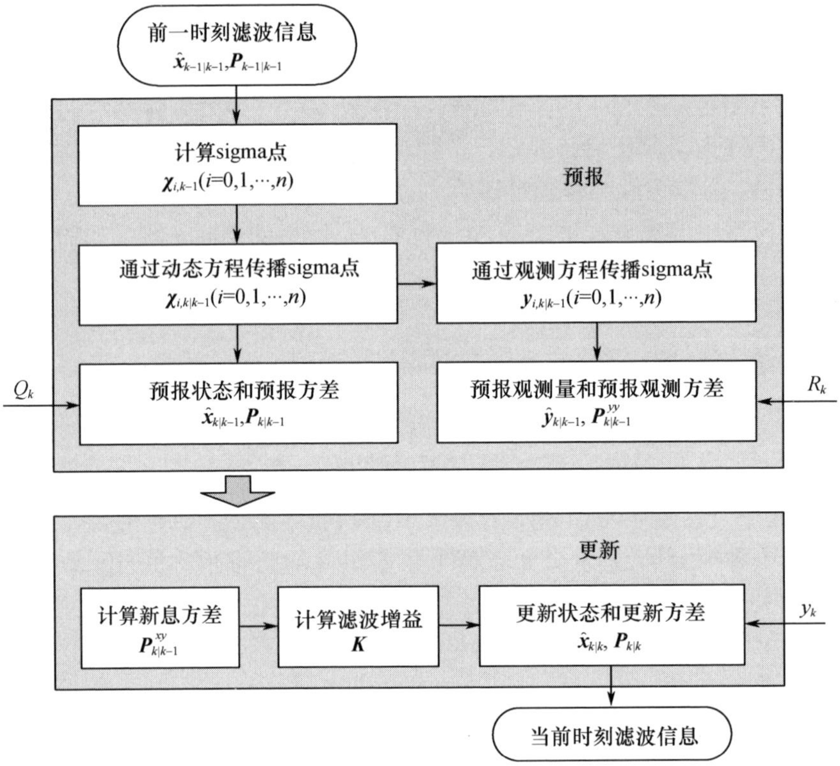

图 2.5　基于 UKF 的状态估计器计算流程

（2）利用 $\chi_{i,k|k-1}$，通过加权平均计算出预报状态 $\hat{x}_{k|k-1}$ 和预报方差 $P_{k|k-1}$，同时，也将 $\chi_{i,k|k-1}$ 代入观测方程中计算出观测 sigma 点 $y_{i,k|k-1}$；

（3）利用 $y_{i,k|k-1}$，通过加权平均计算出预报观测量 $\hat{y}_{k|k-1}$ 和预报观测方差 $P^{yy}_{k|k-1}$。

更新，即根据当前观测量 y_k 对预报信息进行校正。整个更新步骤也可细分为三个步骤：

（1）利用 $\chi_{i,k|k-1}$、$\hat{x}_{k|k-1}$、$y_{i,k|k-1}$ 和 $\hat{y}_{k|k-1}$，通过加权平均计算出新息方差 $P^{xy}_{k|k-1}$；

（2）利用 $P^{xy}_{k|k-1}$ 和 $P^{yy}_{k|k-1}$ 计算滤波增益 K；

（3）利用 $\hat{x}_{k|k-1}$、y_k、K 和 $\hat{y}_{k|k-1}$ 更新状态得到 $\hat{x}_{k|k}$，同时利用 K 和 $P_{k|k-1}$ 更新方差得到 $P_{k|k}$。

2.4.2.2　参数估计器

图 2.6 给出了参数估计流程与状态估计流程之间的信息交互关系。

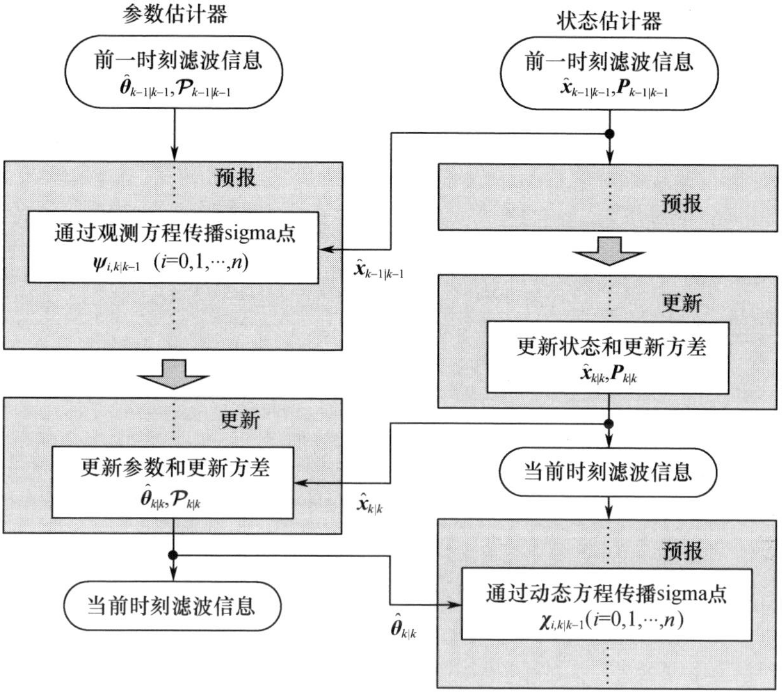

图 2.6　DUKF 算法计算流程

参数估计器的计算流程基本上与状态估计器相同,也通过无迹变换获得一阶和二阶统计信息。然而,两种估计器之间也存在着一些信息交互耦合,需要特别注意:

(1) 在参数估计器中计算预报观测量时,除了需要待估参数的 sigma 点以外,还需要状态估计器提供的前一时刻状态估计值。也就是说,参数估计器中的预报观测量即为状态估计器中由当前参数估值确定的预报状态。

(2) 在参数估计器中更新参数估值及其协方差时,需要状态估计器提供当前时刻状态估计值作观测量。

(3) 参数估计器中的参数估值更新后,又反馈给状态估计器,作为下一时刻滤波计算中的动态方程参数。

2.5　最优激励下的参数辨识仿真

本节将通过数值仿真证明最优输入轨迹能够有效提高转动惯量估计的收敛速度和收敛精度。仿真中,转动惯量的先验值与真实值仍然取表 2.1 中所列的数据,最优输入轨迹取图 2.2(b)中所示的力矩曲线。为了证明最优输入轨迹的

优越性，选择正弦曲线作为对比输入轨迹，其变化规律为

$$\begin{cases} \boldsymbol{u}_1(t) = 4\sin\left(\dfrac{\pi}{6}t\right) \\ \boldsymbol{u}_2(t) = 4\sin\left(\dfrac{\pi}{6}t + \dfrac{2\pi}{3}\right) \\ \boldsymbol{u}_3(t) = 4\sin\left(\dfrac{\pi}{6}t - \dfrac{2\pi}{3}\right) \end{cases}$$

图 2.7 给出了正弦输入轨迹，可以看出，其变化范围与图 2.2 所示的最优输入轨迹相同。

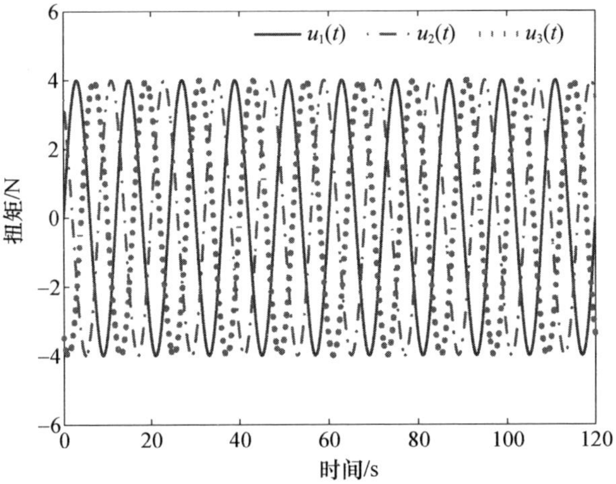

图 2.7　作为对比的正弦输入轨迹

图 2.8 给出了正弦输入轨迹激励下真实参数系统的姿态响应曲线，可以看出，在正弦输入激励下，角速度和四元数的变化范围同样满足表 2.2 中规定的约束条件。与最优输入轨迹激励下的状态响应相比，角速度的变化范围更小，四元数的变化范围相当。值得注意的是，正弦输入轨迹激励结束后，航天器的姿态没有回到初始位置，在真实的在轨试验中是不希望出现此种情况的。

之后，分别在图 2.4(b)和图 2.8(b)所示的四元数仿真数据中加入了均值为零、方差为 10^{-2} 量级的白噪声数据，模拟真实的有噪声测量数据。并利用 2.4 节中的 *DUKF* 算法对转动惯量进行估计。滤波仿真中，参数估计初值选为表 2.1 中的先验值，状态估计器与参数估计器的测量噪声方差和过程噪声方差分别取

$$\boldsymbol{R}_x = \mathrm{diag}(1,1,1,1) \times 10^{-2}, \boldsymbol{Q}_x = \mathrm{diag}(1,1,1,1,100,100,100) \times 10^2$$

$$\boldsymbol{R}_\theta = \mathrm{diag}(1,1,1,1,1,1) \times 10^{-5}, \boldsymbol{Q}_\theta = \mathrm{diag}(100,100,100,10,10,10)$$

式中：下标“$\boldsymbol{x}$”表示状态估计器；下标“$\boldsymbol{\theta}$”表示参数估计器。

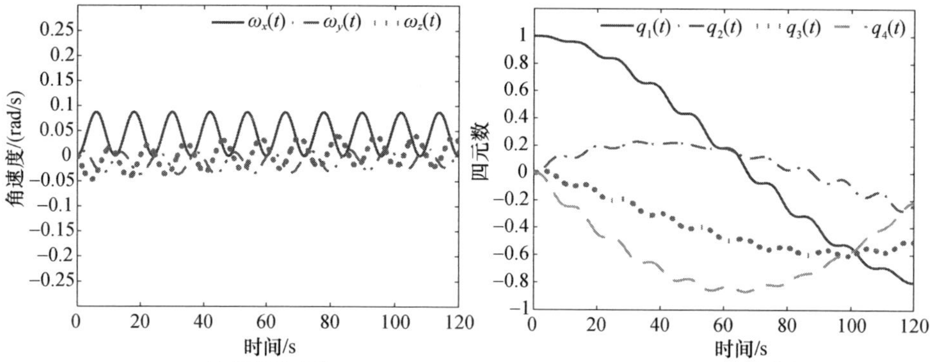

(a) 角速度响应　　(b) 四元数响应

图 2.8　正弦输入轨迹激励下的姿态响应曲线

转动惯量参数估计的仿真结果如图 2.9 所示，其中实线表示最优输入轨迹激励下的估计结果，虚线表示正弦输入轨迹激励下的估计结果。可以看出：使用相同的辨识算法，最优输入轨迹对应的参数估值能够以更快的速度收敛到真实值，以 J_{22} 参数为例，最优输入轨迹对应的估值曲线在 60s 时已基本收敛到参数真值，而正弦输入轨迹对应的估值曲线直到 120s 仍未完全收敛到参数真值。而对可辨识度较差的惯量积参数（J_{xy}、J_{xz} 和 J_{yz}）而言，这种现象表现得更为显著，以 J_{13} 参数为例，最优输入轨迹对应的估值曲线在 70s 后收敛到真值附近的 2.5% 的相对误差范围内，而正弦输入轨迹直到 120s 时仍然与真值存在 6.25% 的相对误差。

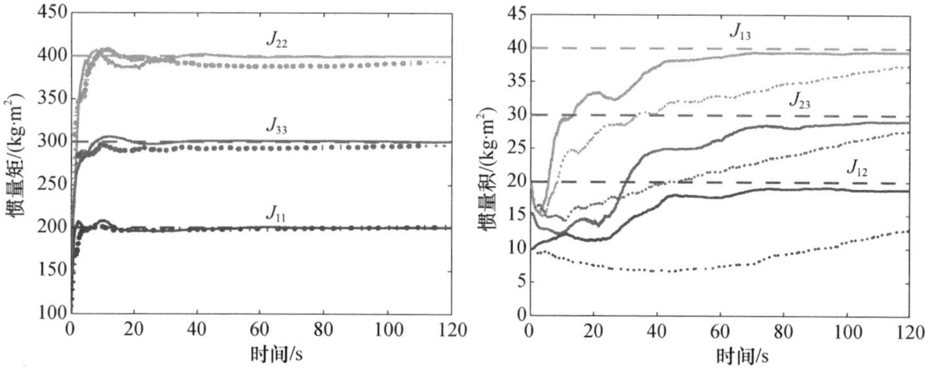

(a) 惯量矩估计曲线　　(b) 惯量积估计曲线

图 2.9　最优输入轨迹和正弦输入轨迹激励下的转动惯量估计结果

为更进一步证明最优输入轨迹激励下的参数估计精度的提高，应用蒙特卡罗法对估计过程进行多次仿真，并对估计结果进行统计。表 2.5 中列出了 100 次参数估计仿真结果的统计。可以看出，利用本节方案综合出的优化输入轨迹总体上提高了参数估计的准确度，与正弦输入轨迹激励下的估计结果相比，惯量积估计的相对误差最多降低了 31.3%，而惯量距估计的相对误差也至少降低了 1.04%。

表 2.5 蒙特卡罗仿真统计结果

输入轨迹类型	估值 ± 标准差(相对误差)		
	J_{11}	J_{22}	J_{33}
最优输入轨迹	200.19 ±0.0012(0.095%)	389.81 ±1.4415(2.55%)	301.02 ±0.4535(0.34%)
正弦输入轨迹	201.10 ±0.6472(0.55%)	384.86 ±1.7829(3.79%)	304.13 ±0.6170(1.38%)
	J_{12}	J_{13}	J_{23}
最优输入轨迹	19.27 ±0.0057 (3.65%)	39.46 ±0.1185 (1.36%)	29.95 ±0.0007(0.17%)
正弦输入轨迹	13.01 ±0.1720 (34.95%)	37.35 ±0.2316 (6.63%)	26.36 ±0.0030(12.13%)

通过与正弦输入轨迹激励下的辨识结果对比证明：本节提出的最优输入设计方法可以综合出提高辨识算法效能的输入轨迹，并且辨识算法效能的提高不是以增大输入幅值而获得的。此外，即使先验值与真实值的相对误差高达 50%，利用参数先验值设计出的最优输入轨迹对真实参数系统仍然有效，表明该输入设计方案对先验信息具有很强的鲁棒性。

本章以模块变形航天器转动惯量在轨辨识问题为背景，提出了一种提高参数估计精度和效率的最优输入轨迹设计方法。该方法具有以下特点：①将最优输入轨迹设计问题归结为一类包含有动态约束、路径约束和边界条件的动态优化问题进行研究；②选择法矩阵条件数作为最优轨迹的性能指标，并将法矩阵中的独立元素作为增广状态扩充到动态约束中，构造出只与终端时刻状态有关准 Mayer 型代价函数；③采用基于拉道伪谱法的两步优化策略求解动态优化问题，先以少量配点综合出满足所有约束条件的可行解轨迹，再增加配点数生成精确的最优轨迹。

通过最优输入轨迹设计算例与参数辨识仿真算例，证明了本章提出的最优输入设计方法具有以下优点：①轨迹优化效率较高，在普通个人计算机上不到 7min 便能生成一组最优输入轨迹；②能够反映真实系统的物理限制，通过设置路径约束与边界条件，使得最优输入设计的轨迹在实际中是可行的；③显著提高了参数估计的精度和效率，算例中最优输入轨迹至少缩短了 54% 的估计收敛时间，并且最多降低了 31.3% 的估值相对误差；④对参数先验值误差具有鲁棒性，即使设计输入轨迹时使用了偏差很大的待估参数先验值，但在综合出的输入轨迹激励下，真实参数系统的运动仍然满足预设的边界条件和路径约束，并且参数估计精度和效率的仍然得到了提高。

参 考 文 献

[1] Bergmann E, Dzielski J. Spacecraft mass property identification with torque - generating control [J]. Journal of Guidance, Control, and Dynamics, 1990, 13(1): 99 - 103.

[2] Bergmann E V, Walker B K, Levy D R. Mass property estimation for control of asymmetrical satellites [J]. Journal of Guidance, Control, and Dynamics, 1987, 10(5): 483 - 491.

[3] Richfield R F, Walker B, Bergmann E V. Input selection for a second - order mass property estimator [J]. Journal of Guidance, Control, and Dynamics, 1988, 11(3): 207 - 212.

[4] Lam Q G, Chipman R G, Sunkel J. Mass property identification - A comparison study between extended Kalman filter and neuro - filter approaches [C]// Navigation and Control Conference, Guidance, Navigation, and Control and Co - located Conferences. New Orleans, LA: AIAA, 1991, 12.

[5] LAM Q, Foster L. Parameter estimation using an optimized learning network[C]//AIAA, Guidance, Navigation and Control Conference, New Orleans, LA. 1991: 1991.

[6] Palimaka J, Burlton B V. Estimation of spacecraft mass properties using angular rate gyro data[C]//AIAA/AAS Astrodynamics Conference, 1992: 21 - 26.

[7] Tanygin S, Williams T. Mass property estimation using coasting maneuvers[J]. Journal of Guidance, Control, and Dynamics. 1997, 20(4): 625 - 632.

[8] Keim J A, Acikmese A B, Shields J F. Spacecraft inertia estimation via constrained least squares[C]// 2006 IEEE Aerospace Conference, IEEE, 2006.

[9] Peck M A. Mass - properties estimation for spacecraft with powerful damping[J]. Adances in the Astronautical Sciences, 2000, 103(part III): 2005 - 2024.

[10] Peck M A. Estimation of inertial parameters for gyrostats subject to gravity - gradient torques[J]. Advances in the Astronautical Sciencs, 2002, 109: 113 - 131.

[11] Peck M A. Estimation of wheel and cmg alignments form on orbit telemetry [C]//Proceeding of the Flight Mechanics Symposium, Lynch J P, NASA Center for Aerospace Information, Hanover, MD, 2001: 187 ~ 201.

[12] Wertz J A. Inflight estimation of the cassini spacecraft's inertia tensor[J]. Advances in the Astronautical Sciences, 2001, 108: 1087 - 1102.

[13] Lee A Y. In - flight estimation of the cassini spacecraft's inertia tensor[J]. Journal of Spacecraft and Rocket, 2002, 39(1): 153 - 155.

[14] Feldman A. In - flight estimation of cassini spacecraft inertia tensor and thruster magnitude[J]. Advances in the Astronautical Sciences, 2006, 124: 35 - 54.

[15] Wilson E, Lages C, Mah R. On - line gyro - based, mass - property identification for thruster - controlled spacecraft using recursive least squares[C]//Circuits and Systems, 2002. MWSCAS - 2002. The 2002 45th Midwest Symposium on. IEEE, 2002, 2: II - 334 - II - 337 vol. 2.

[16] Wilson E, Sutter D, Mah R. Motion - based mass - and thruster - property identification for thruster - controlled spacecraft[M]//Infotech@ Aerospace. 2005: 6907.

[17] Wilson E, Sutter D W. Spacecraft on - board mass and thruster property identification with spheres flight experiments[C]// Arlington, VA, United States: 2005.

[18] Wilson E, Sutter D W. MCRLS for on – line spacecraft mass – and thruster – property identification[C]//IASTED International Conference on Intelligent Systems and Control, Honolulu, HI, 2004: 1 –6.
[19] Wilson E, Lages C. Gyro – based maximum – likelihood thruster fault detection and identification[C]//Proceedings of the 2002 American Control Conference. IEEE, 2002, 6:4525 –4530.
[20] Psiaki M. Estimation of a spacecraft's attitude dynamics parameters by using flight data [J]. Journal of Guidance, Control, and Dynamics, 2005, 28(4): 594 –603.
[21] Psiaki M L, Theiler J, Bloch J, etal. ALEXIS spacecraft attitude reconstruction with thermal/flexible motion due to launch damage [J]. Journal of Guidance, Control, and Dynamics, 1997, 20(5):1033 –1041.
[22] Psiaki M L, Klatt E M, Kintner P M, etal. Attitude estimation for flexbile spacecraft in an unstable spin [J]. Journal of Guidance, Control, and Dynamics, 2002, 25(1): 88 –95.
[23] Psiaki M L, Oshman Y. Spacecraft attitude rate estimation from geomagnetic field measurement [J]. Journal of Guidance, Control, and Dynamics, 2003, 26(2): 244 –252.
[24] Psiaki M L. Global magnetometer – based spacecraft attitude and rate estimation [J]. Journal of Guidance, Control, and Dynamics, 2004, 27(2): 240 –250.
[25] Ma O, Dang H, Pham K. On – orbit identification of inertia properties of spacecraft using a robotic arm [J]. Journal of Guidance, Control, and Dynamics, 2008, 31(6): 1761 –1771.
[26] Ma O, Dang H, Pham K. On – orbit identification of inertia properties of spacecraft using robotics technology[C]//AIAA Guidance, Navigation, and Control Conference, Hilton Head, SC, 2007.
[27] Paynter S J, Bishop R H. Indirect adaptive nonlinear attitude control and momentum management of spacecraft using feedback linearization[J]. Advances in the Astronautical Sciences, 1996, 90(1):1085 –1091.
[28] Chatuvedi N A. Globally convergent adaptive tracking of angular velocity and inertia identification for a 3 DOF rigid body[J]. IEEE Transactions on Control System Technology, 2006, 14(5):841 –852.
[29] Luquette R J. Nonlinear control design techniques for precision formation flying at Lagrange Points[D]. Maryland:University of Maryland, 2006:78 –93.
[30] 胡德文,万百五. 系统辨识的最优输入设计(OID)综述[J]. 控制理论与应用, 1989, 6(9): 1 –11.
[31] Fisher R. The Design of Experiments[M]. Edinburgh: Oliver & Boyd, 1935.
[32] Levin M. Optimum estimation of impulse response in the presence of noise[J]. IRE Transactions on Circuit Theory, 1960, 7(1): 50 –56.
[33] Litman S, Huggins W H. Growing exponentials as a probing signal for system identification[J]. Proceedings of the IEEE, 1963, 51(6): 917 –923.
[34] Levadi V. Design of input signals for parameter estimation[J]. IEEE Transactions on Automatic Control, 1966, 11(2): 205 –211.
[35] Gagliardi R. Input selection for parameter identification in discrete systems[J]. IEEE Transactions on Automatic Control, 1967, 12(5): 597 –599.
[36] Mehra R K. Optimal input signals for parameter estimation in dynamic systems – survey and new results [J]. IEEE Transactions on Automatic Control, 1974, 19(6): 753 –768.
[37] Espie D, Machietto S. The optimal design of dynamic experiments[J]. A. I. Ch. E Journal, 1989, 35:

223 - 229.

[38] Shirt R W, Harris T J, Bacon D W. Experimental design considerations for dynamic systems[J]. Industrial & engineering chemistry research, 1994, 33(11): 2656 - 2667.

[39] Zullo L C. Computer aided design of experiments: an engineering approach[D]. Imperial College London (University of London), 1991.

[40] Atkinson A C, Bogacka B. Compound and other optimum designs for systems of nonlinear differential equations arising in chemical kinetics[J]. Chemometrics and Intelligent Laboratory Systems, 2002, 61(1): 17 - 33.

[41] Walter é, Pronzato L. Qualitative and quantitative experiment design for phenomenological models—a survey[J]. Automatica, 1990, 26(2): 195 - 213.

[42] De Pauw D. Optimal experimental design for calibration of bioprocess models: a validated software toolbox [D]. Ghent University, 2005.

[43] Munack A, Posten C. Design of optimal dynamical experiments for parameter estimation[C]//American Control Conference, 1989. IEEE, 1989: 2010 - 2016.

[44] Versyck K J, Claes J E, Van Impe J F. Optimal experimental design for practical identification of unstructured growth models[J]. Mathematics and computers in simulation, 1998, 46(5): 621 - 629.

[45] Bernaerts K, Versyck K J, Van Impe J F. On the design of optimal dynamic experiments for parameter estimation of a Ratkowsky - type growth kinetics at suboptimal temperatures[J]. International journal of food microbiology, 2000, 54(1): 27 - 38.

[46] Franceschini G, Macchietto S. Novel anticorrelation criteria for model - based experiment design: Theory and formulations[J]. AIChE journal, 2008, 54(4): 1009 - 1024.

[47] Galvanin F, Macchietto S, Bezzo F. Model - based design of parallel experiments[J]. Industrial & engineering chemistry research, 2007, 46(3): 871 - 882.

[48] Stigter J D, Vries D, Keesman K J. On adaptive optimal input design: a bioreactor case study[J]. AIChE journal, 2006, 52(9): 3290 - 3296.

[49] Jauberthie C, Denis - Vidal L, Cotond P, et al. An optimal input design procedure[J]. automatica, 2006, 42(5): 881 - 884.

[50] Jauberthie C, Bournonville F, Coton P, et al. Optimal input design for aircraft parameter estimation[J]. Aerospace Science and Technology, 2006, 10(4): 331 - 337.

[51] Franceschini G, Macchietto S. Model - based design of experiments for parameter precision: State of the art [J]. Chemical Engineering Science, 2007, 63: 4846 - 4872.

[52] Chianeh H A, Stigter J D, Keesmana K J. Optimal input design for parameter estimation in a single and double tank system through direct control of parametric output sensitivities[J]. Journal of Process Control, 2011, 21(1): 111 - 118.

[53] Morelli E A. Flight Test of Optimal Inputs and Comparison with Conventional Inputs[J]. Journal of Aircraft, 1999, 36(2): 389 - 397.

[54] Han Y, Kim Y. Optimal input design for online parameter estimation for aircraft with multiple control surfaces[J]. Engineering Optimization, 2011, 43(5): 559 - 580.

[55] Kolmanovsky I, Filev D. Optimal Finite and Receding Horizon Control for Identification in Automotive Sys-

tems[J]. Identification for Automotive Systems, 2012: 327 -348.

[56] Telen D, Logist F, van Derlinden E, et al. Optimal experiment design for dynamic bioprocesses a multi - objective approach[J]. Chemical Engineering Science, 2012, 78: 82 -97.

[57] Abdellatif H, Heimann B. Experimental identication of the dynamics model for 6 - DOF parallel manipulators[J]. Robotica, 2010, 28(03): 359 -368.

[58] Ross I M, Fahroo F. Pseudospectral knotting methods for solving optimal control problems[J]. Journal of Guidence, Control and Dynamics, 2004, 27(3): 397 -405.

[59] Benson D A, Huntington G T, Thorvaldsen T P, et al. Direct Trajectory Optimization and Costate Estimation via an Orthogonal Collocation Method[J]. Journal of Guidence, Control, and Dynamics, 2006, 29 (6): 1435 -1440.

[60] Gong Q, Kang W, Ross I M. A pseudospectral method for the optimal control of constrained feedback linearizable systems [J]. IEEE Transactions on Automatic Control, 2006, 51(7): 1115 -1129.

[61] Kang W, Ross I M, Gong Q. Pseudospectral Optimal Control And Its Convergence Thorems [M]. Berlin: Springer - Verlag, 2008.

[62] HOU H Y, HAGER W W, RAO A V. Convergence of a gauss pseudospectral method for optimal control [C] //AIAA Guidance, Navigation, and Control Conference and Exhibit. Minnesota: American Institute of Aeronautics and Astronautics, 2012, 8: 1 -9.

[63] Garg D, Patterson M A, Darby C L, et al. Direct trajectory optimization and costate estimation of finite - horizon and infinite - horizon optimal control problems using a radau pseudospectral method[J]. Computational Optimization and Applications, 2011, 49(2): 335 -358.

[64] Garg D, Hager W W, Rao A V. Pseudospectral Methods for Solving Infinite - Horizon Optimal Control Problems[J]. Automatica. 2011, 47(4): 829 -837.

[65] Garg D, Patterson M A, Hager W W, et al. A unified framwork for the numerical solution of optimal control problems using pseudospectral menthods[J]. Automatica, 2010, 46(11): 1843 -1851.

[66] Darby C L, Hager W W, Anil V R. Direct trajectory optimization using a variable low - order adaptive pseudospectral method [J]. Journal of Spacecraft and Rockets, 2011, 48(3): 433 -445.

[67] Garg D. Advances in global pseudospectral methods for optimal control [D]. Florida: University of Florida, 2011.

[68] VanDyke M C, Schwartz J L, Hall C D. Unscented kalman filtering for spacecraft attitude state and parameter estimation[J]. Department of Aerospace & Ocean Engineering, Virginia Polytechnic Institute & State University, Blacksburg, Virginia, 2004.

第3章　模块变形航天器姿态自适应控制

3.1 引　　言

从本章起,本书开始讨论模块变形航天器的姿态控制问题。本章主要研究自适应控制方法在模块变形航天器姿态跟踪问题中的应用。

自适应控制是航天器存在参数不确定性时常采用的一种姿态控制方案,目前,针对刚性航天器的自适应姿态控制已得到广泛的关注与研究。文献[1]基于必然等价性和内模法设计了自适应姿态控制算法,无须航天器转动惯量的任何先验信息,能在外部干扰为谐波信号的情况下实现渐近姿态跟踪。文献[2]针对姿态跟踪问题设计了逆最优自适应控制算法,该方案能够有效地抑制有界外部干扰的影响,对转动惯量参数是自适应的,并且自适应参数最终能收敛到一个最大不变子集中。文献[3]针对持续外界扰动作用下的航天器姿态跟踪问题,结合鲁棒控制、自适应控制和输出调节理论设计了控制算法,该算法对转动惯量参数和外部干扰中的未知参数是自适应的,控制能量也是有界的;在其后续的研究中[4],又进一步解决了谐波外扰中存在未知频率参数的自适应估计问题。从这些文献可以看出,当航天器中的不确定性参数为常值时,自适应控制方案能够获得较为理想的控制效果。然而,在轨服务操作过程中,模块变形航天器的质量分布是随时间变化的,此时系统参数不仅存在不确定性,而且是时变的,在这种情况下上述控制方案的有效性很难得到保证。

模块变形航天器的姿态运动方程是一个参数时变系统,其姿态控制问题属于参数时变系统控制的范畴。事实上,由于现实中被控系统的时变现象具有普遍性,针对时变系统的控制一直受到控制学界的关注,成为被广泛研究的热点问题。

如果参数的变化与系统自身运动变化相比足够“慢”,那么可以采用自适应控制方法。早期的研究主要针对线性时变系统,比如:Annaswamy[5]考虑了参数在紧致集中连续变化的时变线性系统;Zhang[6]研究了具有慢时变参数的线性系统;Tsakalis[7-8]和Middleton[9]等人在线性定常系统的模型参考自适应控制基础上,通过设计改进的自适应律,取得了较好的控制效果,适用于参数变化范围已知的系统；Marino[10]设计了输入反馈自适应控制律，在不限制参数变化范围的情况下，可以使跟踪误差渐近收敛到零。之后，研究扩展到了有限的几类非线性时变对象，比如：文献[11]考虑了一类非线性系统中不确定时变参数的变化范围为已知的情况；Estrada[12]针对一类参数时变的混沌系统，提出了能够实现状态渐进稳定跟踪的模型参考自适应控制律。

在一些情况下，参数时变因素可以通过数学变换转变为时变不确定性扰动，这时可以采用鲁棒自适应控制方法。Marino[13]针对线性时变系统设计了鲁棒自适应前置滤波器估计时变不确定项，并通过调节参考信号改善系统动态，该方法消除了“参数变化足够慢”的限制；Qu[14]对一类时变 SISO 系统设计了模型参考鲁棒自适应控制律，取得了较好的控制结果。

针对具有特殊时变特性的系统，比如时变参数或时变扰动具有周期性的系统，还可以采用重复学习控制[15]、周期自适应控制[16-19]、模型预测控制[20]等方法。对于更普遍的非线性时变系统，Zhang[21]结合鲁棒自适应、Backstepping 方法以及参数投影估计器设计了控制律，当时变参数和扰动有界时，可证明闭环系统跟踪误差有界；此外，Zhang[22-25]也将自适应 Backstepping 方法推广到参数时变系统控制中，并研究了避免过参数化的方法。

时变系统经过几十年的发展完善，出现了很多卓有成效的控制方法，其中，自适应控制结合鲁棒控制的方法，因其理论较为完备、设计过程具有系统性，是解决时变系统控制问题较为可行的设计方案。近年来，参数时变航天器的姿态控制问题也得到了一些学者的关注。文献[26]设计了间接型鲁棒自适应控制算法，在外部扰动和转动惯量时变的情况下实现了姿态跟踪误差有界。文献[27]研究了内部有平移运动部件的航天器姿态跟踪问题，结合必然等价性和内模法设计了基于旋转矩阵反馈的自适应控制算法。文献[28]分别研究了转动惯量为时间相关函数和控制量相关函数的两种情况，利用必然等价性和光滑投影函数设计了自适应控制算法。这些已有成果为本章的研究提供了非常宝贵的参考。

本章考虑模块变形航天器时变参数为“部分已知”的情况，设计四种无退绕的自适应控制算法。“部分已知”是指航天器参数变化的时变函数是已知的，但时变函数中存在未知系数的情况。本章的结构组织：3.2 节对本章所研究的问题进行描述，主要论述姿态跟踪模型中“参数部分未知”假设的合理性，以及证明采用旋转矩阵描述姿态时的一些数学性质；3.3 节给出控制算法的具体设计过程，首先根据必然等价性设计经典的自适应控制算法，然后基于光滑投影函数对经典自适应律进行修正，最后采用逆最优自适应控制对控制算法进行改进，在设计过程中先后形成了四种控制算法；3.4 节通过 6 个定理从理论上严格证明了控制算法作用下的姿态跟踪闭环系统的稳定性;3.5 节通过数值仿真验证了控制算法的有效性。

3.2 航天器姿态自适应控制模型

3.2.1 姿态误差动力学和运动学模型

在空间任务中,通常对航天器姿态控制提出姿态机动和姿态跟踪两个方面的要求。姿态机动是指将航天器从当前姿态调节到预设的目标姿态,而姿态跟踪则要求航天器实际姿态实时跟踪以一定规律变化的目标姿态。事实上,姿态机动问题可以视为期望角速度为零的姿态跟踪问题,针对姿态跟踪问题设计的控制律可直接用于姿态机动任务,所以我们之后的研究主要解决姿态跟踪控制问题。

第 1 章已经建立了模块变形航天器的姿态运动模型,为叙述方便,现将其重写为如下形式:

$$\dot{\boldsymbol{R}} = \boldsymbol{R}\boldsymbol{\omega}_b^{\times} \tag{3.1}$$

$$\boldsymbol{J}(t)\dot{\boldsymbol{\omega}}_b = -\boldsymbol{\omega}_b \times \boldsymbol{J}(t)\boldsymbol{\omega}_b + [\boldsymbol{\mathcal{H}}(t) - \dot{\boldsymbol{J}}(t)]\boldsymbol{\omega}_b + \boldsymbol{u} + \boldsymbol{d} \tag{3.2}$$

式中:$\boldsymbol{R} \in \mathrm{SO}(3)$ 为姿态旋转矩阵;$\boldsymbol{\omega}_b \in \mathbb{R}^3$ 为角速度,对应斜对称矩阵 $\boldsymbol{\omega}_b^{\times} \in \mathbf{so}(3)$;$\boldsymbol{J}(t):\mathbb{R} \to \mathbb{D}^{3\times 3}$ 为航天器随时间变化的转动惯量,$\dot{\boldsymbol{J}}(t):\mathbb{R} \to \mathbb{D}^{3\times 3}$ 为转动惯量的变化率;矩阵函数 $\boldsymbol{\mathcal{H}}(t):\mathbb{R} \to \mathbf{so}(3)$ 定义为 $\boldsymbol{\mathcal{H}}(t) = \boldsymbol{h}^{\times}(t)$,$\boldsymbol{h}^{\times}$ 为航天器内部由质量分布变化引起的角动量 $\boldsymbol{h}$ 对应的斜对称矩阵;$\boldsymbol{u} \in \mathbb{R}^3$ 为控制力矩;$\boldsymbol{d} \in \mathbb{R}^3$ 为干扰力矩,包括内部质量变化引起的内干扰力矩和外部环境造成的外干扰力矩。

姿态跟踪是设计控制力矩 $\boldsymbol{u}$ 使实际姿态 $\boldsymbol{R}$ 跟踪一随时间变化的期望的姿态轨迹 $\boldsymbol{R}_d(t)$,对于 $\forall t > 0$,$\boldsymbol{R}_d(t)$ 由以下运动学方程决定:

$$\dot{\boldsymbol{R}}_d(t) = \boldsymbol{R}_d(t)\boldsymbol{\omega}_d^{\times}(t), \quad \boldsymbol{R}_d(0) = \boldsymbol{R}_{d0} \tag{3.3}$$

式中:$\boldsymbol{\omega}_d \in \mathbb{R}^3$ 为随时间变化的期望角速度。

实际姿态 $\boldsymbol{R}(t)$ 与期望姿态 $\boldsymbol{R}_d(t)$ 之间的姿态误差旋转矩阵为

$$\widetilde{\boldsymbol{R}} = \boldsymbol{R}_d^{\mathrm{T}}\boldsymbol{R} \tag{3.4}$$

对式(3.4)两端求导,并将式(3.1)和式(3.3)代入后,可得

$$\dot{\widetilde{\boldsymbol{R}}} = \widetilde{\boldsymbol{R}}\widetilde{\boldsymbol{\omega}}^{\times} \tag{3.5}$$

式中:$\widetilde{\boldsymbol{\omega}}$ 为角速度误差,定义为

$$\widetilde{\boldsymbol{\omega}} = \boldsymbol{\omega}_b - \widetilde{\boldsymbol{R}}^{\mathrm{T}}\boldsymbol{\omega}_d \tag{3.6}$$

用 $\tilde{\boldsymbol{\omega}}$ 和 $\boldsymbol{\omega}_d$ 代替 $\boldsymbol{\omega}$,式(3.2)可以重写为

$$\begin{aligned}\boldsymbol{J}\dot{\tilde{\boldsymbol{\omega}}} = &-(\tilde{\boldsymbol{\omega}}+\tilde{\boldsymbol{R}}^{\mathrm{T}}\boldsymbol{\omega}_d)\times\boldsymbol{J}(\tilde{\boldsymbol{\omega}}+\tilde{\boldsymbol{R}}^{\mathrm{T}}\boldsymbol{\omega}_d)+\boldsymbol{u}+\boldsymbol{d}\\ &+[\mathcal{H}(t)-\dot{\boldsymbol{J}}(t)](\tilde{\boldsymbol{\omega}}+\tilde{\boldsymbol{R}}^{\mathrm{T}}\boldsymbol{\omega}_d)+\boldsymbol{J}(\tilde{\boldsymbol{\omega}}\times\tilde{\boldsymbol{R}}^{\mathrm{T}}\boldsymbol{\omega}_d-\tilde{\boldsymbol{R}}^{\mathrm{T}}\dot{\boldsymbol{\omega}}_d)\end{aligned} \tag{3.7}$$

式(3.5)与式(3.7)即为姿态跟踪问题的姿态误差运动学方程和动力学方程。

姿态误差的大小利用特征旋转角表示,特征旋转角即为欧拉轴/角式中的转角

$$\Phi = \arccos\left(\frac{\mathrm{trace}(\tilde{\boldsymbol{R}})-1}{2}\right) \tag{3.8}$$

其表示了从实际姿态 $\boldsymbol{R}(t)$ 绕特征轴旋转到目标姿态 $\tilde{\boldsymbol{R}}(t)$ 所转过的角度。

本章的目的是设计反馈控制器使得模块变形航天器闭环系统的姿态和角速度跟踪期望的姿态和角速度,具体分两种情况规定控制目标:

(1) 对于无扰动力矩的情况($\boldsymbol{d}=\boldsymbol{0}$),控制目标表述为

$$\lim_{t\to\infty}\Phi(t)=0,\quad \lim_{t\to\infty}\|\boldsymbol{\omega}(t)-\boldsymbol{\omega}_d(t)\|=0 \tag{3.9}$$

如果存在控制律使得微分方程式(3.5)和式(3.7)的轨迹满足 $\lim_{t\to\infty}\tilde{\boldsymbol{R}}(t)=\boldsymbol{I}$ 和 $\lim_{t\to\infty}\tilde{\boldsymbol{\omega}}(t)=\boldsymbol{0}$,控制目标(3.9)就可以实现。

(2) 对于有扰动力矩的情况($\boldsymbol{d}\neq\boldsymbol{0}$),控制目标是姿态误差和角速度误差有界,表述为

$$\lim_{t\to\infty}\Phi(t)\leqslant\varepsilon_1,\quad \lim_{t\to\infty}\|\boldsymbol{\omega}(t)-\boldsymbol{\omega}_d(t)\|\leqslant\varepsilon_2 \tag{3.10}$$

式中:$\varepsilon_1,\varepsilon_2>0$ 为任意小的实数。

如果存在控制律使得微分方程式(3.5)和式(3.7)的轨迹满足

$$\lim_{t\to\infty}[\tilde{\boldsymbol{R}}(t),\tilde{\boldsymbol{\omega}}(t)]\in\mathcal{M},\mathcal{M}=\{\tilde{\boldsymbol{R}},\tilde{\boldsymbol{\omega}}\mid\tilde{\boldsymbol{R}}=\exp(\varepsilon\boldsymbol{v}^{\times}),\tilde{\boldsymbol{\omega}}=\varepsilon\boldsymbol{v},\forall\varepsilon>0,\boldsymbol{v}\in\mathbb{S}^2\} \tag{3.11}$$

则控制目标式(3.12)可以实现。

本章假设误差姿态旋转矩阵 $\tilde{\boldsymbol{R}}$ 和误差角速度 $\tilde{\boldsymbol{\omega}}$ 都能够准确测量。任务是设计全状态反馈控制器 $\boldsymbol{u}(\tilde{\boldsymbol{R}},\tilde{\boldsymbol{\omega}}):\mathrm{SO}(3)\times\mathbb{R}^3\to\mathbb{R}^3$,实现式(3.9)或式(3.13)所述的控制目标。为便于在控制律中使用 $\tilde{\boldsymbol{R}}$,定义新的姿态变量 $\boldsymbol{S}$ 为

$$\boldsymbol{S}=\sum_{i=1}^{3}a_i(\tilde{\boldsymbol{R}}^{\mathrm{T}}\boldsymbol{e}_i)\times\boldsymbol{e}_i \tag{3.12}$$

式中:对于 $i=1,2,3$,$\boldsymbol{e}_i$ 表示 3×3 单位矩阵 $\boldsymbol{I}$ 的第 i 列;a_1、a_2、a_3 为互不相同的正实数。

姿态变量 $\boldsymbol{S}$ 和姿态误差旋转矩阵 $\tilde{\boldsymbol{R}}$ 满足下面的性质:

性质 3.1 设 $\boldsymbol{A}=\mathrm{diag}(a_1,a_2,a_3)$,有

$$\mathrm{trace}(\boldsymbol{A}-\boldsymbol{A}\widetilde{\boldsymbol{R}})\geqslant 0 \tag{3.13}$$

$$\frac{\mathrm{d}}{\mathrm{d}t}[\mathrm{trace}(\boldsymbol{A}-\boldsymbol{A}\widetilde{\boldsymbol{R}})]=\widetilde{\boldsymbol{\omega}}^{\mathrm{T}}\boldsymbol{S} \tag{3.14}$$

成立;当且仅当 $\widetilde{\boldsymbol{R}}=\boldsymbol{I}$ 时,有

$$\mathrm{trace}(\boldsymbol{A}-\boldsymbol{A}\widetilde{\boldsymbol{R}})=0 \tag{3.15}$$

成立。

证明:根据 $\widetilde{\boldsymbol{R}}\in\mathrm{SO}(3)$ 的性质,显然式(3.13)和式(3.15)成立。利用式(3.5)和斜对称矩阵的性质,进行如下推导:

$$\begin{aligned}
\frac{\mathrm{d}}{\mathrm{d}t}\mathrm{trace}(\boldsymbol{A}-\boldsymbol{A}\widetilde{\boldsymbol{R}}) &= -\mathrm{trace}(\boldsymbol{A}\dot{\widetilde{\boldsymbol{R}}}) = -\mathrm{trace}(\boldsymbol{A}\widetilde{\boldsymbol{R}}\widetilde{\boldsymbol{\omega}}^{\times})\\
&= -\sum_{i=1}^{3}a_i\boldsymbol{e}_i^{\mathrm{T}}\widetilde{\boldsymbol{R}}\widetilde{\boldsymbol{\omega}}^{\times}\boldsymbol{e}_i = \sum_{i=1}^{3}a_i\boldsymbol{e}_i^{\mathrm{T}}\widetilde{\boldsymbol{R}}\boldsymbol{e}_i^{\times}\widetilde{\boldsymbol{\omega}}\\
&= \left[-\sum_{i=1}^{3}a_i\boldsymbol{e}_i^{\times}\widetilde{\boldsymbol{R}}^{\mathrm{T}}\boldsymbol{e}_i\right]^{\mathrm{T}}\widetilde{\boldsymbol{\omega}} = \left[\sum_{i=1}^{3}a_i(\widetilde{\boldsymbol{R}}^{\mathrm{T}}\boldsymbol{e}_i)\times\boldsymbol{e}_i\right]^{\mathrm{T}}\widetilde{\boldsymbol{\omega}}\\
&= \widetilde{\boldsymbol{\omega}}^{\mathrm{T}}\boldsymbol{S}
\end{aligned}$$

即证明式(3.14)的成立。

性质 3.2 如果 $\boldsymbol{S}=\boldsymbol{0}$,当且仅当

$$\widetilde{\boldsymbol{R}}\in\mathcal{R}=\{\boldsymbol{R}_0,\boldsymbol{R}_1,\boldsymbol{R}_2,\boldsymbol{R}_3\} \tag{3.16}$$

式中:$\boldsymbol{R}_0=\boldsymbol{I}$;$\boldsymbol{R}_1=\mathrm{diag}(1,-1,-1)$;$\boldsymbol{R}_2=\mathrm{diag}(-1,1,-1)$;$\boldsymbol{R}_3=\mathrm{diag}(-1,-1,1)$。

证明:设 $\boldsymbol{S}=\boldsymbol{0}$,得到

$$a_1\boldsymbol{e}_1^{\times}\widetilde{\boldsymbol{R}}^{\mathrm{T}}\boldsymbol{e}_1+a_2\boldsymbol{e}_2^{\times}\widetilde{\boldsymbol{R}}^{\mathrm{T}}\boldsymbol{e}_2+a_3\boldsymbol{e}_3^{\times}\widetilde{\boldsymbol{R}}^{\mathrm{T}}\boldsymbol{e}_3=0 \tag{3.17}$$

设 r_{ij} 为 $\widetilde{\boldsymbol{R}}^{\mathrm{T}}$ 的第 i 行第 j 列元素,则式(3.19)等价于

$$a_2r_{32}=a_3r_{23},\quad a_1r_{31}=a_3r_{13},\quad a_1r_{21}=a_2r_{12}$$

因为 $a_i>0$,所以 $\widetilde{\boldsymbol{R}}^{\mathrm{T}}$ 可以写为

$$\widetilde{\boldsymbol{R}}^{\mathrm{T}}=\begin{bmatrix} r_{11} & r_{12} & r_{13}\\ (a_2/a_1)r_{12} & r_{22} & r_{23}\\ (a_3/a_1)r_{13} & (a_3/a_2)r_{23} & r_{33}\end{bmatrix} \tag{3.18}$$

根据 $\widetilde{\boldsymbol{R}}^{\mathrm{T}}\widetilde{\boldsymbol{R}}=\boldsymbol{I}$,得到三个等式

$$\left(1-\frac{a_2^2}{a_1^2}\right)r_{12}^2+\left(1-\frac{a_3^2}{a_1^2}\right)r_{13}^2=0 \tag{3.19}$$

$$\left(1-\frac{a_3^2}{a_1^2}\right)r_{13}^2+\left(1-\frac{a_3^2}{a_2^2}\right)r_{23}^2=0 \tag{3.20}$$

$$\left(1-\frac{a_2^2}{a_1^2}\right)r_{12}^2+\left(1-\frac{a_3^2}{a_2^2}\right)r_{23}^2=0 \tag{3.21}$$

由于 a_1、a_2 和 a_3 互不相等，因此有

$$1-\frac{a_2^2}{a_1^2}\neq 0,\quad 1-\frac{a_3^2}{a_1^2}\neq 0,\quad 1-\frac{a_3^2}{a_2^2}\neq 0$$

因而满足式(3.21)～式(3.23)的 r_{12}、r_{23}和 r_{13}只有以下两种情况：

(1) 平凡解情况，即 $r_{12}=r_{23}=r_{13}=0$；

(2) $r_{12}\neq 0, r_{23}\neq 0, r_{13}\neq 0$。

现在考虑情况(2)，假设 $a_1>a_2$，则$\left(1-\frac{a_2^2}{a_1^2}\right)r_{12}^2>0$。因为 $r_{12}\neq 0$，根据式(3.21)就有$\left(1-\frac{a_3^2}{a_1^2}\right)r_{13}^2<0$。注意 $r_{13}^2>0$，那么就有 $a_3>a_1$，综合得出 $a_3>a_1>a_2$。根据此条件可以确定$\left(1-\frac{a_3^2}{a_1^2}\right)r_{13}^2<0$ 和$\left(1-\frac{a_3^2}{a_2^2}\right)r_{23}^2<0$ 成立，但是这与式(3.22)矛盾。继续假设 $a_1<a_2, a_2>a_3, a_2<a_3, a_1>a_3, a_1<a_3$ 所有的可能条件，总会得到与式(3.21)～式(3.23)矛盾的结果。因此，只有情况(1)满足式(3.21)～式(3.23)。

对于 $r_{12}=r_{23}=r_{13}=0$，考虑到 $\tilde{\boldsymbol{R}}\in \mathrm{SO}(3)$，一定有 $r_{11}^2=1, r_{22}^2=1, r_{33}^2=1, r_{11}\times r_{22}\times r_{33}=1$ 同时成立，这就等价于式(3.18)。

3.2.2 基本假设

本章针对存在时变参数和干扰力矩的情况，结合自适应控制技术和鲁棒逆最优控制技术设计反馈控制律，实现航天器高精度姿态跟踪控制。为了能在自适应框架下解决控制律设计问题，针对式(3.7)中出现的时变参数 $\boldsymbol{J}(t)$、$\dot{\boldsymbol{J}}(t)$和 $\mathcal{H}(t)$提出一些合理的假设。

假设 3.1 时变转动惯量 $\boldsymbol{J}(t)$可以用下列数学模型描述：

$$\boldsymbol{J}(t)=\boldsymbol{J}_0-\boldsymbol{J}_1\boldsymbol{\Psi}(t) \tag{3.22}$$

式中：$\boldsymbol{J}_0\in\mathbb{R}^{3\times 3}$是未知常值矩阵，表示航天器系统中质量分布不发生变化的刚体部分，且满足 $\boldsymbol{J}_0=\boldsymbol{J}_0^{\mathrm{T}}>0$；$\boldsymbol{J}_1\boldsymbol{\Psi}$ 表示航天器系统中质量分布随时间变化的非刚体部分，满足

$$\boldsymbol{J}_1\boldsymbol{\Psi}\in\mathbb{R}^{3\times 3},\quad \boldsymbol{J}_1\boldsymbol{\Psi}=\boldsymbol{\Psi}^{\mathrm{T}}\boldsymbol{J}_1^{\mathrm{T}} \tag{3.23}$$

特别地，$\boldsymbol{J}_1\in\mathbb{R}^{3\times n}$为未知常值矩阵，$\boldsymbol{\Psi}(t):\mathbb{R}\to\mathbb{R}^{n\times 3}$为已知的时变矩阵函数。式(3.22)对时间求导，即得到转动惯量的变化律为

$$\dot{\boldsymbol{J}}(t) = -\boldsymbol{J}_1 \dot{\boldsymbol{\Psi}}(t) \tag{3.24}$$

$\dot{\boldsymbol{\Psi}}(t):\mathbb{R}\to\mathbb{R}^{n\times 3}$为已知的时变矩阵函数 $\boldsymbol{\Psi}(t)$对时间的导数。

假设 3.2 时变参数矩阵 $\boldsymbol{\mathcal{H}}(t)$可以用下列数学模型描述:

$$\boldsymbol{\mathcal{H}}(t) = \boldsymbol{\mathcal{H}}_0\boldsymbol{\Gamma}(t) \tag{3.25}$$

式中:$\boldsymbol{\mathcal{H}}_0\in\mathbb{R}^{3\times k}$为未知常值矩阵;$\boldsymbol{\Gamma}(t):\mathbb{R}\to\mathbb{R}^{k\times 3}$为已知的时变矩阵函数;$\boldsymbol{\mathcal{H}}_0\boldsymbol{\Gamma}$满足

$$-\boldsymbol{\mathcal{H}}_0\boldsymbol{\Gamma} = \boldsymbol{\Gamma}^{\mathrm{T}}\boldsymbol{\mathcal{H}}_0^{\mathrm{T}} \tag{3.26}$$

以确保 $\boldsymbol{\mathcal{H}}(t)$为斜对称矩阵。

事实上,对于模块变形航天器,设 $m_i(t)$为各贮箱内推进剂的质量,$\boldsymbol{r}_i(t)$为刚体平台质心到各贮箱内推进剂质心的相对矢量,则推进剂的总质量和总质心位置分别为

$$m = \sum_{i=1}^{N} m_i(t) \tag{3.27}$$

$$\boldsymbol{\rho}(t) = \sum_{i=1}^{N} \boldsymbol{r}_i(t) \tag{3.28}$$

忽略推进剂在传输过程中的损耗,式(3.29)给出的总质量 m 是常数。这样整个模块变形航天器系统可近似抽象为内部有移动质点的组合刚体系统,如图3.1所示。

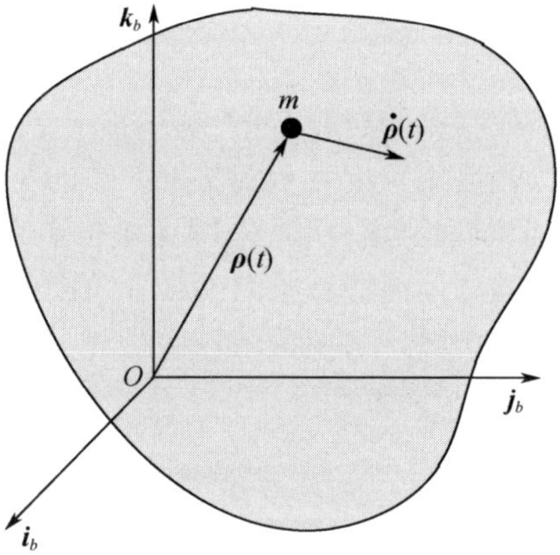

图 3.1 内部有移动质点的组合刚体系统

整个系统的转动惯量为

$$\boldsymbol{J} = \boldsymbol{J}_0 + m[\boldsymbol{\rho}^{\mathrm{T}}(t)\boldsymbol{\rho}(t)\boldsymbol{I} - \boldsymbol{\rho}(t)\boldsymbol{\rho}^{\mathrm{T}}(t)] \tag{3.29}$$

由质点平移引起的附加角动量为

$$\boldsymbol{h} = m[\boldsymbol{\rho}(t) \times \dot{\boldsymbol{\rho}}(t)] \tag{3.30}$$

如果写成式(3.22)和式(3.25)的形式,就有

$$\boldsymbol{J}_1 = \boldsymbol{H}_0 = m\boldsymbol{I}, \quad \boldsymbol{\Psi} = \boldsymbol{\rho}^{\mathrm{T}}(t)\boldsymbol{\rho}(t)\boldsymbol{I} - \boldsymbol{\rho}(t)\boldsymbol{\rho}^{\mathrm{T}}(t), \quad \boldsymbol{\Gamma} = [\boldsymbol{\rho}^{\times}(t)\dot{\boldsymbol{\rho}}(t)]^{\times} \tag{3.31}$$

由此可见,对于模块变形航天器系统,提出上述假设条件是合理的。

通过引入假设 3.1 和假设 3.2,系统中的时变未知参数 $\boldsymbol{J}(t)$、$\dot{\boldsymbol{J}}(t)$ 和 $\boldsymbol{\mathcal{H}}(t)$ 就被分离成常值未知参数 $\boldsymbol{J}_0$、$\boldsymbol{J}_1$、$\boldsymbol{\mathcal{H}}_0$ 和已知时变函数 $\boldsymbol{\Psi}(t)$、$\boldsymbol{\Gamma}(t)$。这样就可以在自适应控制的框架下,针对未知参数 $\boldsymbol{J}_0$、$\boldsymbol{J}_1$、$\boldsymbol{\mathcal{H}}_0$ 设计自适应律。

为了使姿态跟踪问题有实际意义,期望角速度 $\tilde{\boldsymbol{\omega}}_d$ 也需要满足一定的条件:

假设 3.3 对所有 $t \geqslant 0$,期望角速度 $\boldsymbol{\omega}_d(t)$ 及其导数 $\dot{\boldsymbol{\omega}}_d(t)$ 都是有界的,也就是说,存在两个常数 $c_1, c_2 > 0$,使得 $\|\boldsymbol{\omega}_d(t)\| \leqslant c_1$ 和 $\|\dot{\boldsymbol{\omega}}_d(t)\| \leqslant c_2$ 在 $t \geqslant 0$ 时一定成立。

空间环境引起的干扰力矩通常是持续存在且有界的,因此,在设计控制律时,认为干扰力矩满足以下假设:

假设 3.4 对所有 $t \geqslant 0$,干扰力矩 $\boldsymbol{d}(t)$ 是有界的,即存在常数 $c_3 > 0$ 使得 $\|\boldsymbol{d}(t)\| \leqslant c_3$ 对所有 $t \geqslant 0$ 成立。

3.3 航天器姿态跟踪自适应控制方案设计

在本章中,设计姿态控制律的思路:首先采用基于必然等价性的自适应控制设计方法设计经典的自适应律,实现对未知常值参数的实时估计,确保闭环系统在无扰动条件下能够实现渐近稳定;然后采用光滑投影方法对经典的自适应律进行修正,使得未知参数的估计值能够收敛到合理范围内;最后结合鲁棒逆最优控制方法对自适应控制律进行修正,使得闭环系统对有界扰动具有鲁棒性,同时能够通过调节参数使姿态控制误差任意小。

3.3.1 平滑投影法

首先对基于必然等价原理的自适应控制和光滑投影法进行简要介绍。自适应控制利用测量信号在线更新控制参数以调节控制量,能够在系统存在未知参数的情况下,确保闭环系统的稳定并满足性能指标要求。针对航天器姿态跟踪问题,大多数现有的自适应控制律都是基于必然等价原理推导得出的。必然等价性原理指的是参数已知时能确保闭环系统稳定的控制律可直接作为参数未知时的控制律,只需将未知参数用其估计值替代。

在航空航天领域中，不确定性对象的参数往往存在固有的先验信息，比如本书研究的模块变形航天器系统，其转动惯量的上界不可能无限大，下界也不可能无限小，通过建模仿真或计算机辅助设计推算，转动惯量的上、下界值比转动惯量在任意时刻的真实值要更容易精确获得。在这种情况下，考虑先验信息的参数自适应律可以将参数估计值的搜索空间限制在参数真实值的可行域内，这比不考虑先验信息的自适应律更具优势。将参数估值限制在一个致密紧集中，有助于改善闭环系统的控制收敛性和鲁棒性。为此，有的学者利用参数投影法实现对参数估值的限制，比如文献[29－30]利用参数真值的先验信息设计了参数估值的投影函数，但是，这两篇文献给出的投影函数会导致控制律不连续，可能引起控制信号的高频抖振，进而激发未建模动态，最终损害闭环系统性能。为了避免控制信号不连续，可以采用文献[31]提出的光滑投影函数，文献[32－34]的成功应用表明，该方法可以综合出一阶可导的连续自适应控制律。文献[35]提出了一种新型光滑投影函数，可以综合出无穷阶可导的光滑自适应控制律。

下面概述光滑投影法，在3.3.3节中将采用这种方法设计姿态跟踪自适应控制律。考虑 n 阶单输入非线性系统

$$\begin{cases} \dot{x}_i = \boldsymbol{x}_{i+1}(i = 1,2,\cdots,n-1) \\ \dot{x}_n = \sum\limits_{i=1}^{p} \theta_i f_i(\boldsymbol{x}) + u \end{cases} \tag{3.32}$$

式中：$\boldsymbol{x} = [x_1,\cdots,x_n]^{\mathrm{T}} \in \mathbb{R}^n$ 为状态量；$u \in \mathbb{R}$ 为输入量；$\theta_1,\cdots,\theta_p$ 为 p 个未知常值参数，参数矢量 $\boldsymbol{\theta} = [\theta_1,\cdots,\theta_p]^{\mathrm{T}}$ 属于 $\mathbb{R}^p$ 空间中的致密凸子集 $\mathcal{Q}$；f_i 为已知的光滑非线性函数。

控制目标是利用集合 $\mathcal{Q}$ 的先验信息设计自适应控制器使 $x_1(t)$ 全局渐近跟踪任意 n 阶导数有界的参考信号 $x_{\mathrm{r}}(t)$。为便于自适应控制律设计，定义跟踪误差 $e(t) = x_1 - x_{\mathrm{r}}$。

根据式(3.32)跟踪误差动力学方程为

$$\begin{cases} \dot{e}_i = e_{i+1}(i = 1,2,\cdots,n-1) \\ \dot{e}_n = \sum\limits_{i=1}^{p} \theta_i f_i(\boldsymbol{x}) + u - x_{\mathrm{r}}^{(n)} \end{cases} \tag{3.33}$$

式中：$x_{\mathrm{r}}^{(n)}$ 为 x_{r} 的 n 阶导数。

式(3.33)可写为矩阵形式

$$\dot{\boldsymbol{e}} = \boldsymbol{A}\boldsymbol{e} + \boldsymbol{b}(\boldsymbol{\theta}^{\mathrm{T}}\boldsymbol{f} + u - x_r^{(n)}) \tag{3.34}$$

式中：$\boldsymbol{e} = [e_1,\cdots,e_n]^{\mathrm{T}}$；$\boldsymbol{f} = [f_1,\cdots,f_n]^{\mathrm{T}}$；$\boldsymbol{A}$、$\boldsymbol{b}$ 是可控的正则规范型

$$\boldsymbol{A} = \begin{bmatrix} \boldsymbol{0}_{(n-1)\times 1} & \boldsymbol{I}_{(n-1)\times(n-1)} \\ 0 & \boldsymbol{0}_{1\times(n-1)} \end{bmatrix}, \quad \boldsymbol{b} = [\boldsymbol{0}_{1\times(n-1)}, 1]^{\mathrm{T}}$$

根据必然等价原理，自适应控制律设计为

$$u = -\hat{\boldsymbol{\theta}}^{\mathrm{T}}\boldsymbol{f} + x_{\mathrm{r}}^{(n)} - \boldsymbol{K}\boldsymbol{e} \tag{3.35}$$

式中：矩阵 $\boldsymbol{K}$ 使得 $\boldsymbol{A}_{\mathrm{m}} = \boldsymbol{A} - \boldsymbol{b}\boldsymbol{K}$ 为赫尔维茨（Hurwitz）矩阵；$\hat{\boldsymbol{\theta}}$为参数自适应律决定的未知参数 $\boldsymbol{\theta}$ 的估计值。

闭环系统方程为

$$\dot{\boldsymbol{e}} = \boldsymbol{A}_{\mathrm{m}}\boldsymbol{e} + \boldsymbol{b}\tilde{\boldsymbol{\theta}}^{\mathrm{T}}\boldsymbol{f} \tag{3.36}$$

考虑备选标准李雅普诺夫方程为

$$V = \boldsymbol{e}^{\mathrm{T}}\boldsymbol{P}\boldsymbol{e} + \frac{1}{\gamma}\tilde{\boldsymbol{\theta}}^{\mathrm{T}}\tilde{\boldsymbol{\theta}} \tag{3.37}$$

式中：$\boldsymbol{P} = \boldsymbol{P}^{\mathrm{T}} > 0$ 为李雅普诺夫方程 $\boldsymbol{P}\boldsymbol{A}_{\mathrm{m}} + \boldsymbol{A}_{\mathrm{m}}^{\mathrm{T}}\boldsymbol{P} = -\boldsymbol{Q}$，$\boldsymbol{Q} = \boldsymbol{Q}^{\mathrm{T}} > 0$ 的解；γ 为任意正实数；$\tilde{\boldsymbol{\theta}} = \boldsymbol{\theta} - \hat{\boldsymbol{\theta}}$为参数估计误差。

函数 V 对时间的导数沿闭环系统（3.36）轨迹求得

$$\dot{V} = -\boldsymbol{e}^{\mathrm{T}}\boldsymbol{Q}\boldsymbol{e} + 2\tilde{\boldsymbol{\theta}}^{\mathrm{T}}\left(\boldsymbol{f}\boldsymbol{e}^{\mathrm{T}}\boldsymbol{P}\boldsymbol{b} - \frac{1}{\gamma}\dot{\hat{\boldsymbol{\theta}}}\right) \tag{3.38}$$

定义 $\boldsymbol{\varphi}$ 为

$$\boldsymbol{\varphi} = \boldsymbol{f}\boldsymbol{e}^{\mathrm{T}}\boldsymbol{P}\boldsymbol{b} \tag{3.39}$$

设计的参数自适应律要在确保对所有 $t \geqslant 0$，有$\hat{\boldsymbol{\theta}}(t) \in \mathcal{Q}$ 的同时，使得

$$\tilde{\boldsymbol{\theta}}^{\mathrm{T}}\left(\boldsymbol{\varphi} - \frac{1}{\gamma}\dot{\hat{\boldsymbol{\theta}}}\right) \leqslant 0 \tag{3.40}$$

如果 $\mathcal{Q}$ 是凸集 $\mathcal{Q} = \{\boldsymbol{\theta} \mid \boldsymbol{\theta}^{\mathrm{T}}\theta \leqslant \beta\}$，设 $\hat{\mathcal{Q}} = \{\hat{\boldsymbol{\theta}} \mid \hat{\boldsymbol{\theta}}^{\mathrm{T}}\hat{\boldsymbol{\theta}} \leqslant \beta + \delta\}$，$\beta$ 和 δ 为已知的正实数。

为此，设计参数自适应律为

$$\dot{\hat{\boldsymbol{\theta}}} = \frac{1}{\gamma}\mathrm{proj}(\hat{\boldsymbol{\theta}}, \boldsymbol{\varphi}) \tag{3.41}$$

式中

$$\mathrm{proj}(\hat{\boldsymbol{\theta}}, \boldsymbol{\varphi}) = \begin{cases} \boldsymbol{\varphi}, \{\|\hat{\boldsymbol{\theta}}\|^2 < \beta\} \cup \{\|\hat{\boldsymbol{\theta}}\|^2 \geqslant \beta, \boldsymbol{\varphi}^{\mathrm{T}}\hat{\boldsymbol{\theta}} < 0\} \\ \tilde{\boldsymbol{\varphi}}, \text{其他} \end{cases},$$

$$\tilde{\boldsymbol{\varphi}} = \boldsymbol{\varphi} - \frac{(\hat{\boldsymbol{\theta}}^{\mathrm{T}}\hat{\boldsymbol{\theta}} - \beta)\hat{\boldsymbol{\theta}}^{\mathrm{T}}\boldsymbol{\varphi}}{\delta\hat{\boldsymbol{\theta}}^{\mathrm{T}}\hat{\boldsymbol{\theta}}}\hat{\boldsymbol{\theta}}$$

可以证明，函数 $\mathrm{proj}(\hat{\boldsymbol{\theta}}, \boldsymbol{\varphi})$ 在（$\hat{\boldsymbol{\theta}}, \boldsymbol{\varphi}$）上是局部利普希茨（Lipschitz）的，如果初始条件满足$\hat{\boldsymbol{\theta}}(0) \in \mathcal{Q}$，那么微分方程式（3.41）的解$\hat{\boldsymbol{\theta}}(t)$ 对 $\forall t \geqslant 0$ 满足 $\hat{\boldsymbol{\theta}}(t) \in \hat{\mathcal{Q}}$。

证明过程如下：

当 $\|\hat{\boldsymbol{\theta}}\| \leqslant \beta$ 时，显然 $\hat{\boldsymbol{\theta}}(t) \in \mathcal{Q} \subset \hat{\mathcal{Q}}$；当 $\{\|\hat{\boldsymbol{\theta}}\|^2 \geqslant \beta, \boldsymbol{\varphi}^{\mathrm{T}} \hat{\boldsymbol{\theta}} < 0\}$ 时，有 $\tilde{\boldsymbol{\theta}}^{\mathrm{T}}(\boldsymbol{\varphi} - (1/\gamma)\dot{\hat{\boldsymbol{\theta}}}) = 0$，进而有 $\hat{\boldsymbol{\theta}}^{\mathrm{T}} \dot{\hat{\boldsymbol{\theta}}} = \hat{\boldsymbol{\theta}}^{\mathrm{T}} \boldsymbol{\varphi} \leqslant 0$ 成立，表明 $\hat{\boldsymbol{\theta}}(t)$ 收敛向原点；当 $\{\|\hat{\boldsymbol{\theta}}\|^2 \geqslant \beta, \boldsymbol{\varphi}^{\mathrm{T}} \hat{\boldsymbol{\theta}} \geqslant 0\}$ 时，根据式(3.43)可以推导出

$$\hat{\boldsymbol{\theta}}^{\mathrm{T}} \dot{\hat{\boldsymbol{\theta}}} = \begin{cases} = 0 & (\hat{\boldsymbol{\theta}}^{\mathrm{T}} \hat{\boldsymbol{\theta}} = \beta + \delta) \\ < 0 & (\hat{\boldsymbol{\theta}}^{\mathrm{T}} \hat{\boldsymbol{\theta}} > \beta + \delta) \\ > 0 & (\hat{\boldsymbol{\theta}}^{\mathrm{T}} \hat{\boldsymbol{\theta}} < \beta + \delta) \end{cases}$$

因此，如果参数估计初值 $\hat{\boldsymbol{\theta}}(0) \in \mathcal{Q}$，那么在之后的所有时间内 $\hat{\boldsymbol{\theta}}(t) \in \hat{\mathcal{Q}}$。

因为函数 $\mathrm{proj}(\hat{\boldsymbol{\theta}}, \boldsymbol{\varphi})$ 对 $(\hat{\boldsymbol{\theta}}, \boldsymbol{\varphi})$ 是局部利普希茨的，对任意初始条件，在某时间区间 $[0, T_0)$ 上闭环系统有唯一解。设 $[0, T)$ 为解存在的最大区间，因为 $\dot{V} \leqslant 0$，所以 V、$\boldsymbol{e}$ 和 $\tilde{\boldsymbol{\theta}}$ 在 $[0, T)$ 上是一致有界的。此外，由于 x_{r} 是有界的，$\boldsymbol{x}$ 在 $[0, T)$ 上有界意味着 $T = \infty$。由 $\hat{\boldsymbol{\theta}}(t) \in \hat{\mathcal{Q}}$ 可知，$\hat{\boldsymbol{\theta}}$ 也是有界的。最终，由于闭环系统所有变量都是有界的，利用 $\dot{V} \leqslant -\boldsymbol{e}^{\mathrm{T}} \boldsymbol{Q} \boldsymbol{e}$ 结合拉萨尔（LaSalle）不变原理，推论得 $\lim\limits_{t \to \infty} \boldsymbol{e}(t) = \boldsymbol{0}$。因此得到结论：采用式(3.41)给出的光滑投影方案，能够使参数估值 $\hat{\boldsymbol{\theta}}(t)$ 总是属于凸集 $\hat{\mathcal{Q}}$，同时综合出的自适应控制律(3.35)是一阶可导连续的。

3.3.2 鲁棒逆最优自适应控制原理

在实际工程中，在轨运行的航天器必然受到内外干扰力矩的影响，因而，对所设计的姿态控制方案，除了要求其能够适应参数不确定性以外，还需要具备削弱干扰的鲁棒性。非线性 H_∞ 最优控制对外部干扰和不确定性具有内在的鲁棒性，适用于解决考虑外部干扰的最优姿态跟踪问题，然而，求解 Hamilton - Jacobi - Isaacs 偏微分(HJIPD)方程是非常困难的，只对个别简单的问题才能获得解析解，因此 H_∞ 最优控制的实际应用受到很大限制。人们转而寻求 H_∞ 次优控制的解，这些方法都可归结为求解关于 HJIPD 的不等式，包括采用代数和几何工具[36]、幂级数[37]以及其他数值方法[38]。

设计鲁棒最优反馈控制器的另一种方法是“逆最优控制方法”[39]，该方法回避了直接求解 HJIPD 方程，得到的反馈控制器对一组有意义的代价函数是最优的。Bharadwaj[40]最早将此方法用于姿态控制问题，针对无外部扰动和参数不确定的姿态调节问题，设计了逆最优反馈控制器。Krstic[41]用罗德里格参数表

示航天器姿态,设计了局部稳定的逆最优反馈控制器。Luo Wengcheng[2]用单位四元数表示航天器姿态,结合自适应控制与逆最优控制设计了控制器,解决了姿态跟踪问题,控制器设计时综合考虑了惯量矩阵未知、外部干扰削弱以及控制器的最优性。下面概述逆最优自适应控制方法,在 3.3.4 小节中将采用这种方法设计姿态跟踪鲁棒自适应控制律。

考虑带有扰动的非线性系统

$$\dot{\boldsymbol{x}} = \boldsymbol{f}(\boldsymbol{x}) + \boldsymbol{F}(\boldsymbol{x})\boldsymbol{\theta} + \boldsymbol{g}_1(\boldsymbol{x})\boldsymbol{d} + \boldsymbol{g}_2(\boldsymbol{x})\boldsymbol{u} \tag{3.42}$$

以及辅助系统

$$\dot{\boldsymbol{x}} = \boldsymbol{f}(\boldsymbol{x}) + \boldsymbol{F}(\boldsymbol{x})\left[\boldsymbol{\theta} + \boldsymbol{\Lambda}\left(\frac{\partial V}{\partial \boldsymbol{\theta}}\right)^{\mathrm{T}}\right] + \boldsymbol{g}_1(\boldsymbol{x})\mathcal{L}_\rho(2\,\| L_{g_1}V \|)\frac{(L_{g_1}V)^{\mathrm{T}}}{\| L_{g_1}V \|^2} + \boldsymbol{g}_2(x)\boldsymbol{u} \tag{3.43}$$

式中:$\boldsymbol{x} \in \mathbb{R}^n$为状态;$\boldsymbol{\theta} \in \mathbb{R}^p$为参数;$V(\boldsymbol{x},\theta)$为备选李雅普诺夫函数;$\rho$ 为 $\mathcal{K}_\infty$ 类函数,其微分 ρ'也是 $\mathcal{K}_\infty$ 类函数; $\mathcal{L}_\rho(r) = \int_0^r (\rho')^{-1}(s)\,\mathrm{d}s$, $(\rho')^{-1}(r) = \mathrm{d}\rho(r)/\mathrm{d}r$,即 ρ'的逆函数。

李导数定义为

$$L_f V = \frac{\partial V}{\partial \boldsymbol{x}}\boldsymbol{f}(\boldsymbol{x})$$

式中:$\frac{\partial V}{\partial \boldsymbol{x}}$为李雅普诺夫函数关于 $\boldsymbol{x}$ 的偏导数。

假设存在正定矩阵函数 $\boldsymbol{R}_2(\boldsymbol{x},\boldsymbol{\theta}) = \boldsymbol{R}_2^{\mathrm{T}}(\boldsymbol{x},\boldsymbol{\theta}) > 0$,使得反馈控制律

$$\boldsymbol{u} = \boldsymbol{\alpha}(\boldsymbol{x},\boldsymbol{\theta}) = -\boldsymbol{R}_2^{-1}(\boldsymbol{x},\boldsymbol{\theta})(L_{g_2}\boldsymbol{V})^{\mathrm{T}} \tag{3.44}$$

作用下辅助系统[式(3.43)]渐近稳定。那么备选李雅普诺夫函数 $V(\boldsymbol{x},\boldsymbol{\theta}):\mathbb{R}^n \times \mathbb{R}^p \to \mathbb{R}^+$就称为自适应控制李雅普诺夫函数(ACLF),即存在 $\boldsymbol{x}$ 上对任意 $\boldsymbol{\theta} \in \mathbb{R}^p$正定的连续函数$W(\boldsymbol{x},\boldsymbol{\theta})$使得

$$L_f V + L_{\boldsymbol{F}} V\left[\boldsymbol{\theta} + \boldsymbol{\Lambda}\left(\frac{\partial V}{\partial \boldsymbol{\theta}}\right)^{\mathrm{T}}\right] + \mathcal{L}_\rho(2\,\| L_{g_1}V \|) - L_{g_2}V\boldsymbol{R}_2^{-1}(L_{g_2}V)^{\mathrm{T}} \leqslant -W(\boldsymbol{x},\boldsymbol{\theta}) \leqslant 0 \tag{3.45}$$

成立。考虑动态反馈控制律

$$\begin{cases} u = \boldsymbol{\alpha}^*(\boldsymbol{x},\hat{\boldsymbol{\theta}}) = -\beta\boldsymbol{R}_2^{-1}(\boldsymbol{x},\hat{\boldsymbol{\theta}})(L_{g_2}V)^{\mathrm{T}} \\ \dot{\hat{\theta}} = \boldsymbol{\Lambda}\boldsymbol{\tau}(\boldsymbol{x},\hat{\boldsymbol{\theta}}) = \boldsymbol{\Lambda}(L_F V)^{\mathrm{T}} \end{cases} \quad (\beta \geqslant 2) \tag{3.46}$$

作为原系统(3.42)的控制器。首先,定义函数 $l(\boldsymbol{x},\hat{\boldsymbol{\theta}})$为

$$l(\boldsymbol{x},\hat{\boldsymbol{\theta}}) = -2\beta L_f V - 2\beta L_F V\left[\hat{\boldsymbol{\theta}} + \boldsymbol{\Lambda}\left(\frac{\partial V}{\partial \hat{\boldsymbol{\theta}}}\right)^{\mathrm{T}}\right] - \beta\lambda \mathcal{L}_\rho(2\|L_{g_1}V\|) + \beta^2 L_{g_2} V\boldsymbol{R}_2^{-1}(L_{g_2}V)^{\mathrm{T}} \tag{3.47}$$

式中：$\lambda \in (0,2]$。

那么根据式(3.45)可知

$$l(\boldsymbol{x},\hat{\boldsymbol{\theta}}) \geqslant 2\beta W(x,\hat{\boldsymbol{\theta}}) + \beta(2-\lambda)\mathcal{L}_\rho(2\|L_{g_1}V\|) + \beta(\beta-2)L_{g_2}V\boldsymbol{R}_2^{-1}(L_{g_2}V)^{\mathrm{T}} \tag{3.48}$$

由于$\beta \geqslant 2$，$\boldsymbol{R}_2(\boldsymbol{x},\hat{\boldsymbol{\theta}})>0$以及$W(\boldsymbol{x},\hat{\boldsymbol{\theta}})$正定，则$l(\boldsymbol{x},\hat{\boldsymbol{\theta}})$在$\boldsymbol{x}$上对任意$\hat{\boldsymbol{\theta}} \in \mathbb{R}^p$也是正定的。定义代价函数为

$$J_a = \sup_{\boldsymbol{d}\in\mathcal{D}}\left\{\lim_{T\to\infty}\left[\beta\|\tilde{\boldsymbol{\theta}}(T)\|_{\boldsymbol{\Lambda}^{-1}}^2 + 2\beta V(\boldsymbol{x}(T),\hat{\boldsymbol{\theta}}(T)) + \int_0^T\left(l(\boldsymbol{x},\hat{\boldsymbol{\theta}}) + \boldsymbol{u}^{\mathrm{T}}\boldsymbol{R}_2(\boldsymbol{x},\hat{\boldsymbol{\theta}})\boldsymbol{u} - \beta\lambda\rho\left(\frac{\|\boldsymbol{d}\|}{\lambda}\right)\right)\mathrm{d}t\right]\right\} \tag{3.49}$$

式中：$\mathcal{D}$为$\boldsymbol{x}$的局部有界函数集；$\|\tilde{\boldsymbol{\theta}}\|_{\Lambda^{-1}}^2 = \boldsymbol{\theta}^{\mathrm{T}}\boldsymbol{\Lambda}^{-1}\boldsymbol{\theta}$。

由于$l(\boldsymbol{x},\hat{\boldsymbol{\theta}})$是正定的，可知式(3.49)定义的$J_a$是一个考虑了状态$\boldsymbol{x}(t)$、控制输入$\boldsymbol{u}(t)$和干扰$\boldsymbol{d}(t)$的有意义的代价函数。

将式(3.48)定义的$l(\boldsymbol{x},\hat{\boldsymbol{\theta}})$代入式(3.49)定义的$J_a$中，并结合系统方程式(3.42)和控制律(3.46)，J_a可以改写为

$$J_a = 2\beta V(\boldsymbol{x}(0),\hat{\boldsymbol{\theta}}(0)) + \int_0^\infty(\boldsymbol{u}-\boldsymbol{\alpha}^*)^{\mathrm{T}}\boldsymbol{R}_2(\boldsymbol{u}-\boldsymbol{\alpha}^*)\,\mathrm{d}t + \beta\|\tilde{\boldsymbol{\theta}}(0)\|_{\Lambda^{-1}}^2 + \beta\sup_{d\in\mathcal{D}}\left\{\int_0^\infty\left(2L_{g_1}V\boldsymbol{d} + \lambda\rho\left(\frac{\|\boldsymbol{d}^*\|}{\lambda}\right) - \lambda\rho'\left(\frac{\|\boldsymbol{d}^*\|}{\lambda}\right)\frac{\|\boldsymbol{d}^*\|}{\lambda} - \lambda\rho\left(\frac{\|\boldsymbol{d}\|}{\lambda}\right)\right)\mathrm{d}t\right\} \tag{3.50}$$

式中：$\boldsymbol{d}^*$为使J_a最大时的扰动，且有$\boldsymbol{d}^* = \lambda(\rho')^{-1}(2\|L_{g_1}V\|)\dfrac{(L_{g_1}V)^{\mathrm{T}}}{\|L_{g_1}V\|}$

因为

$$\sup_{d\in\mathcal{D}}\left\{\int_0^\infty\left(2L_{g_1}V\boldsymbol{d} + \lambda\rho\left(\frac{\|\boldsymbol{d}^*\|}{\lambda}\right) - \lambda\rho'\left(\frac{\|\boldsymbol{d}^*\|}{\lambda}\right)\frac{\|\boldsymbol{d}^*\|}{\lambda} - \lambda\rho\left(\frac{\|\boldsymbol{d}\|}{\lambda}\right)\right)\mathrm{d}t\right\} \leqslant 0$$

当且仅当$\boldsymbol{d}=\boldsymbol{d}^*$时，上式中的“$\leqslant$”号变为“$=$”。从式(3.50)中可见，当$\boldsymbol{u}=\boldsymbol{\alpha}^*(\boldsymbol{x},\hat{\boldsymbol{\theta}})$时，即控制律取(3.46)时，代价函数式(3.52)取最小值。

3.3.3 基于必然等价性的自适应控制方案设计

在本小节中，将完成自适应控制律设计。当未知参数满足式(3.22)～式(3.26)的约束条件时，设计出的控制律能够使式(3.5)和式(3.7)描述的姿态跟踪系统达到式(3.9)规定的控制目标($\boldsymbol{d}=\boldsymbol{0}$ 时的控制目标)。为便于自适应控制律的推导，需要将式(3.7)所示微分方程重写为关于未知参数的线性回归方程。为此，在等号右侧增加如下所示的零项：

$$\begin{aligned}\boldsymbol{0}=&-\frac{1}{2}\dot{\boldsymbol{J}}(\tilde{\boldsymbol{\omega}}+\boldsymbol{K}_1\boldsymbol{S})-\boldsymbol{J}\boldsymbol{K}_1\dot{\boldsymbol{S}}-\boldsymbol{K}_v(\tilde{\boldsymbol{\omega}}+\boldsymbol{K}_1\boldsymbol{S})-K_p\boldsymbol{S}\\&+\frac{1}{2}\dot{\boldsymbol{J}}(\tilde{\boldsymbol{\omega}}+\boldsymbol{K}_1\boldsymbol{S})+\boldsymbol{J}\boldsymbol{K}_1\dot{\boldsymbol{S}}+\boldsymbol{K}_v(\tilde{\boldsymbol{\omega}}+\boldsymbol{K}_1\boldsymbol{S})+K_p\boldsymbol{S}\end{aligned}\tag{3.51}$$

式中：$\boldsymbol{K}_1,\boldsymbol{K}_v\in\mathbb{R}^{3\times3}$ 为正定矩阵；K_p 为任意正实数；$\dot{\boldsymbol{S}}\in\mathbb{R}^3$ 为式(3.14)给出的姿态变量 $\boldsymbol{S}$ 对时间的一阶微分，即

$$\dot{\boldsymbol{S}}=-\left[\sum_{i=1}^{3}a_i\boldsymbol{e}_i^{\times}(\tilde{\boldsymbol{R}}^{\mathrm{T}}\boldsymbol{e}_i)^{\times}\right]\tilde{\boldsymbol{\omega}}=-\left[\sum_{i=1}^{3}a_i\boldsymbol{e}_i^{\times}\tilde{\boldsymbol{R}}^{\mathrm{T}}\boldsymbol{e}_i^{\times}\right]\tilde{\boldsymbol{R}}\tilde{\boldsymbol{\omega}}\tag{3.52}$$

式(3.7)可改写为

$$\begin{aligned}\boldsymbol{J}\dot{\tilde{\boldsymbol{\omega}}}=&-(\tilde{\boldsymbol{\omega}}+\tilde{\boldsymbol{R}}^{\mathrm{T}}\boldsymbol{\omega}_d)\times\boldsymbol{J}(\tilde{\boldsymbol{\omega}}+\tilde{\boldsymbol{R}}^{\mathrm{T}}\boldsymbol{\omega}_d)+\boldsymbol{J}(\tilde{\boldsymbol{\omega}}\times\tilde{\boldsymbol{R}}^{\mathrm{T}}\boldsymbol{\omega}_d-\tilde{\boldsymbol{R}}^{\mathrm{T}}\dot{\boldsymbol{\omega}}_d)+\boldsymbol{J}\boldsymbol{K}_1\dot{\boldsymbol{S}}\\&-\dot{\boldsymbol{J}}(\tilde{\boldsymbol{\omega}}+\tilde{\boldsymbol{R}}^{\mathrm{T}}\boldsymbol{\omega}_d)+\frac{1}{2}\dot{\boldsymbol{J}}(\tilde{\boldsymbol{\omega}}+\boldsymbol{K}_1\boldsymbol{S})+\mathcal{H}(\tilde{\boldsymbol{\omega}}+\tilde{\boldsymbol{R}}^{\mathrm{T}}\boldsymbol{\omega}_d)+\boldsymbol{u}+\boldsymbol{d}\\&+\boldsymbol{K}_v(\tilde{\boldsymbol{\omega}}+\boldsymbol{K}_1\boldsymbol{S})+K_p\boldsymbol{S}-\frac{1}{2}\dot{\boldsymbol{J}}(\tilde{\boldsymbol{\omega}}+\boldsymbol{K}_1\boldsymbol{S})-\boldsymbol{J}\boldsymbol{K}_1\dot{\boldsymbol{S}}-\boldsymbol{K}_v(\tilde{\boldsymbol{\omega}}+\boldsymbol{K}_1\boldsymbol{S})-K_p\boldsymbol{S}\end{aligned}$$

根据式(3.22)和式(3.25)，用 $\boldsymbol{J}_0$、$\boldsymbol{J}_1$、$\mathcal{H}_0$、$\boldsymbol{\Psi}$、$\dot{\boldsymbol{\Psi}}$ 和 $\boldsymbol{\Gamma}$ 代替上式中的 $\boldsymbol{J}(t)$、$\dot{\boldsymbol{J}}(t)$ 和 $\mathcal{H}(t)$，可得

$$\begin{aligned}\boldsymbol{J}\dot{\tilde{\boldsymbol{\omega}}}=&-(\tilde{\boldsymbol{\omega}}+\tilde{\boldsymbol{R}}^{\mathrm{T}}\boldsymbol{\omega}_d)\times\boldsymbol{J}_0(\tilde{\boldsymbol{\omega}}+\tilde{\boldsymbol{R}}^{\mathrm{T}}\boldsymbol{\omega}_d)+\boldsymbol{J}_0(\tilde{\boldsymbol{\omega}}\times\tilde{\boldsymbol{R}}^{\mathrm{T}}\boldsymbol{\omega}_d-\tilde{\boldsymbol{R}}^{\mathrm{T}}\dot{\boldsymbol{\omega}}_d)+\boldsymbol{J}_0\boldsymbol{K}_1\dot{\boldsymbol{S}}\\&+(\tilde{\boldsymbol{\omega}}+\tilde{\boldsymbol{R}}^{\mathrm{T}}\boldsymbol{\omega}_d)\times\boldsymbol{J}_1\boldsymbol{\Psi}(\tilde{\boldsymbol{\omega}}+\tilde{\boldsymbol{R}}^{\mathrm{T}}\boldsymbol{\omega}_d)-\boldsymbol{J}_1\boldsymbol{\Psi}(\tilde{\boldsymbol{\omega}}\times\tilde{\boldsymbol{R}}^{\mathrm{T}}\boldsymbol{\omega}_d-\tilde{\boldsymbol{R}}^{\mathrm{T}}\dot{\boldsymbol{\omega}}_d)\\&-\boldsymbol{J}_1\boldsymbol{\Psi}\boldsymbol{K}_1\dot{\boldsymbol{S}}+\boldsymbol{J}_1\dot{\boldsymbol{\Psi}}(\tilde{\boldsymbol{\omega}}+\tilde{\boldsymbol{R}}^{\mathrm{T}}\boldsymbol{\omega}_d)-\frac{1}{2}\boldsymbol{J}_1\dot{\boldsymbol{\Psi}}(\tilde{\boldsymbol{\omega}}+\boldsymbol{K}_1\boldsymbol{S})\\&+\mathcal{H}_0\boldsymbol{\Gamma}(\tilde{\boldsymbol{\omega}}+\tilde{\boldsymbol{R}}^{\mathrm{T}}\boldsymbol{\omega}_d)+\boldsymbol{u}+\boldsymbol{d}+\boldsymbol{K}_v(\tilde{\boldsymbol{\omega}}+\boldsymbol{K}_1\boldsymbol{S})+K_p\boldsymbol{S}\\&-\frac{1}{2}\dot{\boldsymbol{J}}(\tilde{\boldsymbol{\omega}}+\boldsymbol{K}_1\boldsymbol{S})-\boldsymbol{J}\boldsymbol{K}_1\dot{\boldsymbol{S}}-\boldsymbol{K}_v(\tilde{\boldsymbol{\omega}}+\boldsymbol{K}_1\boldsymbol{S})-K_p\boldsymbol{S}\end{aligned}\tag{3.53}$$

在式(3.53)中，注意 $\boldsymbol{J}_0$ 以线性的形式乘入到微分方程中，因此，一定存在回归矩阵 $\boldsymbol{W}_1$ 使得

$$\boldsymbol{W}_1\boldsymbol{\xi}=-(\tilde{\boldsymbol{\omega}}+\tilde{\boldsymbol{R}}^{\mathrm{T}}\boldsymbol{\omega}_d)\times\boldsymbol{J}_0(\tilde{\boldsymbol{\omega}}+\tilde{\boldsymbol{R}}^{\mathrm{T}}\boldsymbol{\omega}_d)+\boldsymbol{J}_0(\tilde{\boldsymbol{\omega}}\times\tilde{\boldsymbol{R}}^{\mathrm{T}}\boldsymbol{\omega}_d-\tilde{\boldsymbol{R}}^{\mathrm{T}}\dot{\boldsymbol{\omega}}_d)+\boldsymbol{J}_0\boldsymbol{K}_1\dot{\boldsymbol{S}}\tag{3.54}$$

式中：$\boldsymbol{\xi}=[J_{0(1,1)},J_{0(1,2)},J_{0(1,3)},J_{0(2,2)},J_{0(2,3)},J_{0(3,3)}]^{\mathrm{T}}$ 包含了矩阵 $\boldsymbol{J}_0$ 中 6 个独立的参数；回归矩阵 $\boldsymbol{W}_1$ 是关于 $\tilde{\boldsymbol{\omega}}$、$\tilde{\boldsymbol{R}}$、$\boldsymbol{\omega}_d$、$\dot{\boldsymbol{\omega}}_d$ 和 $\dot{\boldsymbol{S}}$ 的矩阵函数 $\boldsymbol{W}_1:\mathbb{R}^3\times \mathrm{SO}(3)\times\mathbb{R}^3\times\mathbb{R}^3\times\mathbb{R}^3\to\mathbb{R}^{3\times 6}$，通过计算雅可比矩阵得到，即

$$\boldsymbol{W}_1=\frac{\partial[-(\tilde{\boldsymbol{\omega}}+\tilde{\boldsymbol{R}}^{\mathrm{T}}\boldsymbol{\omega}_d)\times\boldsymbol{J}_0(\tilde{\boldsymbol{\omega}}+\tilde{\boldsymbol{R}}^{\mathrm{T}}\boldsymbol{\omega}_d)+\boldsymbol{J}_0(\tilde{\boldsymbol{\omega}}\times\tilde{\boldsymbol{R}}^{\mathrm{T}}\boldsymbol{\omega}_d-\tilde{\boldsymbol{R}}^{\mathrm{T}}\dot{\boldsymbol{\omega}}_d)+\boldsymbol{J}_0\boldsymbol{K}_1\dot{\boldsymbol{S}}]}{\partial\boldsymbol{\xi}}\tag{3.55}$$

同样的，$\boldsymbol{J}_1$ 和 $\boldsymbol{\mathcal{H}}_0$ 也是以线性的形式乘入到式(3.55)中的，因此，一定也存在回归矩阵 $\boldsymbol{W}_2$ 和 $\boldsymbol{W}_3$ 使得

$$\begin{aligned}\boldsymbol{W}_2\boldsymbol{\theta}=&(\tilde{\boldsymbol{\omega}}+\tilde{\boldsymbol{R}}^{\mathrm{T}}\boldsymbol{\omega}_d)\times\boldsymbol{J}_1\boldsymbol{\Psi}(\tilde{\boldsymbol{\omega}}+\tilde{\boldsymbol{R}}^{\mathrm{T}}\boldsymbol{\omega}_d)-\boldsymbol{J}_1\boldsymbol{\Psi}(\tilde{\boldsymbol{\omega}}\times\tilde{\boldsymbol{R}}^{\mathrm{T}}\boldsymbol{\omega}_d-\tilde{\boldsymbol{R}}^{\mathrm{T}}\dot{\boldsymbol{\omega}}_d)\\&+\boldsymbol{J}_1\dot{\boldsymbol{\Psi}}(\tilde{\boldsymbol{\omega}}+\tilde{\boldsymbol{R}}^{\mathrm{T}}\boldsymbol{\omega}_d)-\boldsymbol{J}_1\boldsymbol{\Psi}\boldsymbol{K}_1\dot{\boldsymbol{S}}-\frac{1}{2}\boldsymbol{J}_1\dot{\boldsymbol{\Psi}}(\tilde{\boldsymbol{\omega}}+\boldsymbol{K}_1\boldsymbol{S})\end{aligned}\tag{3.56}$$

$$\boldsymbol{W}_3\boldsymbol{\eta}=\boldsymbol{\mathcal{H}}_0\boldsymbol{\Gamma}(\tilde{\boldsymbol{\omega}}+\tilde{\boldsymbol{R}}^{\mathrm{T}}\boldsymbol{\omega}_d)\tag{3.57}$$

式中：$\boldsymbol{\theta}\in\mathbb{R}^{3n}$ 包含了矩阵 $\boldsymbol{J}_1$ 中的 $3n$ 个参数；$\boldsymbol{\eta}\in\mathbb{R}^{3k}$ 包含了矩阵 $\boldsymbol{\mathcal{H}}_0$ 中的 $3k$ 个参数；矩阵函数 $\boldsymbol{W}_2(\cdot)$ 和 $\boldsymbol{W}_3(\cdot)$ 也通过计算雅可比矩阵得到，即

$$\boldsymbol{W}_2=\frac{\partial\begin{bmatrix}(\tilde{\boldsymbol{\omega}}+\tilde{\boldsymbol{R}}^{\mathrm{T}}\boldsymbol{\omega}_d)\times\boldsymbol{J}_1\boldsymbol{\Psi}(\tilde{\boldsymbol{\omega}}+\tilde{\boldsymbol{R}}^{\mathrm{T}}\boldsymbol{\omega}_d)-\boldsymbol{J}_1\boldsymbol{\Psi}(\tilde{\boldsymbol{\omega}}\times\tilde{\boldsymbol{R}}^{\mathrm{T}}\boldsymbol{\omega}_d-\tilde{\boldsymbol{R}}^{\mathrm{T}}\dot{\boldsymbol{\omega}}_d)\\+\boldsymbol{J}_1\dot{\boldsymbol{\Psi}}(\tilde{\boldsymbol{\omega}}+\tilde{\boldsymbol{R}}^{\mathrm{T}}\boldsymbol{\omega}_d)-\boldsymbol{J}_1\boldsymbol{\Psi}\boldsymbol{K}_1\dot{\boldsymbol{S}}-\frac{1}{2}\boldsymbol{J}_1\dot{\boldsymbol{\Psi}}(\tilde{\boldsymbol{\omega}}+\boldsymbol{K}_1\boldsymbol{S})\end{bmatrix}}{\partial\boldsymbol{\theta}}\tag{3.58}$$

$$\boldsymbol{W}_3=\frac{\partial[\boldsymbol{\mathcal{H}}_0\boldsymbol{\Gamma}(\tilde{\boldsymbol{\omega}}+\tilde{\boldsymbol{R}}^{\mathrm{T}}\boldsymbol{\omega}_d)]}{\partial\boldsymbol{\eta}}\tag{3.59}$$

将式(3.54)、式(3.56)和式(3.57)代入式(3.53)，角速度误差动力学方程就简化为

$$\begin{aligned}\dot{\tilde{\boldsymbol{\omega}}}=&\boldsymbol{J}^{-1}[\boldsymbol{W}_1\boldsymbol{\xi}+\boldsymbol{W}_2\boldsymbol{\theta}+\boldsymbol{W}_3\boldsymbol{\eta}+\boldsymbol{u}+\boldsymbol{K}_v(\tilde{\boldsymbol{\omega}}+\boldsymbol{K}_1\boldsymbol{S})+\boldsymbol{K}_p\boldsymbol{S}]\\&-\boldsymbol{J}^{-1}\left[\frac{1}{2}\dot{\boldsymbol{J}}(\tilde{\boldsymbol{\omega}}+\boldsymbol{K}_1\boldsymbol{S})+\boldsymbol{K}_v(\tilde{\boldsymbol{\omega}}+\boldsymbol{K}_1\boldsymbol{S})+\boldsymbol{K}_p\boldsymbol{S}\right]-\boldsymbol{K}_1\dot{\boldsymbol{S}}\end{aligned}\tag{3.60}$$

因为参数 $\boldsymbol{\xi}$、$\boldsymbol{\theta}$ 和 $\boldsymbol{\eta}$ 是未知的，不能直接用控制律 $\boldsymbol{u}$ 消除，所以在控制律中用估计值 $\hat{\boldsymbol{\xi}}$、$\hat{\boldsymbol{\theta}}$ 和 $\hat{\boldsymbol{\eta}}$ 替代，设计控制律为

$$\boldsymbol{u}=-\boldsymbol{W}_1\hat{\boldsymbol{\xi}}-\boldsymbol{W}_2\hat{\boldsymbol{\theta}}-\boldsymbol{W}_3\hat{\boldsymbol{\eta}}-\boldsymbol{K}_v(\tilde{\boldsymbol{\omega}}+\boldsymbol{K}_1\boldsymbol{S})-\boldsymbol{K}_p\boldsymbol{S}\tag{3.61}$$

以及自适应律 I 为

$$\begin{cases}\dot{\hat{\boldsymbol{\xi}}}=\gamma_1\boldsymbol{W}_1^{\mathrm{T}}(\tilde{\boldsymbol{\omega}}+\boldsymbol{K}_1\boldsymbol{S})\\\dot{\hat{\boldsymbol{\theta}}}=\gamma_2\boldsymbol{W}_2^{\mathrm{T}}(\tilde{\boldsymbol{\omega}}+\boldsymbol{K}_1\boldsymbol{S})\\\dot{\hat{\boldsymbol{\eta}}}=\gamma_3\boldsymbol{W}_3^{\mathrm{T}}(\tilde{\boldsymbol{\omega}}+\boldsymbol{K}_1\boldsymbol{S})\end{cases}\tag{3.62}$$

或者自适应律Ⅱ为

$$\begin{cases}\dot{\hat{\boldsymbol{\xi}}}=\gamma_1\operatorname{proj}(\hat{\boldsymbol{\xi}},\boldsymbol{\Xi}_1),\boldsymbol{\Xi}_1=\boldsymbol{W}_1^{\mathrm{T}}(\tilde{\boldsymbol{\omega}}+\boldsymbol{K}_1\boldsymbol{S})\\ \dot{\hat{\boldsymbol{\theta}}}=\gamma_2\operatorname{proj}(\hat{\boldsymbol{\theta}},\boldsymbol{\Xi}_2),\boldsymbol{\Xi}_2=\boldsymbol{W}_2^{\mathrm{T}}(\tilde{\boldsymbol{\omega}}+\boldsymbol{K}_1\boldsymbol{S})\\ \dot{\hat{\boldsymbol{\eta}}}=\gamma_3\operatorname{proj}(\hat{\boldsymbol{\eta}},\boldsymbol{\Xi}_3),\boldsymbol{\Xi}_3=\boldsymbol{W}_3^{\mathrm{T}}(\tilde{\boldsymbol{\omega}}+\boldsymbol{K}_1\boldsymbol{S})\end{cases}\tag{3.63}$$

式中：$\boldsymbol{K}_1,\boldsymbol{K}_v>0$ 均为正定矩阵；K_p、γ_1、γ_2、γ_3 为正实数；投影函数 $\operatorname{proj}(\boldsymbol{p},\boldsymbol{\Xi}_i)$（$i\in\{1,2,3\}$，$\boldsymbol{p}\in\{\hat{\boldsymbol{\xi}},\hat{\boldsymbol{\theta}},\hat{\boldsymbol{\eta}}\}$）为

$$\operatorname{proj}(\boldsymbol{p},\boldsymbol{\Xi}_i)=\begin{cases}\boldsymbol{\Xi}_i & (\{\boldsymbol{p}^{\mathrm{T}}p<\varepsilon_i\}\cup\{\boldsymbol{p}^{\mathrm{T}}\boldsymbol{p}\geqslant\varepsilon_i,\boldsymbol{\Xi}_i^{\mathrm{T}}\boldsymbol{p}\leqslant 0\})\\ \boldsymbol{\Xi}_i-\dfrac{(\boldsymbol{p}^{\mathrm{T}}\boldsymbol{p}-\varepsilon_i)\boldsymbol{\Xi}_i^{\mathrm{T}}\boldsymbol{p}}{\delta_i\boldsymbol{p}^{\mathrm{T}}\boldsymbol{p}}\boldsymbol{p} & (\{\boldsymbol{p}^{\mathrm{T}}\boldsymbol{p}\geqslant\varepsilon_i,\boldsymbol{\Xi}_i^{\mathrm{T}}\boldsymbol{p}>0\})\end{cases}\tag{3.64}$$

式中：ε_i、δ_i 为正实数，由待估计参数$\{\hat{\boldsymbol{\xi}},\hat{\boldsymbol{\theta}},\hat{\boldsymbol{\eta}}\}$的先验信息确定。

自适应律Ⅰ即为经典的自适应律，自适应律Ⅱ为光滑投影函数修正后的自适应律，在3.4节中可以看到，虽然控制律[式(3.61)]结合自适应律Ⅰ能够使无扰闭环系统稳定，但参数估计值可能收敛到任何值，而采用自适应律Ⅱ可以确保参数估计值在给定的范围内变化。

3.3.4 基于逆最优自适应的控制方案设计

在本小节中，将设计逆最优自适应控制律。同样考虑未知参数满足式(3.22)～式(3.26)的约束条件，要求设计出的控制律能够使式(3.5)和式(3.7)描述的姿态跟踪系统达到式(3.10)规定的控制目标($\boldsymbol{d}\neq\boldsymbol{0}$ 时的控制目标)。为便于推导控制律，不妨设

$$\boldsymbol{z}=\tilde{\boldsymbol{\omega}}+\boldsymbol{K}_1\boldsymbol{S}\tag{3.65}$$

式中：$\boldsymbol{K}_1=\boldsymbol{K}_1^{\mathrm{T}}>0$。

根据动力学方程式(3.7)以及式(3.52)和式(3.65)可得

$$\begin{aligned}\boldsymbol{J}\dot{\boldsymbol{z}}=&-(\tilde{\boldsymbol{\omega}}+\tilde{\boldsymbol{R}}^{\mathrm{T}}\boldsymbol{\omega}_d)\times\boldsymbol{J}(\tilde{\boldsymbol{\omega}}+\tilde{\boldsymbol{R}}^{\mathrm{T}}\boldsymbol{\omega}_d)+\boldsymbol{J}(\tilde{\boldsymbol{\omega}}\times\tilde{\boldsymbol{R}}^{\mathrm{T}}\boldsymbol{\omega}_d-\tilde{\boldsymbol{R}}^{\mathrm{T}}\dot{\boldsymbol{\omega}}_d)\\&+\boldsymbol{u}+\boldsymbol{d}+[\boldsymbol{\mathcal{H}}(t)-\dot{\boldsymbol{J}}(t)](\tilde{\boldsymbol{\omega}}+\tilde{\boldsymbol{R}}^{\mathrm{T}}\boldsymbol{\omega}_d)+\boldsymbol{J}\boldsymbol{K}_1\boldsymbol{C}\tilde{\boldsymbol{\omega}}\end{aligned}\tag{3.66}$$

式中

$$\boldsymbol{C}(\tilde{\boldsymbol{R}})=-\left[\sum_{i=1}^{3}a_i\boldsymbol{e}_i^{\times}(\tilde{\boldsymbol{R}}^{\mathrm{T}}\boldsymbol{e}_i)^{\times}\right]=-\left[\sum_{i=1}^{3}a_i(\tilde{\boldsymbol{R}}^{\mathrm{T}}\boldsymbol{e}_i\boldsymbol{e}_i^{\mathrm{T}}-\boldsymbol{e}_i^{\mathrm{T}}\tilde{\boldsymbol{R}}^{\mathrm{T}}\boldsymbol{e}_i\boldsymbol{I})\right]$$

令 $\boldsymbol{C}_1=\boldsymbol{R}^{\mathrm{T}}-\boldsymbol{I}$，将式(3.22)、式(3.24)、式(3.25)代入式(3.66)，并注意未知参数矩阵 $\boldsymbol{J}_0$、$\boldsymbol{J}_1$ 和 $\boldsymbol{\mathcal{H}}_0$ 均以线性形式乘入，可得

$$\boldsymbol{J}\dot{\boldsymbol{z}}=\boldsymbol{u}+\boldsymbol{d}-\frac{1}{2}\dot{\boldsymbol{J}}\boldsymbol{z}+\boldsymbol{F}_1\boldsymbol{\xi}+\boldsymbol{F}_2\boldsymbol{\theta}+\boldsymbol{F}_3\boldsymbol{\eta}+\boldsymbol{G}_1\boldsymbol{\xi}+\boldsymbol{G}_2\boldsymbol{\theta}+\boldsymbol{G}_3\boldsymbol{\eta} \tag{3.67}$$

式中

$$\boldsymbol{F}_1\boldsymbol{\xi}=-\boldsymbol{J}_0(\widetilde{\boldsymbol{R}}^{\mathrm{T}}\boldsymbol{\omega}_d)^{\times}\widetilde{\boldsymbol{\omega}}-(\widetilde{\boldsymbol{\omega}}+\widetilde{\boldsymbol{R}}^{\mathrm{T}}\boldsymbol{\omega}_d)^{\times}\boldsymbol{J}_0\widetilde{\boldsymbol{\omega}}-\widetilde{\boldsymbol{\omega}}^{\times}\boldsymbol{J}_0\widetilde{\boldsymbol{R}}^{\mathrm{T}}\boldsymbol{\omega}_d+\boldsymbol{J}_0\boldsymbol{K}_1\boldsymbol{C}\widetilde{\boldsymbol{\omega}} \tag{3.68}$$

$$\begin{aligned}\boldsymbol{F}_2\boldsymbol{\theta}=&\boldsymbol{J}_1\boldsymbol{\Psi}(\widetilde{\boldsymbol{R}}^{\mathrm{T}}\boldsymbol{\omega}_d)^{\times}\widetilde{\boldsymbol{\omega}}+(\widetilde{\boldsymbol{\omega}}+\widetilde{\boldsymbol{R}}^{\mathrm{T}}\boldsymbol{\omega}_d)^{\times}\boldsymbol{J}_1\boldsymbol{\Psi}\widetilde{\boldsymbol{\omega}}\\&+\widetilde{\boldsymbol{\omega}}^{\times}\boldsymbol{J}_1\boldsymbol{\Psi}\widetilde{\boldsymbol{R}}^{\mathrm{T}}\boldsymbol{\omega}_d-\boldsymbol{J}_1\boldsymbol{\Psi}\boldsymbol{K}_1\boldsymbol{C}\widetilde{\boldsymbol{\omega}}+\boldsymbol{J}_1\dot{\boldsymbol{\Psi}}\left(\widetilde{\boldsymbol{\omega}}-\frac{1}{2}\boldsymbol{z}\right)\end{aligned} \tag{3.69}$$

$$\boldsymbol{F}_3\boldsymbol{\eta}=\mathcal{H}_0\boldsymbol{\Gamma}\widetilde{\boldsymbol{\omega}} \tag{3.70}$$

$$\boldsymbol{G}_1\boldsymbol{\xi}=-(\boldsymbol{C}_1\boldsymbol{\omega}_d)^{\times}\boldsymbol{J}_0\widetilde{\boldsymbol{R}}^{\mathrm{T}}\boldsymbol{\omega}_d-\boldsymbol{\omega}_d^{\times}\boldsymbol{J}_0\boldsymbol{C}_1\boldsymbol{\omega}_d-\boldsymbol{J}_0\boldsymbol{C}_1\dot{\boldsymbol{\omega}}_d-\boldsymbol{\omega}_d^{\times}\boldsymbol{J}_0\boldsymbol{\omega}_d-\boldsymbol{J}_0\dot{\boldsymbol{\omega}}_d \tag{3.71}$$

$$\begin{aligned}\boldsymbol{G}_2\boldsymbol{\theta}=&(\boldsymbol{C}_1\boldsymbol{\omega}_d)^{\times}\boldsymbol{J}_1\boldsymbol{\Psi}\widetilde{\boldsymbol{R}}^{\mathrm{T}}\boldsymbol{\omega}_d+\boldsymbol{\omega}_d^{\times}\boldsymbol{J}_1\boldsymbol{\Psi}\boldsymbol{C}_1\boldsymbol{\omega}_d+\boldsymbol{J}_1\boldsymbol{\Psi}\boldsymbol{C}_1\dot{\boldsymbol{\omega}}_d\\&+\boldsymbol{\omega}_d^{\times}\boldsymbol{J}_1\boldsymbol{\Psi}\boldsymbol{\omega}_d+\boldsymbol{J}_1\boldsymbol{\Psi}\dot{\boldsymbol{\omega}}_d+\boldsymbol{J}_1\dot{\boldsymbol{\Psi}}\boldsymbol{C}_1\boldsymbol{\omega}_d+\boldsymbol{J}_1\dot{\boldsymbol{\Psi}}\boldsymbol{\omega}_d\end{aligned} \tag{3.72}$$

$$\boldsymbol{G}_3\boldsymbol{\eta}=\mathcal{H}_0\boldsymbol{\Gamma}\boldsymbol{C}_1\boldsymbol{\omega}_d+\mathcal{H}_0\boldsymbol{\Gamma}\boldsymbol{\omega}_d \tag{3.73}$$

矩阵函数 $\boldsymbol{F}_1(\widetilde{\boldsymbol{R}},\boldsymbol{\omega}_d,\widetilde{\boldsymbol{\omega}})\in\mathbb{R}^{3\times6}$、$\boldsymbol{F}_2(\widetilde{\boldsymbol{R}},\boldsymbol{\omega}_d,\widetilde{\boldsymbol{\omega}})\in\mathbb{R}^{3\times3n}$、$\boldsymbol{F}_3(\widetilde{\boldsymbol{\omega}})\in\mathbb{R}^{3\times3k}$、$\boldsymbol{G}_1(\widetilde{\boldsymbol{R}},\boldsymbol{\omega}_d,\dot{\boldsymbol{\omega}}_d)\in\mathbb{R}^{3\times6}$、$\boldsymbol{G}_2(\widetilde{\boldsymbol{R}},\boldsymbol{\omega}_d,\dot{\boldsymbol{\omega}}_d)\in\mathbb{R}^{3\times3n}$ 和 $\boldsymbol{G}_3(\widetilde{\boldsymbol{R}},\boldsymbol{\omega}_d)\in\mathbb{R}^{3\times3k}$ 称为线性回归矩阵，注意 $\boldsymbol{G}_1$、$\boldsymbol{G}_2$ 和 $\boldsymbol{G}_3$ 与误差角速度 $\widetilde{\boldsymbol{\omega}}$ 无关。

设 $\hat{\boldsymbol{\xi}}$、$\hat{\boldsymbol{\theta}}$ 和 $\hat{\boldsymbol{\eta}}$ 分别表示 $\boldsymbol{\xi}$、$\boldsymbol{\theta}$ 和 $\boldsymbol{\eta}$ 的估计值，估计误差定义为 $\widetilde{\boldsymbol{\xi}}=\boldsymbol{\xi}-\hat{\boldsymbol{\xi}}$，$\widetilde{\boldsymbol{\theta}}=\boldsymbol{\theta}-\hat{\boldsymbol{\theta}}$ 和 $\widetilde{\boldsymbol{\eta}}=\boldsymbol{\eta}-\hat{\boldsymbol{\eta}}$。记控制律 $\boldsymbol{u}$ 为

$$\boldsymbol{u}=\boldsymbol{u}_e-\boldsymbol{G}_1\hat{\boldsymbol{\xi}}-\boldsymbol{G}_2\hat{\boldsymbol{\theta}}-\boldsymbol{G}_3\hat{\boldsymbol{\eta}} \tag{3.74}$$

式(3.74)代入式(3.67)可得

$$\boldsymbol{J}\dot{\boldsymbol{z}}=-\frac{1}{2}\dot{\boldsymbol{J}}\boldsymbol{z}+\boldsymbol{F}_1\boldsymbol{\xi}+\boldsymbol{F}_2\boldsymbol{\theta}+\boldsymbol{F}_3\boldsymbol{\eta}+\boldsymbol{G}_1\widetilde{\boldsymbol{\xi}}+\boldsymbol{G}_2\widetilde{\boldsymbol{\theta}}+\boldsymbol{G}_3\widetilde{\boldsymbol{\eta}}+\boldsymbol{u}_e+\boldsymbol{d} \tag{3.75}$$

至此，问题归结为设计控制律

$$\boldsymbol{u}_e=\boldsymbol{\alpha}(\widetilde{\boldsymbol{R}},\widetilde{\boldsymbol{\omega}},\hat{\boldsymbol{\xi}},\hat{\boldsymbol{\theta}},\hat{\boldsymbol{\eta}},\boldsymbol{\omega}_d)$$

以及自适应律

$$[\dot{\hat{\boldsymbol{\xi}}}\quad\dot{\hat{\boldsymbol{\theta}}}\quad\dot{\hat{\boldsymbol{\eta}}}]^{\mathrm{T}}=\mathrm{diag}(\gamma_1,\gamma_2,\gamma_3)\boldsymbol{\tau}(\widetilde{\boldsymbol{R}},\widetilde{\boldsymbol{\omega}},\hat{\boldsymbol{\xi}},\hat{\boldsymbol{\theta}},\hat{\boldsymbol{\eta}},\boldsymbol{\omega}_d,\dot{\boldsymbol{\omega}}_d)$$

使得全系统(3.5)、(3.7)和(3.75)在参数 $\boldsymbol{\xi}$、$\boldsymbol{\theta}$ 和 $\boldsymbol{\eta}$ 不确定的情况下稳定。

在 3.3.3 小节中利用必然等价性完全消除系统中的非线性项，这种基于非线性消除的反馈控制一般不满足逆最优性，因而本小节中采用非线性阻尼技术，设计控制律为

$$\begin{cases} \boldsymbol{u}_e = \boldsymbol{\alpha} * (\cdot) = \beta\boldsymbol{\alpha}(\cdot) = -\beta\boldsymbol{R}_q^{-1} z \\ \boldsymbol{R}_q^{-1} = \boldsymbol{K} + \dfrac{\boldsymbol{\Psi}_1^{\mathrm{T}}\boldsymbol{\Psi}_1}{2} + \dfrac{\boldsymbol{\Psi}_2^{\mathrm{T}}\boldsymbol{K}^{-1}\boldsymbol{\Psi}_2}{2} \end{cases} \tag{3.76}$$

其中：$\boldsymbol{K} = \boldsymbol{K}^{\mathrm{T}} > 0$；$\gamma > 0$；$\beta \geqslant 2$；$\boldsymbol{\Psi}_1(\widetilde{\boldsymbol{R}}, \widetilde{\boldsymbol{\omega}}, \boldsymbol{\omega}_d, \hat{\boldsymbol{\xi}}, \hat{\boldsymbol{\theta}}, \hat{\boldsymbol{\eta}}) \in \mathbb{R}^{3\times3}$和 $\boldsymbol{\Psi}_2(\widetilde{\boldsymbol{R}}, \widetilde{\boldsymbol{\omega}}, \hat{\boldsymbol{\xi}}, \hat{\boldsymbol{\theta}}, \hat{\boldsymbol{\eta}}) \in \mathbb{R}^{3\times3}$定义为

$$\begin{aligned} \boldsymbol{\Psi}_1^{\mathrm{T}} = \boldsymbol{K}_p^{-1/2}[& K_p\boldsymbol{K}_1^{-1} + \hat{\boldsymbol{J}}(\widetilde{\boldsymbol{R}}^{\mathrm{T}}\boldsymbol{\omega}_d)^{\times} + \widetilde{\boldsymbol{\omega}}^{\times}\hat{\boldsymbol{J}} + (\widetilde{\boldsymbol{R}}^{\mathrm{T}}\boldsymbol{\omega}_d)^{\times}\hat{\boldsymbol{J}} \\ & -(\hat{\boldsymbol{J}}\widetilde{\boldsymbol{R}}^{\mathrm{T}}\boldsymbol{\omega}_d)^{\times} - \hat{\boldsymbol{J}}\boldsymbol{K}_1\boldsymbol{C} + \dot{\hat{\boldsymbol{J}}} - \hat{\mathcal{H}}]\boldsymbol{K}_1^{1/2} \end{aligned} \tag{3.77}$$

$$\boldsymbol{\Psi}_2 = \hat{\boldsymbol{J}}\boldsymbol{K}_1\boldsymbol{C} - \widetilde{\boldsymbol{\omega}}^{\times}\hat{\boldsymbol{J}} - \frac{1}{2}\dot{\hat{\boldsymbol{J}}} + \frac{1}{\gamma^2}\boldsymbol{I} \tag{3.78}$$

其中：$\hat{\boldsymbol{J}} = \hat{\boldsymbol{J}}_0 - \hat{\boldsymbol{J}}_1\boldsymbol{\Psi}$，$\dot{\hat{\boldsymbol{J}}} = -\hat{\boldsymbol{J}}_1\dot{\boldsymbol{\Psi}}$，$\hat{\mathcal{H}} = \hat{\mathcal{H}}_0\boldsymbol{\Gamma}$，$\hat{\boldsymbol{J}}_0$、$\hat{\boldsymbol{J}}_1$ 和$\hat{\mathcal{H}}_0$分别由估计值$\hat{\boldsymbol{\xi}}$、$\hat{\boldsymbol{\theta}}$和$\hat{\boldsymbol{\eta}}$决定。

自适应律可以取经典自适应律

$$\begin{cases} \dot{\hat{\boldsymbol{\xi}}} = \gamma_1(\boldsymbol{F}_1 + \boldsymbol{G}_1)^{\mathrm{T}} z \\ \dot{\hat{\boldsymbol{\theta}}} = \gamma_2(\boldsymbol{F}_2 + \boldsymbol{G}_2)^{\mathrm{T}} z \\ \dot{\hat{\boldsymbol{\eta}}} = \gamma_3(\boldsymbol{F}_3 + \boldsymbol{G}_3)^{\mathrm{T}} z \end{cases} \tag{3.79}$$

也可以选择基于光滑投影函数的自适应律

$$\begin{cases} \dot{\hat{\boldsymbol{\xi}}} = \gamma_1 \mathrm{proj}(\hat{\boldsymbol{\xi}}, \boldsymbol{\Xi}_1), \boldsymbol{\Xi}_1 = (\boldsymbol{F}_1 + \boldsymbol{G}_1)^{\mathrm{T}} z \\ \dot{\hat{\boldsymbol{\theta}}} = \gamma_2 \mathrm{proj}(\hat{\boldsymbol{\theta}}, \boldsymbol{\Xi}_2), \boldsymbol{\Xi}_2 = (\boldsymbol{F}_2 + \boldsymbol{G}_2)^{\mathrm{T}} z \\ \dot{\hat{\boldsymbol{\eta}}} = \gamma_3 \mathrm{proj}(\hat{\boldsymbol{\eta}}, \boldsymbol{\Xi}_3), \boldsymbol{\Xi}_3 = (\boldsymbol{F}_3 + \boldsymbol{G}_3)^{\mathrm{T}} z \end{cases} \tag{3.80}$$

光滑投影函数 proj(·,·)的定义为式(3.64)。

确定 $\boldsymbol{u}_e$、$\hat{\boldsymbol{\xi}}$、$\hat{\boldsymbol{\theta}}$和$\hat{\boldsymbol{\eta}}$后，根据式(3.74)可获得实际控制量 $\boldsymbol{u}$，其中，$-\boldsymbol{G}\hat{\boldsymbol{\xi}} - \boldsymbol{G}_2\hat{\boldsymbol{\theta}} - \boldsymbol{G}_3\hat{\boldsymbol{\eta}}$部分与误差角速度 $\widetilde{\boldsymbol{\omega}}$ 无关。

3.4 闭环系统稳定性分析

如表 3.1 所列，根据控制律和自适应律设计方法的不同，3.3 节中事实上给出了四种控制算法：①控制律(3.61)结合自适应律(3.62)形成的控制算法 1；②控制律(3.61)结合自适应律(3.65)形成的控制算法 2；③控制律(3.74)结合自适应律(3.81)形成的控制算法 3；④控制律(3.74)结合自适应律(3.80)形成的控制算法 4。接下来，将给出本章最重要的部分，证明上述控制算法作用下

的姿态跟踪闭环系统稳定性。

表 3.1　第 3 章中设计的控制算法汇总

	非线性消除技术	非线性阻尼技术
经典自适应律	控制算法 1:式(3.63)+式(3.64)	控制算法 3:式(3.76)+式(3.81)
光滑投影自适应律	控制算法 2:式(3.63)+式(3.65)	控制算法 4:式(3.76)+式(3.82)

3.4.1　无外扰力矩情况下的稳定性分析

本小节主要给出无外扰力矩时,控制算法 1 和控制算法 2 驱动下闭环系统(3.5)~(3.7)的稳定性结论及其证明。定理 3.1 和定理 3.2 分别证明了控制算法 1 和控制算法 2 作用下闭环系统状态轨迹将收敛到一个最大不变集;定理 3.3 证明最大不变集由四个不相交的平衡点构成,其中只有一个平衡点为稳定平衡点;定理 3.4 证明该稳定平衡点的收敛域是殆全局的。

定理 3.1　考虑式(3.5)与式(3.7)组成的系统,假设系统中的时变参数矩阵 $\boldsymbol{J}(t)$、$\dot{\boldsymbol{J}}(t)$ 和 $\boldsymbol{\mathcal{H}}(t)$ 分别由式(3.22)、式(3.24)和式(3.25)决定,并且干扰力矩 $\boldsymbol{d}=\boldsymbol{0}$。如果参数矩阵 $\boldsymbol{J}_1$、$\boldsymbol{J}_0$ 和 $\boldsymbol{\mathcal{H}}_0$ 未知,期望角速度 $\boldsymbol{\omega}_d$ 及其一阶导数 $\dot{\boldsymbol{\omega}}_d$ 光滑有界。对任意初始条件 $[\widetilde{\boldsymbol{R}}(0),\widetilde{\boldsymbol{\omega}}(0)]\in \mathrm{SO}(3)\times\mathbb{R}^3$,控制律(3.61)结合参数自适应律(3.64),能够使误差角速度 $\widetilde{\boldsymbol{\omega}}(t)$ 与姿态变量 $\boldsymbol{S}(t)$ 渐近收敛得到原点,即 $\lim\limits_{t\to\infty}[\boldsymbol{S}(t),\widetilde{\boldsymbol{\omega}}(t)]=\boldsymbol{0}$,同时闭环系统的所有变量 $\hat{\boldsymbol{\xi}}(t)$、$\hat{\boldsymbol{\theta}}(t)$、$\hat{\boldsymbol{\eta}}(t)$ 和 $\widetilde{\boldsymbol{R}}(t)$ 都是有界的。

证明:考虑类李雅普诺夫函数为

$$V(\widetilde{\boldsymbol{\omega}},\widetilde{\boldsymbol{R}},\widetilde{\boldsymbol{\xi}}_0,\widetilde{\boldsymbol{\xi}}_1,\widetilde{\boldsymbol{\eta}})=\frac{1}{2}(\widetilde{\boldsymbol{\omega}}+\boldsymbol{K}_1\boldsymbol{S})^{\mathrm{T}}\boldsymbol{J}(\widetilde{\boldsymbol{\omega}}+\boldsymbol{K}_1\boldsymbol{S})+K_p\mathrm{trace}(\boldsymbol{A}-\boldsymbol{A}\widetilde{\boldsymbol{R}})$$
$$+\frac{1}{2\gamma_1}\widetilde{\boldsymbol{\xi}}^{\mathrm{T}}\widetilde{\boldsymbol{\xi}}+\frac{1}{2\gamma_2}\widetilde{\boldsymbol{\theta}}^{\mathrm{T}}\widetilde{\boldsymbol{\theta}}+\frac{1}{2\gamma_3}\widetilde{\boldsymbol{\eta}}^{\mathrm{T}}\widetilde{\boldsymbol{\eta}} \tag{3.81}$$

式中:$\widetilde{\boldsymbol{\xi}}=\boldsymbol{\xi}-\hat{\boldsymbol{\xi}}$,$\widetilde{\boldsymbol{\theta}}=\boldsymbol{\theta}-\hat{\boldsymbol{\theta}}$,$\widetilde{\boldsymbol{\eta}}=\boldsymbol{\eta}-\hat{\boldsymbol{\eta}}$ 为未知参数的估计误差;$\boldsymbol{K}_1>0$ 为 3 阶正定矩阵;K_p、γ_1、γ_2、γ_3 均为正数。

根据式(3.15)可知,对任意 $(\boldsymbol{R},\boldsymbol{\omega},\boldsymbol{\xi},\boldsymbol{\theta},\boldsymbol{\eta})\in\mathrm{SO}(3)\times\mathbb{R}^3\times\mathbb{R}^6\times\mathbb{R}^{3n}\times\mathbb{R}^{3k}$,有 $V\geqslant 0$。求 V 对时间的导数得到

$$\dot{V}=(\widetilde{\boldsymbol{\omega}}+\boldsymbol{K}_1\boldsymbol{S})^{\mathrm{T}}\left[\frac{1}{2}\dot{\boldsymbol{J}}(\widetilde{\boldsymbol{\omega}}+\boldsymbol{K}_1\boldsymbol{S})+\boldsymbol{J}\boldsymbol{K}_1\dot{\boldsymbol{S}}+\boldsymbol{J}\dot{\widetilde{\boldsymbol{\omega}}}\right]+K_p\widetilde{\boldsymbol{\omega}}^{\mathrm{T}}\boldsymbol{S}$$
$$-\frac{1}{\gamma_1}\widetilde{\boldsymbol{\xi}}^{\mathrm{T}}\dot{\hat{\boldsymbol{\xi}}}-\frac{1}{\gamma_2}\widetilde{\boldsymbol{\theta}}^{\mathrm{T}}\dot{\hat{\boldsymbol{\theta}}}-\frac{1}{\gamma_3}\widetilde{\boldsymbol{\eta}}^{\mathrm{T}}\dot{\hat{\boldsymbol{\eta}}} \tag{3.82}$$

代入式(3.60)、式(3.61)后,得到 V 沿闭环系统轨迹的导数为

$$\dot{V}=-(\widetilde{\boldsymbol{\omega}}+\boldsymbol{K}_1\boldsymbol{S})^{\mathrm{T}}\boldsymbol{K}_v(\widetilde{\boldsymbol{\omega}}+\boldsymbol{K}_1\boldsymbol{S})-K_p\boldsymbol{S}^{\mathrm{T}}\boldsymbol{K}_1\boldsymbol{S}+(\widetilde{\boldsymbol{\xi}}_0^{\mathrm{T}}\boldsymbol{W}_1^{\mathrm{T}}+\widetilde{\boldsymbol{\xi}}_1^{\mathrm{T}}\boldsymbol{W}_2^{\mathrm{T}}+\boldsymbol{\eta}^{\mathrm{T}}\boldsymbol{W}_3^{\mathrm{T}})(\widetilde{\boldsymbol{\omega}}+\boldsymbol{K}_1\boldsymbol{S})$$

$$-\frac{1}{\gamma_1}\widetilde{\boldsymbol{\xi}}^{\mathrm{T}}\dot{\hat{\boldsymbol{\xi}}}-\frac{1}{\gamma_2}\widetilde{\boldsymbol{\theta}}^{\mathrm{T}}\dot{\hat{\boldsymbol{\theta}}}-\frac{1}{\gamma_3}\widetilde{\boldsymbol{\eta}}^{\mathrm{T}}\dot{\hat{\boldsymbol{\eta}}}$$

$$=-(\widetilde{\boldsymbol{\omega}}+\boldsymbol{K}_1\boldsymbol{S})^{\mathrm{T}}\boldsymbol{K}_v(\widetilde{\boldsymbol{\omega}}+\boldsymbol{K}_1\boldsymbol{S})-K_p\boldsymbol{S}^{\mathrm{T}}\boldsymbol{K}_1\boldsymbol{S}+\widetilde{\boldsymbol{\xi}}^{\mathrm{T}}\left(\boldsymbol{W}_1^{\mathrm{T}}(\widetilde{\boldsymbol{\omega}}+\boldsymbol{K}_1\boldsymbol{S})-\frac{1}{\gamma_1}\dot{\hat{\boldsymbol{\xi}}}\right)$$

$$+\widetilde{\boldsymbol{\theta}}^{\mathrm{T}}\left(\boldsymbol{W}_2^{\mathrm{T}}(\widetilde{\boldsymbol{\omega}}+\boldsymbol{K}_1\boldsymbol{S})-\frac{1}{\gamma_2}\dot{\hat{\boldsymbol{\theta}}}\right)+\widetilde{\boldsymbol{\eta}}^{\mathrm{T}}\left(\boldsymbol{W}_3^{\mathrm{T}}(\widetilde{\boldsymbol{\omega}}+\boldsymbol{K}_1\boldsymbol{S})-\frac{1}{\gamma_3}\dot{\hat{\boldsymbol{\eta}}}\right)\tag{3.83}$$

代入式(3.62)所示的自适应控制律后,得到

$$\dot{V}=-(\widetilde{\boldsymbol{\omega}}+\boldsymbol{K}_1\boldsymbol{S})^{\mathrm{T}}\boldsymbol{K}_v(\widetilde{\boldsymbol{\omega}}+\boldsymbol{K}_1\boldsymbol{S})-K_p\boldsymbol{S}^{\mathrm{T}}\boldsymbol{K}_1\boldsymbol{S}\tag{3.84}$$

式(3.86)说明,对任意$(\widetilde{\boldsymbol{\omega}}+\boldsymbol{K}_1\boldsymbol{S},\widetilde{\boldsymbol{\omega}})\in\mathbb{R}^3\times\mathbb{R}^3$,有$\dot{V}\leqslant 0$成立。因为$V\geqslant 0$并且$\dot{V}\leqslant 0$,所以$V$是单调函数$V(t)\leqslant V(0)$,因而闭环系统的所有变量$\hat{\boldsymbol{\xi}}(t)$、$\hat{\boldsymbol{\theta}}(t)$、$\hat{\boldsymbol{\eta}}(t)$和$\widetilde{\boldsymbol{R}}(t)$都是有界的。此外,$\int_0^t\dot{V}(t)\mathrm{d}t$存在并有界,意味着$\widetilde{\boldsymbol{\omega}}+\boldsymbol{K}_1\boldsymbol{S},\widetilde{\boldsymbol{\omega}}\in\mathcal{L}_2\cap\mathcal{L}_\infty$,由式(3.52)、式(3.5)和式(3.7)进一步可知$\dot{\widetilde{\boldsymbol{\omega}}}+\boldsymbol{K}_1\dot{\boldsymbol{S}},\dot{\widetilde{\boldsymbol{\omega}}}\in\mathcal{L}_\infty$,因而根据Barbalat引理有$\lim\limits_{t\to\infty}(\widetilde{\boldsymbol{\omega}}+\boldsymbol{K}_1\boldsymbol{S},\widetilde{\boldsymbol{\omega}})=\boldsymbol{0}$,即意味着$\lim\limits_{t\to\infty}[\boldsymbol{S},\widetilde{\boldsymbol{\omega}}]=\boldsymbol{0}$。

定理3.2 考虑式(3.5)与式(3.7)组成的系统,假设系统中的时变参数矩阵$\boldsymbol{J}(t)$、$\dot{\boldsymbol{J}}(t)$和$\boldsymbol{\mathcal{H}}(t)$分别由式(3.22)、式(3.24)和式(3.25)决定,并且干扰力矩$\boldsymbol{d}=\boldsymbol{0}$。如果参数矩阵$\boldsymbol{J}_0$、$\boldsymbol{J}_1$和$\boldsymbol{\mathcal{H}}_0$未知,但其参数列阵满足$(\boldsymbol{\xi},\boldsymbol{\theta},\boldsymbol{\eta})\in\mathcal{Q}_1\times\mathcal{Q}_2\times\mathcal{Q}_3$,期望角速度$\boldsymbol{\omega}_d$及其一阶导数$\widetilde{\boldsymbol{\omega}}_b$光滑有界。对任意初始条件$[\widetilde{\boldsymbol{R}}(0),\widetilde{\boldsymbol{\omega}}(0)]\in\mathrm{SO}(3)\times\mathbb{R}^3$、$(\hat{\boldsymbol{\xi}}(0),\hat{\boldsymbol{\theta}}(0),\hat{\boldsymbol{\eta}}(0))\in\hat{\mathcal{Q}}_1\times\hat{\mathcal{Q}}_2\times\hat{\mathcal{Q}}_3$,控制律(3.61)结合参数自适应律(3.65),能够使误差角速度$\widetilde{\boldsymbol{\omega}}(t)$与姿态变量$\boldsymbol{S}(t)$渐近收敛得到原点,即$\lim\limits_{t\to\infty}[\boldsymbol{S}(t),\widetilde{\boldsymbol{\omega}}(t)]=\boldsymbol{0}$。此外,对任意$t>0$,$(\hat{\boldsymbol{\xi}}(t),\hat{\boldsymbol{\theta}}(t),\hat{\boldsymbol{\eta}}(t))\in\hat{\mathcal{Q}}_1\times\hat{\mathcal{Q}}_2\times\hat{\mathcal{Q}}_3$成立。凸集$\mathcal{Q}_i$和$\hat{\mathcal{Q}}_i$定义为

$$\mathcal{Q}_1=\{\boldsymbol{\xi}\in\mathbb{R}^6\mid\boldsymbol{\xi}^{\mathrm{T}}\boldsymbol{\xi}\leqslant\varepsilon_1\},\ \hat{\mathcal{Q}}_1=\{\boldsymbol{\xi}\in\mathbb{R}^6\mid\hat{\boldsymbol{\xi}}^{\mathrm{T}}\hat{\boldsymbol{\xi}}\leqslant\varepsilon_1+\delta_1\}\tag{3.85}$$

$$\mathcal{Q}_2=\{\boldsymbol{\theta}\in\mathbb{R}^6\mid\boldsymbol{\theta}^{\mathrm{T}}\boldsymbol{\theta}\leqslant\varepsilon_2\},\ \hat{\mathcal{Q}}_2=\{\hat{\boldsymbol{\theta}}\in\mathbb{R}^6\mid\hat{\boldsymbol{\theta}}^{\mathrm{T}}\hat{\boldsymbol{\theta}}\leqslant\varepsilon_2+\delta_2\}\tag{3.86}$$

$$\mathcal{Q}_3=\{\boldsymbol{\eta}\in\mathbb{R}^6\mid\boldsymbol{\eta}^{\mathrm{T}}\boldsymbol{\eta}\leqslant\varepsilon_3\},\ \hat{\mathcal{Q}}_3=\{\hat{\boldsymbol{\eta}}\in\mathbb{R}^6\mid\hat{\boldsymbol{\eta}}^{\mathrm{T}}\hat{\boldsymbol{\eta}}\leqslant\varepsilon_3+\delta_3\}\tag{3.87}$$

式中:ε_i、δ_i为已知的正实数。

证明:考虑式(3.81)给出的类李雅普诺夫函数,通过与定理3.1证明过程相同的推导,得到V沿闭环系统轨迹的导数为

$$\dot{V}=-(\widetilde{\boldsymbol{\omega}}+\boldsymbol{K}_1\boldsymbol{S})^{\mathrm{T}}\boldsymbol{K}_v(\widetilde{\boldsymbol{\omega}}+\boldsymbol{K}_1\boldsymbol{S})-K_p\boldsymbol{S}^{\mathrm{T}}\boldsymbol{K}_1\boldsymbol{S}+\dot{V}_1+\dot{V}_2+\dot{V}_3\tag{3.88}$$

式中

$$\dot{V}_1=\tilde{\boldsymbol{\xi}}^{\mathrm{T}}\left(\boldsymbol{W}_1^{\mathrm{T}}(\tilde{\boldsymbol{\omega}}+\boldsymbol{K}_1\boldsymbol{S})-\frac{1}{\gamma_1}\dot{\hat{\boldsymbol{\xi}}}\right)$$

$$\dot{V}_2=\tilde{\boldsymbol{\theta}}^{\mathrm{T}}\left(\boldsymbol{W}_2^{\mathrm{T}}(\tilde{\boldsymbol{\omega}}+\boldsymbol{K}_1\boldsymbol{S})-\frac{1}{\gamma_2}\dot{\hat{\boldsymbol{\theta}}}\right)$$

$$\dot{V}_3=\tilde{\boldsymbol{\eta}}^{\mathrm{T}}\left(\boldsymbol{W}_3^{\mathrm{T}}(\tilde{\boldsymbol{\omega}}+\boldsymbol{K}_1\boldsymbol{S})-\frac{1}{\gamma_3}\dot{\hat{\boldsymbol{\eta}}}\right)$$

如果$\dot{V}_1,\dot{V}_2,\dot{V}_3\leqslant 0$,则$\dot{V}$是半负定的。那么经过与定理3.1相同的证明过程,可以确定$\tilde{\boldsymbol{\omega}}(t)$与$\boldsymbol{S}(t)$渐进收敛到原点,$\lim\limits_{t\to\infty}[\boldsymbol{S}(t),\tilde{\boldsymbol{\omega}}(t)]=\boldsymbol{0}$。问题归结为证明:如果$\dot{\hat{\boldsymbol{\xi}}}$、$\dot{\hat{\boldsymbol{\theta}}}$和$\dot{\hat{\boldsymbol{\eta}}}$选择式(3.63)所示的自适应律,则有$\dot{V}_1,\dot{V}_2,\dot{V}_3\leqslant 0$成立。

将式(3.63)中的$\dot{\hat{\boldsymbol{\xi}}}$代入到$\dot{V}_1$中,可得

$$\dot{V}_1=\tilde{\boldsymbol{\xi}}^{\mathrm{T}}(\boldsymbol{\Xi}_1-\mathrm{proj}(\hat{\boldsymbol{\xi}},\boldsymbol{\Xi}_1))\tag{3.89}$$

(1) 当$\hat{\boldsymbol{\xi}}^{\mathrm{T}}\hat{\boldsymbol{\xi}}<\varepsilon_1$时,根据式(3.64)有$\mathrm{proj}(\hat{\boldsymbol{\xi}},\boldsymbol{\Xi}_1)=\boldsymbol{\Xi}_1$,代入式(3.89)后得到$\dot{V}_1=0$。根据式(3.85),此时有$\hat{\boldsymbol{\xi}}\in\mathcal{Q}_1\subset\hat{\mathcal{Q}}_1$成立,因而参数估值$\hat{\boldsymbol{\xi}}(t)$满足

$$\hat{\boldsymbol{\xi}}(0)\in\hat{\mathcal{Q}}_1\Rightarrow\hat{\boldsymbol{\xi}}(t)\in\hat{\mathcal{Q}}_1\tag{3.90}$$

(2) 当$\hat{\boldsymbol{\xi}}^{\mathrm{T}}\hat{\boldsymbol{\xi}}\geqslant\varepsilon_1$并且$\boldsymbol{\Xi}_1^{\mathrm{T}}\hat{\boldsymbol{\xi}}\leqslant 0$时,同样有$\mathrm{proj}(\hat{\boldsymbol{\xi}},\boldsymbol{\Xi}_1)=\boldsymbol{\Xi}_1$和$\dot{V}_1=0$。根据

$$\frac{\mathrm{d}}{\mathrm{d}t}[\hat{\boldsymbol{\xi}}^{\mathrm{T}}(t)\hat{\boldsymbol{\xi}}(t)]=2\hat{\boldsymbol{\xi}}^{\mathrm{T}}\dot{\hat{\boldsymbol{\xi}}}=2\gamma_1\boldsymbol{\Xi}_1^{\mathrm{T}}\hat{\boldsymbol{\xi}}\leqslant 0$$

可以确定对$\forall t\geqslant 0$,有$\hat{\boldsymbol{\xi}}^{\mathrm{T}}(t)\hat{\boldsymbol{\xi}}(t)\leqslant\hat{\boldsymbol{\xi}}^{\mathrm{T}}(0)\hat{\boldsymbol{\xi}}(0)$,因此,式(3.90)也成立。

(3) 当$\hat{\boldsymbol{\xi}}^{\mathrm{T}}\hat{\boldsymbol{\xi}}\geqslant\varepsilon_1$并且$\boldsymbol{\Xi}_1^{\mathrm{T}}\boldsymbol{\xi}>0$时,根据式(3.66)有

$$\mathrm{proj}(\hat{\boldsymbol{\xi}},\boldsymbol{\Xi}_1)=\boldsymbol{\Xi}_1-\frac{(\hat{\boldsymbol{\xi}}^{\mathrm{T}}\hat{\boldsymbol{\xi}}-\varepsilon_1)\boldsymbol{\Xi}_1^{\mathrm{T}}\hat{\boldsymbol{\xi}}}{\delta_1\hat{\boldsymbol{\xi}}^{\mathrm{T}}\hat{\boldsymbol{\xi}}}\hat{\boldsymbol{\xi}}\tag{3.91}$$

此时

$$\frac{\mathrm{d}}{\mathrm{d}t}[\hat{\boldsymbol{\xi}}^{\mathrm{T}}(t)\hat{\boldsymbol{\xi}}(t)]=2\gamma_1\hat{\boldsymbol{\xi}}^{\mathrm{T}}\left(\boldsymbol{\Xi}_1-\frac{(\hat{\boldsymbol{\xi}}^{\mathrm{T}}\hat{\boldsymbol{\xi}}-\varepsilon_1)\boldsymbol{\Xi}_1^{\mathrm{T}}\hat{\boldsymbol{\xi}}}{\delta_1\hat{\boldsymbol{\xi}}^{\mathrm{T}}\hat{\boldsymbol{\xi}}}\hat{\boldsymbol{\xi}}\right)=2\frac{\gamma_1}{\delta_1}(\delta_1+\varepsilon_1-\hat{\boldsymbol{\xi}}^{\mathrm{T}}\hat{\boldsymbol{\xi}})\boldsymbol{\Xi}_1^{\mathrm{T}}\hat{\boldsymbol{\xi}}$$

如果$\hat{\boldsymbol{\xi}}^{\mathrm{T}}\hat{\boldsymbol{\xi}}>\delta_1+\varepsilon_1$,则$\frac{\mathrm{d}}{\mathrm{d}t}[\hat{\boldsymbol{\xi}}^{\mathrm{T}}(t)\hat{\boldsymbol{\xi}}(t)]<0$,说明$\hat{\boldsymbol{\xi}}^{\mathrm{T}}(t)\hat{\boldsymbol{\xi}}(t)$单调递减;如果$\hat{\boldsymbol{\xi}}^{\mathrm{T}}\hat{\boldsymbol{\xi}}<\delta_1+\varepsilon_1$,则$\frac{\mathrm{d}}{\mathrm{d}t}[\hat{\boldsymbol{\xi}}^{\mathrm{T}}(t)\hat{\boldsymbol{\xi}}(t)]>0$,说明$\hat{\boldsymbol{\xi}}^{\mathrm{T}}(t)\hat{\boldsymbol{\xi}}(t)$单调递增;如果$\hat{\boldsymbol{\xi}}^{\mathrm{T}}\hat{\boldsymbol{\xi}}=\delta_1+\varepsilon_1$,则$\frac{\mathrm{d}}{\mathrm{d}t}[\hat{\boldsymbol{\xi}}^{\mathrm{T}}(t)\hat{\boldsymbol{\xi}}(t)]=0$,说明$\hat{\boldsymbol{\xi}}^{\mathrm{T}}(t)\hat{\boldsymbol{\xi}}(t)$将保持为常值。由此可知,$\hat{\boldsymbol{\xi}}(t)$属于凸集$\mathcal{Q}_1$,即式(3.90)成立。另外,将式(3.91)代入式(3.89)得到

$$\dot{V}_1=\frac{(\hat{\boldsymbol{\xi}}^{\mathrm{T}}\hat{\boldsymbol{\xi}}-\varepsilon_1)\boldsymbol{\Xi}_1^{\mathrm{T}}\hat{\boldsymbol{\xi}}}{\delta_1\hat{\boldsymbol{\xi}}^{\mathrm{T}}\hat{\boldsymbol{\xi}}}\tilde{\boldsymbol{\xi}}^{\mathrm{T}}\hat{\boldsymbol{\xi}}$$

由于 $\|\hat{\boldsymbol{\xi}}\|^2\geqslant\varepsilon_1$ 并且 $\|\boldsymbol{\xi}\|^2\leqslant\varepsilon_1$，则有

$$\begin{aligned}\tilde{\boldsymbol{\xi}}^{\mathrm{T}}\hat{\boldsymbol{\xi}}&=\boldsymbol{\xi}^{\mathrm{T}}\hat{\boldsymbol{\xi}}-\hat{\boldsymbol{\xi}}^{\mathrm{T}}\hat{\boldsymbol{\xi}}\\&=-\frac{1}{2}(\boldsymbol{\xi}^{\mathrm{T}}\boldsymbol{\xi}-2\boldsymbol{\xi}^{\mathrm{T}}\hat{\boldsymbol{\xi}}+\hat{\boldsymbol{\xi}}^{\mathrm{T}}\hat{\boldsymbol{\xi}})-\frac{1}{2}(\hat{\boldsymbol{\xi}}^{\mathrm{T}}\hat{\boldsymbol{\xi}}-\boldsymbol{\xi}^{\mathrm{T}}\boldsymbol{\xi})\\&\leqslant-\frac{1}{2}\|\boldsymbol{\xi}-\hat{\boldsymbol{\xi}}\|^2\leqslant0\end{aligned}$$

因此，$\dot{V}_1\leqslant0$。

综合(1)、(2)和(3)的分析结论，可得

$$\dot{V}_1=\begin{cases}0 & (\{\boldsymbol{p}^{\mathrm{T}}\boldsymbol{p}<\varepsilon_i\}\cup\{\boldsymbol{p}^{\mathrm{T}}\boldsymbol{p}\geqslant\varepsilon_i,\boldsymbol{\Xi}_i^{\mathrm{T}}\boldsymbol{p}\leqslant0\})\\ \dfrac{(\hat{\boldsymbol{\xi}}^{\mathrm{T}}\hat{\boldsymbol{\xi}}-\varepsilon_1)\boldsymbol{\Xi}_1^{\mathrm{T}}\hat{\boldsymbol{\xi}}}{\delta_1\hat{\boldsymbol{\xi}}^{\mathrm{T}}\hat{\boldsymbol{\xi}}}\tilde{\boldsymbol{\xi}}^{\mathrm{T}}\hat{\boldsymbol{\xi}}\leqslant0 & (\{\boldsymbol{p}^{\mathrm{T}}\boldsymbol{p}\geqslant\varepsilon_i,\boldsymbol{\Xi}_i^{\mathrm{T}}\boldsymbol{p}>0\})\end{cases}\tag{3.92}$$

和式(3.90)成立，即对 $\forall t>0$ 都有 $\dot{V}_1\leqslant0$ 和 $\hat{\boldsymbol{\xi}}(t)\in\hat{\mathcal{Q}}_1$ 成立。重复相同的证明过程，可确定对 $\forall t>0$ 有 $\dot{V}_2\leqslant0$、$\dot{V}_3\leqslant0$、$\hat{\boldsymbol{\theta}}(t)\in\hat{\mathcal{Q}}_2$、$\boldsymbol{\eta}(t)\in\hat{\mathcal{Q}}_3$ 也成立。因此，式(3.88)中的 $\dot{V}\leqslant0$。接下来，通过与定理 3.1 类似的证明过程，可以确定 $\tilde{\boldsymbol{\omega}}+\boldsymbol{K}_1\boldsymbol{S},\tilde{\boldsymbol{\omega}}\in\mathcal{L}_2\cap\mathcal{L}_\infty$ 以及 $\dot{\tilde{\boldsymbol{\omega}}}+\boldsymbol{K}_1\dot{\boldsymbol{S}},\dot{\tilde{\boldsymbol{\omega}}}\in\mathcal{L}_\infty$。此外，由于投影函数 $\mathrm{proj}(\cdot,\boldsymbol{\Xi}_i)$ 是利普希茨连续的，因此 $\dot{V}$ 是一致连续的。结合 Barbalat 引理，可以得到 $\lim\limits_{t\to\infty}[\boldsymbol{S}(t),\tilde{\boldsymbol{\omega}}(t)]=\boldsymbol{0}$ 的结论。

定理 3.1 与定理 3.2 说明，采用 3.3.3 小节中的两种自适应律都可以确保闭环系统全部变量有界的同时，使姿态变量 $\boldsymbol{S}(t)$ 和误差角速度 $\tilde{\boldsymbol{\omega}}(t)$ 收敛到原点。为了确保姿态跟踪任务实现，还需要进一步证明：随着 $\boldsymbol{S}(t)$ 和 $\tilde{\boldsymbol{\omega}}(t)$ 都收敛到原点，误差姿态旋转矩阵 $\tilde{\boldsymbol{R}}(t)$ 也收敛到单位矩阵 $\boldsymbol{I}$。

定理 3.3 考虑运动学方程式(3.5)、动力学方程式(3.7)和控制律(3.63)组成的闭环系统，系统中的时变参数矩阵 $\boldsymbol{J}(t)$、$\dot{\boldsymbol{J}}(t)$ 和 $\boldsymbol{\mathcal{H}}(t)$ 分别由式(3.22)、式(3.24)和式(3.25)决定，并且干扰力矩 $\boldsymbol{d}=\boldsymbol{0}$。无论取自适应律为式(3.62)还是式(3.63)，闭环系统有四个不相交的平衡点，$\mathcal{E}_i=\{\boldsymbol{0},\boldsymbol{R}_i,\mathcal{W}_i\}$ $(i\in\{0,1,2,3\})$。其中，$\boldsymbol{R}_i\in\mathcal{R}$ 定义在式(3.18)中，$\mathcal{W}_i$ 定义为式(3.94)。在这四个平衡点中，除了 $\mathcal{E}_0=\{\boldsymbol{0},\boldsymbol{I},\mathcal{W}_0\}$ 为稳定平衡点以外，其余的三个平衡点为不稳定平衡点。

证明:证明过程与文献[42]引理4证明类似。采用控制律(3.61)后,闭环系统姿态动力学方程为

$$
\begin{aligned}
J\dot{\tilde{\boldsymbol{\omega}}} = & -(\tilde{\boldsymbol{\omega}}+\tilde{\boldsymbol{R}}^{\mathrm{T}}\boldsymbol{\omega}_d)^{\times}(\tilde{\boldsymbol{J}}_0+\tilde{\boldsymbol{J}}_1\boldsymbol{\Psi})(\tilde{\boldsymbol{\omega}}+\tilde{\boldsymbol{R}}^{\mathrm{T}}\boldsymbol{\omega}_d)+(\tilde{\boldsymbol{J}}_0+\tilde{\boldsymbol{J}}_1\boldsymbol{\Psi})(\tilde{\boldsymbol{\omega}}^{\times}\tilde{\boldsymbol{R}}^{\mathrm{T}}\boldsymbol{\omega}_d-\tilde{\boldsymbol{R}}^{\mathrm{T}}\dot{\boldsymbol{\omega}}_d)\\
& -\hat{\boldsymbol{J}}\boldsymbol{K}_1\dot{\boldsymbol{S}}-\boldsymbol{K}_v(\tilde{\boldsymbol{\omega}}+\boldsymbol{K}_1\boldsymbol{S})-K_p\boldsymbol{S}+(\tilde{\boldsymbol{J}}_1\dot{\boldsymbol{\Psi}}+\tilde{\mathcal{H}}_0\boldsymbol{\Gamma})(\tilde{\boldsymbol{\omega}}+\tilde{\boldsymbol{R}}^{\mathrm{T}}\boldsymbol{\omega}_d)\\
& +\frac{1}{2}\tilde{\boldsymbol{J}}_1\dot{\boldsymbol{\Psi}}(\tilde{\boldsymbol{\omega}}+\boldsymbol{K}_1\boldsymbol{S})
\end{aligned}
\tag{3.93}
$$

根据定理3.1和定理3.2,无论取自适应律为式(3.62)还是式(3.63),都有$\lim\limits_{t\to\infty}\boldsymbol{S}(t)=\boldsymbol{0}$和$\lim\limits_{t\to\infty}\tilde{\boldsymbol{\omega}}(t)=\boldsymbol{0}$成立。再根据姿态变量$\boldsymbol{S}$的性质2,当$\boldsymbol{S}=\boldsymbol{0}$时意味着$\tilde{\boldsymbol{R}}\in\mathcal{R}$,其中$\mathcal{R}$定义为式(3.18)。此外,根据自适应律(3.62)或(3.63),当$\tilde{\boldsymbol{\omega}}=\boldsymbol{S}=\boldsymbol{0}$时,有$\dot{\hat{\boldsymbol{\xi}}}=\boldsymbol{0}$,$\dot{\hat{\boldsymbol{\theta}}}=\boldsymbol{0}$和$\dot{\hat{\boldsymbol{\eta}}}=\boldsymbol{0}$,意味着$\dot{\tilde{\boldsymbol{\xi}}}=\boldsymbol{0}$,$\dot{\tilde{\boldsymbol{\theta}}}=\boldsymbol{0}$和$\dot{\tilde{\boldsymbol{\eta}}}=\boldsymbol{0}$。因此,对于闭环系统式(3.93),如果李雅普诺夫函数式(3.81)的导数$\dot{V}=0$,则$\tilde{\boldsymbol{\omega}}=\boldsymbol{0}$,$\tilde{\boldsymbol{R}}=\boldsymbol{R}_i\in\mathcal{R}$,$(\tilde{\boldsymbol{\xi}},\tilde{\boldsymbol{\theta}},\tilde{\boldsymbol{\eta}})\in\mathcal{W}_i(i\in\{0,1,2,3\})$,其中,$\mathcal{W}_i$定义为

$$
\mathcal{W}_i=\{(\tilde{\boldsymbol{\xi}},\tilde{\boldsymbol{\theta}},\tilde{\boldsymbol{\eta}})\in\mathbb{R}^6\times\mathbb{R}^{3n}\times\mathbb{R}^{3k}\mid\dot{\tilde{\boldsymbol{\xi}}}=0,\dot{\tilde{\boldsymbol{\theta}}}=0,\dot{\tilde{\boldsymbol{\eta}}}=0,\boldsymbol{L}_{\xi}\tilde{\boldsymbol{\xi}}+\boldsymbol{L}_{\theta}\tilde{\boldsymbol{\theta}}+\boldsymbol{L}_{\mathcal{H}}=0\}
\tag{3.94}
$$

$\boldsymbol{L}_{\xi}(\cdot)$、$\boldsymbol{L}_{\theta}(\cdot)$、$\boldsymbol{L}_{\mathcal{H}}(\cdot)$为满足下列等式的回归矩阵:

$$
\boldsymbol{L}_{\xi}(\boldsymbol{R}_i,\boldsymbol{\omega}_d,\dot{\boldsymbol{\omega}}_d)\tilde{\boldsymbol{\xi}}=-(\boldsymbol{R}_i^{\mathrm{T}}\boldsymbol{\omega}_d)^{\times}\tilde{\boldsymbol{J}}_0(\boldsymbol{R}_i^{\mathrm{T}}\boldsymbol{\omega}_d)-\tilde{\boldsymbol{J}}_0\boldsymbol{R}_i^{\mathrm{T}}\dot{\boldsymbol{\omega}}_d
$$

$$
\begin{aligned}
\boldsymbol{L}_{\theta}(\boldsymbol{R}_i,\boldsymbol{\omega}_d,\dot{\boldsymbol{\omega}}_d,\boldsymbol{\Psi},\dot{\boldsymbol{\Psi}})\tilde{\boldsymbol{\theta}}= & -(\boldsymbol{R}_i^{\mathrm{T}}\boldsymbol{\omega}_d)^{\times}\tilde{\boldsymbol{J}}_1\boldsymbol{\Psi}(\boldsymbol{R}_i^{\mathrm{T}}\boldsymbol{\omega}_d)\\
& -\tilde{\boldsymbol{J}}_1\boldsymbol{\Psi}\boldsymbol{R}_i^{\mathrm{T}}\dot{\boldsymbol{\omega}}_d+\tilde{\boldsymbol{J}}_1\dot{\boldsymbol{\Psi}}\boldsymbol{R}_i^{\mathrm{T}}\boldsymbol{\omega}_d
\end{aligned}
$$

$$
\boldsymbol{L}_{\mathcal{H}}(\boldsymbol{R}_i,\boldsymbol{\omega}_d,\boldsymbol{\Gamma})=\tilde{\mathcal{H}}_0\boldsymbol{\Gamma}\boldsymbol{R}_i^{\mathrm{T}}\boldsymbol{\omega}_d
$$

表明闭环系统具有四个不相交的平衡点

$$
\mathcal{E}_i=\{(\tilde{\boldsymbol{\omega}},\tilde{\boldsymbol{R}},\tilde{\boldsymbol{\xi}},\tilde{\boldsymbol{\theta}},\tilde{\boldsymbol{\eta}})\mid\tilde{\boldsymbol{R}}\in\mathcal{R},\tilde{\boldsymbol{\omega}}=\boldsymbol{0},(\tilde{\boldsymbol{\xi}},\tilde{\boldsymbol{\theta}},\tilde{\boldsymbol{\eta}})\in\mathcal{W}_i\}(i\in\{0,1,2,3\})
\tag{3.95}
$$

因此,闭环系统轨迹的最大不变子集为$\dot{V}^{-1}(0)=\bigcup\limits_{i=0}^{3}\mathcal{E}_i$。

设$\boldsymbol{X}(\cdot)$为闭环系统误差角速度动态方程的矢量场,即$\dot{\tilde{\boldsymbol{\omega}}}=\boldsymbol{X}(\tilde{\boldsymbol{\omega}},\tilde{\boldsymbol{R}},\tilde{\boldsymbol{\xi}},\tilde{\boldsymbol{\theta}},\tilde{\boldsymbol{\eta}})$。其中,$\boldsymbol{X}(\tilde{\boldsymbol{\omega}},\tilde{\boldsymbol{R}},\tilde{\boldsymbol{\xi}},\tilde{\boldsymbol{\theta}},\tilde{\boldsymbol{\eta}})$为方程式(3.93)等号右侧左乘$\boldsymbol{J}^{-1}$得到。取跟踪误差角动量为输出向量

$$
\boldsymbol{Y}(t)=\boldsymbol{J}\tilde{\boldsymbol{\omega}}(t)
\tag{3.96}
$$

第i个输出$\boldsymbol{Y}_i$沿闭环矢量场$\boldsymbol{X}$的李导数记为$L_{\boldsymbol{X}}\boldsymbol{Y}_i$,可观测空间的对偶分布定义为

$$\mathrm{d}\mathcal{O}(\tilde{\boldsymbol{\omega}},\tilde{\boldsymbol{R}},\tilde{\boldsymbol{\xi}},\tilde{\boldsymbol{\theta}},\tilde{\boldsymbol{\eta}}) = \mathrm{span}\{\mathrm{d}L_X^k Y_i(\tilde{\boldsymbol{\omega}},\tilde{\boldsymbol{R}},\tilde{\boldsymbol{\xi}},\tilde{\boldsymbol{\theta}},\tilde{\boldsymbol{\eta}}),$$
$$i=\{1,2,3\},k=\{0,1,2,\cdots\}\},$$

其中，$L_{\boldsymbol{X}}^0\boldsymbol{Y}_i=\boldsymbol{Y}_i$，$L_{\boldsymbol{X}}^2\boldsymbol{Y}_i=L_{\boldsymbol{X}}(L_{\boldsymbol{X}}\boldsymbol{Y}_i)$，$L_{\boldsymbol{X}}^k\boldsymbol{Y}_i$ 以此类推。根据文献[43]的推论 2.3.5，如果在点$(\tilde{\boldsymbol{\omega}},\tilde{\boldsymbol{R}},\tilde{\boldsymbol{\xi}},\tilde{\boldsymbol{\theta}},\tilde{\boldsymbol{\eta}})$处 $\mathrm{d}\mathcal{O}(\tilde{\boldsymbol{\omega}},\tilde{\boldsymbol{R}},\tilde{\boldsymbol{\xi}},\tilde{\boldsymbol{\theta}},\tilde{\boldsymbol{\eta}})$的维数为 6，那么以式(3.97)为观测方程的闭环系统式(3.5)和式(3.93)在该点处是可观测的。可以验证，在平衡流形$(\boldsymbol{0},\boldsymbol{I},\tilde{\boldsymbol{\xi}},\tilde{\boldsymbol{\theta}},\tilde{\boldsymbol{\eta}})$处，$\mathrm{d}\mathcal{O}(\tilde{\boldsymbol{\omega}},\tilde{\boldsymbol{R}},\tilde{\boldsymbol{\xi}},\tilde{\boldsymbol{\theta}},\tilde{\boldsymbol{\eta}})$的维数为 6。因此系统在平衡流形$(\boldsymbol{0},\boldsymbol{I},\mathcal{W}_0)$上局部可观测。存在$(\boldsymbol{0},\boldsymbol{I},\mathcal{W}_0)$的一个邻域 $\mathcal{N}$，当且仅当状态在点$(\boldsymbol{0},\boldsymbol{I},\mathcal{W}_0)$上时，对$\forall t\geqslant 0$，输出量 $\boldsymbol{Y}_i(t)\equiv 0$，因此平衡流形$(\boldsymbol{0},\boldsymbol{I},\mathcal{W}_0)$是局部渐近稳定的。

闭环系统的其余三个平衡流形为$(\boldsymbol{0},\boldsymbol{R}_i,\mathcal{W}_i)$ $(i=1,2,3)$，由于

$$\mathrm{trace}(\boldsymbol{A}-\boldsymbol{A}\tilde{\boldsymbol{R}})=\begin{cases}2(a_2+a_3) & (\tilde{\boldsymbol{R}}=\boldsymbol{R}_1)\\ 2(a_1+a_3) & (\tilde{\boldsymbol{R}}=\boldsymbol{R}_2)\\ 2(a_1+a_2) & (\tilde{\boldsymbol{R}}=\boldsymbol{R}_3)\end{cases} \tag{3.97}$$

这意味着，闭环非线性系统对应的线性化系统在这些平衡流形上是不稳定的，因此$(\boldsymbol{0},\boldsymbol{R}_i,\mathcal{W}_i)$ $(i=1,2,3)$是闭环系统的不稳定平衡点，根据文献[42]，这三个平衡点具有维数小于 6 的非平凡不稳定流形。因此，所有收敛到这三个不稳定平衡点的初始状态构成 $\mathbb{R}^3\times\mathrm{SO}(3)\times\mathbb{R}^6\times\mathbb{R}^{3n}\times\mathbb{R}^{3k}$上的低维子流形。

定理 3.4 考虑运动学方程式(3.5)、动力学方程式(3.7)和控制律式(3.61)组成的闭环系统，系统中的时变参数矩阵 $\boldsymbol{J}(t)$、$\dot{\boldsymbol{J}}(t)$和 $\boldsymbol{\mathcal{H}}(t)$分别由式(3.22)、式(3.24)和式(3.25)决定，并且干扰力矩 $\boldsymbol{d}=\boldsymbol{0}$。无论取自适应律为式(3.62)还是式(3.63)，闭环系统轨迹收敛到集合$\dot{V}^{-1}(0)=\bigcup_{i=0}^{3}\mathcal{E}_i$ 中，其中 $\mathcal{E}_i$ 定义为式(3.95)。而且，闭环系统的平衡点$\mathcal{E}_0=\{\boldsymbol{0},\boldsymbol{I},\mathcal{W}_0\}$是渐进稳定平衡点，其收敛域是殆全局的。

证明：定理 3.3 中已证明，$\dot{V}^{-1}(0)=\bigcup_{i=0}^{3}\mathcal{E}_i$ 是闭环系统的最大不变子集。根据拉萨尔(LaSalle)不变集原理，所有从集合

$$\mathcal{I}=\{(\tilde{\boldsymbol{\omega}},\tilde{\boldsymbol{R}},\tilde{\boldsymbol{\xi}},\tilde{\boldsymbol{\theta}},\tilde{\boldsymbol{\eta}})\mid V(\tilde{\boldsymbol{\omega}},\tilde{\boldsymbol{R}},\tilde{\boldsymbol{\xi}},\tilde{\boldsymbol{\theta}},\tilde{\boldsymbol{\eta}})\leqslant V(\tilde{\boldsymbol{\omega}}(0),\tilde{\boldsymbol{R}}(0),\tilde{\boldsymbol{\xi}}(0),\tilde{\boldsymbol{\theta}}(0),\tilde{\boldsymbol{\eta}}(0))\} \tag{3.98}$$

中出发的闭环系统轨迹收敛到最大不变子集$\dot{V}^{-1}(0)\subset\mathcal{I}$，因为 SO(3)是紧致的，$\mathcal{I}$也是紧致的。$V(\cdot)$的定义为式(3.81)，当$(\tilde{\boldsymbol{\omega}},\tilde{\boldsymbol{\xi}},\tilde{\boldsymbol{\theta}},\tilde{\boldsymbol{\eta}})\to\infty$ 时，$V\to\infty$，最大不变子集的收敛域是全局的。此外，正如定理 3.3 中指出的，所有收敛到 $\mathcal{E}_1$、$\mathcal{E}_2$ 和

$\mathcal{E}_3$ 这三个不稳定平衡点的初始状态构成了 $\mathbb{R}^3\times SO(3)\times\mathbb{R}^6\times\mathbb{R}^{3n}\times\mathbb{R}^{3k}$ 上的低维子流形。因而,不稳定平衡点 $\dot{V}^{-1}(0)\backslash\{\mathcal{E}_0\}$ 的收敛域是在 $\mathbb{R}^3\times SO(3)\times\mathbb{R}^6\times\mathbb{R}^{3n}\times\mathbb{R}^{3k}$ 中测度为零的致密开集[44]。这就说明,稳定平衡点 $\mathcal{E}_0$ 的收敛域是殆全局的。再结合定理 3.1 和定理 3.2,沿闭环系统轨线求得李雅普诺夫函数的导数 $\dot{V}\leqslant 0$,确定平衡点 $\mathcal{E}_0$ 是渐近稳定的。

注释 3.1 根据定理 3.1 与定理 3.2 可知,如果采用式(3.62)给出的自适应律,只能确保参数估计值是有界的,但是参数估计值的变化范围不受控制,而采用式(3.63)给出的光滑投影自适应律,不仅能确保参数估计值有界,并且可以将估计值变化范围限制在略大于真实值范围的区域内。

注释 3.2 定理 3.3 和定理 3.4 说明,闭环系统是殆全局稳定的,只要初始状态满足 $(\tilde{\boldsymbol{\omega}}(0),\tilde{\boldsymbol{R}}(0),\tilde{\boldsymbol{\xi}}(0),\tilde{\boldsymbol{\theta}}(0),\tilde{\boldsymbol{\eta}}(0))\notin\mathcal{M}$,在 $\mathbb{R}^3\times SO(3)\times\mathbb{R}^6\times\mathbb{R}^{3n}\times\mathbb{R}^{3k}$ 上所有点出发的轨迹都将收敛到 $\mathcal{E}_0$,在 $\mathcal{E}_0$ 上有 $\tilde{\boldsymbol{R}}=\boldsymbol{I}$ 和 $\tilde{\boldsymbol{\omega}}=\boldsymbol{0}$。其中,$\mathcal{M}$ 为不稳定平衡点的收敛域,是测度为零的致密开集。事实上,$\mathcal{M}=\bigcup_{i=1}^{3}\mathcal{E}_i$,也就是说只要初始状态 $(\tilde{\boldsymbol{R}}(0),\tilde{\boldsymbol{\omega}}(0))\neq(\boldsymbol{R}_i,\boldsymbol{0})$ $(i\in\{1,2,3\})$,闭环系统轨迹 $(\tilde{\boldsymbol{R}}(t),\tilde{\boldsymbol{\omega}}(t))$ 就一定收敛到 $(\boldsymbol{I},\boldsymbol{0})$。

3.4.2 有外扰力矩情况下的稳定性分析

本小节主要给出逆最优控制律(3.74)、(3.76)分别结合经典自适应律(3.79)和光滑投影自适应律(3.80)时,闭环全系统(3.5)、(3.7)和(3.67)的稳定性、收敛特性和最优性结论。

定理 3.5 如果假设 3.1 ~ 假设 3.4 成立,设常值矩阵 $\boldsymbol{K}\in\mathbb{R}^{3\times3}$、$\boldsymbol{K}_1\in\mathbb{R}^{3\times3}$ 为正定对称矩阵,常值标量 K_p、γ 和 γ_i $(i\in\{1,2,3\})$ 均为正实数,矩阵 $\boldsymbol{F}_i$、$\boldsymbol{G}_i$ $(i\in\{1,2,3\})$ 以及 $\boldsymbol{\Psi}_1$、$\boldsymbol{\Psi}_2$ 分别根据式(3.68) ~ 式(3.73)和式(3.77) ~ 式(3.78)定义。则动态反馈控制律为

$$\boldsymbol{u}_e=\boldsymbol{\alpha}(\cdot)=-\boldsymbol{R}_q^{-1}\boldsymbol{z} \tag{3.99}$$

结合自适应律(3.79)或者(3.80),可以自适应地稳定由式(3.52)和下列方程

$$\boldsymbol{J}\dot{\boldsymbol{z}}=-\frac{1}{2}\dot{\boldsymbol{J}}\boldsymbol{z}+\boldsymbol{F}_1\boldsymbol{\xi}+\boldsymbol{F}_2\boldsymbol{\theta}+\boldsymbol{F}_3\boldsymbol{\eta}+\boldsymbol{G}_1\tilde{\boldsymbol{\xi}}+\boldsymbol{G}_2\tilde{\boldsymbol{\theta}}+\boldsymbol{G}_3\tilde{\boldsymbol{\eta}}+\boldsymbol{u}_e+\frac{\boldsymbol{z}}{\gamma^2} \tag{3.100}$$

组成的系统,同时自适应控制李雅普诺夫函数与式(3.81)的备选李雅普诺夫函数相同,即对系统(3.52)和(3.100)的任意初始状态,当 $t\to\infty$ 时,有 $\boldsymbol{S}\to0$ 和 $\tilde{\boldsymbol{\omega}}\to0$。进一步,对任意 $\beta\geqslant2$,动态反馈控制律(3.76)对系统(3.52)、(3.75)实现逆最优,即代价函数

$$J_a = \sup_{d\in\mathcal{D}}\left\{\lim_{T\to\infty}\left[\begin{aligned}&\frac{\beta}{\gamma_1}\|\tilde{\boldsymbol{\xi}}(T)\|^2+\frac{\beta}{\gamma_2}\|\tilde{\boldsymbol{\theta}}(T)\|^2+\frac{\beta}{\gamma_3}\|\tilde{\boldsymbol{\eta}}(T)\|^2\\&+2\beta\left(\frac{1}{2}z^{\mathrm{T}}(T)\boldsymbol{J}z(T)+K_p\mathrm{trace}(\boldsymbol{A}-\boldsymbol{A}\tilde{\boldsymbol{R}}(T))\right)\\&+\int_0^{\mathrm{T}}\left(l(\tilde{\boldsymbol{R}},\tilde{\boldsymbol{\omega}},\hat{\boldsymbol{\xi}},\hat{\boldsymbol{\theta}},\hat{\boldsymbol{\eta}},\boldsymbol{\omega}_d,\dot{\boldsymbol{\omega}}_d)+\boldsymbol{u}_e^{\mathrm{T}}\boldsymbol{R}_q\boldsymbol{u}_e-\frac{\beta\gamma^2}{2}\|\boldsymbol{d}\|^2\right)\mathrm{d}t\end{aligned}\right]\right\}$$

(3.101)

对任意$\boldsymbol{\xi}$、$\boldsymbol{\theta}$和$\boldsymbol{\eta}$取得最小值，其中，$\mathcal{D}$是z的局部有界函数集，权函数$l(\tilde{\boldsymbol{R}},\tilde{\boldsymbol{\omega}},\tilde{\boldsymbol{\xi}},\tilde{\boldsymbol{\theta}},\tilde{\boldsymbol{\eta}},\boldsymbol{\omega}_d,\dot{\boldsymbol{\omega}}_d)$定义为

$$l(\cdot) = -2\beta[K_p\boldsymbol{S}^{\mathrm{T}}\tilde{\boldsymbol{\omega}}+z^{\mathrm{T}}(\boldsymbol{F}_1\hat{\boldsymbol{\xi}}+\boldsymbol{F}_2\hat{\boldsymbol{\theta}}+\boldsymbol{F}_3\hat{\boldsymbol{\eta}})]+\beta^2z^{\mathrm{T}}\boldsymbol{R}_q^{-1}z-\frac{2\beta}{\gamma^2}z^{\mathrm{T}}z$$

(3.102)

权矩阵$\boldsymbol{R}_q$定义如式(3.76)所示。

证明：证明过程分为两步，首先证明反馈控制(3.99)结合自适应律(3.79)或者式(3.80)可以使系统(3.100)的状态$\boldsymbol{S}$和$\tilde{\boldsymbol{\omega}}$渐近收敛到原点。

式(3.81)所示的备选李雅普诺夫函数，在控制律(3.99)作用下沿式(3.100)的轨迹求导得到

$$\begin{aligned}\dot{V}=z^{\mathrm{T}}&\left(\boldsymbol{F}_1\boldsymbol{\xi}+\boldsymbol{F}_2\boldsymbol{\theta}+\boldsymbol{F}_3\boldsymbol{\eta}+\boldsymbol{G}_1\tilde{\boldsymbol{\xi}}+\boldsymbol{G}_2\tilde{\boldsymbol{\theta}}+\boldsymbol{G}_3\tilde{\boldsymbol{\eta}}+\boldsymbol{u}_e+\frac{z}{\gamma^2}\right)\\&+K_p\tilde{\boldsymbol{\omega}}^{\mathrm{T}}\boldsymbol{S}-\frac{1}{\gamma_1}\tilde{\boldsymbol{\xi}}^{\mathrm{T}}\dot{\hat{\boldsymbol{\xi}}}-\frac{1}{\gamma_2}\tilde{\boldsymbol{\theta}}^{\mathrm{T}}\dot{\hat{\boldsymbol{\theta}}}-\frac{1}{\gamma_3}\tilde{\boldsymbol{\eta}}^{\mathrm{T}}\dot{\hat{\boldsymbol{\eta}}}\end{aligned}$$

根据投影函数$\mathrm{proj}(\boldsymbol{p},\boldsymbol{\Xi})$的定义(3.64)，对任意$\boldsymbol{p}\in\mathbb{R}^n$和$\boldsymbol{\Xi}\in\mathbb{R}^n$，有

$$\boldsymbol{p}^{\mathrm{T}}\mathrm{proj}(\boldsymbol{p},\boldsymbol{\Xi})=\boldsymbol{p}^{\mathrm{T}}\boldsymbol{\Xi}-\boldsymbol{p}^{\mathrm{T}}\frac{(\boldsymbol{p}^{\mathrm{T}}\boldsymbol{p}-\varepsilon)\boldsymbol{\Xi}^{\mathrm{T}}\boldsymbol{p}}{\delta\boldsymbol{p}^{\mathrm{T}}\boldsymbol{p}}\boldsymbol{p}\geqslant\boldsymbol{p}^{\mathrm{T}}\boldsymbol{\Xi} \tag{3.103}$$

因此，代入自适应律[式(3.79)或式(3.80)]后，$\dot{V}$满足

$$\dot{V}\leqslant z^{\mathrm{T}}\left(\boldsymbol{F}_1\hat{\boldsymbol{\xi}}+\boldsymbol{F}_2\hat{\boldsymbol{\theta}}+\boldsymbol{F}_3\hat{\boldsymbol{\eta}}+\boldsymbol{u}_e+\frac{z}{\gamma^2}+K_p\boldsymbol{S}\right)-K_p\boldsymbol{S}^{\mathrm{T}}\boldsymbol{K}_1\boldsymbol{S} \tag{3.106}$$

注意，当取经典自适应律(3.79)时，式(3.104)中的“=”成立。考虑到

$$\begin{aligned}\boldsymbol{F}_1\hat{\boldsymbol{\xi}}+\boldsymbol{F}_2\hat{\boldsymbol{\theta}}+\boldsymbol{F}_3\hat{\boldsymbol{\eta}}=&-\hat{\boldsymbol{J}}(\tilde{\boldsymbol{R}}^{\mathrm{T}}\boldsymbol{\omega}_d)^{\times}\tilde{\boldsymbol{\omega}}-(\tilde{\boldsymbol{\omega}}+\tilde{\boldsymbol{R}}^{\mathrm{T}}\boldsymbol{\omega}_d)^{\times}\hat{\boldsymbol{J}}\tilde{\boldsymbol{\omega}}\\&-\tilde{\boldsymbol{\omega}}^{\times}\hat{\boldsymbol{J}}\tilde{\boldsymbol{R}}^{\mathrm{T}}\boldsymbol{\omega}_d+\hat{\boldsymbol{J}}\boldsymbol{K}_1\boldsymbol{C}\tilde{\boldsymbol{\omega}}-\dot{\hat{\boldsymbol{J}}}\tilde{\boldsymbol{\omega}}+\frac{1}{2}\dot{\hat{\boldsymbol{J}}}z+\hat{\mathcal{H}}\tilde{\boldsymbol{\omega}}\end{aligned}$$

式(3.104)可改写为

$$\dot{V}\leqslant -K_p\boldsymbol{S}^{\mathrm{T}}\boldsymbol{K}_1\boldsymbol{S}+z^{\mathrm{T}}\boldsymbol{u}_e+z^{\mathrm{T}}\boldsymbol{H}z+z^{\mathrm{T}}\boldsymbol{\Psi}_2z+z^{\mathrm{T}}\sqrt{K_p}\boldsymbol{\Psi}_1^{\mathrm{T}}\boldsymbol{K}_1^{1/2}\boldsymbol{S} \tag{3.105}$$

式中

$$\boldsymbol{H}=(\hat{\boldsymbol{J}}\widetilde{\boldsymbol{R}}^{\mathrm{T}}\boldsymbol{\omega}_d)^{\times}+\hat{\boldsymbol{\mathcal{H}}}-\hat{\boldsymbol{J}}(\widetilde{\boldsymbol{R}}^{\mathrm{T}}\boldsymbol{\omega}_d)^{\times}-(\widetilde{\boldsymbol{R}}^{\mathrm{T}}\boldsymbol{\omega}_d)^{\times}\hat{\boldsymbol{J}} \tag{3.106}$$

$\boldsymbol{\Psi}_1$ 和 $\boldsymbol{\Psi}_2$ 定义分别为式(3.77)和式(3.78),注意 $\boldsymbol{H}=-\boldsymbol{H}^{\mathrm{T}}$,因此 $z^{\mathrm{T}}\boldsymbol{H}z=0$。代入控制律(3.99)以及矩阵 $\boldsymbol{R}_q$,可以进行如下推导:

$$\begin{aligned}
\dot{V}\leqslant&-K_p\boldsymbol{S}^{\mathrm{T}}\boldsymbol{K}_1\boldsymbol{S}+\sqrt{K_p}z^{\mathrm{T}}\boldsymbol{\Psi}_1^{\mathrm{T}}\boldsymbol{K}_1^{1/2}\boldsymbol{S}+z^{\mathrm{T}}\boldsymbol{\Psi}_2z-z^{\mathrm{T}}\boldsymbol{K}z-\frac{1}{2}z^{\mathrm{T}}\boldsymbol{\Psi}_1^{\mathrm{T}}\boldsymbol{\Psi}_1z-\frac{1}{2}z^{\mathrm{T}}\boldsymbol{\Psi}_2^{\mathrm{T}}\boldsymbol{K}^{-1}\boldsymbol{\Psi}_2z\\
=&-\frac{1}{2}K_p\boldsymbol{S}^{\mathrm{T}}\boldsymbol{K}_1\boldsymbol{S}-\frac{1}{2}z^{\mathrm{T}}\boldsymbol{K}z-\frac{1}{2}[(\sqrt{K_p}\boldsymbol{K}_1^{1/2}\boldsymbol{S})^{\mathrm{T}}(\sqrt{K_p}\boldsymbol{K}_1^{1/2}\boldsymbol{S})\\
&-2(\boldsymbol{\Psi}_1z)^{\mathrm{T}}(\sqrt{K_p}\boldsymbol{K}_1^{1/2}\boldsymbol{S})+(\boldsymbol{\Psi}_1z)^{\mathrm{T}}(\boldsymbol{\Psi}_1z)]\\
&-\frac{1}{2}[(\boldsymbol{K}z)^{\mathrm{T}}\boldsymbol{K}^{-1}(\boldsymbol{K}z)-2(\boldsymbol{K}z)^{\mathrm{T}}\boldsymbol{K}^{-1}(\boldsymbol{\Psi}_2z)+(\boldsymbol{\Psi}_2z)^{\mathrm{T}}\boldsymbol{K}^{-1}(\boldsymbol{\Psi}_2z)]\\
=&-\frac{1}{2}K_p\boldsymbol{S}^{\mathrm{T}}\boldsymbol{K}_1\boldsymbol{S}-\frac{1}{2}z^{\mathrm{T}}\boldsymbol{K}z-\frac{1}{2}\|\sqrt{K_p}\boldsymbol{K}_1^{1/2}\boldsymbol{S}-\boldsymbol{\Psi}_1z\|^2\\
&-\frac{1}{2}z^{\mathrm{T}}(\boldsymbol{K}-\boldsymbol{\Psi}_2)^{\mathrm{T}}\boldsymbol{K}^{-1}(\boldsymbol{K}-\boldsymbol{\Psi}_2)z\\
\leqslant&-\frac{1}{2}K_p\boldsymbol{S}^{\mathrm{T}}\boldsymbol{K}_1\boldsymbol{S}-\frac{1}{2}z^{\mathrm{T}}\boldsymbol{K}z=-W(\boldsymbol{S},z)
\end{aligned} \tag{3.107}$$

式(3.107)表明,$\dot{V}$是负定的,$\boldsymbol{K}$ 是正定对称的,使得光滑矩阵函数 $\boldsymbol{R}_q(\cdot)\in\mathbb{R}^{3\times3}$也是正定对称的。因为 $V(t)$是非增的,即对 $\forall t\geqslant0$,满足

$$V(\boldsymbol{S}(t),\tilde{\boldsymbol{\omega}}(t),\hat{\boldsymbol{\xi}}(t),\hat{\boldsymbol{\theta}}(t),\hat{\boldsymbol{\eta}}(t))\leqslant V(\boldsymbol{S}(0),\tilde{\boldsymbol{\omega}}(0),\hat{\boldsymbol{\xi}}(0),\hat{\boldsymbol{\theta}}(0),\hat{\boldsymbol{\eta}}(0))$$

并且 $\boldsymbol{\xi}$、$\boldsymbol{\theta}$ 和 $\boldsymbol{\eta}$ 都是常数,所以系统内的所有信号都是有界的。又因为假设 3.3$\boldsymbol{F}_i(\cdot)$和 $\boldsymbol{G}_i(\cdot)$($i\in\{1,2,3\}$)均有界,因而$\dot{\boldsymbol{S}}(t)$和$\dot{\tilde{\boldsymbol{\omega}}}(t)$是有界的,这意味着 $\boldsymbol{S}(t)$和 $\tilde{\boldsymbol{\omega}}(t)$是一致连续的。式(3.107)两侧对时间 t 积分,得到

$$\int_0^{\infty}(K_p\boldsymbol{S}^{\mathrm{T}}\boldsymbol{K}_1\boldsymbol{S}+z^{\mathrm{T}}\boldsymbol{K}z)\mathrm{d}t\leqslant2(V(0)-V(\infty))$$

利用 Barbalat 引理可以得到结论:当 $t\to\infty$ 时,有 $\boldsymbol{S}\to0$ 和 $\tilde{\boldsymbol{\omega}}\to0$。也就是说,存在未知参数 $\boldsymbol{\xi}$、$\boldsymbol{\theta}$ 和 $\boldsymbol{\eta}$ 时,动态反馈控制律(3.99)结合自适应律(3.78)或(3.80)可以使辅助系统(3.52)、(3.100)实现渐近稳定。

根据上述证明还可以得到

$$\dot{V}\leqslant K_p\boldsymbol{S}^{\mathrm{T}}\tilde{\boldsymbol{\omega}}+z^{\mathrm{T}}\left(\boldsymbol{F}_1\hat{\boldsymbol{\xi}}+\boldsymbol{F}_2\hat{\boldsymbol{\theta}}+\boldsymbol{F}_3\hat{\boldsymbol{\eta}}+\frac{1}{\gamma^2}z-\boldsymbol{R}_q^{-1}z\right)\leqslant-W(\boldsymbol{S},\tilde{\boldsymbol{\omega}}) \tag{3.108}$$

注意 $l(\cdot)$的定义式(3.102),这意味着

$$l(\cdot)\geqslant\beta(\beta-2)z^{\mathrm{T}}\boldsymbol{R}_q^{-1}z+2\beta W(\boldsymbol{S},\tilde{\boldsymbol{\omega}})$$

因此,函数 $l(\cdot)$对任意$\hat{\boldsymbol{\xi}}$、$\hat{\boldsymbol{\theta}}$和$\hat{\boldsymbol{\eta}}$在 $\tilde{\boldsymbol{\omega}}$ 和 $\boldsymbol{S}$ 上是正定的,说明式(3.101)定义的代价函数 $J_a(\cdot)$对姿态跟踪控制问题而言是有意义的,罚函数综合考虑了姿

态跟踪误差 $\boldsymbol{S}$、$\tilde{\boldsymbol{\omega}}$ 以及控制量 $\boldsymbol{u}_e$。

下面将证明控制律的逆最优性,将式(3.102)定义的函数 $l(\cdot)$ 代入代价函数式(3.101),同时考虑 $z=\tilde{\boldsymbol{\omega}}+\boldsymbol{K}_1\boldsymbol{S}$,控制律(3.76)以及辅助变量 $\boldsymbol{\sigma}=\boldsymbol{u}_e-\beta\boldsymbol{\alpha}(\cdot)=\boldsymbol{u}_e+\beta\boldsymbol{R}_q^{-1}z$,得到 $J_a(\cdot)$ 的表达式

$$J_a=\sup_{\boldsymbol{d}\in\mathcal{D}}\left\{\lim_{T\to\infty}\left[\begin{array}{l}\dfrac{\beta}{\gamma_1}\|\tilde{\boldsymbol{\xi}}(T)\|^2+\dfrac{\beta}{\gamma_2}\|\tilde{\boldsymbol{\theta}}(T)\|^2+\dfrac{\beta}{\gamma_3}\|\tilde{\boldsymbol{\eta}}(T)\|^2\\+2\beta\left(\dfrac{1}{2}z^{\mathrm{T}}(T)\boldsymbol{J}z(T)+K_p\mathrm{trace}(\boldsymbol{A}-\boldsymbol{A}\tilde{\boldsymbol{R}}(T))\right)+\displaystyle\int_0^{T}(\boldsymbol{\sigma}^{\mathrm{T}}\boldsymbol{R}_q\boldsymbol{\sigma})\,\mathrm{d}t\\-\dfrac{\beta\gamma^2}{2}\displaystyle\int_0^{T}\left(\dfrac{4}{\gamma^4}z^{\mathrm{T}}z-\dfrac{4}{\gamma^2}z^{\mathrm{T}}\boldsymbol{d}+\boldsymbol{d}^{\mathrm{T}}\boldsymbol{d}\right)\mathrm{d}t\\-2\beta\displaystyle\int_0^{T}\left(\begin{array}{l}K_p\boldsymbol{S}^{\mathrm{T}}\tilde{\boldsymbol{\omega}}+z^{\mathrm{T}}[\boldsymbol{F}_1\boldsymbol{\xi}+\boldsymbol{F}_2\boldsymbol{\theta}+\boldsymbol{F}_3\boldsymbol{\eta}+\boldsymbol{G}_1\tilde{\boldsymbol{\xi}}+\boldsymbol{G}_2\tilde{\boldsymbol{\theta}}\\+\boldsymbol{G}_3\tilde{\boldsymbol{\eta}}+\boldsymbol{u}_e+\boldsymbol{d}]-z^{\mathrm{T}}[(\boldsymbol{F}_1+\boldsymbol{G}_1)\tilde{\boldsymbol{\xi}}\\+(\boldsymbol{F}_2+\boldsymbol{G}_2)\tilde{\boldsymbol{\theta}}+(\boldsymbol{F}_3+\boldsymbol{G}_3)\tilde{\boldsymbol{\eta}}]\end{array}\right)\mathrm{d}t\end{array}\right]\right\}$$

自适应控制李雅普诺夫函数 $V(t)$ 沿系统轨迹(3.52)和(3.100)以及自适应律(3.79)或(3.80)的导数满足

$$\begin{aligned}\dot{V}&=\frac{\mathrm{d}}{\mathrm{d}t}\left(\frac{1}{2}z^{\mathrm{T}}\boldsymbol{J}z+K_p\mathrm{trace}(\boldsymbol{A}-\boldsymbol{A}\tilde{\boldsymbol{R}})+\frac{1}{2\gamma_1}\tilde{\boldsymbol{\xi}}^{\mathrm{T}}\tilde{\boldsymbol{\xi}}+\frac{1}{2\gamma_2}\tilde{\boldsymbol{\theta}}^{\mathrm{T}}\tilde{\boldsymbol{\theta}}+\frac{1}{2\gamma_3}\tilde{\boldsymbol{\eta}}^{\mathrm{T}}\tilde{\boldsymbol{\eta}}\right)\\&\leqslant z^{\mathrm{T}}(\boldsymbol{F}_1\boldsymbol{\xi}+\boldsymbol{F}_2\boldsymbol{\theta}+\boldsymbol{F}_3\boldsymbol{\eta}+\boldsymbol{G}_1\tilde{\boldsymbol{\xi}}+\boldsymbol{G}_2\tilde{\boldsymbol{\theta}}+\boldsymbol{G}_3\tilde{\boldsymbol{\eta}}+\boldsymbol{u}_e+\boldsymbol{d})+K_p\tilde{\boldsymbol{\omega}}^{\mathrm{T}}\boldsymbol{S}\\&\quad-z^{\mathrm{T}}[(\boldsymbol{F}_1+\boldsymbol{G}_1)\tilde{\boldsymbol{\xi}}+(\boldsymbol{F}_2+\boldsymbol{G}_2)\tilde{\boldsymbol{\theta}}+(\boldsymbol{F}_3+\boldsymbol{G}_3)\tilde{\boldsymbol{\eta}}]\end{aligned}$$

因此,$J_a(\cdot)$ 满足

$$\begin{aligned}J_a\leqslant{}&2\beta\left(\frac{1}{2}z^{\mathrm{T}}(0)\boldsymbol{J}z(0)+K_p\mathrm{trace}(\boldsymbol{A}-\boldsymbol{A}\tilde{\boldsymbol{R}}(0))\right)\\&+\int_0^{\infty}(\boldsymbol{\sigma}^{\mathrm{T}}\boldsymbol{R}_q\sigma)\,\mathrm{d}t+\frac{\beta\gamma^2}{2}\sup_{\boldsymbol{d}\in\mathcal{D}}\left[-\int_0^{\infty}\left\|\frac{2}{\gamma^2}z-\boldsymbol{d}\right\|^2\mathrm{d}t\right]\end{aligned}$$

显然

$$\sup_{\boldsymbol{d}\in\mathcal{D}}\left[-\int_0^{\infty}\left\|\frac{2}{\gamma^2}z-\boldsymbol{d}\right\|^2\mathrm{d}t\right]=0$$

说明外部干扰的最差情况为

$$\boldsymbol{d}^*(\boldsymbol{S},\tilde{\boldsymbol{\omega}})=\frac{2}{\gamma^2}z=\frac{2}{\gamma^2}(\tilde{\boldsymbol{\omega}}+\boldsymbol{K}_1\boldsymbol{S})\tag{3.109}$$

所以,当且仅当 $\boldsymbol{\sigma}=0$,即控制律取 $\boldsymbol{u}_e=\boldsymbol{\alpha}^*(\cdot)=-\beta\boldsymbol{R}_q^{-1}z$ 时,$J_a(\cdot)$ 取最小上界,说明控制律实现了逆最优,最小上界为

$$J_a^*(\cdot)=2\beta\left(\frac{1}{2}\boldsymbol{z}^{\mathrm{T}}(0)\boldsymbol{J}\boldsymbol{z}(0)+K_p\mathrm{trace}(\boldsymbol{A}-\boldsymbol{A}\widetilde{\boldsymbol{R}}(0))\right)$$

定理 3.6 若$\beta\geqslant 2$，控制律(3.76)结合自适应律(3.79)或(3.80)，可以使姿态跟踪系统(3.52)和(3.100)的状态 $\boldsymbol{S}(t)$ 和 $\widetilde{\boldsymbol{\omega}}(t)$ 在任意持续外部干扰 $\boldsymbol{d}(t)$ 的作用下保持有界。

证明：自适应控制李雅普诺夫函数 $V(t)$，沿闭环系统轨迹(3.52)和(3.100)以及控制律(3.78)结合自适应律(3.79)或(3.80)的导数满足

$$\dot{V}\leqslant-\frac{1}{2}K_p\boldsymbol{S}^{\mathrm{T}}\boldsymbol{K}_1\boldsymbol{S}-\frac{1}{2}\boldsymbol{z}^{\mathrm{T}}\boldsymbol{K}\boldsymbol{z}-\frac{1}{\gamma^2}\boldsymbol{z}^{\mathrm{T}}\boldsymbol{z}-(\beta-1)\boldsymbol{z}^{\mathrm{T}}\boldsymbol{R}_q^{-1}\boldsymbol{z}+\boldsymbol{z}^{\mathrm{T}}\boldsymbol{d}\qquad(3.110)$$

根据杨氏不等式

$$\boldsymbol{z}^{\mathrm{T}}\boldsymbol{d}\leqslant\frac{\gamma^2}{4}\|\boldsymbol{d}\|^2+\frac{1}{\gamma^2}\boldsymbol{z}^{\mathrm{T}}\boldsymbol{z}\qquad(3.111)$$

其中，当 $\boldsymbol{d}(t)=\boldsymbol{d}^*=(2/\gamma^2)\boldsymbol{z}$ 时，“=”成立。以及 $\boldsymbol{R}_q^{-1}\geqslant\boldsymbol{K}$，得到

$$\dot{V}\leqslant-\frac{1}{2}K_p\boldsymbol{S}^{\mathrm{T}}\boldsymbol{K}_1\boldsymbol{S}-\frac{2\beta-1}{2}\boldsymbol{z}^{\mathrm{T}}\boldsymbol{K}\boldsymbol{z}+\frac{\gamma^2}{4}\|\boldsymbol{d}\|^2$$

因此，必然存在有限常数 $c_4>0$ 和 $c_5>0$ 使得

$$\dot{V}\leqslant-c_4\|\boldsymbol{S}\|^2-c_5\|\widetilde{\boldsymbol{\omega}}\|+\frac{\gamma^2}{4}\|\boldsymbol{d}\|^2\qquad(3.112)$$

这意味着，在 ISS 意义下，闭环系统是 $\boldsymbol{d}-(\boldsymbol{S},\widetilde{\boldsymbol{\omega}})$稳定的。根据 ISS 的定义，如果设$\boldsymbol{x}=[\boldsymbol{S}^{\mathrm{T}},\widetilde{\boldsymbol{\omega}}^{\mathrm{T}}]^{\mathrm{T}}$，则一定存在一个 $\mathcal{KL}$ 类函数 $\phi(\cdot,\cdot)$ 和一个 $\mathcal{K}_\infty$ 类函数 $\chi(\cdot)$ 使得

$$\|\boldsymbol{x}(t)\|\leqslant\phi(\|\boldsymbol{x}(0)\|,t)+\chi(\sup_{0\leqslant s\leqslant t}\|\boldsymbol{d}(s)\|)$$

因此控制律(3.76)可以确保姿态误差 $\boldsymbol{S}$ 和 $\widetilde{\boldsymbol{\omega}}$ 对任意有界持续扰动 $\boldsymbol{d}(t)$ 是有界的。

注释 3.3 根据定理 3.5 的证明可知，当外部扰动 $\boldsymbol{d}=0$ 时，有

$$\dot{V}\leqslant-c_4\|\boldsymbol{S}\|^2-c_5\|\widetilde{\boldsymbol{\omega}}\|$$

说明$\dot{V}$负定以及 V 非增，考虑$\boldsymbol{\xi}$、$\boldsymbol{\theta}$ 和 $\boldsymbol{\eta}$ 为常数，因此系统中各信号有界，进而 $\boldsymbol{S}(t)$ 和 $\widetilde{\boldsymbol{\omega}}(t)$ 是一致连续的，根据 Barbalet 引理，当 $t\to\infty$ 时有 $\boldsymbol{S}(t)\to 0$ 和 $\widetilde{\boldsymbol{\omega}}(t)\to 0$。采用与定理 3.3 和定理 3.4 相似的证明过程，可知系统有四个不相交的平衡流形，其中，$(\boldsymbol{0},\boldsymbol{I},\widetilde{\boldsymbol{\xi}},\widetilde{\boldsymbol{\theta}},\widetilde{\boldsymbol{\eta}})\in\mathbb{R}^3\times\mathrm{SO}(3)\times\mathcal{S}_0$ 是稳定平衡流形，而$(\boldsymbol{0},\boldsymbol{R}_i,\widetilde{\boldsymbol{\xi}},\widetilde{\boldsymbol{\theta}},\widetilde{\boldsymbol{\eta}})\in\mathbb{R}^3\times\mathrm{SO}(3)\times\mathcal{S}_i(i\in\{1,2,3\})$是不稳定平衡流形，集合 $\mathcal{S}_i(i\in\{0,1,2,3\})$定义为

$$\mathcal{S}_i=\{\widetilde{\boldsymbol{\xi}},\widetilde{\boldsymbol{\theta}},\widetilde{\boldsymbol{\eta}}\mid\boldsymbol{G}_1\widetilde{\boldsymbol{\xi}}+\boldsymbol{G}_2\widetilde{\boldsymbol{\theta}}+\boldsymbol{G}_3\widetilde{\boldsymbol{\eta}}=0,\widetilde{\boldsymbol{R}}_i\in\{\boldsymbol{R}_0,\boldsymbol{R}_1,\boldsymbol{R}_2,\boldsymbol{R}_3\}\}$$

因此，当 $\boldsymbol{d}=0$ 时，反馈控制(3.76)结合自适应律(3.79)或(3.80)可以使姿态跟踪系统殆全局稳定的，即 $t\to\infty$ 有姿态误差 $\widetilde{\boldsymbol{R}}\to\boldsymbol{I},\widetilde{\boldsymbol{\omega}}\to 0$。再结合定理 3.5 的结论，当 $\boldsymbol{d}(t)$ 为有界持续扰动时，$\boldsymbol{S}(t)$ 和 $\widetilde{\boldsymbol{\omega}}(t)$ 是有界的。这就可以推论，姿态误差 $(\widetilde{\boldsymbol{R}}(t),\widetilde{\boldsymbol{\omega}}(t))$ 收敛到集合 $\mathcal{M}$，其中 $\mathcal{M}$ 的定义为式(3.11)，即实现了姿态跟踪误差有界。

注释 3.4 求积分，得到

$$\int_0^T 4c_4\|\boldsymbol{S}\|^2+4c_5\|\widetilde{\boldsymbol{\omega}}\|^2\mathrm{d}t\leqslant\gamma^2\int_0^T\|\boldsymbol{d}\|^2\mathrm{d}t+4V(0)-4V(T) \tag{3.113}$$

可见，外部扰动 $\boldsymbol{d}(t)$ 到姿态误差 $\boldsymbol{S}$ 和 $\widetilde{\boldsymbol{\omega}}$ 的 $\mathcal{L}_2$ 增益水平通过参数 γ 进行控制，说明反馈控制(3.76)结合自适应律(3.79)或(3.80)能够削弱外部扰动 $\boldsymbol{d}(t)$，并且从 $\boldsymbol{d}(t)$ 到 $(\boldsymbol{S},\widetilde{\boldsymbol{\omega}})$ 的 $\mathcal{L}_2$ 增益上界为 $\gamma/(2\sqrt{\max\{c_4,c_5\}})$。通过调节 γ 取值可以使 $\boldsymbol{d}(t)$ 到 $(\boldsymbol{S},\widetilde{\boldsymbol{\omega}})$ 的 $\mathcal{L}_2$ 增益任意小，但是减小 γ 的代价是增大控制量 $\boldsymbol{u}_e$，因为根据式(3.78)，减小 γ 意味着增大 $\boldsymbol{\Psi}_2$，进而需要增加控制损耗。根据式(3.113)还可知，如果对所有 $T\geqslant 0$，有 $\boldsymbol{d}\in\mathcal{L}_2[0,\infty)$，$\boldsymbol{S},\widetilde{\boldsymbol{\omega}}\in\mathcal{L}_2[0,\infty)$ 以及 $V(T)$ 是有界的，则意味着系统中所有信号是有界的，结合假设 3.3 成立，那么 $\dot{\boldsymbol{S}}$ 和 $\dot{\widetilde{\boldsymbol{\omega}}}$ 是有界的，进而 $\boldsymbol{S}(t)$ 和 $\widetilde{\boldsymbol{\omega}}(t)$ 是一致连续的。这样根据式(3.115)和 Barbalat 引理，当 $t\to\infty$ 时就有 $\boldsymbol{S}(t)\to 0$ 和 $\widetilde{\boldsymbol{\omega}}(t)\to 0$。也就是说，如果 $\boldsymbol{d}\in\mathcal{L}_2[0,\infty)$，控制律(3.78)可以实现“殆全局渐近姿态跟踪”。

注释 3.5 文献[28]利用光滑投影函数和基于必然等价性的非线性消除技术设计了针对时变转动惯量航天器的连续自适应控制律，文献[2]则采用非线性阻尼技术设计了针对刚体航天器的逆最优自适应控制器。但是，上述文献均采用四元数描述姿态，在特定初始状态下会导致不稳定的退绕现象。本章根据文献[1,42,45]提出的“殆全局稳定”姿态控制概念，将文献[28]中的光滑投影函数和文献[2]的逆最优自适应控制方法扩展到转动惯量时变航天器姿态跟踪问题中，不仅实现了参数时变系统自适应控制问题，而且避免了姿态跟踪运动出现退绕现象。

3.5 仿真与分析

通过数值仿真来验证设计控制方案的有效性。控制律(3.63)结合自适应律(3.64)称为经典自适应控制器(Classic Adaptive Controller, CAC)，控制律(3.63)结合自适应律(3.65)称为光滑投影自适应控制器(Smooth Projection Adaptive Controller, SPAC)，控制律(3.78)结合自适应律(3.81)称为经典鲁棒自适应控制器(Classic Robust Adaptive Controller,CRAC),控制律(3.78)结合自适应律(3.82)称为光滑投影鲁棒自适应控制器(Smooth Projection Robust Adaptive Controller,SPRAC)。对比这四种设计方案的控制精度和收敛特性,验证光滑投影函数和鲁棒逆最优设计的优越性。本章考虑航天器模型(3.5)~(3.7),转动惯量矩阵的常值参数 $\boldsymbol{J}_0$ 和 $\boldsymbol{J}_1$ 分别为

$$\boldsymbol{J}_0=\begin{bmatrix} J_{0(1,1)} & J_{0(1,2)} & J_{0(1,3)} \\ J_{0(1,2)} & J_{0(2,2)} & J_{0(2,3)} \\ J_{0(1,3)} & J_{0(2,3)} & J_{0(3,3)} \end{bmatrix},\quad \boldsymbol{J}_1=\begin{bmatrix} J_{1(1,1)} & J_{1(1,2)} & J_{1(1,3)} \\ J_{1(1,2)} & J_{1(2,2)} & J_{1(2,3)} \\ J_{1(1,3)} & J_{1(2,3)} & J_{1(3,3)} \end{bmatrix}$$

时变函数 $\boldsymbol{\Psi}(t)$ 及其导数 $\dot{\boldsymbol{\Psi}}(t)$ 为

$$\boldsymbol{\Psi}(t)=[\boldsymbol{r}^{\mathrm{T}}(t)\boldsymbol{r}(t)\boldsymbol{I}-\boldsymbol{r}(t)\boldsymbol{r}^{\mathrm{T}}(t)],$$
$$\dot{\boldsymbol{\Psi}}(t)=[2\boldsymbol{r}^{\mathrm{T}}(t)\dot{\boldsymbol{r}}(t)\boldsymbol{I}-\dot{\boldsymbol{r}}(t)\boldsymbol{r}^{\mathrm{T}}(t)-\boldsymbol{r}(t)\dot{\boldsymbol{r}}^{\mathrm{T}}(t)]$$

式中

$$\boldsymbol{r}(t)=[\sin(0.1t),\sin(0.2t),\sin(0.3t)]^{\mathrm{T}},$$
$$\dot{\boldsymbol{r}}(t)=[0.1\cos(0.1t),0.2\cos(0.2t),0.3\cos(0.3t)]^{\mathrm{T}}$$
$$\begin{aligned}\boldsymbol{\xi}&=[J_{0(1,1)},J_{0(1,2)},J_{0(1,3)},J_{0(2,2)},J_{0(2,3)},J_{0(3,3)}]^{\mathrm{T}}\\&=[20,1.2,0.9,17,1.4,15]^{\mathrm{T}}\mathrm{kg\cdot m^2}\end{aligned}$$
$$\begin{aligned}\boldsymbol{\theta}&=[J_{1(1,1)},J_{1(1,2)},J_{1(1,3)},J_{1(2,2)},J_{1(2,3)},J_{1(3,3)}]^{\mathrm{T}}\\&=[2,0,0,2,0,2]^{\mathrm{T}}\mathrm{kg\cdot m^2}\end{aligned}$$

附加角动量的斜对称矩阵为

$$\mathcal{H}(t)=\begin{bmatrix} 0 & -h_{03}\sin(0.3t) & h_{02}\sin(0.2t) \\ h_{03}\sin(0.3t) & 0 & -h_{01}\sin(0.1t) \\ -h_{02}\sin(0.2t) & h_{01}\sin(0.1t) & 0 \end{bmatrix}$$

式中

$$\boldsymbol{\eta}=[h_{01},h_{02},h_{03}]^{\mathrm{T}}=[5,4,3]\mathrm{kg\cdot m^2/s}$$

自适应律(3.64)和(3.65)中的回归矩阵 $\boldsymbol{W}_1$、$\boldsymbol{W}_2$ 和 $\boldsymbol{W}_3$ 分别为

$$\boldsymbol{W}_1=-(\tilde{\boldsymbol{\omega}}+\tilde{\boldsymbol{R}}^{\mathrm{T}}\boldsymbol{\omega}_d)^{\times}\boldsymbol{L}(\tilde{\boldsymbol{\omega}}+\tilde{\boldsymbol{R}}^{\mathrm{T}}\boldsymbol{\omega}_d)+\boldsymbol{L}(\tilde{\boldsymbol{\omega}}\times\tilde{\boldsymbol{R}}^{\mathrm{T}}\boldsymbol{\omega}_d-\tilde{\boldsymbol{R}}^{\mathrm{T}}\dot{\boldsymbol{\omega}}_d+\boldsymbol{K}_1\dot{\boldsymbol{S}})$$

$$\begin{aligned}\boldsymbol{W}_2=&(\tilde{\boldsymbol{\omega}}+\tilde{\boldsymbol{R}}^{\mathrm{T}}\boldsymbol{\omega}_d)^{\times}\boldsymbol{L}(\boldsymbol{\Psi}(t)(\tilde{\boldsymbol{\omega}}+\tilde{\boldsymbol{R}}^{\mathrm{T}}\boldsymbol{\omega}_d))-\boldsymbol{L}(\boldsymbol{\Psi}(t)(\tilde{\boldsymbol{\omega}}\times\tilde{\boldsymbol{R}}^{\mathrm{T}}\boldsymbol{\omega}_d\\&-\tilde{\boldsymbol{R}}^{\mathrm{T}}\dot{\boldsymbol{\omega}}_d+K_1\dot{\boldsymbol{S}}))+\boldsymbol{L}\left(\dot{\boldsymbol{\Psi}}(t)\left(\tilde{\boldsymbol{\omega}}+\tilde{\boldsymbol{R}}^{\mathrm{T}}\boldsymbol{\omega}_d-\frac{1}{2}\tilde{\boldsymbol{\omega}}-\frac{1}{2}\boldsymbol{K}_1\boldsymbol{S}\right)\right)\end{aligned}$$

$$\boldsymbol{W}_3=-(\tilde{\boldsymbol{\omega}}+\tilde{\boldsymbol{R}}^{\mathrm{T}}\boldsymbol{\omega}_d)^{\times}\mathrm{diag}(\sin(0.1t),\sin(0.2t),\sin(0.3t))$$

其中,矩阵函数 $\boldsymbol{L}(\cdot):\mathbb{R}^3\to\mathbb{R}^{3\times 6}$ 将矢量 $\boldsymbol{\omega}=[\omega_1,\omega_2,\omega_3]^{\mathrm{T}}$ 映射成 3×6 阶矩阵

$$
\boldsymbol{L}(\omega)=\begin{bmatrix}\omega_1 & \omega_2 & \omega_3 & 0 & 0 & 0\\ 0 & \omega_1 & 0 & \omega_2 & \omega_3 & 0\\ 0 & 0 & \omega_1 & 0 & \omega_2 & \omega_3\end{bmatrix}
$$

自适应律(3.81)和(3.82)中的回归矩阵 $\boldsymbol{F}_1$、$\boldsymbol{F}_2$、$\boldsymbol{F}_3$、$\boldsymbol{G}_1$、$\boldsymbol{G}_2$、$\boldsymbol{G}_3$ 分别为

$$
\boldsymbol{F}_1=-\boldsymbol{L}((\widetilde{\boldsymbol{R}}^{\mathrm{T}}\boldsymbol{\omega}_d)^{\times}\widetilde{\boldsymbol{\omega}})-(\widetilde{\boldsymbol{\omega}}+\widetilde{\boldsymbol{R}}^{\mathrm{T}}\boldsymbol{\omega}_d)^{\times}\boldsymbol{L}(\widetilde{\boldsymbol{\omega}})-\widetilde{\boldsymbol{\omega}}^{\times}\boldsymbol{L}(\widetilde{\boldsymbol{R}}^{\mathrm{T}}\boldsymbol{\omega}_d)+\boldsymbol{L}(\boldsymbol{K}_1\boldsymbol{C}\widetilde{\boldsymbol{\omega}})
$$

$$
\begin{aligned}
\boldsymbol{F}_2=&\boldsymbol{L}(\boldsymbol{\Psi}(\widetilde{\boldsymbol{R}}^{\mathrm{T}}\boldsymbol{\omega}_d)^{\times}\widetilde{\boldsymbol{\omega}})+(\widetilde{\boldsymbol{\omega}}+\widetilde{\boldsymbol{R}}^{\mathrm{T}}\boldsymbol{\omega}_d)^{\times}\boldsymbol{L}(\boldsymbol{\Psi}\widetilde{\boldsymbol{\omega}})\\
&+\widetilde{\boldsymbol{\omega}}^{\times}\boldsymbol{L}(\boldsymbol{\Psi}\widetilde{\boldsymbol{R}}^{\mathrm{T}}\boldsymbol{\omega}_d)-\boldsymbol{L}(\boldsymbol{\Psi}\boldsymbol{K}_1\boldsymbol{C}\widetilde{\boldsymbol{\omega}})+\boldsymbol{L}\left(\dot{\boldsymbol{\Psi}}\left(\widetilde{\boldsymbol{\omega}}-\frac{1}{2}z\right)\right)
\end{aligned}
$$

$$
\boldsymbol{F}_3=-\widetilde{\boldsymbol{\omega}}^{\times}\mathrm{diag}(\sin(0.1t),\sin(0.2t),\sin(0.3t))
$$

$$
\boldsymbol{G}_1=-(\boldsymbol{C}_1\boldsymbol{\omega}_d)^{\times}\boldsymbol{L}(\widetilde{\boldsymbol{R}}^{\mathrm{T}}\boldsymbol{\omega}_d)-\boldsymbol{\omega}_d^{\times}\boldsymbol{L}(\boldsymbol{C}_1\boldsymbol{\omega}_d)-\boldsymbol{L}(\boldsymbol{C}_1\dot{\boldsymbol{\omega}}_d)-\boldsymbol{\omega}_d^{\times}\boldsymbol{L}(\boldsymbol{\omega}_d)-\boldsymbol{L}(\dot{\boldsymbol{\omega}}_d)
$$

$$
\begin{aligned}
\boldsymbol{G}_2=&(\boldsymbol{C}_1\boldsymbol{\omega}_d)^{\times}\boldsymbol{L}(\boldsymbol{\Psi}\widetilde{\boldsymbol{R}}^{\mathrm{T}}\boldsymbol{\omega}_d)+\boldsymbol{\omega}_d^{\times}\boldsymbol{L}(\boldsymbol{\Psi}\boldsymbol{C}_1\boldsymbol{\omega}_d)+\boldsymbol{L}(\boldsymbol{\Psi}\boldsymbol{C}_1\dot{\boldsymbol{\omega}}_d)\\
&+\boldsymbol{\omega}_d^{\times}\boldsymbol{L}(\boldsymbol{\Psi}\boldsymbol{\omega}_d)+\boldsymbol{L}(\boldsymbol{\Psi}\dot{\boldsymbol{\omega}}_d)+\boldsymbol{L}(\dot{\boldsymbol{\Psi}}\boldsymbol{C}_1\boldsymbol{\omega}_d)+\boldsymbol{L}(\dot{\boldsymbol{\Psi}}\boldsymbol{\omega}_d)
\end{aligned}
$$

$$
\boldsymbol{G}_3\boldsymbol{\eta}=-(\widetilde{\boldsymbol{R}}^{\mathrm{T}}\boldsymbol{\omega}_d)^{\times}\mathrm{diag}(\sin(0.1t),\sin(0.2t),\sin(0.3t))
$$

航天器的姿态旋转矩阵初值为 $\boldsymbol{R}(0)=\boldsymbol{R}_1\exp(0.01\boldsymbol{v}^{\times})$，初始角速度为 $\boldsymbol{\omega}(0)=\mathbf{0}\mathrm{rad/s}$，$\boldsymbol{R}_1$ 定义见式(3.18)，$\boldsymbol{v}=[1/\sqrt{3},1/\sqrt{3},1/\sqrt{3}]^{\mathrm{T}}$。

3.5.1 无外扰力矩情况下的仿真结果

本节用数值仿真对比 CAC 与 SPAC 在干扰力矩 $\boldsymbol{d}=\mathbf{0}$ 条件下的控制效果，验证光滑投影函数的有效性。相应的期望姿态矩阵 $\boldsymbol{R}_d=\boldsymbol{I}$，期望角速度 $\boldsymbol{\omega}_d=[0.3,-0.1,0.2]^{\mathrm{T}}$。控制器的参数均设为 $\boldsymbol{K}_1=0.1\boldsymbol{I}$，$\boldsymbol{K}_v=\boldsymbol{I}$，$K_p=1$，$\gamma_i=100(i\in\{1,2,3\})$。特别地，在 SPAC 中，$\varepsilon_1=918.2100$，$\varepsilon_2=12$，$\varepsilon_3=50$，$\delta_i=0.001(i\in\{1,2,3\})$，参数估计初值取原点，$\hat{\boldsymbol{\xi}}(0)=\mathbf{0}$，$\hat{\boldsymbol{\theta}}(0)=\mathbf{0}$，$\hat{\boldsymbol{\eta}}(0)=\mathbf{0}$。仿真结果如图 3.2 ~ 图 3.5 所示。

图 3.2 ~ 图 3.4 给出了经典自适应律(3.64)与光滑投影自适应律(3.65)的估计结果对比。对转动惯量常值部分 $\boldsymbol{\xi}$ 的估计结果如图 3.2 所示，可以看出各参数均收敛到常值，并且光滑投影自适应律的估计结果变化范围更小，收敛速度也更快，估值收敛后波动也更小；在图 3.3 所示的对 $\boldsymbol{\theta}$ 的估计结果和图 3.4 所示的对 $\boldsymbol{\eta}$ 的估计结果中也可以观察到相似的现象。这表明，从参数估计的角度来讲，光滑投影自适应律更具优越性。值得注意的是，仿真结果显示 $\hat{\boldsymbol{\theta}}(t)$ 和 $\hat{\boldsymbol{\eta}}(t)$ 收敛到真实值，这是因为仿真中时变函数 $\boldsymbol{\Psi}(t)$ 和 $\boldsymbol{\Gamma}(t)$ 各元素都是谐波信号函数，使得回归矩阵 $\boldsymbol{W}_2$ 和 $\boldsymbol{W}_3$ 满足了持续激励条件。

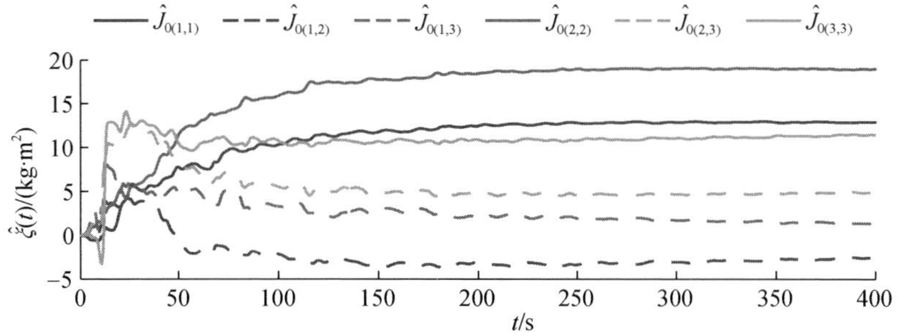

(a) 经典自适应律

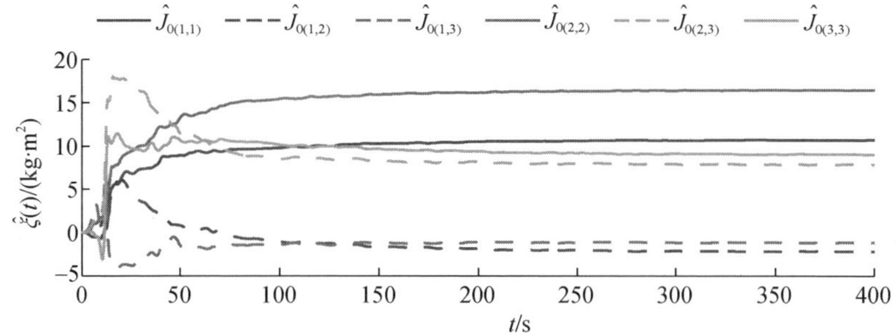

(b) 光滑投影自适应律

图 3.2　参数 ξ 的估计曲线

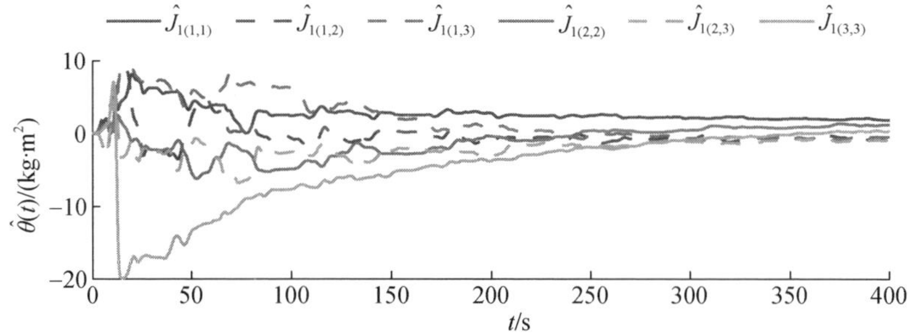

(a) 经典自适应律

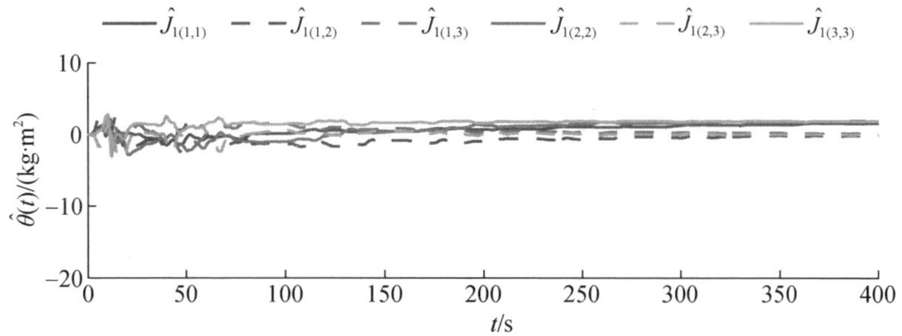

(b) 光滑投影自适应律

图 3.3　参数 θ 的估计曲线

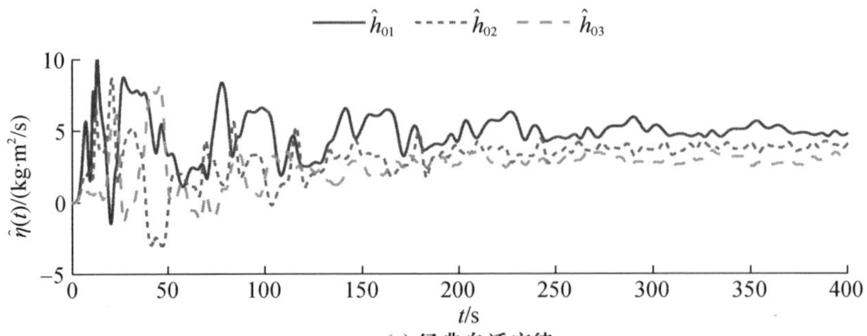

(a) 经典自适应律

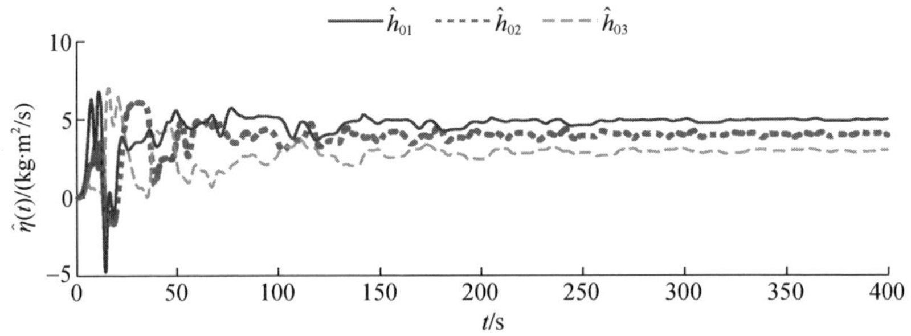

(b) 光滑投影自适应律

图 3.4 参数 η 的估计曲线

图 3.5 对比了 CAC 与 SPAC 的闭环姿态仿真结果。误差姿态转角 $\boldsymbol{\Phi}$ 如图 3.5(a)所示，$\boldsymbol{\Phi}$ 即为误差姿态矩阵 $\widetilde{\boldsymbol{R}}$ 对应的欧拉转角(式(3.8))。误差角速度幅值如图 3.5(b)所示，误差角速度幅值定义为误差角速度 $\widetilde{\boldsymbol{\omega}}$ 的二范数 $\|\widetilde{\boldsymbol{\omega}}\| = \sqrt{\widetilde{\boldsymbol{\omega}}^{\mathrm{T}}\widetilde{\boldsymbol{\omega}}}$。可以看出，两种控制器均能使姿态误差和角速度误差渐近收敛到 0；但是，在相同的控制参数下，SPAC 获得的姿态精度和角速度精度要优于 CAC，这表明从控制效果的角度来看，采用光滑投影自适应律可以获得更优的控制精度。

图 3.5(c)给出了控制器综合出的控制力矩的幅值对比，控制力矩幅值定义为控制量 $\boldsymbol{u}$ 的二范数 $\|\boldsymbol{u}\| = \sqrt{\boldsymbol{u}^{\mathrm{T}}\boldsymbol{u}}$，显然两种控制器的控制输入幅值基本相同，说明 SPAC 在获得更高控制精度的同时，并未增加控制能耗。

3.5.2 有外扰力矩情况下的仿真结果

本节用通过仿真对比 CRAC 与 SPRAC 在连续持续干扰力矩 $\boldsymbol{d}(t)$ 作用下的控制效果，验证逆最优自适应控制方法对外部干扰的鲁棒性。考虑外部干扰为 $\boldsymbol{d}(t) = [0.1\sin(0.1t), 0.2\sin(0.2t), 0.3\sin(0.3t)]^{\mathrm{T}}$，控制器参数 $\boldsymbol{K}=\boldsymbol{I}, \beta=2$，

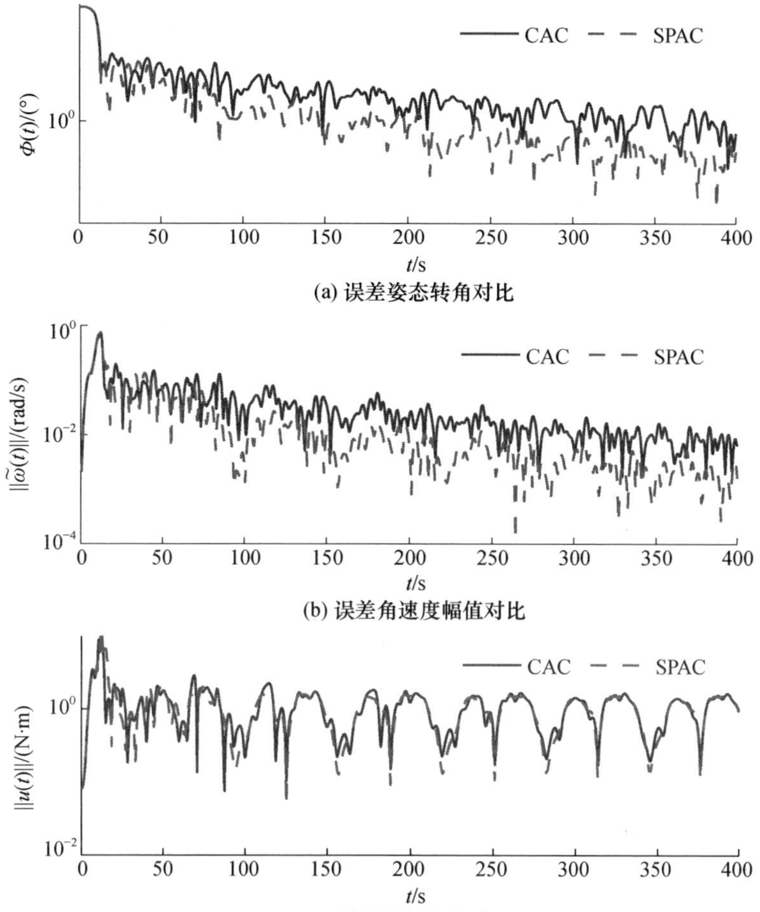

(a) 误差姿态转角对比

(b) 误差角速度幅值对比

(c) 控制力矩幅值对比

图 3.5　CAC 与 SPAC 控制效果对比

其余控制参数和参数估计初值与 3.5.1 节相同。仿真结果如图 3.6 ~ 图 3.8 所示。

图 3.6 ~ 图 3.8 分别对比了不同 $\mathcal{L}_2$增益水平下姿态误差、角速度误差和控制量幅值。从图中可以看出:减小 $\mathcal{L}_2$增益水平 γ,可以有效削弱外部干扰 $\boldsymbol{d}$ 对姿态跟踪精度的影响,减小跟踪误差;同时,对于逆最优自适应控制方案而言,存在外部干扰时采用光滑投影自适应律并没有显著地改善跟踪精度。图 3.8 则显示,减小 $\mathcal{L}_2$增益水平 γ 并未显著增加控制能耗,这是因为虽然减小 γ 会导致 $\boldsymbol{u}_e$ 增大,但也使得姿态误差 $\widetilde{\boldsymbol{R}}$ 更接近 $\boldsymbol{I}$,导致 $-\boldsymbol{G}_1\hat{\boldsymbol{\xi}}-\boldsymbol{G}_2\hat{\boldsymbol{\theta}}-\boldsymbol{G}_1\hat{\boldsymbol{\eta}}$部分减小,所以实际控制量 $\boldsymbol{u}$ 幅值并未显著增大。

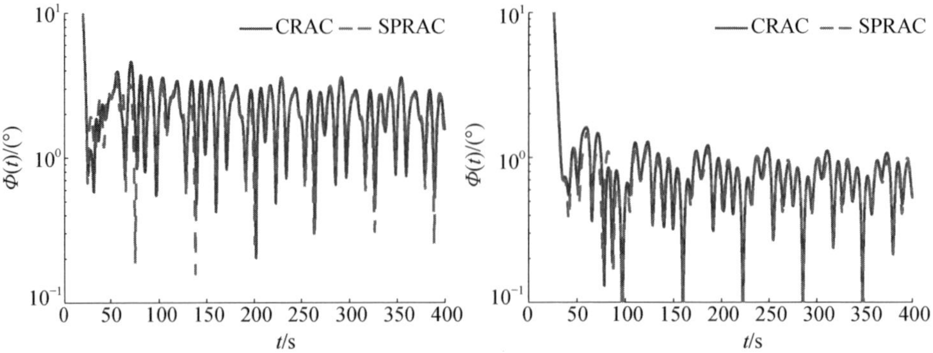

(a) γ=1　　(b) γ=0.4

图 3.6　不同 $\mathcal{L}_2$ 增益下的误差姿态转角对比

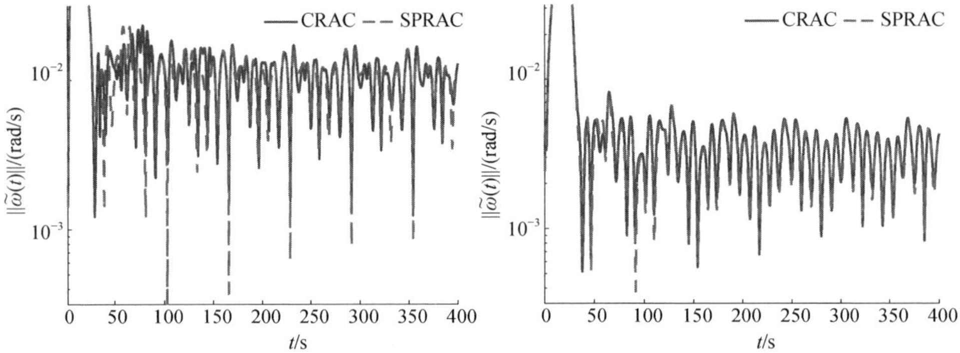

(a) γ=1　　(b) γ=0.4

图 3.7　不同 $\mathcal{L}_2$ 增益下的误差角速度幅值对比

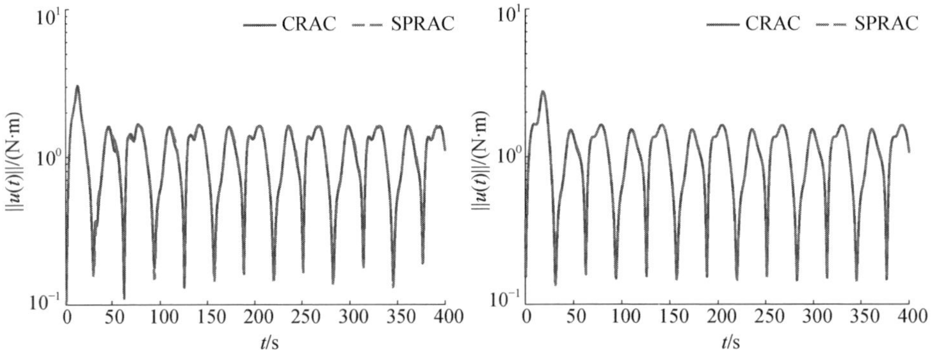

(a) γ=1　　(b) γ=0.4

图 3.8　不同 $\mathcal{L}_2$ 增益下的控制量幅值对比

图 3.9 分别给出了不同 $\mathcal{L}_2$ 增益水平下 CRAC 中 $\boldsymbol{u}_e$ 和 $-\boldsymbol{G}_1\hat{\boldsymbol{\xi}}-\boldsymbol{G}_2\hat{\boldsymbol{\theta}}-\boldsymbol{G}_1\hat{\boldsymbol{\eta}}$ 幅值仿真结果。由图可以看出,减小 $\boldsymbol{\gamma}$,导致 $-\boldsymbol{G}_1\hat{\boldsymbol{\xi}}-\boldsymbol{G}_2\hat{\boldsymbol{\theta}}-\boldsymbol{G}_1\hat{\boldsymbol{\eta}}$ 减小的同时 $\boldsymbol{u}_e$ 增大。

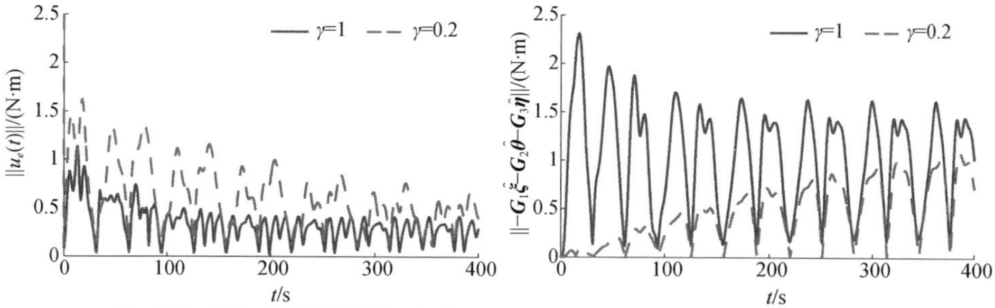

(a) 不同 $\mathcal{L}_2$ 增益下逆最优控制分量幅值　　(b) 不同 $\mathcal{L}_2$ 增益下"必然等价"控制分量幅值

图 3.9　控制量中 $\boldsymbol{u}_e$ 和 $-\boldsymbol{G}_1\hat{\boldsymbol{\xi}}-\boldsymbol{G}_2\hat{\boldsymbol{\theta}}-\boldsymbol{G}_1\hat{\boldsymbol{\eta}}$ 的幅值对比

本章在存在转动惯量不确定、质量分布时变和外部扰动情况下,考虑航天器姿态跟踪控制问题。结合必然等价性、光滑投影函数和鲁棒逆最优等技术,设计了自适应姿态跟踪控制器,在不增加控制能耗的前提下,不仅实现了对质量分布时变特性的补偿,而且削弱了外部干扰对跟踪精度的影响,同时,避免了闭环系统出现不稳定的退绕现象。自适应控制技术与逆最优控制技术的结合,发挥了各自的优点且弥补了彼此的不足:自适应控制不能补偿未建模外部扰动的问题被逆最优控制的天然鲁棒性所弥补,而逆最优控制所需的模型参数则通过自适应技术在线估计。仿真结果验证了提出控制方案的可行性和有效性。本章所设计的控制器,适用于质量分布变化规律已知的模块变形航天器系统。

参 考 文 献

[1] Sanyal A, Fosbury A, Chaturvedi N, et al. Inertia – free spacecraft attitude tracking with disturbance rejection and almost global stabilization[J]. Journal of Guidance Control and Dynamics, 2009, 32(4): 1167 – 1178.

[2] Luo W, Chu Y, Ling K. Inverse optimal adaptive control for attitude tracking of spacecraft[J]. IEEE Transactions on Automatic Control, 2005, 50(11): 1639 – 1654.

[3] Chen Z, Huang J. Attitude tracking and disturbance rejection of rigid spacecraft by adaptive control[J]. IEEE Transactions on Automatic Control, 2009, 3(54): 600 – 605.

[4] Chen Z, Huang J. Attitude tracking of rigid spacecraft subject to disturbances of unknown frequencies[J]. International Journal Of Robust and Nonlinear Control, 2014(24): 2231 – 2242.

[5] Annaswamy A M, Narendra K S. Adaptive control of simple time – varying systems[C]//Decision and Control, 1989., Proceedings of the 28th IEEE Conference on. IEEE, 1989: 1014 – 1018.

[6] Zhang Y, Ioannou P A. Adaptive control of linear time varying systems[C]//In Proceedings of the 35th IEEE Conference on Decision and Control, 1996: 837 -842.

[7] Tsakalis K S, Ioannou P A. Adaptive control of lineartime - varying plants[J]. Automatica, 1987, 23(4): 459 -468.

[8] Tsakalis K S, Ioannou P A. A new indirect adaptive control scheme for time - varying plants[J]. IEEE Trans on Automatic Control, 1990, 35(6): 697 -705.

[9] Middleton R H, Goodwin G C. Adaptive control of time - varying linear systems[J]. IEEE Trans on Automatic Control, 1988, 33(2): 150 -155.

[10] Marino R, Tomei P. Adaptive control of linear time - varying systems[J]. Automatica, 2003, 39(4): 651 -659.

[11] Ge S S, Wang J. Robust adaptive tracking for time - varying uncertain nonlinear systems with unknown control coeffcients[J]. IEEE Transactions on Automatic Control, 48(8): 1463 -1469, 2003.

[12] Estrada J L, Duarte - Mermoud M A, Travieso - Torres J C, et al. Simplified robust adaptive control of a class of time - varying chaotic systems[J]. Int J for Computation and Mathematics in Electrical and Electronic Engineering, 2008, 27(2): 511 -519.

[13] Marino R, Tomei P. Robust adaptive regulation of linear time - varying systems[J]. IEEE Trans on Automatic Control, 2000, 45(7): 1301 -1311.

[14] Qu Z, Dorsey J F, Dawson D M. Model reference robust control of a class of siso systems[J]. IEEE Transon Automatic Control, 1994, 39(11): 2219 -2234.

[15] Lee S J, Tsao T C. Repetitive learning of backstepping controlled nonlinear electro - hydraulic material testing systems[J]. Control Engineering Practice, 2004, 12(7): 1393 -1048.

[16] Xu J X. A new periodic adaptive control approach for time - varying parameters with known periodicity[J]. IEEE Trans on Automatic Control, 2004, 49(4): 579 -583.

[17] Abidi K, Jian - Xin X. Adiscrete - time periodic adaptive control approach for time - varying parameters with known periodicity[J]. IEEE Trans on Automatic Control, 2008, 53(2): 575 -581.

[18] Xu J X, Huang D Q. Spatial periodic adaptive control for rotary machine systems[J]. IEEE Trans on Automatic Control, 2008, 53(10): 2402 -2408.

[19] Chi R T, Hou Z S. A model - free periodic adaptive control for freeway traffic density via ramp metering [J]. Acta Automatica Sinica, 2010, 36(7): 1029 -1032.

[20] Mayne D Q, Rakovic S V, Findeisen R, et al. Robust output feedback model predictive control of constrained linear systems: Time varying case[J]. Automatica, 2009, 45(9): 2082 -2087.

[21] Zhang Y, Wen C Y, Soh Y C. Robust adaptive control of uncertain discrete - time systems[J]. Automatica, 1999, 35(2): 321 -329.

[22] Zhang Y, Wen C Y, Soh Y C. Discrete - time robust backstepping adaptive control for nonlinear time - varying systems[J]. IEEE Trans on Automatic Control, 2000, 45(9): 1749 -1755.

[23] Zhang Y, Fidan B, Ioannou P A. Backstepping control of linear time - varying systems with known and unknown parameters[J]. IEEE Trans on Automatic Control, 2003, 48(11): 1908 -1925.

[24] Zhang Y, Wen C Y, Soh Y C. Robust adaptive control of nonlinear discrete - time systems by back stepping without overparameterization[J]. Automatica, 2001, 37(4): 551 -558.

[25] Zhang Y, Chen W H, Soh Y C. Improved robust backstepping adaptive control for nonlinear discrete - time

systems without overparameterization[J]. Automatica, 2008, 44(3): 864 - 867.

[26] Cai W, Liao X H, Song Y D. Indirect robust adaptive fault - tolerant control for attitude tracking of spacecraft[J]. Journal of Guidance, Control, and Dynamics, 2008, 5(31): 1456 - 1463.

[27] Weiss A, Kolmanovsky I, Bernstein D S. Inertia - free attitude control of spacecraft with unknown time - varying mass distribution[C]//62nd International Astronautical Congress, 2011.

[28] Thakur D. Adaptiation, gyro - free stabilization, and smooth angular velocity observers for attitude tracking control applications[D]. Austin: The University of Texas at Austin, 2014.

[29] Bakker R, Annaswamy A M. Stability and robustness properties of a simple adaptive controller[J]. IEEE transactions on automatic control, 1996, 41(9): 1352 - 1358.

[30] Goodwin G C, Mayne D Q. A parameter estimation perspective of continuous time model reference adaptive control[J]. Automatica, 1987, 23(1): 57 - 70.

[31] Pomet J B, Praly L. Adaptive nonlinear regulation: Estimation from the Lyapunov equation[J]. IEEE Transactions on Automatic Control, 1992, 37(6): 729 - 740.

[32] Chang Y C. An adaptive h_infinity tracking control for a class of nonlinear multiple - input - multiple - output (MIMO) systems[J]. IEEE Transactions on Automatic Control, 2001, 46: 1432 - 1437.

[33] Khalil H K. Adaptive output feedback control of nonlinear systems represented by input - output models. [J]. IEEE Transactions on Automatic Control, 1996, 41(2): 177 - 188.

[34] Yoon H, Tsiotras P. Adaptive spacecraft attitude tracking control with actuator uncertainties[J]. Journal of the Astronautical Sciences, 2008, 56(2): 251 - 268.

[35] Akella M R, Subbarao K. A novel parameter projection mechanism for smooth and stable adaptive control [J]. Systems & Control Letters, 2005, 51(1): 43 - 51.

[36] Dalsmo M, Egeland O. State feedback H - suboptimal control of a rigid spacecraft[J]. IEEE Trans. Autom. Control, 1997, 42(8): 1186 - 1189.

[37] Shue S P, Agarwal R K, Shi P. Nonlinear H method for control of wing rock motions[J]. Journal of Guidance, Control, and Dynamics, 2000, 23(1): 60 - 68.

[38] Huang J, Lin C F. Numerical approach to computing nonlinear H - infinity control laws[J]. Journal of Guidance, Control, and Dynamics, 1995, 18(5): 989 - 994.

[39] Freeman R, Kokotovic P V. Robust nonlinear control design: state - space and Lyapunov techniques[M]. Springer Science & Business Media, 2008.

[40] Bharadwaj S, Osipchuk M, Mease K D, et al. Geometry and inverse optimality in global attitude stabilization[J]. Journal of guidance, control, and dynamics, 1998, 21(6): 930 - 939.

[41] Krstic M, Tsiotras P. Inverse optimal stabilization of a rigid spacecraft[J]. IEEE Transactions on Automatic Control, 1999, 44(5): 1042 - 1049.

[42] Chaturvedi N A, McClamroch N H, Bernstein D S. Asymptotic smooth stabilization of the inverted 3d pendulum[J]. IEEE Transactions on Automatic Control, 2009, 54(6): 1204 - 1215.

[43] Isidori A. Nonlinear control systems[M]. Springer Science & Business Media, 2013.

[44] Chaturvedi N A, McClamroch N H. Almost global attitude stabilization of an orbiting satellite including gravity gradient and control saturation effects[C]//2006 American Control Conference. IEEE, 2006.

[45] Chaturvedi N A, Sanyal A K, Mcclamroch N H. Rigid body attitude control: using rotation matrices for continuous, singularity - free control laws[J]. IEEE Control Systems, 2011, 31(3): 30 - 51.

第4章　模块变形航天器姿态有限时间控制

4.1 引　　言

第3章设计的控制方案降低了对模型中转动惯量先验信息的要求,满足了模块变形航天器姿态跟踪时的鲁棒性和精确性。然而,第3章中设计的控制器以及第3章中所用的控制方案存在一些缺陷:首先,该方案只适用于质量分布变化规律已知的航天器系统;其次,该方案只保证了系统的渐近稳定性;最后,虽然通过调节 L_2 增益水平可以使误差界任意小,但在外部扰动存在的情况下永远存在有界的跟踪误差。大多数情况下,渐近稳定能够满足实际工程的需求,但是系统的暂态性能,如调整时间、收敛速度等却不能得到反映。实际中也存在系统满足渐近稳定性,却由于暂态性能太差而不满足工程指标的情况。对于模块变形航天器系统而言,质量分布的变化是在有限时间内完成的,姿态控制的调整时间必须比质量分布变化持续时间短才有意义。然而,渐近稳定的控制效果只能保证系统在时间趋于无穷大时才收敛到平衡点。因此,本章的目的是研究航天器系统的有限时间姿态跟踪问题,进一步满足工程上的暂态性能指标。

从控制系统调整时间优化的角度来看,有限时间稳定是时间最优的控制方法。相比于渐近稳定系统,有限时间稳定的系统不仅收敛速度快,而且对外部扰动和内部不确定参数具有更强的鲁棒性和抗干扰能力,因而受到学者越来越多的关注,并在航天器系统姿态控制问题中得到广泛应用。文献[1]利用齐次方法实现了航天器姿态的有限时间稳定控制。文献[2]针对航天器系统实现了全局有限时间姿态稳定控制。文献[3]基于四元数姿态参数进一步研究了全局有限时间姿态稳定问题。文献[4]基于修正罗德里格参数设计了输出反馈控制器实现了"半全局"有限时间姿态稳定。文献[5]则直接采用旋转矩阵描述航天器姿态,设计了殆全局有限时间稳定性姿态控制器。然而,这些文献都忽略了滑模控制具有快速收敛和强鲁棒性的优点。

对于考虑外部干扰影响下的航天器姿态跟踪问题,其被控对象模型是高度非线性的,如果再考虑转动惯量未知,被控对象中就将同时引入乘性和加性不确定项。根据刚体航天器姿态控制的相关文献[6－8]，转动惯量不确定性可以通过数学变换转化为匹配型加性不确定项，对于未知且时变的转动惯量，这种处理手段仍然有效。滑模控制[9]通过挑选和保持适当的状态约束来减小系统的维数，非常适合于处理具有匹配不确定性的系统，近年来，在滑模控制基础上发展出“有限时间控制”的研究分支，受到人们越来越多的关注。从控制系统过渡时间优化的角度来讲，有限时间控制是一种时间最优的控制方法，虽然一部分有限时间收敛的控制律是基于其他方法设计而得的[10]，但在现有文献中，能够同时处理系统不确定性和有限时间收敛问题的控制方案多数还是属于滑模控制的范畴。

滑模控制技术能够提供快速性和强鲁棒性。在滑模运动阶段，系统状态处于滑模面上，对匹配扰动具有不变性；但是，为保持滑模运动的存在而引入的符号函数导致了一个限制其应用工程的问题——抖振现象。对实际控制对象而言，抖振不仅意味着过高的能量消耗，而且会激发未建模系统高频动态而导致失稳。此外，滑模控制的鲁棒性只在滑模运动阶段存在，在滑模趋近阶段系统仍受到不确定性和外扰的影响。因此，缩短趋近阶段时间和消除抖振一直是滑模控制应用研究的重要问题。为解决抖振问题和加快收敛速度，在滑模控制技术的发展历程中出现了五种重要的设计方法：①Utkin 提出的“等价控制”思想[11]；②Levant 提出的“高阶滑模”控制思想[12]（super－twisting 算法就是该技术的一个重要分支）；③高为炳提出的“趋近律”思想[13]；④Wheeler 提出的“边界层”控制思想[14]；⑤Venkataraman提出的“终端滑模”思想[15]及改进的“非奇异终端滑模”技术。其中，趋近律思想在同时解决抖振问题和提高收敛性能方面具有独特的优越性。从趋近律的视角出发，传统滑模控制可视为等速趋近律，系统状态收敛到滑模面的速度恒定，而指数趋近律则通过增加线性项加快了状态远离滑模面时的趋近速度，然而这两种方法都未解决抖振问题。幂次趋近律中符号函数的增益与滑模变量绝对值的幂次成正比，在状态到达滑模面时趋近速度为零，消除了抖振问题，但在远离滑模面时趋近速度较小。

滑模控制的闭环系统在滑模趋近阶段，系统状态必然在有限时间内收敛到滑模面（流形），实现有限时间控制的关键在于滑模面的设计。不连续的终端滑模控制（TSMC）[16]广泛应用于机械臂的有限时间稳定问题，然而 TSM 滑模面（流形）中存在的负分数幂次会导致控制量在状态平衡点附近出现奇异。为避免奇异问题，文献[17]提出了不连续的非奇异终端滑模控制（NTSMC）方法。这两篇文献中均采用边界层法消除不连续控制引起的抖振现象，由于边界层内系统是渐近稳定的，使得有限时间收敛和消除抖振之间存在矛盾，因此，这两种方法并不能综合出连续的有限时间控制律。文献[18]提出了一种改进型 TSM 滑模，同时实现了连续控制和有限时间收敛,通过与普通滑模控制的对比仿真表明:具备有限时间收敛特性的滑模面(流形)不仅能使状态更快地收敛到平衡点,而且能够更好地削弱干扰对稳态误差的影响。目前,有限时间控制的设计方法有齐次性原理法[1,19,20]、李雅普诺夫函数法[2,4,21]、终端滑模控制法[15,17,18]和超螺旋控制法[12,22-25]等。

在航空航天领域,有限时间控制因具有良好的快速性和抗扰性得到了广泛应用。文献[7]针对姿态跟踪问题提出了两种四元数反馈有限时间控制律。文献[26]针对存在外部干扰的姿态稳定问题,设计了 TSM 滑模控制律,能够使姿态变量在有限时间内收敛到原点附近的邻域内。文献[27]提出了有限时间收敛的光滑二阶滑模控制方法,并将其应用于动能拦截弹的制导设计,能有效地减少动力学不确定性和目标机动的影响。文献[1]针对执行器饱和条件下的姿态稳定问题,基于齐次性原理设计了有限时间姿态稳定控制律,对外部扰动具有很强的抑制能力。文献[3]提出了基于四元数反馈的有限时间稳定控制律,得到了全局稳定的控制结果。文献[4]提出了基于修正罗德里格参数的有限时间反馈控制,无需角速度测量信息,得到了半全局姿态稳定的控制结果。文献[22]利用超螺旋控制算法解决了刚体航天器姿态跟踪控制问题,得到了全局有限时间稳定的结果。目前,大部分文献中设计的有限时间控制方案均需要预先确定飞行器系统的组合扰动上界,但在实际系统中扰动上界是难以准确获得的,仅凭经验确定的扰动上界也往往过于保守,文献[22]结合自适应技术对扰动上界进行实时估计,但也存在着过估计和控制精度降低的问题。

Lenvant[28]提出的 super - twisting 算法是一种二阶滑模控制算法,文献[29]指出,该算法可以使滑模变量及其一阶导数有限时间收敛到原点。因此,super - twisting 算法及其改进型在飞行器有限时间稳定控制的研究中备受关注。文献[22]设计了一种自适应增益 super - twisting 算法,比标准 super - twisting 算法具有更强的鲁棒性和更快的收敛速度,并实现了航天器姿态的有限时间稳定控制。文献[23]将经典的单变量 super - twisting 算法扩展到多变量形式,设计了航天器姿态角速度滑模观测器用于故障诊断与隔离。文献[24]将文献[23]提出的多变量 super - twisting 算法用于设计航天器姿态跟踪控制器,综合出的控制力矩连续无抖振,取得了良好的控制效果。文献[25]则针对火星着陆轨迹跟踪问题,基于经典 super - twisting 算法的思想设计了有限时间轨迹跟踪控制器,增强了闭环系统抗参数摄动、外部干扰以及初始状态误差的能力。

本章深入研究变增益 super - twisting 算法和趋近律技术,在已有文献研究的基础上提出改进算法以提高收敛性能。针对模块变形航天器系统的姿态跟踪问题,基于改进的算法,在姿态控制的殆全局稳定性理论框架下设计控制方案,实现有限时间姿态跟踪控制。

4.2 航天器姿态有限时间控制模型

本章考虑航天器模型(式(3.5)和式(3.7)),控制目标是在未知时变转动惯量和未知外部扰动存在的情况下,设计状态反馈控制方案完成航天器有限时间姿态跟踪控制,即当$t \to T$时有$\widetilde{\boldsymbol{R}}(t) \to \boldsymbol{I}$和$\widetilde{\boldsymbol{\omega}}(t) \to 0$成立,其中$T$为有限时间值。

假设 4.1 航天器系统动力学方程(式(3.7))中的时变转动惯量$\boldsymbol{J}(t)$满足$J_{\min} \leqslant \| \boldsymbol{J}(t) \| \leqslant J_{\max}$,其中,$J_{\min}$、$J_{\max}$分别为加注全过程中系统转动惯量的最小特征值和最大特征值,是转动惯量变化范围的已知边界,$J_{\min} > 0$,$J_{\max} > 0$。

假设 4.2 时变转动惯量$\boldsymbol{J}(t)$的一阶导数存在且有界,即$\| \dot{\boldsymbol{J}} \| \leqslant c_1$,$c_1$为未知常数,$c_1 > 0$;同时$\dot{\boldsymbol{J}}$的一阶导数存在并有界,即$\| \ddot{\boldsymbol{J}} \| \leqslant c_2$,$c_2$为未知常数,$c_2 > 0$。

假设 4.3 外部扰动$\boldsymbol{d}(t)$有界并且其一阶导数存在且有界,即$\| \boldsymbol{d} \| \leqslant c_3$,$\| \dot{\boldsymbol{d}} \| \leqslant c_4$,$c_3$、$c_4 > 0$为未知常数,。

假设 4.4 目标速度$\boldsymbol{\omega}_d(t)$有界,其一阶和二阶导数均存在且有界,即$\| \boldsymbol{\omega}_d \| \leqslant c_5$,$\| \dot{\boldsymbol{\omega}}_d \| \leqslant c_6$,$\| \ddot{\boldsymbol{\omega}}_d \| \leqslant c_7$,$c_5$、$c_6$、$c_7$为未知常数,$c_5$、$c_6$、$c_7 > 0$。

假设 4.5 系统质心变化引起的角动量$\boldsymbol{h}(t)$有界并且其一阶导数存在且有界,即$\| \boldsymbol{h} \| \leqslant c_8$,$\| \dot{\boldsymbol{h}} \| \leqslant c_9$,$c_8$、$c_9$为未知常数,$c_8$、$c_9 > 0$。注意(4.7)中$\mathcal{H} = \boldsymbol{h}^{\times}$

由于在实际中航天器系统的转动惯量是有界的,转动惯量的变化范围较真实值更容易确定,因此假设4.1是合理的。由于实际推进剂加注时,系统质量分布和质心的变化是连续且有界的,因此假设4.2和假设4.5是合理的。实际外部环境干扰、太阳辐射、磁力影响、重力梯度等都是连续有界的,所以假设4.3是合理的。实际中无论是对地定向,还是对天基目标凝视,姿态跟踪阶段目标角速度的变化都是连续有界的,因此假设4.4也是合理的。

为了便于有限时间收敛控制律的设计与分析,在此给出有限时间稳定和固定时间稳定的定义与相关引理。

考虑非线性系统

$$\dot{\boldsymbol{x}} = \boldsymbol{f}(t, \boldsymbol{x}), \boldsymbol{x}(0) = \boldsymbol{x}_0 \tag{4.1}$$

式中:$\boldsymbol{x} \in \mathbb{R}^n$,非线性函数$\boldsymbol{f}: \mathbb{R}^+ \times \mathbb{R}^n \to \mathbb{R}^n$可以不连续,系统的解定义在菲利波夫(Filippov)意义下,并假设$\boldsymbol{f}(t, 0) = 0$。

定义 4.1(有限时间稳定)[30] 如果系统(4.1)的平衡点$\boldsymbol{x} = 0$是全局渐近稳定的,并且系统(4.1)的解$\boldsymbol{x}(t, \boldsymbol{x}_0)$在有限时间到达平衡点,即$\boldsymbol{x}(t, \boldsymbol{x}_0) = 0$,$\forall t \geqslant T(x_0)$,其中函数$T: \mathbb{R}^n \to \mathbb{R}^+ \cup \{0\}$称为整定时间函数。则系统(4.1)的平

衡点 $\boldsymbol{x}=0$ 是全局有限时间稳定的。

定义 4.2(固定时间稳定)[31] 如果系统(4.1)是全局有限时间稳定的,并且整定时间函数 $T(\boldsymbol{x}_0)$ 有界,即对 $\forall \boldsymbol{x}_0 \in \mathbb{R}^n$ 有 $T(\boldsymbol{x}_0) \leqslant T_{\max}$ 成立,其中 $T_{\max}>0$。则系统(4.1)的平衡点 $\boldsymbol{x}=0$ 是全局固定时间稳定的。

引理 4.1(有限时间收敛 1)[18] 如果存在正实数 $\lambda_1>0$,$\lambda_2>0$ 和 $0<\mu<1$,以及连续的径向无界的函数 $V(\boldsymbol{x}):\mathbb{R}^n \to \mathbb{R}^+ \cup \{0\}$,其沿系统(4.1)轨迹的导数 $\dot{V}(\boldsymbol{x})$ 满足

$$\dot{V}(\boldsymbol{x})+\lambda_1 V(\boldsymbol{x})+\lambda_2 V^{\mu}(\boldsymbol{x}) \leqslant 0 \tag{4.2}$$

则系统是全局有限时间稳定的,且整定时间函数满足

$$T(\boldsymbol{x}_0) \leqslant \frac{1}{\lambda_1(1-\mu)} \ln\left(\frac{\lambda_1 V^{1-\mu}(x_0)+\lambda_2}{\lambda_2}\right) \tag{4.3}$$

引理 4.2(有限时间收敛 2)[32] 如果存在正实数 $\lambda>0$ 和 $0<\mu<1$,以及连续的径向无界的函数 $V(\boldsymbol{x}):\mathbb{R}^n \to \mathbb{R}^+ \cup \{0\}$,其沿系统(4.1)轨迹的导数 $\dot{V}(\boldsymbol{x})$ 满足

$$\dot{V}(\boldsymbol{x})+\lambda V^{\mu}(\boldsymbol{x}) \leqslant 0 \tag{4.4}$$

则系统是全局有限时间稳定的,且整定时间函数满足

$$T(\boldsymbol{x}_0) \leqslant \frac{V^{1-\mu}(\boldsymbol{x}_0)}{\lambda(1-\mu)} \tag{4.5}$$

引理 4.3(固定时间收敛) 若连续的径向无界的函数 $V(\boldsymbol{x}):\mathbb{R}^n \to \mathbb{R}^+ \cup \{0\}$ 满足以下条件:

(1) $V(0)=0$,原点是全局有限时间收敛平衡点;

(2) 存在正实数 $0<\mu<1$,$\nu>0$,$r_\mu>0$,$r_\nu>0$ 满足

$$\dot{V} \leqslant \begin{cases} -r_\mu V^{1-\mu} & (V \leqslant 1) \\ -r_\nu V^{1+\nu} & (V>1) \end{cases} \tag{4.6}$$

则系统是全局固定时间稳定的,且整定时间函数满足

$$T(\boldsymbol{x}_0) \leqslant T_{\max}=\frac{1}{\mu r_\mu}+\frac{1}{\nu r_\nu} \tag{4.7}$$

4.3 变增益快速 super - twisting 算法

在后续的有限时间姿态跟踪控制方案设计中,将采用 super - twisting 算法分别设计二阶滑模控制器和干扰估计器,以产生无抖振的连续控制信号或对系统总扰动进行实时估计。为了进一步提高闭环系统的收敛速度以及避免由于过

高的增益而导致抖振，先设计新型的快速自适应 super - twisting 算法，在加快原 super - twisting 算法的收敛速度的同时实现增益自适应调节。传统的 super - twisting 算法结构为

$$\begin{cases} \dot{s}(t) = -\alpha |s|^{1/2}\operatorname{sgn}(s) + z \\ \dot{z}(t) = -\beta\operatorname{sgn}(s) + f(t) \end{cases} \tag{4.8}$$

算法中包含两个固定的鲁棒增益 $\alpha>0$ 和 $\beta>0$，其中，s 是滑模变量，$f(t)$ 是有界干扰。由于开关函数 sgn(·)隐藏在积分后，因此基于该算法的控制律具有削弱抖振的特点。幂次项增益 α 和开关函数项增益 β 共同决定着算法的性能。

在较早的文献中，super - twisting 算法的稳定性和增益选择，需要对相平面上的状态轨迹进行分段几何讨论[28]，加以分析和证明。此外，也有利用齐次性原理进行研究的例子[19,20]。随着一类李雅普诺夫函数被发现[33-35]，稳定性证明的难度和复杂度得到显著简化，促进了该算法研究的进一步发展，尤其在增益的自适应调节问题上，获得了研究者的极大的关注。

现有的自适应 super - twisting 算法可以粗略地分为两类：第一类算法根据滑模变量偏离滑模面的"距离"调节增益大小[36-39]，若滑模变量不为零，则说明系统尚未进入滑动模态，此时持续调高增益确保滑模可达条件成立，直到系统进入滑动模态后，停止调节并保持增益为常值。这类方法可用于干扰上界未知的情况，自适应增益是关于时间的递增函数，显然该方法存在"过估计"问题，当干扰上界减小后仍保持不必要的过高增益。为此一些学者引入了"真滑模"概念，在滑模变量和增益大小满足一定条件时降低增益，但在解决"过估计"问题的同时损害了算法的收敛精度，仅能使滑模变量在有限时间进入到包含滑模面的邻域内[40]。第二类算法则尝试获取"任意时刻保持滑动模态的最小增益"，Utkin[41]通过在自适应律中引入等效控制信号实现了这个目标。Edwards 基于相同的思想，提出了双层自适应律获取保持滑模的最小增益，先后构造了具有单个自适应增益参数[42]和两个自适应参数[43]的类 super - twisting 算法，针对上界未知且时变的干扰，可实现二阶理想滑模，使滑模变量及其导数在有限时间收敛为 0。

本节在 Edwards 提出的算法结构基础上，探索加快收敛速度的有效方案，提出两种不同的变增益快速 super - twisting 算法，两种算法分别通过快速终端滑模趋近律和引入线性项加快收敛速度，还对原算法中的附加时变增益项和双层自适应律进行了相应的修正，利用二次型李雅普诺夫函数证明了算法的稳定性并给出了固定参数取值方法。通过仿真算例验证了新算法良好的收敛特性，对存在有限个不连续点的时变干扰具有更强的鲁棒性。

4.3.1 变增益 super - twisting 算法

文献[43]提出的变增益 super - twisting 结构为

$$\begin{cases}\dot{s}(t) = -\alpha(t)\,|s(t)|^{1/2}\mathrm{sgn}(s(t)) + z(t) + \phi(s,L) \\ \dot{z}(t) = -\beta(t)\mathrm{sgn}(s(t)) + f(t)\end{cases} \tag{4.9}$$

式中:$s,z\in\mathbb{R}$,不确定/扰动项 $f(t)$ 未知并有界,即 $|f(t)|<a_0$;变增益 $\alpha(t)>0$,$\beta(t)>0$,为关于时变标量 $L(t)>l_0>0$ 的函数,即

$$\alpha(t) = \sqrt{L(t)}\alpha_0 \tag{4.10}$$

$$\beta(t) = L(t)\beta_0 \tag{4.11}$$

其中:α_0 和 β_0 为正实数,通过选择不同的值可调节系统(4.9)的动态品质。与传统的super - twisting结构相比,式(4.9)中增加了一项 $\phi(s,L)$,具体形式为

$$\phi(s,L) = -\frac{\dot{L}(t)}{L(t)}s(t) \tag{4.12}$$

可见,当 $L(t)$ 保持不变时,$\dot{L}(t)=0$ 进而有 $\phi(s,L)=0$,变增益 super - twisting 结构退化为传统的定参数 super - twisting 结构。

当 $L(t)>a_0$,并选择 $\beta_0>1$,$\alpha_0=2\sqrt{2\beta_0}$ 时,可以证明式(4.9)所示的结构能实现 2 阶滑模,即在有限时间使得 $s(t)=\dot{s}(t)=0$,若选择李雅普诺夫函数为

$$V = \boldsymbol{x}^{\mathrm{T}}\boldsymbol{P}\boldsymbol{x} \tag{4.13}$$

式中:$\boldsymbol{x}=[\sqrt{L(t)}\,|s(t)|^{1/2}\mathrm{sgn}(s(t)) \quad z]^{\mathrm{T}}$;$\boldsymbol{P}$ 为任意的对称正定矩阵。

整定时间函数 $T(\boldsymbol{x}_0)$ 满足

$$T(\boldsymbol{x}_0) \leqslant \frac{2}{\gamma_1}V^{1/2}(0) \tag{4.14}$$

式中:$\gamma_1=\varepsilon_0 l_0\sqrt{\lambda_{\min}(P)}$,$\varepsilon_0$ 为与 α_0、β_0 有关的正实数,$\lambda_{\min}(\boldsymbol{P})$ 为矩阵 $\boldsymbol{P}$ 的最小特征值。

下面将给出本节最重要的成果:基于式(4.9)所示的结构给出两种改进型变增益super - twisting算法,与原结构相比,改进型算法具有更小的整定时间函数 $T(\boldsymbol{x}_0)$。

4.3.2 第一种变增益快速 super - twisting 算法

第一种改进型的 super - twisting 结构为

$$\begin{cases}\dot{s}(t) = -\alpha(t)[\,|s(t)|^{1/2}\mathrm{sgn}(s(t)) + ks(t)] + z + \phi(s,L) \\ \dot{z}(t) = -\beta(t)[\mathrm{sgn}(s(t)) + 3k\,|s(t)|^{1/2}\mathrm{sgn}(s(t)) + 2k^2 s] + f(t)\end{cases} \tag{4.15}$$

式中：k 为常值控制参数，$k>0$；时变增益 $\alpha(t)$ 和 $\beta(t)$ 与原结构相同，分别取式(4.10)和式(4.11)；$\phi(s,L)$ 变为

$$\phi(s,L)=-\frac{\dot{L}(t)}{L(t)}\left(1-\frac{k|s(t)|^{1/2}}{1+2k|s(t)|^{1/2}}\right)s(t) \tag{4.16}$$

注释 4.1 结构(4.15)与原结构(4.9)相比，不同点是从趋近律技术的思想出发，用特殊的快速终端滑模型趋近律 $|s(t)|^{1/2}\operatorname{sgn}(s(t))+ks(t)$ 取代了原来的幂次趋近律 $|s(t)|^{1/2}\operatorname{sgn}(s(t))$，以此加快滑模变量的收敛速度。

为便于分析系统的稳定性，进行坐标变换

$$\boldsymbol{x}=\begin{bmatrix}x_1\\x_2\end{bmatrix}=\begin{bmatrix}\sqrt{L}(|s|^{1/2}\operatorname{sgn}(s)+ks)\\z\end{bmatrix} \tag{4.17}$$

因为 $\frac{\mathrm{d}}{\mathrm{d}t}|s|=\dot{s}\operatorname{sgn}(s)$，则有

$$\begin{aligned}\dot{x}_1&=\frac{\dot{L}}{2\sqrt{L}}(|s|^{1/2}\operatorname{sgn}(s)+ks)+\sqrt{L}\left(\frac{1}{2|s|^{1/2}}+k\right)\dot{s}\\&=-\alpha\left(\frac{1}{2|s|^{1/2}}+k\right)x_1+\sqrt{L}\left(\frac{1}{2|s|^{1/2}}+k\right)z\\&\quad+\frac{\dot{L}}{2\sqrt{L}}(|s|^{1/2}\operatorname{sgn}(s)+ks)+\sqrt{L}\left(\frac{1}{2|s|^{1/2}}+k\right)\phi\\&=\left(\frac{1}{2|s|^{1/2}}+k\right)(-\alpha x_1+\sqrt{L}z)\end{aligned} \tag{4.18}$$

上式的推导中应用了下列等式，代入 ϕ 的定义式(4.16)，可验算该等式成立，即

$$\frac{\dot{L}}{2\sqrt{L}}(|s|^{1/2}\operatorname{sgn}(s)+ks)+\sqrt{L}\left(\frac{1}{2|s|^{1/2}}+k\right)\phi=0$$

根据式(4.15)可得

$$\begin{aligned}\dot{x}_2=\dot{z}&=-\beta[\operatorname{sgn}(s)+3k|s|^{1/2}\operatorname{sgn}(s)+2k^2s]+f\\&=-\beta\left(\frac{1}{|s|^{1/2}}+2k\right)(|s|^{1/2}\operatorname{sgn}(s)+ks)+f\\&=-\left(\frac{1}{|s|^{1/2}}+2k\right)\frac{\beta}{\sqrt{L}}\boldsymbol{x}_1+f\end{aligned} \tag{4.19}$$

综合式(4.18)和式(4.19)，在新坐标中系统方程为

$$\begin{cases}\dot{x}_1=\sqrt{L}\left(\frac{1}{|s|^{1/2}}+2k\right)\left(-\frac{\alpha}{2\sqrt{L}}x_1+\frac{1}{2}z\right)\\\dot{x}_2=\sqrt{L}\left(\frac{1}{|s|^{1/2}}+2k\right)\left(-\frac{\beta}{L}x_1+\tilde{f}\right)\end{cases} \tag{4.20}$$

$\tilde{f}(t)$的定义为

$$\tilde{f}(t)=\frac{|s|^{1/2}f(t)}{\sqrt{L}(1+2k|s|^{1/2})} \tag{4.21}$$

注意到

$$|x_1|=\sqrt{L}(|s|^{1/2}+k|s|)=\sqrt{L}|s|^{1/2}(1+k|s|^{1/2}) \tag{4.22}$$

则$\tilde{f}(t)$的绝对值满足

$$\begin{aligned}|\tilde{f}(t)|&=\frac{|s|^{1/2}}{\sqrt{L}(1+2k|s|^{1/2})}|f(t)|=\frac{|x_1|}{L(1+3k|s|^{1/2}+2k^2|s|)}|f(t)|\\&\leqslant\frac{|f(t)|}{L}|x_1|\end{aligned} \tag{4.23}$$

考虑时变参数$\alpha(t)$和$\beta(t)$的具体形式，系统方程式(4.20)的矩阵表示为

$$\dot{\boldsymbol{x}}=\sqrt{L}\left(\frac{1}{|s|^{1/2}}+2k\right)(\boldsymbol{A}_0x+\boldsymbol{B}_0\tilde{f}) \tag{4.24}$$

式中

$$\boldsymbol{A}_0=\begin{bmatrix}-\frac{1}{2}\alpha_0 & \frac{1}{2}\\ -\beta_0 & 0\end{bmatrix},\quad \boldsymbol{B}_0=[0\quad 1]^{\mathrm{T}}$$

定理 4.1 假设时变参数$L(t)$满足$L(t)>a_0\geqslant|f(t)|$，如果式(4.10)和式(4.11)中的增益α_0和β_0取值，使得满足式(4.25)的正定对称矩阵$\boldsymbol{P}$存在

$$\boldsymbol{PA}_0+\boldsymbol{A}_0^{\mathrm{T}}\boldsymbol{P}+\boldsymbol{PB}_0\boldsymbol{B}_0^{\mathrm{T}}\boldsymbol{P}+\boldsymbol{C}_0^{\mathrm{T}}\boldsymbol{C}_0<-\varepsilon_0\boldsymbol{P} \tag{4.25}$$

式中：$\boldsymbol{C}_0=[1\quad 0]$；$\varepsilon_0>0$。

则结构(4.15)在有限时间内实现2阶滑模运动，$s(t)=\dot{s}(t)=0$，整定时间函数满足

$$T(\boldsymbol{x}_0)\leqslant\frac{2}{\gamma_2}\ln\left(1+\frac{\gamma_2}{\gamma_1}V^{1/2}(0)\right) \tag{4.26}$$

式中：$\gamma_1=\varepsilon_0 l_0\lambda_{\min}^{1/2}(P)$；$\gamma_2=2\varepsilon_0 l_0^{1/2}k$。

证明：选择李雅普诺夫函数为$V=\frac{1}{2}\boldsymbol{x}^{\mathrm{T}}\boldsymbol{Px}$，沿系统轨线求导得

$$\begin{aligned}\dot{V}&=\sqrt{L}\left(\frac{1}{|s|^{1/2}}+2k\right)[\boldsymbol{x}^{\mathrm{T}}(\boldsymbol{A}_0^{\mathrm{T}}\boldsymbol{P}+\boldsymbol{PA}_0)x+2\boldsymbol{x}^{\mathrm{T}}\boldsymbol{PB}_0\tilde{f}]\\&=\sqrt{L}\left(\frac{1}{|s|^{1/2}}+2k\right)[\boldsymbol{x}^{\mathrm{T}}(\boldsymbol{A}_0^{\mathrm{T}}\boldsymbol{P}+\boldsymbol{PA}_0+\boldsymbol{PB}_0\boldsymbol{B}_0^{\mathrm{T}}\boldsymbol{P})\boldsymbol{x}-(\boldsymbol{x}^{\mathrm{T}}\boldsymbol{PB}_0-\tilde{f})^2+\tilde{f}^2]\\&\leqslant\sqrt{L}\left(\frac{1}{|s|^{1/2}}+2k\right)[\boldsymbol{x}^{\mathrm{T}}(\boldsymbol{A}_0^{\mathrm{T}}\boldsymbol{P}+\boldsymbol{PA}_0+\boldsymbol{PB}_0\boldsymbol{B}_0^{\mathrm{T}}\boldsymbol{P})\boldsymbol{x}+\tilde{f}^2]\end{aligned}$$

根据式(4.23)，并结合假设条件 $L(t)>a_0\geqslant|f(t)|$，可知

$$|\tilde{f}(t)|\leqslant\frac{|f(t)|}{L(t)}|x_1|\leqslant|x_1|$$

$$\dot{V}\leqslant\sqrt{L}\left(\frac{1}{|s|^{1/2}}+2k\right)[\boldsymbol{x}^{\mathrm{T}}(\boldsymbol{A}_0^{\mathrm{T}}\boldsymbol{P}+\boldsymbol{P}\boldsymbol{A}_0+\boldsymbol{P}\boldsymbol{B}_0\boldsymbol{B}_0^{\mathrm{T}}\boldsymbol{P})\boldsymbol{x}+x_1^2]$$

$$=\sqrt{L}\left(\frac{1}{|s|^{1/2}}+2k\right)\boldsymbol{x}^{\mathrm{T}}(\boldsymbol{A}_0^{\mathrm{T}}\boldsymbol{P}+\boldsymbol{P}\boldsymbol{A}_0+\boldsymbol{P}\boldsymbol{B}_0\boldsymbol{B}_0^{\mathrm{T}}\boldsymbol{P}+\boldsymbol{C}_0^{\mathrm{T}}\boldsymbol{C}_0)\boldsymbol{x}$$

当增益 α_0 和 β_0 的取值满足式(4.25)时，有

$$\dot{V}\leqslant-\frac{\varepsilon_0\sqrt{L}}{|s|^{1/2}}V-2\varepsilon_0\sqrt{L}kV$$

注意到根据

$$\lambda_{\min}(\boldsymbol{P})\|\boldsymbol{x}\|_2^2\leqslant V\leqslant\lambda_{\max}(\boldsymbol{P})\|\boldsymbol{x}\|_2^2,\sqrt{L}|s|^{1/2}<|x_1|<\|\boldsymbol{x}\|$$

可以推出

$$|s|^{1/2}\leqslant\sqrt{\frac{V}{\lambda_{\min}(\boldsymbol{P})L}}$$

进一步有

$$\dot{V}\leqslant-\varepsilon_0L\lambda_{\min}^{1/2}(\boldsymbol{P})V^{1/2}-2\varepsilon_0L^{1/2}kV\leqslant-\gamma_1V^{1/2}-\gamma_2V \tag{4.27}$$

式(4.27)中参数 $\gamma_1,\gamma_2>0$，根据引理4.1可知，有限时间内有 $\boldsymbol{x}(t)=0$ 成立，$T(\boldsymbol{x}_0)$ 满足式(4.26)。根据 $\boldsymbol{x}(t)$ 的定义式(4.17)进一步可知，有 $s(t)=0$ 和 $z(t)=0$ 成立，再根据式(4.15)，$\dot{s}(t)=0$ 也成立。

4.3.3 第二种变增益快速 super - twisting 算法

第二种改进型的 super - twisting 结构为

$$\begin{cases}\dot{s}(t)=-\alpha(t)|s(t)|^{1/2}\mathrm{sgn}(s(t))-\eta(t)s(t)+z(t)+\phi(s,z,L)\\ \dot{z}(t)=-\beta(t)\mathrm{sgn}(s(t))-\kappa(t)s(t)+f(t)\end{cases} \tag{4.28}$$

式中：$\alpha(t)$、$\beta(t)$ 与原结构相同，分别取式(4.10)和式(4.11)；$\eta(t)$、$\kappa(t)$ 和 $\phi(s,z,L)$ 分别为

$$\eta(t)=L^n(t)\eta_0 \tag{4.29}$$

$$\kappa(t)=L^{2n}(t)\kappa_0 \tag{4.30}$$

$$\phi(s,z,L)=-\frac{\dot{L}(t)}{L(t)}\left(1-\frac{\varpi_{\mathrm{num}}(s,z,L)}{\varpi_{\mathrm{den}}(s,z,L)}\right)s \tag{4.31}$$

式(4.31)中的 ϖ_1 和 ϖ_2 分别定义为

$$\varpi_{\text{num}}(s,z,L)=(1-n)L^{2n-1}(2\kappa_0+\eta_0^2)|s|^{3/2}\text{sgn}(s)$$
$$+(1-n)L^{n-0.5}\alpha_0\eta_0 s+(n-1)L^{n-1}\eta_0 z|s|^{1/2} \quad (4.32)$$

$$\varpi_{\text{den}}(s,z,L)=\left(2\beta_0+\frac{\alpha_0^2}{2}\right)|s|^{1/2}\text{sgn}(s)+L^{2n-1}(2\kappa_0+\eta_0^2)|s|^{3/2}\text{sgn}(s)$$
$$+\frac{3}{2}L^{n-0.5}\alpha_0\eta_0 s-\frac{\alpha_0}{2\sqrt{L}}z-L^{n-1}\eta_0 z|s|^{1/2} \quad (4.33)$$

注释 4.2 结构(4.28)与结构(4.15)的相比,不同点在于算法的被积分项中取消了幂次项$|s(t)|^{1/2}\text{sgn}(s(t))$,相当于仅在原结构(4.9)中增加线性项来加快收敛速度。当式(4.29)和式(4.30)中的$n=1$时,有$\varpi_{\text{num}}=0$成立,此时$\phi(s,z,L)$为比较简单的形式——式(4.12)。

定理 4.2 假设时变参数$L(t)$满足$L(t)>a_0\geqslant|f(t)|$,若式(4.10)、式(4.11)和式(4.29)~式(4.33)中的常参数α_0、β_0和η_0取值能使矩阵$\boldsymbol{Q}$、$\boldsymbol{B}$和$\boldsymbol{P}$正定,$\boldsymbol{Q}$、$\boldsymbol{B}$和$\boldsymbol{P}$分别定义为

$$\boldsymbol{Q}=\boldsymbol{A}-\boldsymbol{C} \quad (4.34)$$

$$\boldsymbol{B}=\eta_0\begin{bmatrix}\beta_0+2\alpha_0^2 & 0 & 0\\ * & \kappa_0+\eta_0^2 & -\eta_0\\ * & * & 1\end{bmatrix} \quad (4.35)$$

$$\boldsymbol{P}=\frac{1}{2}\begin{bmatrix}4\beta_0+\alpha_0^2 & \alpha_0\eta_0 & -\alpha_0\\ * & 2\kappa_0+\eta_0^2 & -\eta_0\\ * & * & 2\end{bmatrix} \quad (4.36)$$

$$\boldsymbol{A}=\frac{\alpha_0}{2}\begin{bmatrix}2\beta_0+\alpha_0^2 & 0 & -\alpha_0\\ * & 2\kappa_0+5\eta_0^2 & -3\eta_0\\ * & * & 1\end{bmatrix} \quad (4.37)$$

$$\boldsymbol{C}=\begin{bmatrix}-\alpha_0\vartheta & -\frac{1}{2}\eta_0\vartheta & \vartheta\\ * & 0 & 0\\ * & * & 0\end{bmatrix},\quad \vartheta=\frac{f(t)\text{sgn}(s)}{L(t)} \quad (4.38)$$

则变增益快速 super - twisting 算法(4.28)在有限时间内实现 2 阶滑模运动,$\boldsymbol{S}(t)=\dot{\boldsymbol{S}}(t)=\boldsymbol{0}$。并且整定时间函数满足式(4.26),其中

$$\gamma_1=L\frac{\lambda_{\min}(\boldsymbol{A}-\boldsymbol{C})\lambda_{\min}^{1/2}(\boldsymbol{P})}{\lambda_{\max}(\boldsymbol{P})},\gamma_2=L^n\frac{\lambda_{\min}(\boldsymbol{B})}{\lambda_{\min}(\boldsymbol{P})}$$

证明:选择李雅普诺夫函数为

$$V = 2L(t)\beta_0 |s| + L^{2n}(t)\kappa_0 s^2 + \frac{1}{2}z^2$$

$$+ \frac{1}{2}(\sqrt{L(t)}\alpha_0 |s|^{1/2}\mathrm{sgn}(s) + L^n(t)\eta_0 s - z)^2 \tag{4.39}$$

式(4.39)也可写成如下二次型形式

$$V = \boldsymbol{\xi}^{\mathrm{T}}\boldsymbol{P}\boldsymbol{\xi} \tag{4.40}$$

式中:$\boldsymbol{\xi} = [\sqrt{L}|s|^{1/2}\mathrm{sgn}(s) \quad L^n s \quad z]^{\mathrm{T}}$;矩阵 $\boldsymbol{P}$ 如式(4.36)所示。

对李雅普诺夫函数求导可得

$$\begin{aligned}
\dot{V} = & 2\dot{L}(\beta_0 |s| + nL^{2n-1}\kappa_0 s^2) \\
& + \dot{L}(\alpha |s|^{1/2}\mathrm{sgn}(s) + \eta s - z)\left(\frac{1}{2\sqrt{L}}\alpha_0 |s|^{1/2}\mathrm{sgn}(s) + nL^{n-1}\eta_0 s\right) \\
& + 2\phi(\beta\mathrm{sgn}(s) + \kappa s) + \phi(\alpha |s|^{1/2}\mathrm{sgn}(s) + \eta s - z)\left(\frac{\alpha}{2|s|^{1/2}} + \eta\right) \\
& + 2\beta\mathrm{sgn}(s)\dot{s}_1 + 2\kappa s\dot{s}_1 + z\dot{z} \\
& + (\alpha |s|^{1/2}\mathrm{sgn}(s) + \eta s - z)\left(\frac{\alpha}{2|s|^{1/2}}\dot{s}_1 + \eta\dot{s}_1 - \dot{z}\right)
\end{aligned}$$

式中:$\dot{s}_1 = -\alpha|s|^{1/2}\mathrm{sgn}(s) - \eta s + z$。结合 ϕ 的定义式(4.31),前四项之和为零,写为二次型形式

$$\dot{V} = -\frac{\sqrt{L}}{|s|^{1/2}}\boldsymbol{\xi}^{\mathrm{T}}\boldsymbol{A}\boldsymbol{\xi} - L^n\boldsymbol{\xi}^{\mathrm{T}}\boldsymbol{B}\boldsymbol{\xi} - \alpha|s|^{1/2}\mathrm{sgn}(s)f(t) - \eta s f(t) + 2zf(t) \tag{4.41}$$

式中:矩阵 $\boldsymbol{A}$ 和 $\boldsymbol{B}$ 分别如式(4.37)和式(4.35)所示,注意到

$$\frac{\sqrt{L}}{|s|^{1/2}}\boldsymbol{\xi}^{\mathrm{T}}\boldsymbol{C}\boldsymbol{\xi} = -\alpha|s|^{1/2}\mathrm{sgn}(s)f(t) - \eta s f(t) + 2zf(t) \tag{4.42}$$

其中:矩阵 $\boldsymbol{C}$ 如式(4.38)所示。

根据式(4.41)和式(4.42)可得

$$\dot{V} = -\frac{\sqrt{L}}{|s|^{1/2}}\boldsymbol{\xi}^{\mathrm{T}}(\boldsymbol{A} - \boldsymbol{C})\boldsymbol{\xi} - L^n\boldsymbol{\xi}^{\mathrm{T}}\boldsymbol{B}\boldsymbol{\xi} \tag{4.43}$$

如果 α_0、β_0、η_0、κ_0 选择合适的取值使矩阵 $\boldsymbol{A} - \boldsymbol{C}$ 和 $\boldsymbol{B}$ 正定,则由式(4.43)可得

$$\dot{V} \leqslant -\frac{\sqrt{L}}{|s|^{1/2}}\lambda_{\min}(\boldsymbol{A} - \boldsymbol{C})\|\boldsymbol{\xi}\|^2 - L^n\lambda_{\min}(\boldsymbol{B})\|\boldsymbol{\xi}\|^2 \tag{4.44}$$

式中:$\lambda_{\min}(\boldsymbol{A} - \boldsymbol{C}) > 0$,$\lambda_{\min}(\boldsymbol{B}) > 0$ 分别为矩阵 $\boldsymbol{A} - \boldsymbol{C}$ 和 $\boldsymbol{B}$ 的最小特征值。

考虑到李雅普诺夫函数 V 和矢量 $\boldsymbol{\xi}$ 满足

$$\|\boldsymbol{\xi}\|^2 \geqslant \frac{V}{\lambda_{\max}(\boldsymbol{P})} \tag{4.45}$$

$$\sqrt{L}|s|^{1/2} = |\xi_1| \leqslant \|\xi\| \leqslant \frac{V^{1/2}}{\lambda_{\min}^{1/2}(\boldsymbol{P})} \tag{4.46}$$

由式(4.44)~式(4.46)可得

$$\dot{V} \leqslant -L\frac{\lambda_{\min}(\boldsymbol{A}-\boldsymbol{C})\lambda_{\min}^{1/2}(\boldsymbol{P})}{\lambda_{\max}(\boldsymbol{P})}V^{1/2} - L^n\frac{\lambda_{\min}(\boldsymbol{B})}{\lambda_{\min}(\boldsymbol{P})}V = -\gamma_1 V^{1/2} - \gamma_2 V \tag{4.47}$$

式中:$\gamma_1, \gamma_2 > 0$。

由引理4.1可知,在有限时间内 $\xi(t)=0$ 成立,整定时间函数满足式(4.26)。根据$\xi(t)$的定义进一步可知,此时有 $s(t)=0$ 和 $z(t)=0$ 成立,再根据式(4.28),$\dot{s}(t)=0$ 也成立。

注释4.3 两种变增益快速 super-twisting 算法(4.15)和算法(4.28)的整定时间函数上限均为 $T_{\sup}^{\mathrm{F}} = \frac{2}{\gamma_2}\ln\left(1+\frac{\gamma_2}{\gamma_1}V^{1/2}(0)\right)$,而原算法的整定时间函数上限为 $T_{\sup}^{\mathrm{O}} = \frac{2}{\gamma_1}V^{1/2}(0)$,可以推导出 $T_{\sup}^{\mathrm{F}}$ 和 $T_{\sup}^{\mathrm{O}}$ 的关系为 $T_{\sup}^{\mathrm{F}} = \frac{\ln(1+\mu)}{\mu}T_{\sup}^{\mathrm{O}}$,其中 $\mu = \frac{\gamma_2}{\gamma_1}V^{1/2}(0)$。注意到 $\mu > 0$ 恒成立,因此 $\frac{\ln(1+\mu)}{\mu} < 1$,进而有 $T_{\sup}^{\mathrm{F}} \leqslant T_{\sup}^{\mathrm{O}}$ 成立。通过以上分析可见,新算法的收敛时间小于原算法,且初始状态偏离平衡点越远,新算法对收敛速度的提高越明显。

4.3.4 常值参数的取值

定理4.1和定理4.2说明:在时变参数 $L(t)$ 满足假设的前提下,选择合适的常值参数取值,可以使算法(4.15)与算法(4.28)在有限时间内实现2阶滑模。接下来详细介绍常值控制参数的选取方法。

对于算法(4.15),参数 $k \geqslant 0$ 时具备有限时间收敛特性,k 越大,收敛时间越短,当 $k=0$ 时,算法退化为原算法(4.9)。再根据有界实引理[44]:若 $\boldsymbol{A}_0$ 为赫尔维茨矩阵,$[\boldsymbol{A}_0, \boldsymbol{B}_0, \boldsymbol{C}_0]$ 为最小实现,不等式条件式(4.25)等价于频域约束 $\|H(p)\|_\infty < 1$,其中,$p \in ₤$ 为复变量,传递函数

$$H(p) = \boldsymbol{C}_0(p\boldsymbol{I} - \boldsymbol{A}_0)^{-1}\boldsymbol{B}_0 = \frac{1}{2p^2 + \alpha_0 p + \beta_0} \tag{4.48}$$

根据式(4.48)可知,$\beta_0 > 1$ 时,频域约束条件恒成立。因此不妨取 $\alpha_0 = 2\sqrt{2\beta_0}$,这样传递函数有两个相同的极点 $-\sqrt{\beta_0/2}$,也保证了 $\boldsymbol{A}_0$ 为赫尔维茨矩阵。

对于算法(4.28),根据舒尔(Schur)补引理,矩阵 $\boldsymbol{Q}$、$\boldsymbol{B}$ 和 $\boldsymbol{P}$ 正定等价于9个不等式约束条件。当 $|\vartheta| \leqslant 1$ 时,通过推导简化得到

$$\begin{cases}\alpha_0 > 5^{1/4}, \eta_0 > 0, \beta_0 > 1, \\ \kappa_0 > \dfrac{8\eta_0^2\beta_0 + 22\eta_0^2 + 9\alpha_0^2\eta_0^2}{4(\beta_0 - 1)}\end{cases} \tag{4.49}$$

当控制参数满足式(4.49)时,定理4.2的条件成立。

4.3.5 变增益的在线调节

定理4.1和定理4.2中均含有假设条件 $L(t) > a_0 \geqslant |f(t)|$,说明时变控制参数 $L(t)$ 必须大于时变扰动项 $f(t)$ 的绝对值。现在的问题是如何设计 $L(t)$ 的自适应律以满足这一条件。文献[42-43]借助等效控制[45]的概念提出了一种双层自适应律,使增益 $L(t)$ 随未知干扰 $f(t)$ 的变化而适度地调节大小,在确保任意时刻有 $L(t) > |f(t)|$ 的同时 $L(t)$ 是有界的,本节在此基础上对该双层自适应律进行适当修正,以适用于前文提出的两种变增益快速 super-twisting 算法。

当系统(4.15)或系统(4.28)进入理想滑模运动阶段时,有 $\dot{z} \equiv 0$,进而开关项 $\beta(t)\mathrm{sgn}(s)$ 的平均值满足

$$u_{\mathrm{eq}} = \beta(t)[\mathrm{sgn}(s(t))]_{\mathrm{eq}} + y(s) = f(t) \tag{4.50}$$

对于式(4.15)和式(4.28)所示的结构,$y(s)$ 分别取

$$y(s) = \begin{cases}\beta(t)(3k|s(t)|^{1/2}\mathrm{sgn}(s(t)) + 2k^2 s) \\ \kappa(t)s(t)\end{cases} \tag{4.51}$$

$[\mathrm{sgn}(s(t))]_{\mathrm{eq}}$ 为保持系统轨迹在滑模面上的开关函数 $\mathrm{sgn}(s(t))$ 的平均值,显然 $[\mathrm{sgn}(s(t))]_{\mathrm{eq}} \in (0,1]$。将 u_{eq} 理解为等效控制,有助于分析滑模面上降阶系统的运动特性,虽然等效控制 u_{eq} 只是理论上抽象出来的概念,但可以利用低通滤波器对其进行在线估计:

$$\begin{cases}\dot{\sigma}(t) = \dfrac{1}{\tau}(\mathrm{sgn}(s(t)) - \sigma(t)) \\ \hat{u}_{\mathrm{eq}}(t) = \beta(t)\sigma(t) + y(s)\end{cases} \tag{4.52}$$

式中:τ 为滤波器时间常数,$0 < \tau = 1$;σ 为 $[\mathrm{sgn}(s)]_{\mathrm{eq}}$ 的估计值。τ 越小,估计就越准确。定义估计误差为

$$\varsigma(\tau) = [\mathrm{sgn}(s)]_{\mathrm{eq}} - \sigma \tag{4.53}$$

当 $\tau \to 0$ 时,$\varsigma(\tau) \to 0$。这说明:至少在理论上来讲,σ 与 $[\mathrm{sgn}(s)]_{\mathrm{eq}}$ 间的误差可以任意小。结合式(4.50)与式(4.52),通过对开关函数 $\mathrm{sgn}(s)$ 滤波,可以获得未知干扰 $f(t)$ 的实时估计 $\hat{u}_{\mathrm{eq}}$。下面给出的双层自适应律就利用该信息调节增益 $L(t)$,在确保 $L(t) > |f(t)|$ 的同时使其尽量小。

设时变增益为

$$L(t)=l_0+l(t) \tag{4.54}$$

式中：l_0 为常值参数，$l_0>0$；$l(t)$ 为时变参数，其导数定义为

$$\dot{l}(t)=-\rho(t)\operatorname{sgn}(\delta(t)) \tag{4.55}$$

时变增益定义为

$$\rho(t)=r_0+r(t) \tag{4.56}$$

式中：r_0 为常值参数，$r_0>0$；$r(t)$ 为时变参数，其导数定义为

$$\dot{r}(t)=\gamma|\delta(t)| \tag{4.57}$$

其中：γ 为常值参数，$\gamma>0$。

式(4.55)和式(4.57)中的时变量定义为

$$\delta(t)=L(t)-\frac{1}{a\beta_0}|\hat{u}_{\mathrm{eq}}(t)|-\varepsilon \tag{4.58}$$

式中：a 为常值参数，$a>0$，同时满足 $0<\alpha\beta_0<1$，β_0 即是式(4.11)中的控制参数；ε 为非常小的常值标量，$\varepsilon>0$。

在之后的分析中可以看到，ε 和 a 选择合适的值是保证 $L(t)$ 满足控制算法要求的关键。

定理 4.3 假设不确定干扰项 $f(t)$ 满足约束 $|f(t)|\leqslant a_0<+\infty$ 和 $|\dot{f}(t)|\leqslant a_1<+\infty$，$a_0$ 和 a_1 为未知标量，式(4.52)所表示的低通滤波器理想工作，即 $\varsigma(\tau)=0$，则式(4.54)～式(4.58)所示的双层自适应律可以在有限时间内使得 $L(t)>|f(t)|$ 成立。

证明：根据式(4.50)、式(4.52)和式(4.53)，当 $\varsigma=0$ 时，$\delta(t)$ 可重写为

$$\delta(t)=L(t)-\frac{1}{a\beta_0}|f(t)|-\varepsilon \tag{4.59}$$

求其导数并乘以 $\delta(t)$，结合式(4.55)和式(4.56)可推导出

$$\begin{aligned}\delta(t)\dot{\delta}(t)&=\delta(t)\dot{l}(t)-\frac{\delta(t)}{a\beta_0}\frac{\mathrm{d}}{\mathrm{d}t}|f(t)|\\&\leqslant -r_0|\delta(t)|-r(t)|\delta(t)|+\frac{a_1}{a\beta_0}|\delta(t)|\end{aligned} \tag{4.60}$$

定义变量

$$e(t)=\frac{a_1}{a\beta_0}-r(t) \tag{4.61}$$

根据式(4.57)可得

$$\dot{e}(t)=-\dot{r}(t)=-\gamma|\delta(t)| \tag{4.62}$$

下面分析变量 $\delta(t)$ 和 $e(t)$ 的动态过程，选择李雅普诺夫函数

$$V=\frac{1}{2}\delta^2+\frac{1}{2\gamma}e^2 \tag{4.63}$$

沿 δ 和 e 的轨线求导可得

$$\dot{V}\leqslant\left(\frac{a_1}{a\beta_0}-r_0-r(t)-e(t)\right)|\delta(t)|=-r_0|\delta(t)| \tag{4.64}$$

根据拉萨尔不变原理，由式(4.64)可知 $\lim\limits_{t\to+\infty}\delta(t)=0$，对 $\forall t>0$，有 $|e(t)|\leqslant\sup\limits_{t>0}(e(t))<+\infty$。因此，一定存在时刻 t_0，当 $t>t_0$ 时，有 $|\delta(t)|<\varepsilon/2$，结合式(4.59)可得

$$L(t)>\frac{\varepsilon}{2}+\frac{1}{a\beta_0}|f(t)|>|f(t)| \tag{4.65}$$

注意上式成立的前提是 $0<a\beta_0<1$。

注释 4.4 定理 4.3 指出，在理想情况下($\varsigma=0$)，自适应律在有限时间内使 $L(t)>|f(t)|$。但在实际工程(或数值计算)中，低通滤波器必然存在估计误差($\varsigma\neq0$)，此时式(4.65)变为

$$L(t)>|f(t)-L(t)\beta_0\varsigma|+m(a,\varepsilon) \tag{4.66}$$

式中：$m(a,\varepsilon)$ 为安全裕量

$$m(a,\varepsilon)=\frac{1-a\beta_0}{a\beta_0}|\hat{u}_{\mathrm{eq}}(t)|+\frac{\varepsilon}{2}>0$$

即 $m(a,\varepsilon)$ 随着 a 的减小和 ε 的增大而增大。

由于 $|f(t)-L(t)\beta_0\varsigma|\leqslant|f(t)|+\beta_0|L(t)\varsigma|$，一定存在函数 $|\zeta(t)|\leqslant|L(t)\varsigma|$，使得

$$|f(t)-L(t)\beta_0\varsigma|=|f(t)|+\beta_0\zeta(t)$$

因此，式(4.66)变为

$$L(t)>|f(t)|+\beta_0\zeta(t)+m(a,\varepsilon) \tag{4.67}$$

选择足够大的 ε 和足够小的 a，使得 $m(a,\varepsilon)>|\beta_0\zeta(t)|$，就可以确保 $L(t)>|f(t)|$。

注释 4.5 在定理 4.3 的证明中，根据拉萨尔不变原理，还可以推论：自适应律的时变增益 $r(t)$ 和 $l(t)$ 是有界的，进而可知 $L(t)$ 也是有界的。

4.3.6 仿真与分析

通过数值仿真计算，分别对比式(4.9)、式(4.15)、式(4.28)以及文献[30]提出自适应 super - twisting 算法的收敛性能，其中，不确定性扰动为

$$f(t)=\begin{cases}-\cos t-0.5\cos 3t & (t\in[0,5))\\ -3\cos(t+0.78)-1.5\sin 3t & (t\in[5,+\infty))\end{cases}$$

为便于叙述,分别命名式(4.9)、式(4.15)、式(4.28)以及文献[30]的算法为 ADLST、$ADLST_1$、$ADLST_2$ 和 AGST 算法。算法中常值参数:$\beta_0 = 1.1$,$\alpha_0 = 2.97$,$k = 1$,$\eta_0 = 0.5$,$\kappa_0 = 68.75$。双层自适应律参数:$a = 0.86$,$\varepsilon = 0.05$,$\gamma = 10$,$r_0 = l_0 = 0.1$,$\tau = 0.001$。AGST 算法中的自适应增益设为 10。为了能更好地求解非连续微分方程,需要采用欧拉数值积分,固定积分步长为 10^{-3}s。仿真结果如图 4.1 和图 4.2 所示。

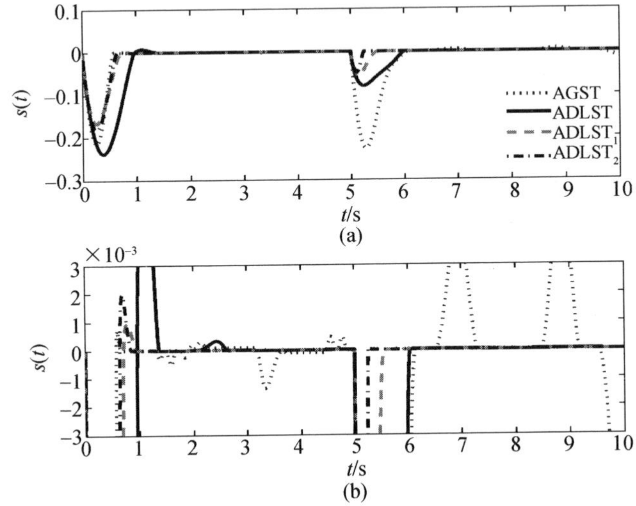

图 4.1 滑模变量响应曲线

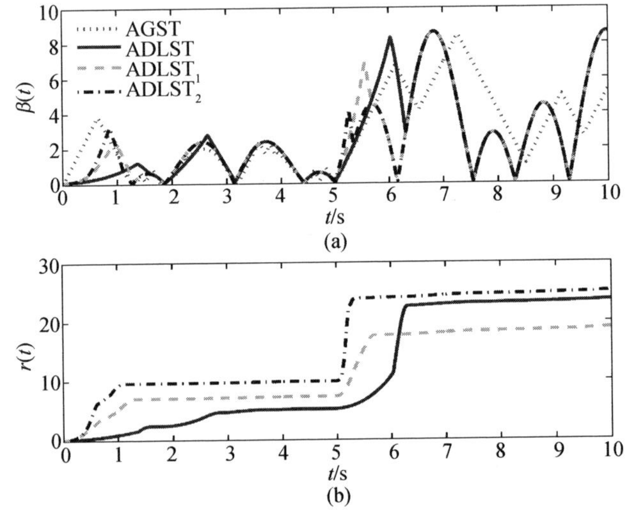

图 4.2 变增益 $\beta(t)$ 和 $r(t)$ 的变化曲线

图 4.1 为滑模辅助变量响应曲线，可以看出本书改进的两种快速 super-twisting 算法收敛时间较短。其中图 4.1(b) 展现了滑模面($s=0$)附近的变化细节，AGST 算法并未收敛到理想滑模面，说明该算法仅能实现“真滑动模态”(滑模变量在有限时间内收敛到原点的一个邻域内)。而本章提出的两种变增益快速 super-twisting 算法均能实现“理想滑模”。

图 4.2 为算法的增益变化曲线，其中图 4.2(a) 为 $\beta(t)$ 的变化曲线，可以看到 $ADLST_2$ 算法的增益曲线呈光滑连续的持续时间最长，与之形成对比的是 AGST 算法的增益曲线呈锯齿状变化，显然，光滑连续变化的控制增益对具有有限个不连续点的干扰具有更好的估计能力。干扰发生不连续跳变后，AGST 算法的控制增益与其他三种算法的控制增益相比，从时间上看有滞后性，说明基于等价控制的双层自适应律具有更强的抗扰能力，可以快速响应干扰的不连续变化。图 4.2(b) 为双层自适应律的自适应增益 $r(t)$ 的变化曲线，根据其定义，$r(t)$ 为单调递增函数，从图中可见，$r(t)$ 的变化是有界的，说明理论分析的结论是正确的。

4.4 双幂次组合函数趋近律

由于滑模控制的鲁棒性只在滑模运动阶段存在，因此在参数不确定性和外部扰动的情况下，为了实现高精度的姿态跟踪，引入趋近律技术以缩短系统处于滑模趋近阶段的时间。为此，在现有趋近律技术的基础上，提出一种新型双幂次组合函数趋近律。

文献[18]和文献[46]分别提出了快速幂次趋近律和双幂次趋近律

$$\dot{s} = -k_1 s - k_2 |s|^{1-\gamma}\operatorname{sgn}(s) \tag{4.68}$$

$$\dot{s} = -k_1 |s|^{1+\gamma}\operatorname{sgn}(s) - k_2 |s|^{1-\gamma}\operatorname{sgn}(s) \tag{4.69}$$

式中：$k_1, k_2 > 0$；$0 < \gamma < 1$，$s \in \mathbb{R}$(实数域)为滑模变量。

若不考虑外部干扰，上述两种趋近律均可以实现 2 阶滑模，即在有限时间内使得 $s = \dot{s} = 0$。系统初始状态到达滑模面的过程分为两个阶段：当系统状态远离滑模面，即 $|s| > 1$ 时，式(4.68)和式(4.69)的中右边第一项起主导作用；当系统状态接近滑模面时，即 $|s| < 1$ 时，式(4.68)和式(4.69)的中右边第二项起主导作用。

假设初始状态满足 $s(0) = s_0 > 1$，为分析比较上述两种趋近律的收敛时间，将趋近阶段分为两个阶段进行讨论：

第一阶段：$s(0) = s_0 \to s(t_1) = 1$。

取李雅普诺夫函数 $V = s^2$，结合式(4.68)和式(4.69)分别得到

$$\dot{V} = -2k_1 V - 2k_2 V^{1-\gamma/2} \tag{4.70}$$

$$\dot{V} = -2k_1 V^{1+\gamma/2} - 2k_2 V^{1-\gamma/2} \tag{4.71}$$

对比式(4.70)和式(4.71)可以看出,只有等号右侧第一项存在差异,而在该阶段,两种趋近律都是等号右侧第一项起主导作用,因此,只需分析第一项就可以比较它们的收敛时间。

忽略等号右侧第二项,分别对式(4.70)和式(4.71)两边求积分,可得

$$V(t) = V_0 \exp(-2k_1 t) \tag{4.72}$$

$$V^{-\gamma/2}(t) = V_0^{-\gamma/2} + \gamma k_1 t \tag{4.73}$$

将 $V(t_1) = s^2(t_1) = 1$ 分别代入式(4.72)和式(4.73),计算得 $s_0 \to 1$ 所需时间分别为

$$t_{s1} = -\frac{\ln(1-x)}{k_1 \gamma} \tag{4.74}$$

$$t_{d1} = \frac{x}{k_1 \gamma} \tag{4.75}$$

式中:$x = 1 - V_0^{-\gamma/2}$。

因为对数函数满足 $-\ln(1-x) > x$,所以可以确定 $t_{s1} > t_{d1}$。这说明在第一阶段($|s(t)| > 1$),双幂次趋近律(4.71)具有更快的收敛速度。

第二阶段:$s(t_1) = 1 \to s(T) = 0$。

此时,式(4.70)和式(4.71)的第二项起主导作用。由于两式中第二项相同,比较这个阶段的收敛时间应同时考虑所有项。快速幂次和双幂次趋近律收敛到原点所需时间分别为[47]

$$T = \frac{1}{k_1 \gamma} \ln\left(1 + \frac{k_1}{k_2} |s_0|^{\gamma}\right) \tag{4.76}$$

$$T = -\frac{|s_0|^{-\gamma}}{\gamma} k_1^{-\gamma/(1+\gamma)} \cdot F\left(1, \frac{1}{2}; \frac{3}{2}; -\frac{k_2}{k_1} |s_0|^{-2\gamma}\right) \tag{4.77}$$

式中:$F(\cdot)$ 为高斯超几何函数,其定义为[48]

$$F(\alpha, \beta; \gamma; z) = \sum_{n=0}^{\infty} \frac{(\alpha)_n (\beta)_n}{(\gamma)_n n!} z^n = 1 + \frac{\alpha\beta}{\gamma} z + \frac{\alpha(\alpha+1)\beta(\beta+1)}{\gamma(\gamma+1)2} z^2 + \cdots \tag{4.78}$$

其中:$\alpha, \beta, \gamma \in \mathbb{R}$;$(\alpha)_n$ 表示 α 的波赫汉默(Pochhammer)n 阶乘幂,定义为 $(\alpha)_n = \alpha(\alpha+1)(\alpha+2)\cdots(\alpha+n-1)$,$n \in \mathbb{N}$,特别地 $(\alpha_0) = 1$,$(1)_n = n!$。

将该阶段初始状态 $s(t_1) = 1$ 代入式(4.76)和式(4.77),计算得收敛所需时间分别为

$$t_{s2} = \frac{1}{k_1 \gamma} \ln\left(1 + \frac{k_1}{k_2}\right) \tag{4.79}$$

$$t_{d2} = -\frac{1}{k_1^{\gamma/(1+\gamma)} \gamma} \cdot F\left(1, \frac{1}{2}; \frac{3}{2}; -\frac{k_2}{k_1}\right) \tag{4.80}$$

进一步计算 t_{d2}/t_{s2} 得到

$$\frac{t_{d2}}{t_{s2}} = \frac{z \cdot \arctan(z)}{\ln(1 + z^2)} \tag{4.81}$$

此式的推导利用了高斯超几何函数定义式(4.78)和 arctan(·)函数的幂级数展开式，其中，$z = \sqrt{k_1/k_2} > 0$。根据实函数理论，可以推导得 $z \cdot \arctan(z) > \ln(1 + z^2)$(图 4.3)，因此可以确定 $t_{d2} > t_{s2}$，这说明在第二阶段($|s(t)| < 1$)快速幂次趋近律(4.68)的收敛速度更快。

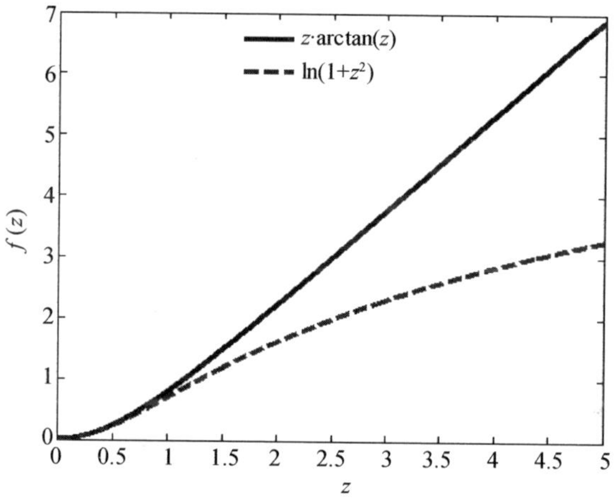

图 4.3　zarctan(z)和 ln(1 + z²)函数对比

通过快速幂次和双幂次两种趋近律的收敛时间分析，提出一种新的双幂次组合函数趋近律

$$\dot{s} = -k_1 \text{fal}(s, 1 + \gamma, 1) - k_2 |s|^{1-\gamma} \text{sgn}(s) \tag{4.82}$$

其中，非线性幂次组合函数 fal(·)的形式为[49](函数曲线如图 4.4 所示)

$$\text{fal}(s, \alpha, \delta) = \begin{cases} |s|^{\alpha} \text{sgn}(s) & (|s| > \delta) \\ \dfrac{s}{\delta^{1-\alpha}} & (|s| \leqslant \delta) \end{cases} \tag{4.83}$$

当 $|s| > 1$ 时，式(4.82)等价于双幂次趋近律(4.69)；而当 $|s| < 1$ 时，式(4.82)等价于快速幂次趋近律(4.68)。根据前面的分析可知，与现有的快速幂次/双幂次趋近律相比，新型趋近律(4.82)具有更快的收敛速度。

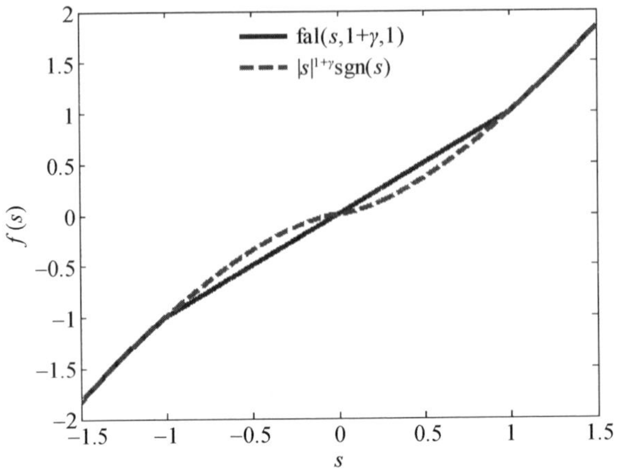

图 4.4　$\mathrm{fal}(s,1+\gamma,1)$ 和 $|s|^{1+\gamma}\mathrm{sgn}(s)$ 函数曲线

4.4.1　收敛特性分析

下面证明双幂次组合函数趋近律(4.82)是固定时间收敛的。

定理 4.4　对系统(4.82)，状态$(s,\dot{s})$在固定时间 $T_{\max}$ 内收敛到 0，即在有限时间$T(s_0)$后有 $s=\dot{s}=0$，收敛时间 $T(s_0)$存在与初始状态 s_0 无关的上界

$$T_{\max}=\frac{1}{\gamma}\left(\frac{1}{k_2}+\frac{1}{k_1}\right) \tag{4.84}$$

证明：选取李雅普诺夫函数

$$V=s^2 \tag{4.85}$$

当状态 $s(t)$在区域$|s|>1$ 中时，系统(4.82)等价于系统(4.69)。可见，系统(4.69)的原点是全局有限时间收敛平衡点，因此可以推论：在有限时间内状态 $s(t)$收敛到区域$|s|<1$ 中，这时系统(4.82)等价于系统(4.68)，状态 $s(t)$收敛到 0 的时间满足式(4.74)，可知收敛时间是有限的。因此，对于系统(4.82)，$s=0$ 是全局有限时间收敛的平衡点。引理 4.3 的第一个条件成立。

李雅普诺夫函数式(4.85)沿系统(4.82)轨迹求导，可得

$$\begin{aligned}\dot{V}&=2s\dot{s}\\&=\begin{cases}-2k_1V-2k_2V^{1-\gamma/2} & (V\leqslant 1)\\ -2k_1V^{1+\gamma/2}-2k_2V^{1-\gamma/2} & (V>1)\end{cases}\\&\leqslant\begin{cases}-2k_2V^{1-\gamma/2} & (V\leqslant 1)\\ -2k_1V^{1+\gamma/2} & (V>1)\end{cases}\end{aligned} \tag{4.86}$$

满足引理 4.3 的第二个条件。将式(4.86)与式(4.6)对比,参数对应关系:$r_\mu = 2k_2$,$\mu = \nu = 0.5\gamma$,$\nu = 2k_1$。综上所述,可以得到结论:$s=0$ 是系统(4.82)的全局固定时间收敛平衡点,收敛时间 $T(s_0)$ 满足

$$T(s_0) \leqslant T_{\max} = \frac{1}{\mu r_\mu} + \frac{1}{\nu r_\nu} = \frac{1}{\gamma}\left(\frac{1}{k_2} + \frac{1}{k_1}\right)$$

至此定理得证。

4.4.2 稳态误差界分析

考虑系统(4.82)受到不确定扰动 d 的影响,系统方程变为

$$\dot{s} = -k_1 \mathrm{fal}(s, 1+\gamma, 1) - k_2 |s|^{1-\gamma}\mathrm{sgn}(s) + d \tag{4.87}$$

式中:不确定扰动 d 未知但有界,即 $|d| \leqslant D$。

受扰系统(4.87)的稳态误差界满足如下定理。

定理 4.5 不确定系统(4.87)的状态 s 在有限时间内收敛到区域

$$|s| \leqslant \min\{D/k_1, (D/k_2)^{\frac{1}{1-\gamma}}, (D/k_1)^{\frac{1}{1+\gamma}}\}$$

证明:选择李雅普诺夫函数

$$V = 0.5s^2 \tag{4.88}$$

沿系统(4.87)轨线求导可得

$$\dot{V} = -k_1 \mathrm{fal}(s, 1+\gamma, 1)s - k_2|s|^{2-\gamma} + d \cdot s$$

可进一步写成四种形式

$$\dot{V} \leqslant \begin{cases} -k_2|s|^{2-\gamma} - |s|(k_1|s| - D) \\ -k_1|s|^2 - |s|(k_2|s|^{1-\gamma} - D) \end{cases} \quad (|s| \leqslant 1) \tag{4.89}$$

$$\dot{V} \leqslant \begin{cases} -k_2|s|^{2-\gamma} - |s|(k_1|s|^{1+\gamma} - D) \\ -k_1|s|^{2+\gamma} - |s|(k_2|s|^{1-\gamma} - D) \end{cases} \quad (|s| > 1) \tag{4.90}$$

(1) 当 $1 \geqslant |s| \geqslant D/k_1$,即 $0.5 \geqslant V \geqslant V_1 = 0.5(D/k_1)^2$ 时,由式(4.89)第一式可知

$$\dot{V} \leqslant -k_2|s|^{2-\gamma} = -2^{1-\gamma/2}k_2 V^{1-\gamma/2} \tag{4.91}$$

注意到 $1-\gamma/2 < 1$。说明如果 $D/k_1 < 1$,则有限时间内滑模变量收敛到区域 $|s| \leqslant D/k_1$ 中。

(2) 当 $1 \geqslant |s| \geqslant (D/k_2)^{\frac{1}{1-\gamma}}$,即 $0.5 \geqslant V \geqslant V_1 = 0.5(D/k_2)^{\frac{2}{1-\gamma}}$时,由式(4.89)第二式可知

$$\dot{V} \leqslant -k_1|s|^2 = -2k_1 V \tag{4.92}$$

从 $V_0 = 0.5s_0^2$ 收敛到 V_1 所需时间 $T \leqslant T_{\max}$,其中 $T_{\max} = 0.5k_1^{-1}\ln(V_0/V_1)$。说明如

果 $D/k_2<1$，则有限时间内滑模变量收敛到区域 $|s|\leqslant(D/k_2)^{\frac{1}{1-\gamma}}$ 中。

(3) 当 $|s|>(D/k_1)^{\frac{1}{1+\gamma}}>1$，即 $0.5\geqslant V\geqslant V_1=0.5(D/k_1)^{\frac{2}{1+\gamma}}$ 时，由式(4.90)第一式可知

$$\dot{V}\leqslant -k_2|s|^{2-\gamma}=-2^{1-\gamma/2}k_2V^{1-\gamma/2}$$

与式(4.91)相同，说明如果 $D/k_1>1$，则有限时间内系统收敛到区域 $|s|\leqslant(D/k_1)^{\frac{1}{1+\gamma}}$ 中。

(4) 当 $|s|>(D/k_2)^{\frac{1}{1-\gamma}}>1$，即 $0.5\geqslant V\geqslant V_1=0.5(D/k_2)^{\frac{2}{1-\gamma}}$ 时，由式(4.90)第二式可知

$$\dot{V}\leqslant -k_1|s|^{2+\gamma}=-2^{1+\gamma/2}k_1V^{1+\gamma/2} \tag{4.93}$$

从 $V_0=0.5s_0^2$ 收敛到 V_1 所需时间 $T\leqslant T_{\max}$，其中 $T_{\max}=\dfrac{1}{2^{\gamma/2}k_1\gamma}\left(\dfrac{1}{V_1^{\gamma/2}}-\dfrac{1}{V_0^{\gamma/2}}\right)$。说明如果 $D/k_2>1$，则有限时间内滑模变量收敛到区域 $|s|<(D/k_2)^{\frac{1}{1-\gamma}}$ 中。

综上所述，状态 s 将在有限时间内收敛到区域

$$|s|\leqslant\min\{D/k_1,(D/k_1)^{\frac{1}{1+\gamma}},(D/k_2)^{\frac{1}{1-\gamma}}\} \tag{4.94}$$

至此定理得证。

注释 4.6 快速幂次趋近律(4.68)和双幂次趋近律(4.69)的稳态误差界，分别为

$$|s|\leqslant\min\{D/k_1,(D/k_2)^{\frac{1}{1-\gamma}}\} \tag{4.95}$$

$$|s|\leqslant\min\{(D/k_1)^{\frac{1}{1+\gamma}},(D/k_2)^{\frac{1}{1-\gamma}}\} \tag{4.96}$$

由式(4.94)～式(4.96)可见：如果 $(D/k_2)^{\frac{1}{1-\gamma}}$ 最小，则三种趋近律的稳态误差界相同；如果 $(D/k_2)^{\frac{1}{1-\gamma}}$ 最大，则稳态误差界取决于 D/k_1，当 $D/k_1>1$ 时，$(D/k_1)^{\frac{1}{1+\gamma}}<D/k_1$，而当 $D/k_1<1$ 时，$(D/k_1)^{\frac{1}{1+\gamma}}>D/k_1$。由此可见，本节给出的双幂次组合函数趋近律在所有情况下的稳态误差均小于或等于现有的快速幂次或双幂次趋近律。

4.4.3 仿真与分析

通过仿真计算对比快速幂次趋近律(4.68)、双幂次趋近律(4.69)和双幂次组合函数趋近律(4.82)的收敛特性和稳态误差。仿真中，控制参数取 $k_1=4$，$k_2=1$ 和 $\gamma=0.5$。首先对比收敛时间，分别以初始状态 $s_0=1$，$s_0=10$ 和 $s_0=100$ 计算，得到 $s(t)$ 的时间历程曲线如图 4.5 所示。

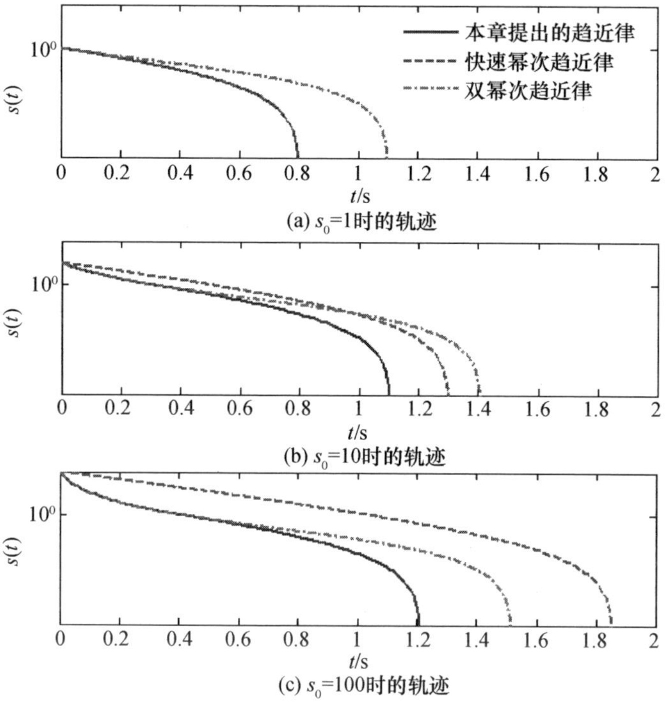

图 4.5　不同趋近律的收敛时间对比

图 4.5(a)表明,初始状态 $s_0=1$ 时,本章提出的趋近律与快速幂次趋近律收敛速度相同,收敛时间约为 0.8s,小于双幂次趋近律(收敛时间约为 1.1s)。图 4.5(b)中,初始状态 $s_0=10$ 时,本章提出的趋近律具有最快收敛速度,收敛时间约为 1.1s,快速幂次趋近律次之,收敛时间约为 1.3s,双幂次趋近律收敛最慢,收敛时间为 1.4s。图 4.5(c)显示,初始状态 $s_0=100$ 时,本章提出的趋近律收敛速度仍为最快,收敛时间约为 1.2s,而快速幂次趋近律收敛速度最慢,收敛时间约为 1.85s,双幂次趋近律收敛时间为 1.5s。

对比图 4.5(a)、(b)、(c)可以看出,快速幂次趋近律收敛时间受初始状态影响很大,因为其不存在收敛时间上限。双幂次趋近律和本章提出的双幂次组合函数趋近律的收敛时间受初始状态变化影响较小,因为其存在与初始状态无关的收敛时间上限,在本例中,理论上的整定时间函数上界 $T_{max}=2.5$s。通过仿真计算可发现,与现有的双幂次趋近律相比,本章提出的趋近律不仅保持了固定时间收敛特性,而且加快了实际的收敛速度。

接下来对比存在外部干扰时,三种趋近律的稳态误差界。取扰动项 $d(t)$ 为两种不同的情况:①扰动上界 $D=10$,$d(t)=7\sin(2t)+3\cos t$;②扰动上界 $D=1$,

$d(t) = 0.3\cos(2t) + 0.7\sin t$。根据理论计算，当 $D=10$ 时，本章提出的趋近律和双幂次趋近律的稳态误差上界均为 1.8420，快速幂次趋近律的稳态误差上界为 2.5000；当 $D=1$ 时，提出的趋近律和快速幂次趋近律的稳态误差上界为 0.2500，双幂次趋近律的稳态误差上界为 0.3969。

仿真结果如图 4.6 和图 4.7 所示。可以看到，在受扰情况下，状态 s 没有收敛到 0，而是有限时间收敛到稳态误差界之内，此后误差轨迹不再超出式(4.94)~式(4.96)所描述的范围。图 4.6 表明，当 $D=10$ 时，提出的趋近律与双幂次趋近律的稳态轨迹相同，实际误差范围小于快速幂次趋近律。而图 4.7 表明，当 $D=1$ 时，提出的趋近律又与快速幂次趋近律的稳态轨迹相同，实际误差范围小于双幂次趋近律。从仿真结果可知，式(4.94)是正确的。同时，与现有的两种趋近律相比，提出的新型趋近律对任意有界扰动具有更好的稳态品质。

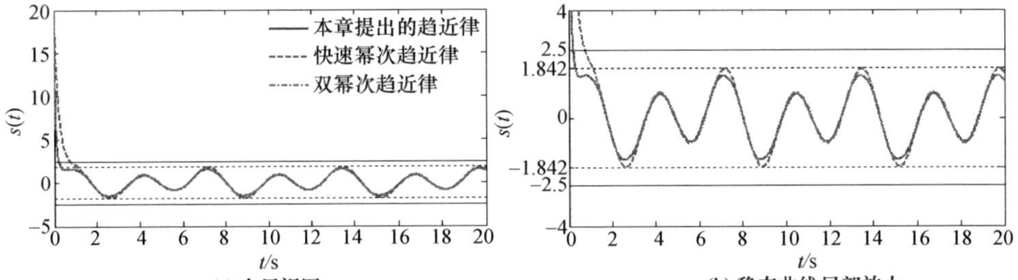

(a) 全局视图　　(b) 稳态曲线局部放大

图 4.6　扰动上界 $D=10$ 时的稳态误差曲线

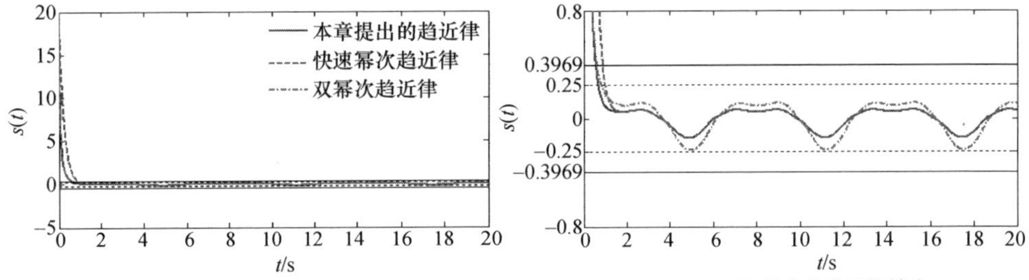

(a) 全局视图　　(b) 稳态曲线局部放大

图 4.7　扰动上界 $D=1$ 时的稳态误差曲线

4.5 有限时间姿态跟踪控制方案设计

本节将利用 4.3 节提出的变增益快速 super-twisting 算法和 4.4 节提出的双幂次组合函数趋近律，针对模块变形航天器系统(4.5)、系统(4.7)分别设计基于2阶滑模的有限时间姿态跟踪控制律和基于干扰观测器的有限时间姿态跟踪控制律。

首先改写式(4.7),设转动惯量

$$\boldsymbol{J}(t)=J_0\boldsymbol{I}+\Delta\boldsymbol{J}(t)$$

式中:J_0 为根据已知的转动惯量变化范围确定出的标称转动惯量,$J_0=\sqrt{J_{\min}J_{\max}}$;$\Delta\boldsymbol{J}(t)$ 为转动惯量中的非匹配不确定部分。

因此,式(4.7)可重写为

$$\begin{aligned}(J_0\boldsymbol{I}+\Delta\boldsymbol{J})\dot{\tilde{\boldsymbol{\omega}}}=&-(\tilde{\boldsymbol{\omega}}+\tilde{\boldsymbol{R}}^{\mathrm{T}}\boldsymbol{\omega}_d)^{\times}\Delta\boldsymbol{J}(\tilde{\boldsymbol{\omega}}+\tilde{\boldsymbol{R}}^{\mathrm{T}}\boldsymbol{\omega}_d)+[\mathcal{H}(t)-\Delta\dot{\boldsymbol{J}}](\tilde{\boldsymbol{\omega}}+\tilde{\boldsymbol{R}}^{\mathrm{T}}\boldsymbol{\omega}_d)\\&+J_0(\tilde{\boldsymbol{\omega}}^{\times}\tilde{\boldsymbol{R}}^{\mathrm{T}}\boldsymbol{\omega}_d-\tilde{\boldsymbol{R}}^{\mathrm{T}}\dot{\boldsymbol{\omega}}_d)+\Delta\boldsymbol{J}(\tilde{\boldsymbol{\omega}}^{\times}\tilde{\boldsymbol{R}}^{\mathrm{T}}\boldsymbol{\omega}_d-\tilde{\boldsymbol{R}}^{\mathrm{T}}\dot{\boldsymbol{\omega}}_d)+\boldsymbol{u}+\boldsymbol{d}\end{aligned}\tag{4.97}$$

$(J_0\boldsymbol{I}+\Delta\boldsymbol{J})^{-1}$可以表示为[50]

$$(J_0\boldsymbol{I}+\Delta\boldsymbol{J})^{-1}=J_0^{-1}\boldsymbol{I}+\Delta\tilde{\boldsymbol{J}}\tag{4.98}$$

式中:$\Delta\tilde{\boldsymbol{J}}$ 也是不确定的。

因此,对式(4.97)进行一些代数运算后,可得

$$\dot{\tilde{\boldsymbol{\omega}}}=\boldsymbol{F}+\boldsymbol{G}+J_0^{-1}\boldsymbol{u}+\bar{\boldsymbol{d}}\tag{4.99}$$

式中:

$$\boldsymbol{F}=\tilde{\boldsymbol{\omega}}^{\times}\tilde{\boldsymbol{R}}^{\mathrm{T}}\boldsymbol{\omega}_d-\tilde{\boldsymbol{R}}^{\mathrm{T}}\dot{\boldsymbol{\omega}}_d\tag{4.100}$$

$$\begin{aligned}\boldsymbol{G}=&J_0^{-1}[-(\tilde{\boldsymbol{\omega}}+\tilde{\boldsymbol{R}}^{\mathrm{T}}\boldsymbol{\omega}_d)^{\times}\Delta\boldsymbol{J}(\tilde{\boldsymbol{\omega}}+\tilde{\boldsymbol{R}}^{\mathrm{T}}\boldsymbol{\omega}_d)+(\mathcal{H}-\Delta\dot{\boldsymbol{J}})(\tilde{\boldsymbol{\omega}}+\tilde{\boldsymbol{R}}^{\mathrm{T}}\boldsymbol{\omega}_d)\\&+\Delta\boldsymbol{J}(\tilde{\boldsymbol{\omega}}^{\times}\tilde{\boldsymbol{R}}^{\mathrm{T}}\boldsymbol{\omega}_d-\tilde{\boldsymbol{R}}^{\mathrm{T}}\dot{\omega}_d)]\\&+\Delta\tilde{\boldsymbol{J}}[-(\tilde{\boldsymbol{\omega}}+\tilde{\boldsymbol{R}}^{\mathrm{T}}\boldsymbol{\omega}_d)^{\times}\Delta\boldsymbol{J}(\tilde{\boldsymbol{\omega}}+\tilde{\boldsymbol{R}}^{\mathrm{T}}\boldsymbol{\omega}_d)+(\mathcal{H}-\Delta\dot{\boldsymbol{J}})(\tilde{\boldsymbol{\omega}}+\tilde{\boldsymbol{R}}^{\mathrm{T}}\boldsymbol{\omega}_d)\\&+\boldsymbol{J}(\tilde{\boldsymbol{\omega}}^{\times}\tilde{\boldsymbol{R}}^{\mathrm{T}}\boldsymbol{\omega}_d-\tilde{\boldsymbol{R}}^{\mathrm{T}}\dot{\boldsymbol{\omega}}_d)]+\Delta\tilde{\boldsymbol{J}}\boldsymbol{u}\end{aligned}\tag{4.101}$$

$$\bar{\boldsymbol{d}}=J_0^{-1}\boldsymbol{d}+\Delta\tilde{\boldsymbol{J}}\boldsymbol{d}\tag{4.102}$$

系统(4.99)中包含参数不确定性 $\boldsymbol{G}$ 和外部干扰 $\bar{\boldsymbol{d}}$。在本章中,将不确定性和外部干扰集中为总干扰,于是得到了更简洁的系统模型

$$\dot{\tilde{\boldsymbol{\omega}}}=\boldsymbol{F}+J_0^{-1}\boldsymbol{u}+\tilde{\boldsymbol{d}}\tag{4.103}$$

式中:$\tilde{\boldsymbol{d}}=\boldsymbol{G}+\bar{\boldsymbol{d}}$。

4.5.1 有限时间收敛滑模面设计

设计滑模变量为

$$\boldsymbol{\sigma}=\tilde{\boldsymbol{\omega}}+\frac{K}{(\boldsymbol{S}(\tilde{\boldsymbol{R}})^{\mathrm{T}}\boldsymbol{S}(\tilde{\boldsymbol{R}}))^{(1-1/p)}}\boldsymbol{S}(\tilde{\boldsymbol{R}})\tag{4.104}$$

式中：p 为两个正奇数之比，$p\in(1,2)$；$K>0$；$\boldsymbol{S}(\tilde{\boldsymbol{R}}) = \sum_{i=1}^{3} a_1(\tilde{\boldsymbol{R}}^{\mathrm{T}}\boldsymbol{e}_i)\times\boldsymbol{e}_i, a_1 > a_2 > a_3 \geqslant 1$，$e_i(i\in\{1,2,3\})$为 3 阶单位矩阵 $\boldsymbol{I}$ 的第 i 列向量。

对于向量 $\boldsymbol{S}(\tilde{\boldsymbol{R}})$和滑动模态 $\boldsymbol{\sigma}\equiv 0$，有下列引理成立。

引理 4.4[51-52] 若矩阵 $\boldsymbol{A}=\mathrm{diag}(a_1,a_2,a_3)$，$\mathcal{S}\subset\mathrm{SO}(3)$为包含单位矩阵 $\boldsymbol{I}\in\mathrm{SO}(3)$的闭子集，集合 $\mathcal{S}$定义为

$$\mathcal{S}=\{\tilde{\boldsymbol{R}}\in\mathrm{SO}(3):\tilde{\boldsymbol{R}}_{ii}\geqslant 0,\tilde{\boldsymbol{R}}_{ij}\tilde{\boldsymbol{R}}_{ji}\leqslant 0,\ \forall i,j\in\{1,2,3\},i\neq j\} \tag{4.105}$$

则对于 $\forall\tilde{\boldsymbol{R}}\in\mathcal{S}$，有

$$\boldsymbol{S}(\tilde{\boldsymbol{R}})^{\mathrm{T}}\boldsymbol{S}(\tilde{\boldsymbol{R}})\geqslant\mathrm{trace}(\boldsymbol{A}-\boldsymbol{A}\tilde{\boldsymbol{R}}) \tag{4.106}$$

成立。

证明：证明过程见文献[51]的引理 3.2。

引理 4.5 如果对 $\forall t>t_0$，式(4.104)中的 $\boldsymbol{\sigma}(t)\equiv 0$，并且初值姿态 $\tilde{\boldsymbol{R}}(t_0)$满足

$$\tilde{\boldsymbol{R}}(t_0)\notin\mathcal{C}=\{\boldsymbol{I},\mathrm{diag}(-1,-1,1),\mathrm{diag}(-1,1,-1),\mathrm{diag}(1,-1,-1)\}$$

那么，在有限时间内，姿态运动状态$(\tilde{\boldsymbol{R}},\tilde{\boldsymbol{\omega}})$将被稳定到平衡点$(\boldsymbol{I},\boldsymbol{0})\in\mathrm{SO}(3)\times\mathbb{R}^3$。

证明：考虑摩尔—李雅普诺夫(Moore - Lyapunov)函数 $V=\mathrm{trace}(\boldsymbol{A}-\boldsymbol{A}\tilde{\boldsymbol{R}})$，其中 $\boldsymbol{A}=\mathrm{diag}(a_1,a_2,a_3)$。当 $\boldsymbol{\sigma}=0$ 时，V 对时间的导数$\dot{V}=-K(\boldsymbol{S}^{\mathrm{T}}\boldsymbol{S})^{1/p}$。可以看出，$\dot{V}$在 $\boldsymbol{S}\in\mathbb{R}^3$上是半负定的，而且当 $\boldsymbol{S}(\tilde{\boldsymbol{R}})=0$ 时，$\dot{V}=0$。根据姿态稳定和跟踪的“殆全局渐近稳定性理论”研究文献[53-55]和本书第 3 章的内容可知，使得 $\boldsymbol{S}(\tilde{\boldsymbol{R}})=0$ 的 $\tilde{\boldsymbol{R}}\in\mathrm{SO}(3)$的集合，也就是摩尔函数 $\mathrm{trace}(\boldsymbol{A}-\boldsymbol{A}\tilde{\boldsymbol{R}})$的临界点集合，该集合为

$$\mathcal{C}=\{\boldsymbol{I},\mathrm{diag}(-1,-1,1),\mathrm{diag}(-1,1,-1),\mathrm{diag}(1,-1,-1)\} \tag{4.107}$$

另外，因为 $\boldsymbol{\sigma}(t)\equiv 0$，所以 $\boldsymbol{S}(\tilde{\boldsymbol{R}})=0$ 意味着 $\tilde{\boldsymbol{\omega}}=0$。因此，使得$\dot{V}=0$ 的状态子空间为$\dot{V}^{-1}(0)=\{(\tilde{\boldsymbol{R}},\tilde{\boldsymbol{\omega}}):\tilde{\boldsymbol{R}}\in\mathcal{C},\tilde{\boldsymbol{\omega}}=0\}\subset\mathrm{SO}(3)\times\mathbb{R}^3$，这个子空间也是滑模运动阶段($\boldsymbol{\sigma}(t)\equiv 0$)姿态运动的平衡点集和最大不变集。文献[56]指出：单位矩阵 $\boldsymbol{I}\in\mathrm{SO}(3)$使摩尔函数 $\mathrm{trace}(\boldsymbol{A}-\boldsymbol{A}\tilde{\boldsymbol{R}})$最小，其中摩尔函数中的矩阵 $\boldsymbol{A}$ 满足引理4.4 的条件，因此，滑模运动阶段的平衡点$(\boldsymbol{I},0)$是局部吸引的。此外，摩尔函数 $\mathrm{trace}(\boldsymbol{A}-\boldsymbol{A}\tilde{\boldsymbol{R}})$的另外三个临界点 $\tilde{\boldsymbol{R}}\in\mathcal{C}/\boldsymbol{I}$ 是非退化临界点，对应状态子空间$\dot{V}^{-1}(0)$中的点为

$$\begin{cases}E_1=\{(\tilde{\boldsymbol{R}},\tilde{\boldsymbol{\omega}}):\tilde{\boldsymbol{R}}=\mathrm{diag}(-1,-1,1),\tilde{\boldsymbol{\omega}}=0\}\\E_2=\{(\tilde{\boldsymbol{R}},\tilde{\boldsymbol{\omega}}):\tilde{\boldsymbol{R}}=\mathrm{diag}(-1,1,-1),\tilde{\boldsymbol{\omega}}=0\}\\E_3=\{(\tilde{\boldsymbol{R}},\tilde{\boldsymbol{\omega}}):\tilde{\boldsymbol{R}}=\mathrm{diag}(1,-1,-1),\tilde{\boldsymbol{\omega}}=0\}\end{cases}$$

也是滑模运动阶段姿态运动的平衡点，但是这些平衡点的收敛域的测度为零。

注意到，对 $\forall \tilde{\boldsymbol{R}}(t_0) \in \mathcal{C}$，有 $\boldsymbol{S}(\tilde{\boldsymbol{R}}(t_0)) = 0$，此时，滑模变量式(4.104)的第二项是奇异的，因此，最大不变集 $\dot{V}^{-1}(0)$ 的吸引域不包括 $\mathcal{C} \times \mathbb{R}^3$。但是，对 $\forall \tilde{\boldsymbol{R}}(t) \to \mathcal{C}$，有 $\boldsymbol{S}(\tilde{\boldsymbol{R}}(t)) \to 0$，此时，滑模变量式(4.104)的第二项并不奇异且收敛到 0 向量，因此，最大不变集 $\dot{V}^{-1}(0)$ 的吸引域是存在的。

根据 Barbalat 引理，从平衡点 $(\boldsymbol{I}, 0)$ 的吸引域出发的状态轨迹 $(\tilde{\boldsymbol{R}}(t), \tilde{\boldsymbol{\omega}}(t))$，一定渐近收敛到平衡点 $(\boldsymbol{I}, 0)$，因此 $(\tilde{\boldsymbol{R}}(t), \tilde{\boldsymbol{\omega}}(t))$ 将在有限时间内进入子空间 $\mathcal{S} \times \mathbb{R}^3 \subset \mathrm{SO}(3) \times \mathbb{R}^3$，其中，集合 $\mathcal{S}$ 的定义在引理 4.4 的式(4.105)。进一步根据引理 4.4，在子空间 $\mathcal{S} \times \mathbb{R}^3 \subset \mathrm{SO}(3) \times \mathbb{R}^3$ 内，摩尔—李雅普诺夫函数 V 的导数满足 $\dot{V} \leqslant KV^{1/p}$，考虑到 $p > 1$，结合引理 4.2 可知，从 $(\boldsymbol{I}, 0)$ 的吸引域出发的状态轨迹在有限时间内收敛到 $(\boldsymbol{I}, 0)$，若 V_S 为轨迹进入子空间 $\mathcal{S} \times \mathbb{R}^3 \subset \mathrm{SO}(3) \times \mathbb{R}^3$ 时刻的摩尔函数值，那么轨迹收敛到 $(\boldsymbol{I}, 0)$ 的剩余时间上界 $t_S = \dfrac{pV_S^{1-1/p}}{K(p-1)}$。

对滑模方程(4.104)求导，并将式(4.103)代入后得到滑模变量动力学

$$\dot{\boldsymbol{\sigma}} = \tilde{\boldsymbol{F}} + J_0^{-1}\boldsymbol{u} + \tilde{\boldsymbol{d}} \tag{4.108}$$

式中：$\tilde{\boldsymbol{F}} = \boldsymbol{F} + \boldsymbol{K\Omega}(\boldsymbol{S})\dot{\boldsymbol{S}}$。

注意到

$$\dot{\boldsymbol{S}} = \sum_{i=1}^{3} a_i \boldsymbol{e}_i \times (\tilde{\boldsymbol{\omega}} \times \tilde{\boldsymbol{R}}^{\mathrm{T}} \boldsymbol{e}_i)$$

因而 $\tilde{\boldsymbol{F}}$ 又可以写为

$$\tilde{\boldsymbol{F}} = \boldsymbol{F} + \boldsymbol{K\Omega}(\boldsymbol{S})\boldsymbol{M}(\tilde{\boldsymbol{R}})\tilde{\boldsymbol{\omega}} \tag{4.109}$$

式中：$\boldsymbol{\Omega}, \boldsymbol{M} \in \mathbb{R}^{3\times 3}$ 定义为

$$\boldsymbol{M}(\tilde{\boldsymbol{R}}) = -\sum_{i=1}^{3} a_i \boldsymbol{e}_i^{\times} (\tilde{\boldsymbol{R}}^{\mathrm{T}} \boldsymbol{e}_i)^{\times} \tag{4.110}$$

$$\boldsymbol{\Omega}(\boldsymbol{S}) = (\boldsymbol{S}^{\mathrm{T}}\boldsymbol{S})^{\frac{1}{p}-2} \begin{bmatrix} \frac{(2-p)}{p}S_1^2 + S_2^2 + S_3^2 & 2\left(\frac{1-p}{p}\right)S_1 S_2 & 2\left(\frac{1-p}{p}\right)S_1 S_3 \\ * & S_1^2 + \frac{(2-p)}{p}S_2^2 + S_3^2 & 2\left(\frac{1-p}{p}\right)S_2 S_3 \\ * & * & S_1^2 + S_2^2 + \frac{(2-p)}{p}S_3^2 \end{bmatrix} \tag{4.111}$$

式中：S_i 为辅助变量 $\boldsymbol{S} \in \mathbb{R}^3$ 的第 i 维元素，$i \in \{1,2,3\}$。

注释 4.7 由于 $p \in (1,2)$，若 $\boldsymbol{S} = 0$，则根据式(4.111)可知 $\boldsymbol{\Omega}(\boldsymbol{S})$ 奇异，此时，如果还有 $\|\boldsymbol{\omega}\| \neq 0$，那么式(4.109)中的 $k\boldsymbol{\Omega M}\tilde{\boldsymbol{\omega}}$ 也是奇异的；但是，如果系

统处于滑动模态，即 $\boldsymbol{\sigma}=0$ 时，则有

$$K\boldsymbol{\Omega M}\tilde{\boldsymbol{\omega}} = -K^2 \frac{\boldsymbol{\Omega M S}}{(\boldsymbol{S}^{\mathrm{T}}\boldsymbol{S})^{(1-1/p)}}$$

如果 $\|\boldsymbol{S}\| \to 0$，则极限 $\lim\limits_{\|\boldsymbol{S}\|\to 0}(\boldsymbol{\Omega M}\tilde{\boldsymbol{\omega}})$ 取决于极限 $\lim\limits_{\|\boldsymbol{S}\|\to 0}(\boldsymbol{S}^{\mathrm{T}}\boldsymbol{S})^{2/p-2}\boldsymbol{S}$，显然，如果 $p<4/3$，该极限为0。因而，应该选取 $p\in(1,4/3)\subset(1,2)$，这样即可以确保系统处于滑模运动阶段时状态轨迹的有限时间收敛（引理4.5），又确保了 $\|\boldsymbol{\Omega M}\tilde{\boldsymbol{\omega}}\|$ 有界。

4.5.2 基于 super－twisting 算法的二阶滑模控制方案设计

在进行控制律设计之前，需要根据本章前文中的各个假设条件、引理和注释，通过合理推导，明确模块变形航天器姿态误差系统的一些性质，以便于设计出合适的控制方案。

根据滑模变量的定义式（4.104），对航天器误差系统模型（4.5）和模型（4.7）进行坐标变换，可得

$$\boldsymbol{J}\dot{\boldsymbol{\sigma}} = \boldsymbol{F}_d + \boldsymbol{u} \tag{4.112}$$

式中

$$\begin{aligned}
\boldsymbol{F}_d &= -(\tilde{\boldsymbol{\omega}}+\tilde{\boldsymbol{R}}^{\mathrm{T}}\boldsymbol{\omega}_d)\times\boldsymbol{J}(\tilde{\boldsymbol{\omega}}+\tilde{\boldsymbol{R}}^{\mathrm{T}}\boldsymbol{\omega}_d)+(\boldsymbol{\mathcal{H}}-\dot{\boldsymbol{J}})(\tilde{\boldsymbol{\omega}}+\tilde{\boldsymbol{R}}^{\mathrm{T}}\boldsymbol{\omega}_d)\\
&\quad +\boldsymbol{J}(\tilde{\boldsymbol{\omega}}\times\tilde{\boldsymbol{R}}^{\mathrm{T}}\boldsymbol{\omega}_d-\tilde{\boldsymbol{R}}^{\mathrm{T}}\dot{\boldsymbol{\omega}}_d)+k\boldsymbol{J\Omega M}\tilde{\boldsymbol{\omega}}+\boldsymbol{d}\\
&= -\boldsymbol{\omega}_b^{\times}\boldsymbol{J}\boldsymbol{\omega}_b+(\boldsymbol{\mathcal{H}}-\dot{\boldsymbol{J}})\omega_b+\boldsymbol{J}(\boldsymbol{\omega}_b^{\times}\tilde{\boldsymbol{R}}^{\mathrm{T}}\boldsymbol{\omega}_d-\tilde{\boldsymbol{R}}^{\mathrm{T}}\dot{\boldsymbol{\omega}}_d)\\
&\quad +k\boldsymbol{J\Omega M}\boldsymbol{\omega}_b-k\boldsymbol{J\Omega M}\tilde{\boldsymbol{R}}^{\mathrm{T}}\boldsymbol{\omega}_d+\boldsymbol{d}
\end{aligned} \tag{4.113}$$

其中：$\boldsymbol{\omega}_b$ 为航天器真实角速度。

当 $\|\boldsymbol{S}\|\neq 0$ 或 $\|\boldsymbol{S}\|\to 0$ 时，根据式（4.113）可得

$$\|\boldsymbol{F}_d\| \leqslant \bar{a}_0+\bar{a}_1\|\boldsymbol{\omega}_b\|+\bar{a}_2\|\boldsymbol{\omega}_b\|^2 \tag{4.114}$$

式中

$$\bar{a}_2=\|\boldsymbol{J}\|,\ \bar{a}_0=\|\boldsymbol{J}\|\ \|\tilde{\boldsymbol{R}}^{\mathrm{T}}\dot{\boldsymbol{\omega}}_d\|+k\|\boldsymbol{J}\|\ \|\boldsymbol{\Omega}\|\boldsymbol{M}\|\ \|\tilde{\boldsymbol{R}}^{\mathrm{T}}\boldsymbol{\omega}_d\|+\|\boldsymbol{d}\|$$

$$\bar{a}_1=\|\boldsymbol{\mathcal{H}}\|+\|\dot{\boldsymbol{J}}\|+\|\boldsymbol{J}\|\ \|\tilde{\boldsymbol{R}}^{\mathrm{T}}\boldsymbol{\omega}_d\|+k\|\boldsymbol{J}\|\boldsymbol{\Omega}\|\ \|\boldsymbol{M}\|$$

值得注意的是，$\|\boldsymbol{R}\|\leqslant 1$，$\|\boldsymbol{\Omega}\|<+\infty$，$\|\boldsymbol{M}\|<+\infty$。结合假设4.2～假设4.5以及注释4.7，可得 $\bar{a}_0$、$\bar{a}_1$、$\bar{a}_2$ 是未知的有界正常数。从而得到了如下的合理假设4.6。

假设4.6 模块变形航天器动力学系统（4.112）中的总不确定项 $\boldsymbol{F}_d$ 是有界的，且满足 $|F_{di}|\leqslant\bar{a}_{0i}+\bar{a}_{1i}\|\boldsymbol{\omega}_b\|+\bar{a}_{2i}\|\boldsymbol{\omega}_b\|^2(i\in\{1,2,3\})$，其中，$\bar{a}_{0i}$、$\bar{a}_{1i}$ 和 $\bar{a}_{2i}$ 都是未知正实数。

通过类似的分析和对式(4.114)的代数变换,可得假设 4.7 也是合理的。

假设 4.7 模块变形航天器动力学系统(4.108)中的总不确定项 $\tilde{\boldsymbol{d}}$ 是有界的,且满足 $|\tilde{d}_i| \leqslant \bar{b}_{0i} + \bar{b}_{1i} \|\boldsymbol{\omega}_b\| + \bar{b}_{2i} \|\boldsymbol{\omega}_b\|^2 (i \in \{1,2,3\})$,其中,$\bar{b}_{0i}$、$\bar{b}_{1i}$ 和 $\bar{b}_{2i}$ 都是未知正实数。

本节基于 4.3 节设计的变增益快速 super - twisting 算法(4.15),针对动力学系统(4.108)设计的控制算法为

$$\begin{cases} \boldsymbol{u} = J_0(-\tilde{\boldsymbol{F}} + [u_{c1}, u_{c2}, u_{c3}]^{\mathrm{T}}) \\ u_{ci} = -\alpha_i[|\sigma_i|^{1/2}\operatorname{sgn}(\sigma_i) + k\sigma_i] + \phi_i \\ \qquad -\int_0^t \beta_i[\operatorname{sgn}(\sigma_i) + 3k|\sigma_i|^{1/2}\operatorname{sgn}(\sigma_i) + 2k^2\sigma_i]\mathrm{d}t \end{cases} \tag{4.115}$$

$$\begin{cases} \dot{\chi}_i = \dfrac{1}{\tau}(\operatorname{sgn}(\sigma_i) - \chi_i) \\ \dot{L}_{i1} = -(r_{i0} + r_i)\operatorname{sgn}\left(L_{i0} + L_{i1} - \dfrac{1}{a\beta_{0i}}|\hat{m}_i| - \varepsilon\right) \\ \dot{r}_i = \gamma_i \left| L_{i0} + L_{i1} - \dfrac{1}{a\beta_{0i}}|\hat{m}_i| - \varepsilon \right| \end{cases} \tag{4.116}$$

$$\begin{cases} \phi_i = -\dfrac{\dot{L}_{i1}}{L_{i0} + L_{i1}}\left(1 - \dfrac{k|\sigma_i|^{1/2}}{1 + 2k|\sigma_i|^{1/2}}\right)\sigma_i \\ \hat{m}_i = \beta_i[\chi_i + 3k|\sigma_i|^{1/2}\operatorname{sgn}(\sigma_i) + 2k^2\sigma_i] \\ \alpha_i = \alpha_{i0}\sqrt{L_{i0} + L_{i1}} \\ \beta_i = \beta_{i0}(L_{i0} + L_{i1}) \end{cases} \tag{4.117}$$

式(4.115)为基于变增益快速 super - twisting 算法的控制律,式(4.116)为基于等效控制量估计的双层自适应律,式(4.117)为变增益和等效控制量计算公式;J_0、a、β_{i0}、α_{0i}、L_{i0}、r_{i0}、k、ε、γ_i 和 τ 都是正的设计参数,满足 $J_0 = \sqrt{J_{\min}J_{\max}}$,$\beta_{i0} > 1$,$\alpha_{i0} = 2\sqrt{2\beta_{i0}}$,$0 < a\beta_{i0} < 1$ 以及 ε 和 τ 充分小。

在控制律(4.115)的驱动下,系统(4.108)的闭环动力学为

$$\begin{cases} \dot{\sigma}_i = -\alpha_i[|\sigma_i|^{1/2}\operatorname{sgn}(\sigma_i) + k\sigma_i] + z_i + \phi_i \\ \dot{z}_i = -\beta_i[\operatorname{sgn}(\sigma_i) + 3k|\sigma_i|^{1/2}\operatorname{sgn}(\sigma_i) + 2k^2\sigma_i] + \dot{\tilde{d}}_i \end{cases} \tag{4.118}$$

式中:下标 $i \in \{1,2,3\}$;$z_i = \tilde{d}_i - \beta_i \int_0^t \operatorname{sgn}(\sigma_i) + 3k|\sigma_i|^{1/2}\operatorname{sgn}(\sigma_i) + 2k^2\sigma_i \mathrm{d}t$;$[\dot{\tilde{d}}_1, \dot{\tilde{d}}_2, \dot{\tilde{d}}_3]^{\mathrm{T}} = \dot{\tilde{\boldsymbol{d}}}$ 的具体展开式为

$$
\begin{aligned}
\dot{\tilde{\boldsymbol{d}}} = J_0^{-1}[& -\dot{\boldsymbol{\omega}}_b^{\times}\Delta \boldsymbol{J}\boldsymbol{\omega}_b - \boldsymbol{\omega}_b^{\times}\Delta \dot{\boldsymbol{J}}\boldsymbol{\omega}_b - \boldsymbol{\omega}_b^{\times}\Delta \boldsymbol{J}\dot{\boldsymbol{\omega}}_b + (\dot{\mathcal{H}} - \Delta \ddot{\boldsymbol{J}})\boldsymbol{\omega}_b \\
& + (\mathcal{H} - \Delta \dot{\boldsymbol{J}})\dot{\boldsymbol{\omega}}_b + \dot{\boldsymbol{d}} + \Delta \dot{\boldsymbol{J}}(\boldsymbol{\omega}_b^{\times}\tilde{\boldsymbol{R}}^{\mathrm{T}}\boldsymbol{\omega}_d - \tilde{\boldsymbol{R}}^{\mathrm{T}}\dot{\boldsymbol{\omega}}_d) \\
& + \Delta \boldsymbol{J}(\dot{\boldsymbol{\omega}}_b^{\times}\tilde{\boldsymbol{R}}^{\mathrm{T}}\boldsymbol{\omega}_d - \boldsymbol{\omega}_b^{\times}\boldsymbol{\omega}_b^{\times}\tilde{\boldsymbol{R}}^{\mathrm{T}}\boldsymbol{\omega}_d + \boldsymbol{\omega}_b^{\times}\tilde{\boldsymbol{R}}^{\mathrm{T}}\dot{\boldsymbol{\omega}}_d + \boldsymbol{\omega}_b^{\times}\tilde{\boldsymbol{R}}^{\mathrm{T}}\dot{\boldsymbol{\omega}}_d - \tilde{\boldsymbol{R}}^{\mathrm{T}}\ddot{\boldsymbol{\omega}}_d)] \\
& + \Delta \dot{\tilde{\boldsymbol{J}}}[-\boldsymbol{\omega}_b^{\times}\Delta \boldsymbol{J}\boldsymbol{\omega}_b + (\mathcal{H} - \Delta \dot{\boldsymbol{J}})\boldsymbol{\omega}_b + \boldsymbol{J}(\boldsymbol{\omega}_b^{\times}\tilde{\boldsymbol{R}}^{\mathrm{T}}\boldsymbol{\omega}_d - \tilde{\boldsymbol{R}}^{\mathrm{T}}\dot{\boldsymbol{\omega}}_d)] \\
& + \Delta \dot{\tilde{\boldsymbol{J}}}\boldsymbol{u} + \Delta \tilde{\boldsymbol{J}}\dot{\boldsymbol{u}} + \Delta \dot{\tilde{\boldsymbol{J}}}\boldsymbol{d} + \Delta \tilde{\boldsymbol{J}}\dot{\boldsymbol{d}} \\
& + \Delta \tilde{\boldsymbol{J}}[-\dot{\boldsymbol{\omega}}_b^{\times}\Delta \boldsymbol{J}\boldsymbol{\omega}_b - \boldsymbol{\omega}_b^{\times}\Delta \dot{\boldsymbol{J}}\boldsymbol{\omega}_b - \boldsymbol{\omega}_b^{\times}\Delta \boldsymbol{J}\dot{\boldsymbol{\omega}}_b + (\dot{\mathcal{H}} - \Delta \ddot{\boldsymbol{J}})\boldsymbol{\omega}_b \\
& + (\mathcal{H} - \Delta \dot{\boldsymbol{J}})\dot{\boldsymbol{\omega}}_b \\
& + \Delta \dot{\boldsymbol{J}}(\boldsymbol{\omega}_b^{\times}\tilde{\boldsymbol{R}}^{\mathrm{T}}\boldsymbol{\omega}_d - \tilde{\boldsymbol{R}}^{\mathrm{T}}\dot{\boldsymbol{\omega}}_d) + \boldsymbol{J}(\dot{\boldsymbol{\omega}}_b^{\times}\tilde{\boldsymbol{R}}^{\mathrm{T}}\boldsymbol{\omega}_d - \boldsymbol{\omega}_b^{\times}\boldsymbol{\omega}_b^{\times}\tilde{\boldsymbol{R}}^{\mathrm{T}}\boldsymbol{\omega}_d \\
& + \boldsymbol{\omega}_b^{\times}\tilde{\boldsymbol{R}}^{\mathrm{T}}\dot{\boldsymbol{\omega}}_d + \boldsymbol{\omega}_b^{\times}\tilde{\boldsymbol{R}}^{\mathrm{T}}\dot{\boldsymbol{\omega}}_d - \tilde{\boldsymbol{R}}^{\mathrm{T}}\ddot{\boldsymbol{\omega}}_d)]
\end{aligned}
$$

微分系统(4.118)的解定义在菲利波夫意义下,对该系统有下面的性质 4.1 成立。

性质 4.1 假设 $|\tilde{d}_i| \leqslant +\infty$,如果系统(4.118)中的各个参数根据式(4.116)和式(4.117)描述的规律变化,那么系统状态(σ_i, z_i)在有限时间内收敛到原点(0,0)。

证明:根据 4.3 节的结论,性质 4.1 显然成立。

性质 4.1 说明,只有在当系统(4.108)中的 $\tilde{\boldsymbol{d}}$ 的一阶导数存在且有界时,控制方案(4.115)~(4.117)才能驱动滑模变量 $\boldsymbol{\sigma}$ 在有限时间内收敛到 0。为此,要证明下面的性质 4.2。

性质 4.2 在控制方案(4.115)~(4.117)的驱动下,滑模动力学(4.108)的闭环系统的解是有界的,即 $\boldsymbol{\sigma}(t)$ 和 $\boldsymbol{u}(t)$ 是一致最终有界(UUB)的。

证明:考虑李雅普诺夫函数 $V=0.5\boldsymbol{\sigma}^{\mathrm{T}}\boldsymbol{\sigma}$,沿系统(4.108)轨迹求导可得

$$\dot{V} = \sum_{i=1}^{3}\sigma_i u_{ci} + \boldsymbol{\sigma}^{\mathrm{T}}\tilde{\boldsymbol{d}}$$

令

$$\zeta_i(t) = \mathrm{sgn}(\sigma_i) + 3k|\sigma_i|^{1/2}\mathrm{sgn}(\sigma_i) + 2k^2\sigma_i$$

先考虑控制方案(4.115)中 $\zeta_i(t)=0$ 的情况。

将 $u_{ci}(t)$ 的具体公式结合假设 4.7 和 $\zeta_i(t)\equiv 0$ 代入上式,可得

$$\dot{V} \leqslant -\sum_{i=1}^{3}\left(\alpha_i(|\sigma_i|^{3/2} + k|\sigma_i|^2) + \frac{\dot{L}_{i1}}{L_{i0}+L_{i1}}\phi_i(t)|\sigma_i|^2\right) + \left(\sum_{i=1}^{3}|\sigma_i|\right)\bar{b}(t) \tag{4.119}$$

式中

$$\varphi_i(t)=1-\frac{k|\sigma_i|^{1/2}}{1+2k|\sigma_i|^{1/2}}\in(0.5,1],\bar{b}(t)$$

$$=\max\{\bar{b}_{0i}+\bar{b}_{1i}\|\boldsymbol{\omega}_b\|+\bar{b}_{2i}\|\boldsymbol{\omega}_b\|^2:i\in\{1,2,3\}\}$$

分析式(4.119):如果$|\dot{\tilde{\boldsymbol{d}}}|$无界,那么根据4.3节中关于双层自适应律的分析可知,$L_{i1}(t)$将不断增大,即$\dot{L}_{i1}(t)>0$,此时由式(4.119)可得,当$|\sigma_i|\geqslant\varepsilon_e$时,$\dot{V}\leqslant0$,其中

$$\varepsilon_e=\min\left\{\frac{\bar{b}(L_{i0}+L_{i1})}{\alpha_i k(L_{i0}+L_{i1})+\dot{L}_{i1}\varphi_i},\sqrt{\frac{\bar{b}}{\alpha_i}}\right\}$$

如果$|\dot{\tilde{\boldsymbol{d}}}|$有界,同样根据4.3节中关于双层自适应律的分析可知,$\dot{L}_{i1}$会出现三种情况:$\dot{L}_{i1}>0$;$\dot{L}_{i1}=0$;$\dot{L}_{i1}<0$。对于$\dot{L}_{i1}>0$,结论与$|\dot{\tilde{\boldsymbol{d}}}|$无界的结论一致;对于$\dot{L}_{i1}=0$,结论与$|\dot{\tilde{\boldsymbol{d}}}|$无界的结论类似,只是$\varepsilon_e=\min\left\{\frac{\bar{b}}{\alpha_i k},\sqrt{\frac{\bar{b}}{\alpha_i}}\right\}$;对于$\dot{L}_{i1}<0$,$L_{i1}(t)$会持续减小,结合双层自适应律(4.116)可知,$L_{i1}(t)$持续减小最终会导致$\dot{L}_{i1}$重新回到$\dot{L}_{i1}>0$或情况$\dot{L}_{i1}=0$,因此$\dot{L}_{i1}<0$只会短暂存在。综合以上分析可知,当$\zeta_i(t)=0$时,闭环系统的解是有界的。

考虑控制方案(4.115)中$\zeta_i(t)\neq0$的情况。根据$\zeta_i(t)$的定义可得:当$\sigma_i>0$时,$-\zeta_i(t)<0$;当$\sigma_i<0$时,$-\zeta_i(t)>0$。因此,带有$-\zeta_i(t)$项的控制方案(4.115)能够提供更精确的控制性能,且保证σ_i收敛到更小的区域。结合控制方案(4.115)的具体公式可知,控制器u_{ci}是关于σ_i的连续函数,基于上面的分析,可得u_i和σ_i是一致有界的。

综合考虑假设4.2~假设4.7,以及性质4.1和性质4.2,并注意到当$\|\boldsymbol{S}(\tilde{\boldsymbol{R}})\|\neq0$时方案(4.115)中的控制器$\boldsymbol{u}$是$\boldsymbol{\sigma}$的连续函数,可得下面的假设4.8也是合理的。

假设4.8 在控制方案(4.115)~(4.117)驱动下,微分系统(4.118)中的总不确定项的导数$\dot{\tilde{\boldsymbol{d}}}$是有界的,且满足

$$\|\dot{\tilde{\boldsymbol{d}}}\|\leqslant\bar{c}_0+\bar{c}_1\|\boldsymbol{\omega}_b\|+\bar{c}_2\|\boldsymbol{\omega}_b\|^2 \tag{4.120}$$

式中:$\bar{c}_0$、$\bar{c}_1$和$\bar{c}_2$为未知正数。

4.5.3 基于趋近律和微分观测器的控制方案设计

目前有很多文献研究了对系统扰动进行估计的问题[50,57]。考虑到外部扰动 $\boldsymbol{d}$ 和惯量不确定 $\Delta\boldsymbol{J}$ 都是可微的，如果控制量 $\boldsymbol{u}$ 也是可微的，总不确定项 $\tilde{\boldsymbol{d}}$ 就也是可微的，其可以被微分观测器精确估计，并在控制器中对其直接进行补偿。

引理 4.6 考虑航天器姿态动力学模型(4.103)，假设总不确定项 $\tilde{\boldsymbol{d}}$ 的一阶导数存在且有界，误差角速度 $\tilde{\boldsymbol{\omega}}$ 可以被精确测量，那么总不确定项 $\tilde{\boldsymbol{d}}$ 可以被基于 super - twisting 算法(4.28)的微分观测器精确估计出来，观测器具体形式为

$$\begin{cases}\dot{\boldsymbol{Z}}_0=\boldsymbol{F}+J_0^{-1}\boldsymbol{u}+\boldsymbol{V}_0\\ \boldsymbol{V}_0=\mathrm{diag}(\alpha_1,\alpha_2,\alpha_3)\,\mathrm{sig}(\tilde{\boldsymbol{\omega}}-\boldsymbol{Z}_0)^{1/2}\\ \qquad +\mathrm{diag}\left(\eta_1+\dfrac{\dot{L}_{11}}{L_{10}+L_{11}},\eta_2+\dfrac{\dot{L}_{21}}{L_{20}+L_{21}},\eta_3+\dfrac{\dot{L}_{31}}{L_{30}+L_{31}}\right)(\tilde{\boldsymbol{\omega}}-\boldsymbol{Z}_0)+\boldsymbol{Z}_1\\ \dot{\boldsymbol{Z}}_1=\mathrm{diag}(\beta_1,\beta_2,\beta_3)\,\mathrm{sgn}(\tilde{\boldsymbol{\omega}}-\boldsymbol{Z}_0)+\mathrm{diag}(\kappa_1,\kappa_2,\kappa_3)(\tilde{\boldsymbol{\omega}}-\boldsymbol{Z}_0)\end{cases} \tag{4.121}$$

$$\begin{cases}\dot{\chi}_i=\dfrac{1}{\tau}(\mathrm{sgn}(\tilde{\omega}_i-z_{0i})-\chi_i)\\ \dot{L}_{i1}=-(r_{i0}+r_i)\,\mathrm{sgn}\left(L_{i0}+L_{i1}-\dfrac{1}{a\beta_{0i}}|\hat{m}_i|-\varepsilon\right)\\ \dot{r}_i=\gamma_i\left|L_{i0}+L_{i1}-\dfrac{1}{a\beta_{0i}}|\hat{m}_i|-\varepsilon\right|,\quad i\in\{1,2,3\}\end{cases} \tag{4.122}$$

$$\begin{cases}\hat{m}_i=\beta_i\chi_i+\kappa_i(\tilde{\omega}_i-z_{0i})\\ \alpha_i=\alpha_{i0}\sqrt{L_{i0}+L_{i1}}\\ \beta_i=\beta_{i0}(L_{i0}+L_{i1})\\ \eta_i=\eta_{i0}(L_{i0}+L_{i1})\\ \kappa_i=\kappa_{i0}(L_{i0}+L_{i1})^2,\quad i\in\{1,2,3\}\end{cases} \tag{4.123}$$

式中：$\boldsymbol{Z}_0=[z_{01},z_{02},z_{03}]^{\mathrm{T}}$ 为 $\tilde{\boldsymbol{\omega}}$ 的估计值；$\boldsymbol{V}_0$ 为总不确定项 $\tilde{\boldsymbol{d}}$ 的估计值；记号 $\mathrm{sig}(\cdot)^{1/2}$ 和 $\mathrm{sign}(\cdot)$ 源于文献[58]，对 $\boldsymbol{x}=[x_1,\cdots,x_n]^{\mathrm{T}}$ 和 $\boldsymbol{y}=[y_1,\cdots,y_n]^{\mathrm{T}}$ 有

$$\mathrm{sig}(\boldsymbol{x})=[\,|x_1|^{y_1}\mathrm{sgn}(x_1),\cdots,|x_n|^{y_n}\mathrm{sgn}(x_n)\,]^{\mathrm{T}},$$

$$\mathrm{sign}(\boldsymbol{x})=[\,\mathrm{sgn}(x_1),\cdots,\mathrm{sgn}(x_2)\,]^{\mathrm{T}}$$

式(4.121)为基于变增益快速 super - twisting 算法的观测器，式(4.122)为基于等效控制量估计的双层自适应律，式(4.123)为变增益和等效控制量计算公式；

a、β_{i0}、α_{0i}、η_{i0}、κ_{i0}、L_{i0}、r_{i0}、ε、γ_i 和 τ 都是正的设计参数，满足 $\alpha_{i0} > 5^{1/4}$，$\eta_{i0} > 0$，$\beta_{i0} > 1$，$\kappa_{i0} > \dfrac{8\eta_{i0}^2\beta_{i0} + 22\eta_{i0}^2 + 9\alpha_{i0}^2\eta_{i0}^2}{4(\beta_{i0} - 1)}$，$0 < a\beta_{i0} < 1$ 以及 ε 和 τ 充分小。

证明：设观测器估计误差 $\boldsymbol{s} = \tilde{\boldsymbol{\omega}} - \boldsymbol{Z}_0$，若 $\tilde{\boldsymbol{d}}$ 的一阶导数存在且有界，则微分观测器(4.121)结合系统微分方程式(4.103)经过代数变换后可得如下 super-twisting 结构：

$$\begin{cases} \dot{s}_i = -\alpha_i |s_i|^{1/2}\operatorname{sgn}(s_i) - \eta_i s_i + z_i - \dfrac{\dot{L}_{i1}}{L_{i0} + L_{i1}} s_i \\ \dot{z}_i = -\beta_i \operatorname{sgn}(s_i) - \kappa_i s_i + \dot{\tilde{d}}_i, \quad i \in \{1,2,3\} \end{cases} \tag{4.124}$$

根据 4.3.2 节和 4.3.4 节可知，在等效控制估计及双层自适应律(4.122)和(4.123)驱动下，结构(4.124)在有限时间内使得 $\boldsymbol{s} \to 0$。因此，$\boldsymbol{Z}_0$ 为角速度跟踪误差 $\tilde{\boldsymbol{\omega}}$ 的精确估计值。结合系统微分方程式(4.103)和观测器(4.121)的第一个微分方程可知，此时 $\boldsymbol{V}_0$ 为总不确定项 $\tilde{\boldsymbol{d}}$ 的精确估计值。

基于总不确定性精确估计和 4.4 节提出的双幂次组合函数趋近律，设计控制律为

$$\begin{cases} \boldsymbol{u} = -J_0(\tilde{\boldsymbol{F}} + \boldsymbol{V}_0 + [u_{s1}, u_{s2}, u_{s3}]^{\mathrm{T}}) \\ u_{si} = k_1 \operatorname{fal}(\sigma_i, 1 + \gamma_c, 1) + k_2 |\sigma_i|^{1-\gamma_c}\operatorname{sgn}(\sigma_i), \quad i \in \{1,2,3\} \\ \operatorname{fal}(\sigma_i, 1 + \gamma_c, 1) = \begin{cases} |\sigma_i|^{1+\gamma_c}\operatorname{sgn}(\sigma_i) & (|\sigma_i| > 1) \\ \sigma_i & (|\sigma_i| \leqslant 1) \end{cases} \end{cases} \tag{4.125}$$

式中：$\tilde{\boldsymbol{F}}$ 和 $[\sigma_1, \sigma_2, \sigma_3]^{\mathrm{T}} = \boldsymbol{\sigma}$ 分别定义在式(4.108)和式(4.104)；控制参数 k_1，$k_2 > 0$，$0 < \gamma_c < 1$。

性质 4.3　在控制方案(4.125)和观测器(4.121)～(4.123)的驱动下，滑模动力学(4.108)的闭环系统的解是有界的，即 $\boldsymbol{\sigma}(t)$ 和 $\boldsymbol{u}(t)$ 是一致最终有界的。

证明：证明过程与性质 4.2 相似，首先考虑李雅普诺夫函数 $V = \dfrac{1}{2}\boldsymbol{\sigma}^{\mathrm{T}}\boldsymbol{\sigma}$，沿系统(4.108)轨迹求导可得

$$\dot{V} = -\sum_{i=1}^{3} \sigma_i u_{si} + \boldsymbol{\sigma}^{\mathrm{T}}(\tilde{\boldsymbol{d}} - \boldsymbol{V}_0)$$

设 $\tilde{\boldsymbol{d}} - \boldsymbol{V}_0 = \tilde{\boldsymbol{d}}_e$，将控制律(4.125)和假设 4.7 代入上式可得

$$\dot{V} \leqslant -k_2\left(\sum_{i=1}^{3} |\sigma_i|^{2-\gamma_c}\right) + \left(\sum_{i=1}^{3} |\sigma_i|\right) \|\tilde{\boldsymbol{d}}_e\|$$

若 $|\dot{\tilde{\boldsymbol{d}}}|$ 在部分时刻为无穷，根据 4.3.2 节和 4.3.4 节可知，此时 $\boldsymbol{V}_0$ 对 $\tilde{\boldsymbol{d}}$ 的估

计存在有界误差，因而当 $|\sigma_i| \geqslant \varepsilon_e$ 时，$\dot{V} \leqslant 0$，其中 $\varepsilon_e = (\|\tilde{\boldsymbol{d}}_e\|/k_2)^{\frac{1}{1-\gamma_c}}$。如果 $|\dot{\tilde{\boldsymbol{d}}}|$ 有界，同样根据4.3.2 节和4.3.4 节可知，此时 $\boldsymbol{V}_0$ 对 $\tilde{\boldsymbol{d}}$ 的估计误差在有限时间内收敛为0，$\forall |\sigma_i|$ 有 $\dot{V} \leqslant 0$。综合以上分析可知，闭环系统的解是有界的。

综合考虑假设 4.2 ~ 假设 4.7，以及引理 4.6 和性质 4.3，并注意到当 $\|\boldsymbol{S}(\tilde{\boldsymbol{R}})\| \neq 0$ 时控制方案(4.125)中的控制器 $\boldsymbol{u}$ 是 $\boldsymbol{\sigma}$ 的连续函数，可得下面的假设4.9 也是合理的。

假设 4.9 在控制方案(4.125)和观测器(4.121) ~ (4.123)的驱动下，微分系统(4.118)中的总不确定项的导数 $\dot{\tilde{\boldsymbol{d}}}$ 也是有界的，且满足

$$\|\dot{\tilde{\boldsymbol{d}}}\| \leqslant \bar{c}_0 + \bar{c}_1 \|\boldsymbol{\omega}_b\| + \bar{c}_2 \|\boldsymbol{\omega}_b\|^2 \tag{4.126}$$

式中，$\bar{c}_0$、$\bar{c}_1$ 和 $\bar{c}_2$ 是未知正数。

注释 4.8 假设 4.8 和假设 4.9 形式上相似，但分别提供了基于 super - twisting 二阶滑模控制方案和基于趋近律和微分观测器的控制方案驱动下，闭环系统的总不确定项导数 $\dot{\tilde{\boldsymbol{d}}}$ 的合理假设。这两个合理假设，是在被控对象基本假设 4.1 ~ 假设 4.5 的基础上，结合具体的控制方案经过合理论证得到的。

4.6 闭环系统稳定性分析

表4.1 给出了基于超螺旋算法的二阶滑模控制方案和基于趋近律和微分观测器的控制方案两种有限时间控制方案。接下来证明上述控制方案作用下姿态跟踪闭环系统的稳定性。

表 4.1 第 4 章中设计的控制方案汇总

序号	控制方案	涉及的公式
1	基于超螺旋算法的二阶滑模控制方案	式(4.115) + 式(4.116) + 式(4.117)
2	基于趋近律和微分观测器的控制方案	式(4.121) + 式(4.122) + 式(4.123) + 式(4.125)

对于控制方案 1，有如下定理成立。

定理 4.6 考虑模块变形航天器误差姿态系统(4.5)和(4.7)，以及有限时间稳定滑模面(4.104)，如果系统满足假设 4.1 ~ 假设 4.8，并且系统初始状态满足 $(\tilde{\boldsymbol{R}}(t_0), \tilde{\boldsymbol{\omega}}(t_0)) \notin \mathcal{C} \times \mathbb{R}^3$，其中集合 $\mathcal{C}$ 的定义为式(4.107)。则在滑模控制方案(4.115) ~ (4.117)的驱动下，系统轨迹 $(\tilde{\boldsymbol{R}}(t), \tilde{\boldsymbol{\omega}}(t))$ 在有限时间内收敛到平衡点 $(\boldsymbol{I}, \boldsymbol{0}) \in \mathrm{SO}(3) \times \mathbb{R}^3$，其中，控制方案中的参数满足 $K > 0, a > 0, L_{i0} > 0, r_{i0} > 0, k > 0, \varepsilon > 0, \gamma_i > 0, \tau > 0, J_0 = \sqrt{J_{\min} J_{\max}}, \beta_{i0} > 1, \alpha_{i0} = 2\sqrt{2\beta_{i0}}, 0 < a\beta_{i0} < 1,$

$1 < p < \frac{4}{3}$。

证明:这里只给出证明的思路,具体过程在本章前文中都有介绍,这里不再赘述。

首先,综合误差姿态系统(4.5)和(4.7)和有限时间稳定滑模面(4.104)得到滑模变量微分系统(4.108),将控制方案(4.115)~(4.117)代入微分系统(4.108)中重写为闭环微分系统(4.118)。对于微分系统(4.118),由于假设4.8成立,并取 $\beta_{i0} > 1$,$\alpha_{i0} = 2\sqrt{2\beta_{i0}}$,只要求 $L_{i0} + L_{i1} > |\dot{\tilde{d}}_i|$,则根据定理4.1可得,滑模状态 $\boldsymbol{\sigma}(t)$ 在有限时间内收敛到原点。而根据定理4.3可知,条件 $L_{i0} + L_{i1} > |\dot{\tilde{d}}_i|$ 在双层自适应律(4.116)的驱动下有限时间内成立。因此,可得第一个结论:滑模状态 $\boldsymbol{\sigma}(t)$ 在有限时间内收敛到原点。

然后,根据引理4.5可得,当滑模状态 $\boldsymbol{\sigma}(t)$ 收敛到原点后,如果初始状态满足 $(\tilde{\boldsymbol{R}}(t_0), \tilde{\boldsymbol{\omega}}(t_0)) \notin \mathcal{C} \times \mathbb{R}^3$,那么系统状态 $(\tilde{\boldsymbol{R}}(t), \tilde{\boldsymbol{\omega}}(t))$ 在有限时间内收敛到平衡点 $(\boldsymbol{I}, 0)$。

定理 4.7 考虑模块变形航天器误差姿态系统(4.5)和(4.7),有限时间稳定滑模面(4.104),如果系统满足假设4.1~假设4.7以及假设4.9,并且系统初始状态满足 $(\tilde{\boldsymbol{R}}(t_0), \tilde{\boldsymbol{\omega}}(t_0)) \notin \mathcal{C} \times \mathbb{R}^3$,其中集合 $\mathcal{C}$ 的定义为式(4.107)。则在控制方案(4.125)和观测器(4.121)~(4.123)的驱动下,系统轨迹 $(\tilde{\boldsymbol{R}}(t), \tilde{\boldsymbol{\omega}}(t))$ 在有限时间内收敛到平衡点 $(\boldsymbol{I}, 0) \in \mathrm{SO}(3) \times \mathbb{R}^3$,其中,控制方案和观测器中的参数满足 $K > 0$,$k_1 > 0$,$k_2 > 0$,$a > 0$,$L_{i0} > 0$,$r_{i0} > 0$,$\varepsilon > 0$,$\gamma_i > 0$,$\tau > 0$,$J_0 = \sqrt{J_{\min} J_{\max}}$,$\alpha_{i0} > 5^{1/4}$,$\eta_{i0} > 0$,$\beta_{i0} > 1$,$\kappa_{i0} > \dfrac{8\eta_{i0}^2\beta_{i0} + 22\eta_{i0}^2 + 9\alpha_{i0}^2\eta_{i0}^2}{4(\beta_{i0} - 1)}$,$0 < a\beta_{i0} < 1$,$1 < p < \frac{4}{3}$。

证明:这里也只给出证明的思路。

首先,综合误差姿态系统(4.5)和(4.7)和有限时间稳定滑模面(4.104)得到滑模变量微分系统(4.108),将控制方案(4.125)代入后得到闭环系统方程为

$$\dot{\sigma}_i = -k_1 \mathrm{fal}(\sigma_i, 1 + \gamma_c, 1) - k_2 |\sigma_i|^{1-\gamma_c} \mathrm{sgn}(\sigma_i) + \tilde{d}_{ei} \quad (i \in \{1, 2, 3\})$$

式中:$\tilde{\boldsymbol{d}}_e = \tilde{\boldsymbol{d}} - \boldsymbol{V}_0 = [\tilde{d}_{e1}, \tilde{d}_{e2}, \tilde{d}_{e3}]^{\mathrm{T}}$。

结合假设4.7和性质4.3可知,组合扰动 $\tilde{\boldsymbol{d}}$ 在控制方案作用下是有界的,而观测器(4.121)~(4.123)和合理假设4.9则表明,$\boldsymbol{V}_0$ 是 $\tilde{\boldsymbol{d}}$ 的有界估计值。因此,可以分 $\tilde{d}_{ei} = 0$ 和 $\tilde{d}_{ei} \neq 0$ 两种情况讨论:根据4.4节内容可知,当 $\tilde{d}_{ei} = 0$ 时,σ_i 在有限时间内收敛到0;当 $\tilde{d}_{ei} \neq 0$ 时,σ_i 在有限时间内收敛到稳态误差界以内。

然后,结合引理 4.6 和假设 4.9 可知,$\boldsymbol{V}_0$ 是 $\tilde{\boldsymbol{d}}$ 的精确估计,即在有限时间内 $\boldsymbol{V}_0$ 收敛到 $\tilde{\boldsymbol{d}}$,因此,在有限时间内闭环系统方程退化为无外扰的情况:

$$\dot{\sigma}_i = -k_1 \mathrm{fal}(\sigma_i, 1+\gamma_c, 1) - k_2 |\sigma_i|^{1-\gamma_c} \mathrm{sgn}(\sigma_i) \quad (i \in \{1,2,3\})$$

这表明 σ_i 在有限时间内收敛到 0。

最后,根据引理 4.5 可得,当滑模状态 $\boldsymbol{\sigma}(t)$ 收敛到原点后,如果初始状态满足$(\tilde{\boldsymbol{R}}(t_0),\tilde{\boldsymbol{\omega}}(t_0)) \notin \mathcal{C} \times \mathbb{R}^3$,那么系统状态$(\tilde{\boldsymbol{R}}(t),\tilde{\boldsymbol{\omega}}(t))$在有限时间内收敛到平衡点$(\boldsymbol{I},0)$。

注释 4.9 文献[22]给出了航天器姿态跟踪的 super - twisting 控制方案,该方案可以在有限时间内使得跟踪误差收敛到平衡点的一个较小的邻域内,而本章提出的基于 super - twisting 二阶滑模的控制方案与之相比,不仅同样加快了跟踪误差的收敛速度,最大优势在于可以在有限时间内使跟踪误差收敛到平衡点,在相同外部扰动和参数不确定情况下,提高了控制精度。文献[6]提出了基于滑模和微分观测器的控制方案,但是在外部扰动、转动惯量不确定和一些非理性状态的影响下,很难精确保证微分观测器的估计误差为零,而本章提出的基于趋近律和微分观测器的控制方案,在外部扰动和转动惯量不确定的影响下,任能确保微分观测器的估计误差有限时间收敛到零;另外,由于采用了新型的双幂次组合函数趋近律,即使观测器存在估计误差,也能收敛到比现有文献方法更小的稳态误差界中。此外,本章提出的所有控制方案采用方向余弦矩阵反馈,具备殆全局有限时间稳定性,避免了文献[22]和文献[6]方案中没有考虑到的退绕问题。

4.7 仿真与分析

本节通过数值仿真验证 4.5 节所提出的两种控制方案的有效性,仿真过程中航天器系统的未知时变参数 $\boldsymbol{J}(t)$、$\dot{\boldsymbol{J}}(t)$ 和 $\mathcal{H}(t)$,外部扰动 $\boldsymbol{d}(t)$ 以及目标角速度 $\boldsymbol{\omega}_d(t)$ 和 $\dot{\boldsymbol{\omega}}_d(t)$ 的设置均与第 3 章相同。标称转动惯量 $J_0 = 23.3238\mathrm{kg} \cdot \mathrm{m}^2$,有限时间滑模面参数 $K = 0.1$ 和 $p = 1.05$。

4.7.1 基于 super - twisting 二阶滑模的控制方案仿真

本节考虑控制方案(4.115)~(4.117)驱动下的闭环系统仿真算例,系统初始误差姿态为

$$\tilde{\boldsymbol{R}}(0) = \boldsymbol{I} + \boldsymbol{v}^{\times} \sin\theta + (\boldsymbol{v}^{\times})^2 (1 - \cos\theta)$$

式中

$$\boldsymbol{v}=[1/\sqrt{3},1/\sqrt{3},1/\sqrt{3}]^{\mathrm{T}},\ \theta=179^\circ$$

设初始误差角速度 $\tilde{\boldsymbol{\omega}}(0)=0$。在控制方案中，第一种变增益快速 super - twisting 算法参数取为 $\beta_{10}=\beta_{20}=\beta_{30}=1.01$，$\alpha_{10}=\alpha_{20}=\alpha_{30}=2.8425$，$k=0.01$，双层自适应律参数取值为 $L_{10}=L_{20}=L_{30}=0.01$，$a=0.99$，$\varepsilon=0.01$，$\gamma_1=\gamma_2=\gamma_3=0.001$，$r_{10}=r_{20}=r_{30}=0.0001$，$\tau=0.01$。数值积分器采用欧拉积分法。

图 4.8 为滑模变量 $\boldsymbol{\sigma}(t)$ 在控制方案驱动下的变化曲线。从图 4.8(a)可见，滑模变量 $\boldsymbol{\sigma}(t)$ 快速收敛到零；从图 4.8(b)可见，滑模变量 $\boldsymbol{\sigma}(t)$ 的分量 $\sigma_1(t)$ 在 6s 内收敛到零，$\sigma_2(t)$ 和 $\sigma_3(t)$ 则分别在 13s 和 8s 内收敛到零，显然具备有限时间收敛的特性。图 4.9 为控制方案给出的控制力矩变化曲线。图 4.9(a)显示了控制力矩 $\boldsymbol{u}(t)$ 三个分量的变化情况，可见控制力矩连续且无抖振；图 4.9(b)显示了控制力矩幅值的变化曲线，特别地，设置了滑模面参数 $p=1.00$ 的情况与 $p=1.05$ 的情况进行对比，$p=1.00$ 时滑模面(4.104)为一般的渐近稳定滑模面，从图 4.9(b)可见，有限时间收敛滑模面与渐近稳定滑模面产生的控制能耗相比无显著差异，特别是在滑模变量 $\boldsymbol{\sigma}(t)$ 收敛到零以后(15s 以后)，两者完全重合。图 4.10 显示了控制方案驱动下的姿态变化。图 4.10(a)为姿态跟踪误差转角 $\boldsymbol{\Phi}$ 变化曲线，图 4.10(b)为角速度跟踪误差 $\tilde{\boldsymbol{\omega}}(t)$ 曲线，可以看出两者均收敛到零，说明控制方案可以使系统状态($\tilde{\boldsymbol{R}}(t)$，$\tilde{\boldsymbol{\omega}}(t)$)收敛到平衡点($\boldsymbol{I}$,0)。特别地，从图 4.10(a)可见，在渐近收敛滑模面($p=1.00$)作用下误差转角 $\boldsymbol{\Phi}$ 的曲线在对数坐标中呈一定斜率的直线，说明其收敛到零的时刻为无穷大，而在有限时间滑模面($p=1.05$)作用下误差转角 $\boldsymbol{\Phi}$ 收敛到零的速率随时间逐渐加快，因此在有限时间内一定收敛到零。

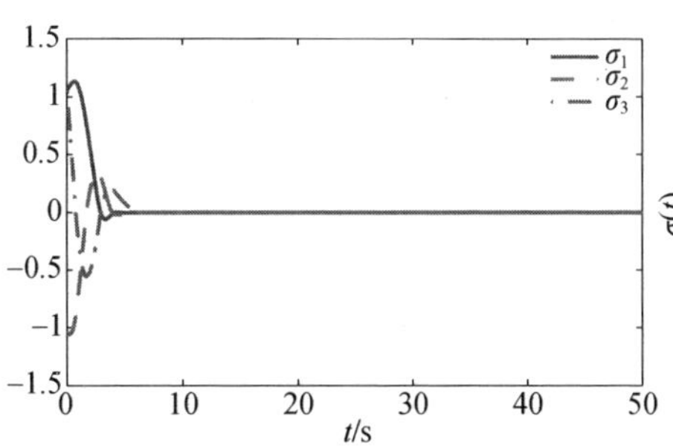

(a) 滑模变量

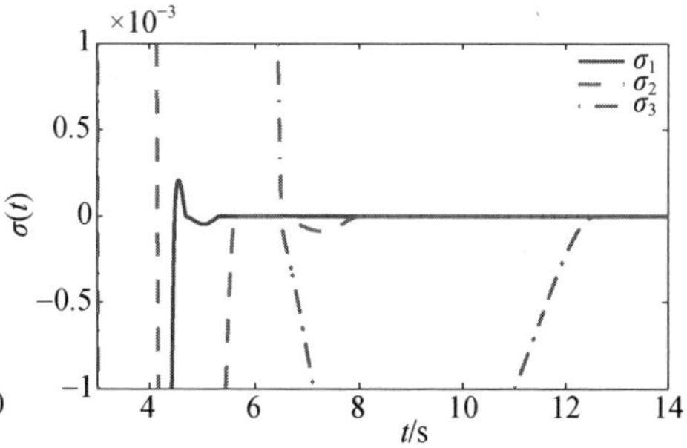

(b) 滑模变量细节

图 4.8 基于 super - twisting 二阶滑模控制方案作用下的滑模变量

为了对比改进型 super - twisting 算法与原算法的控制品质，分别设控制方案(4.115)～(4.117)中的参数 k 为 0 或 1，因为 $k=0$ 时，控制方案退化为基于原 super - twisting 算法(4.9)的方案，仿真结果如图 4.11 所示。从图 4.11(a)和

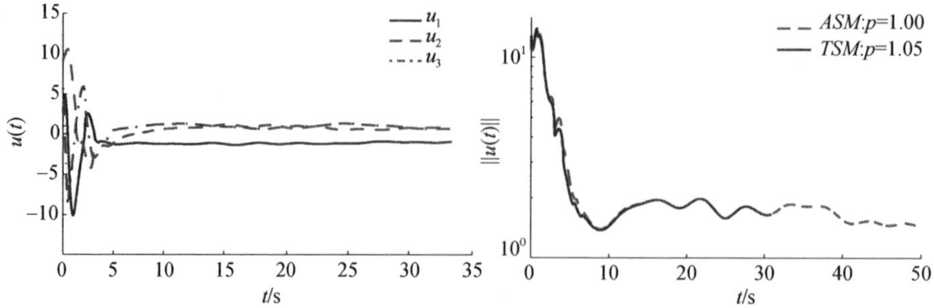

(a) 控制量　　(b) 控制律幅值

图 4.9　基于 super - twisting 二阶滑模控制方案作用下的控制量

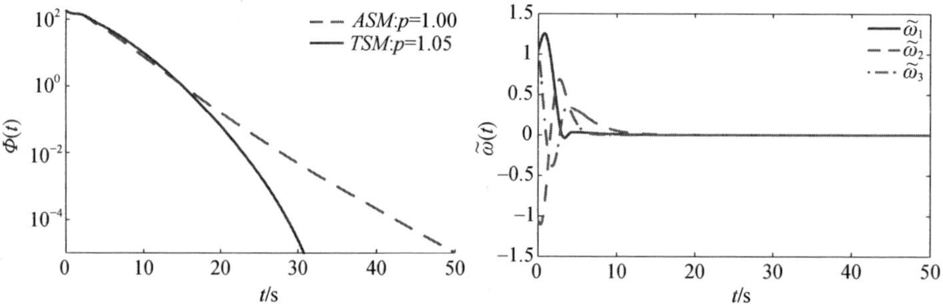

(a) 姿态误差角　　(b) 误差角速度

图 4.10　基于 super - twisting 二阶滑模控制方案作用下的姿态变量

(b)可见,改进型 super - twisting 算法作为二阶控制器而言并不比原算法(4.9)更优,姿态跟踪误差和角速度跟踪误差的收敛速度反而比原算法更慢。从图 4.11(c)和(d)可见,改进型 super - twisting 算法的控制能耗和原算法相近,但是控制量峰值大于原算法。从图 4.11(e)可见,改进型 super - twisting 算法加快了滑模收敛速度。既然缩短了滑模趋近阶段的时间,为何姿态跟踪的收敛速度反而更慢呢？事实上,姿态跟踪的收敛时间受滑模趋近阶段和滑模运动阶段的综合影响,改进型 super - twisting 算法虽然缩短了趋近阶段时长,但并不作用于滑模运动阶段。根据引理 4.5 的证明,在滑模运动阶段跟踪误差的收敛时间取决于进入滑动模态时刻的摩尔 - 李雅普诺夫函数值,摩尔函数值越大,收敛时间越长。从图 4.11(f)可见,改进型算法进入滑动模态时刻所对应的摩尔函数值远大于原算法进入滑动模态时刻的摩尔函数值,因此的确存在改进型算法的姿态误差收敛速度比原算法更慢的可能性。

图 4.12 给出了保持相同控制参数,但初始误差角速度变为 $\tilde{\boldsymbol{\omega}}(0)=[0,0,0]^{\mathrm{T}}$ rad/s 时的仿真结果,可见在此初始条件下,改进型 super - twisting 算法作用下的姿态跟踪收敛速度比原算法更快。

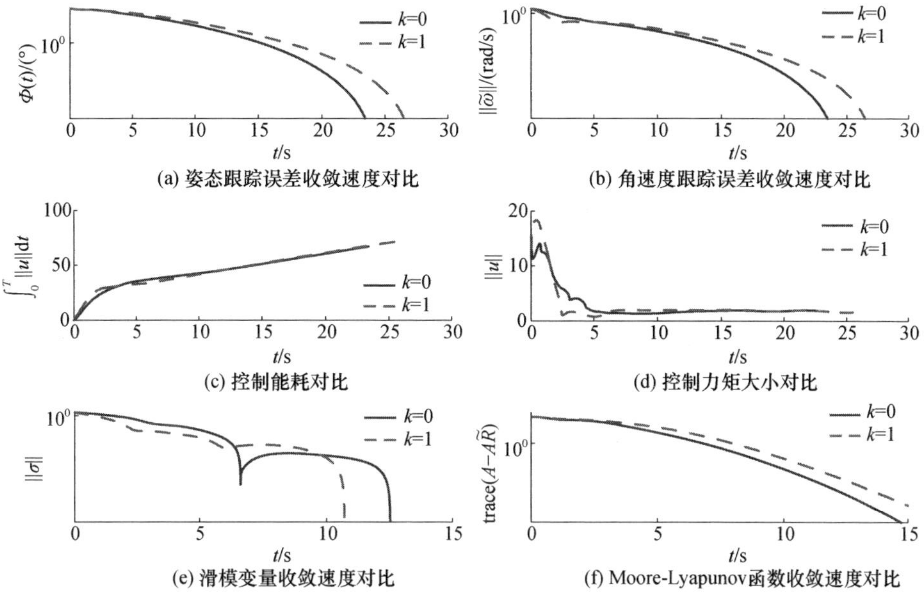

(a) 姿态跟踪误差收敛速度对比　(b) 角速度跟踪误差收敛速度对比

(c) 控制能耗对比　(d) 控制力矩大小对比

(e) 滑模变量收敛速度对比　(f) Moore-Lyapunov函数收敛速度对比

图 4.11　作为控制器的改进型 super – twisting 算法与原算法的控制性能对比 1

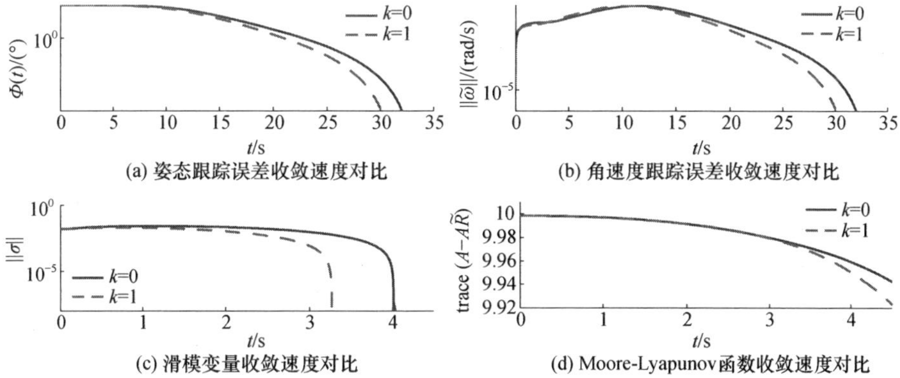

(a) 姿态跟踪误差收敛速度对比　(b) 角速度跟踪误差收敛速度对比

(c) 滑模变量收敛速度对比　(d) Moore-Lyapunov函数收敛速度对比

图 4.12　作为控制器的改进型 super – twisting 算法与原算法的控制性能对比 2

4.7.2　基于趋近律和微分观测器的控制方案仿真

本节考虑控制方案(4.125)和观测器(4.121) ~ (4.123)驱动下的闭环系统仿真算例,初始姿态跟踪误差 $\tilde{\boldsymbol{R}}(0)$ 与 4.7.1 节相同,初始角速度误差 $\tilde{\boldsymbol{\omega}}(0) = [120, -120, 120]^{\mathrm{T}}$(°/s)。在控制方案中,趋近律参数取 $k_1 = k_2 = 0.1$,$\gamma_c = 0.5$。在观测器中,第二种变增益快速 super – twisting 算法参数 $\beta_{10} = \beta_{20} = \beta_{30} = 1.01$,$\alpha_{10} = \alpha_{20} = \alpha_{30} = 1.50$,$\eta_{10} = \eta_{20} = \eta_{30} = 0.01$ 和 $\kappa_{10} = \kappa_{20} = \kappa_{30} = 0.13$;双层自适应律参数 $L_{10} = L_{20} = L_{30} = 0.001$,$a = 0.99$,$\varepsilon = 0.01$,$\gamma_1 = \gamma_2 = \gamma_3 = 0.1$,$r_{10} = r_{20} =$

$r_{30}=0.001, \tau=0.01$。

图 4.13 为微分观测器对角速度 $\tilde{\boldsymbol{\omega}}(t)$ 的估计误差仿真结果,可见在 9s 之内观测值 $\boldsymbol{Z}_0$ 的所有分量均收敛到角速度 $\tilde{\boldsymbol{\omega}}(t)$。图 4.14 为微分观测器对总不确定项 $\tilde{\boldsymbol{d}}$ 的估计结果,可见在 9s 之内估计值 V_0 各分量均实现了对总不确定项 $\tilde{d}$ 的精确跟踪,说明微分观测器可以完成对未知扰动的精确估计。图 4.15 为控制方案作用下滑模变量仿真结果,可见 11s 之内滑模变量 $\boldsymbol{\sigma}(t)$ 各分量均已收敛到零。从图 4.16 给出的控制力矩仿真结果来看,控制方案综合出的控制力矩是连续且无抖振的。图 4.17 为姿态跟踪误差转角 $\boldsymbol{\Phi}$ 和角速度跟踪误差 $\tilde{\boldsymbol{\omega}}$ 的仿真结果,可以看出,误差姿态与误差角速度收敛到零的速度随时间不断加快,必然能在有限时间内收敛到零。

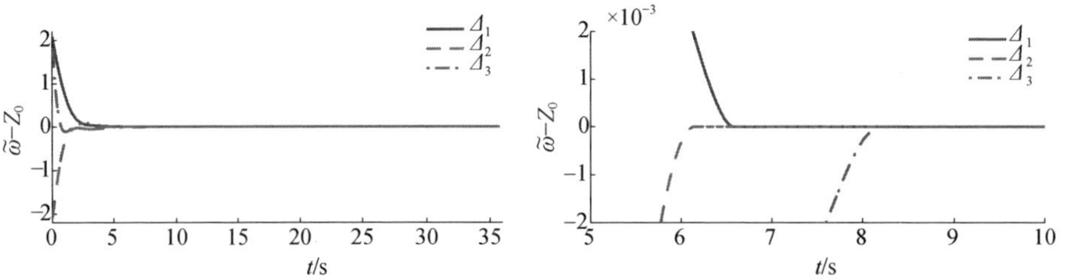

(a) 角速度观测误差　　(b) 角速度观测误差细节

图 4.13　基于 super twisting 算法的微分观测器观测误差

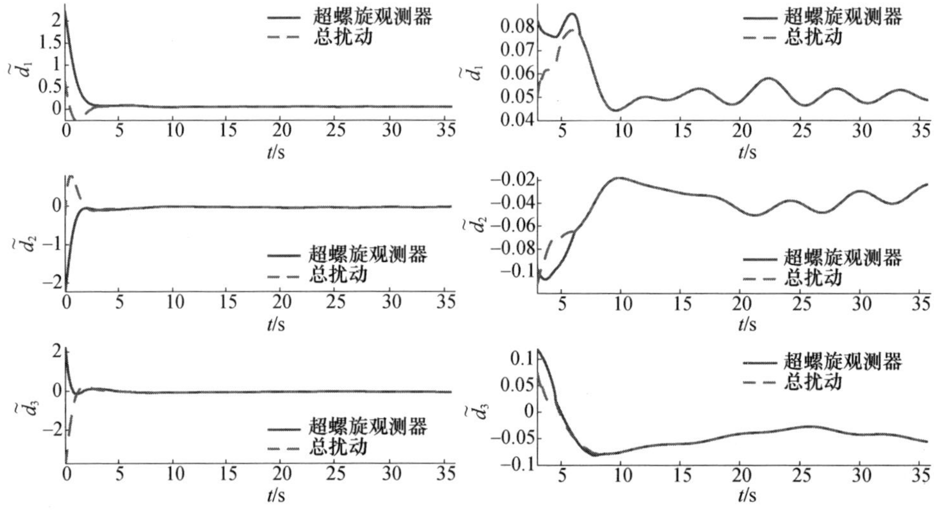

(a) 总不确定项估计　　(b) 总不确定项估计细节

图 4.14　基于 super - twisting 算法的观测器对总不确定项的估计

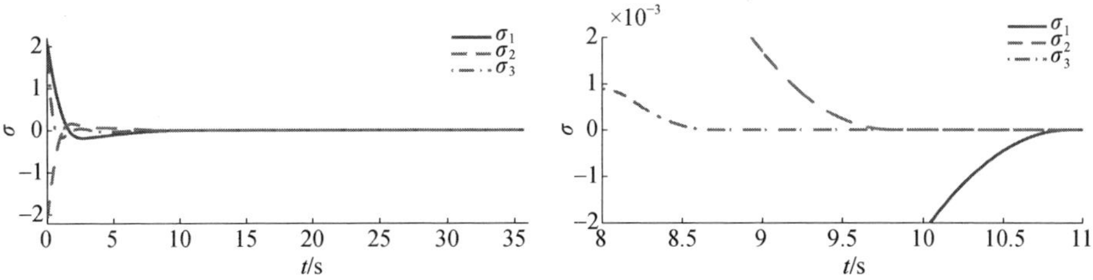

(a) 滑模变量　　(b) 滑模变量细节

图 4.15　基于双幂次组合函数趋近律的控制方案作用下的滑模变量

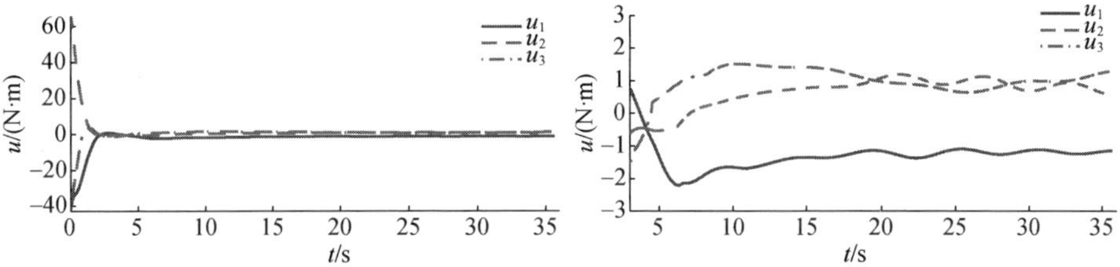

(a) 控制力矩　　(b) 控制力矩细节

图 4.16　基于双幂次组合函数趋近律的控制方案产生的控制力矩

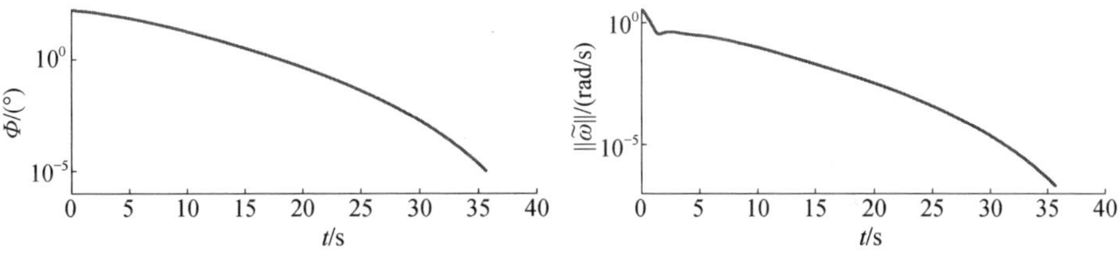

(a) 姿态误差角　　(b) 误差角速度幅值

图 4.17　基于双幂次组合函数趋近律的控制方案作用下的姿态变量

分别取$[\eta_0,\kappa_0]=[10,12763]$和$[\eta_0,\kappa_0]=[0,0]$进行仿真，注意$[\eta_0,\kappa_0]=[0,0]$时观测器(4.121)～(4.123)退化为基于原 super - twisting 算法的观测器。从图 4.18 可以看出，改进型 super - twisting 算法可以使观测误差$\|\tilde{\boldsymbol{\omega}}-\boldsymbol{Z}_0\|$快速收敛，进而加快了滑模变量$\|\boldsymbol{\sigma}\|$收敛速度，缩短了滑模趋近阶段的时长，姿态跟踪误差曲线和角速度跟踪误差曲线也反映出最终的姿态跟踪收敛速度得到稍许改进。

在本章中设计了两种具有自适应增益的改进型快速 super - twisting 算法：第一种算法从趋近律技术的视角出发，用快速终端滑模趋近律替代原算法的幂次趋近律；第二种算法通过引入线性项加快收敛速度。与传统 super - twisting 算法相比，新算法中还包含一个特有的时变线性项。通过构造李雅普诺夫函数，

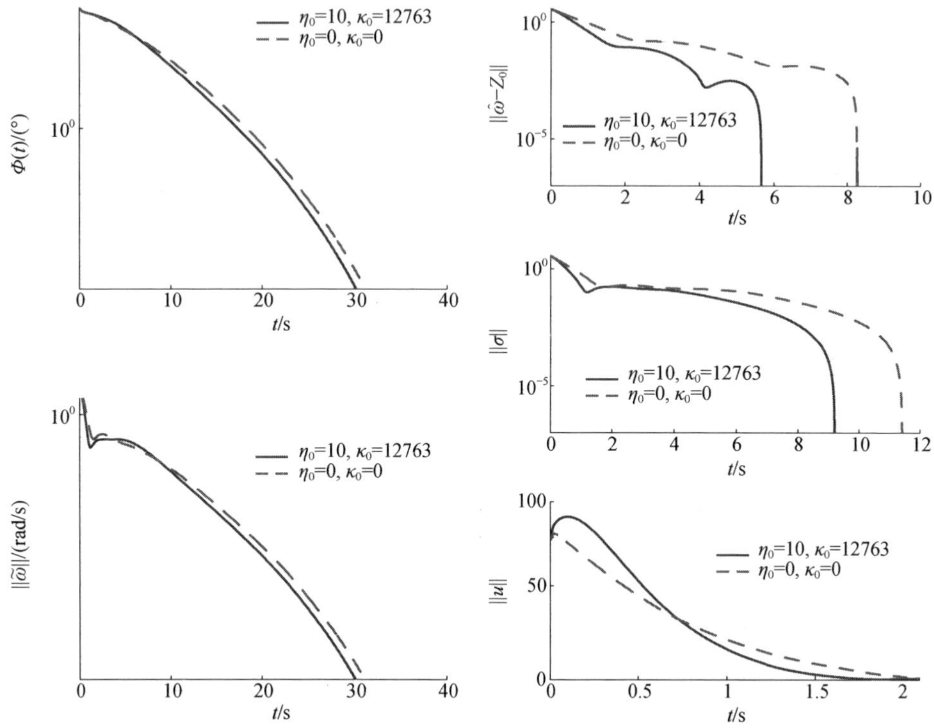

图 4.18　作为观测器的改进型 super－twisting 算法与原算法的控制性能对比

证明了两种算法具有二阶滑模特性，能在有限时间内实现收敛，并且在控制参数相同的条件下收敛时间比原算法更短，具有广泛的工程应用前景。然后，在本章中还提出了一种新型双幂次组合函数趋近律，与现有趋近律相比，新型趋近律具有收敛速度快、稳态误差小的特点。理论分析表明：新型趋近律无论是在远离还是接近滑动模态时都具有很快的趋近速度，不仅收敛总时间小于现有的快速幂次/双幂次趋近律，还具有固定时间收敛的特性；当存在有界外扰时，新型趋近律可确保滑模变量 s 收敛于平衡点的有界领域内，同时稳态误差范围也小于现有的快速幂次趋近律或双幂次趋近律。之后，在刚体姿态的殆全局稳定性理论框架下，设计了能使角速度和方向余弦矩阵收敛到期望平衡点的有限时间稳定滑模面，并在此基础上，基于前面提出的改进型 super－twisting 算法和新型趋近律，分别设计了基于二阶滑模的控制方案和基于趋近律与微分观测器的控制方案。通过理论分析证明：所设计的两种控制方案均能够驱使模块变形航天器系统实现有限时间姿态跟踪控制。最后，通过数值仿真验证了所提出的两种控制方案的有效性。

参 考 文 献

[1] Du H, Li S. Finite - time attitude stabilization for a spacecraft using homogeneous method[J]. Journal of Guidance, Control, and Dynamics, 2012, 35(3): 740 - 748.

[2] Li S,Ding S, Li Q. Global set stabilisation of the spacecraft attitude using finite - time control technique [J]. International Journal of Control, 2009, 82(5): 822 - 836.

[3] Li S, Ding S, Li Q. Global set stabilization of the spacecraft attitude control problem based on quaternion [J]. International Journal of Robust and Nonlinear Control,2010,20(1):84 - 105.

[4] Du H, Li S. Semi - global finite - time attitude stabilization by output feedback for a rigid spacecraft[J]. Proceedings of the Institution of Mechanical Engineers, Part G: Journal of Aerospace Engineering, 2013, 227(12): 1881 - 1891.

[5] Sanyal A K, Bohn J, Bloch A M. Almost global finite time stabilization of rigid body attitude dynamics [C]//52nd IEEE Conference on Decision and Control. IEEE, 2013: 3261 - 3266.

[6] Lu K, Yuanqingxia, Zhengzhu, et al. Sliding mode attitude tracking of rigid spacecraft with disturbances [J]. Journal of the Franklin Institute, 2012(349): 413 - 440.

[7] Jin E, Sun Z. Robust controllers design with finite time convergence for rigid spacecraft attitude tracking control[J]. Aerospace Science and Technology, 2008, 12(4): 324 - 330.

[8] Chen Z, Huang J. Attitude tracking of rigid spacecraft subject to disturbances of unknown frequencies[J]. International Journal of Robust and Nonlinear Control, 2014(24): 2231 - 2242.

[9] Shtessel Y, Edwards C, Fridman L, et al. Sliding Mode Control and Observation[M]. New York: Springer, 2014.

[10] Bohn J, Sanyal A K. Almost global finite - time stabilization of rigid body attitude dynamics using rotation matrices[J]. International Journal of Robust and Nonlinear Control, 2016, 26(9): 2008 - 2022.

[11] Utkin V I. Sliding Modes In Control And Optimization[M]. Springer Science & Business Media, 2013.

[12] Levant A. Sliding Order and Sliding Accuracy in Sliding Mode Control [J]. International Journal of Control, 1993, 58(6): 1247 - 1263.

[13] 高为炳. 变结构控制的理论及设计方法[M]. 北京: 科学出版社, 1996.

[14] Wheeler G, Su C Y, Stepanenko Y. A sliding mode controller with improved adaptation laws for the upper bounds on the norm of uncertainties[J]. Automatica, 1998, 34(12): 1657 - 1661.

[15] Venkataraman S T, Gulati S. Terminal sliding modes: a new approach to nonlinear control synthesis[C]// Advanced Robotics, 1991. 'Robots in Unstructured Environments', 91 ICAR. , Fifth International Conference on. IEEE, 1991: 443 - 448.

[16] Barambones O, Etxebarria V. Robust sliding composite adaptive control for mechanical manipulators with finite error convergence time[J]. International Journal of Systems Science, 2001, 32(9): 1101 - 1108.

[17] Feng Y, Yu X, Man Z. Non - singular terminal sliding mode control of rigid manipulators[J]. Automatica, 2002, 38(12): 2159 - 2167.

[18] Yu S, Yu X, Shirinzadeh B, et al. Continuous finite - time control for robotic manipulators with terminal sliding mode[J]. Automatica, 2005, 41(1): 1957 - 1964.

[19] Levant A, Pavlov Y. Generalized homogeneous quasi - continuous controllers[J]. International Journal of

Robust And Nonlinear Control, 2008, 18(4 -5): 385 -398.

[20] Levant A. Homogeneity approach to high - order sliding mode design[J]. Automatica, 2005, 41(5): 823 -830.

[21] Bhat S, Bernstein D. Finite - time stability of continuous autonomous systems[J]. SIAM Journal on Control and Optimization, 2000, 38(3): 751 -766.

[22] Lu K, Xia Y. Finite - time attitude control for rigid spacecraft - based on adaptive super - twisting algorithm[J]. IET Control Theory and Applications, 2014, 8(15): 1465 -1477.

[23] Nagesh I, Edwards C. A multivariable super - twisting sliding mode approach[J]. Automatica, 2014, 50(3): 984 -988.

[24] Xuehui L, Shenmin S, Yong G. Multivariable super - twisting sliding mode approach for attitude tracking of spacecraft[C]//Control Conference (CCC), 2015 34th Chinese. IEEE, 2015: 5789 -5794.

[25] Zhao Z, Yang J, Li S, et al. Finite - time super - twisting sliding mode control for Mars entry trajectory tracking[J]. Journal of the Franklin Institute, 2015, 352(11): 5226 -5248.

[26] Ding S, Li S. Stabilization of the attitude of a rigid spacecraft with external disturbances using finite - time control techniques[J]. Aerospace Science and Technology, 2009, 13(4 -5): 256 -265.

[27] Shtessel Y B, Shkolnikov I A, Levant A. Guidance and control of missile interceptor using second - order sliding modes[J]. IEEE Transactions on Aerospace and Electronic Systems, 2009, 45(1): 110 -124.

[28] Levant A. Principles of 2 - sliding mode design[J]. Automatica. 2007, 43(3): 576 -586.

[29] Pico J, Pico - Marco E, Vignoni A, et al. Stability preserving maps for finite - time convergence: Super - twisting sliding - mode algorithm[J]. Automatica, 2013, 49(1): 534 -539.

[30] Polyakov A. Nonlinear feedback design for fixed - time stabilization of Linear Control Systems[J]. IEEE transactions on Automatic Control, 2012, 57(8): 2106 -2110.

[31] Polyakov A, Fridman L. Stability notions and 李雅普诺夫 functions for sliding mode control systems[J]. Journal of the Franklin Institute, 2014, 351(4): 1831 -1865.

[32] Zhu Z, Xia Y, Fu M. Attitude stabilization of rigid spacecraft with finite - time convergence[J]. International Journal of Robust and Nonlinear Control, 2011, 21(6): 686 -702.

[33] Moreno J A, Osorio M. Strict Lyapunov functions for the super - twisting algorithm[J]. IEEE Transactions on Automatic Control, 2012, 57(4): 1035 -1040.

[34] Moreno J A, Osorio M. A Lyapunov approach to second - order sliding mode controllers and observers [C]//Decision and Control, 2008. CDC 2008. 47th IEEE Conference on. IEEE, 2008: 2856 -2861.

[35] Dávila A, Moreno J A, Fridman L. Optimal 李雅普诺夫 function selection for reaching time estimation of super twisting algorithm[C]//Decision and Control, 2009 held jointly with the 2009 28th Chinese Control Conference. CDC/CCC 2009. Proceedings of the 48th IEEE Conference on. IEEE, 2009: 8405 -8410.

[36] Alwi H, Edwards C. An adaptive sliding mode differentiator for actuator oscillatory failure case reconstruction[J]. Automatica, 2013, 49(2): 642 -651.

[37] Bera M K, Bandyopadhyay B, Paul A K. Variable gain super - twisting control of gmaw process for pipeline welding[J]. Journal of Dynamic Systems, Measurement, and Control, 2015, 137(7): 074501.

[38] Bartolini G, Levant A, Plestan F, et al. Adaption of sliding modes[J]. IMA Journal Of Applied Mathematical Control and Information, 2013, 30: 885 -900.

[39] Taleb T, Levant A, Plestan F. Electropneumatic actuator control: solutions based on adaptive twisting algo-

rithm and experimentation[J]. Control Engineering Practice, 2013, 21: 727 – 736.

[40] Shtessel Y, Plestan F. A novel adaptive – gain supertwisting sliding mode controller: Methodology and application[J]. Automatica, 2012, 48(5): 759 – 769.

[41] Utkin V I, Poznyak A S. Adaptive sliding mode control with application to super – twist algorithm: Equivalent control method[J]. Automatica, 2013, 49(1): 39 – 47.

[42] Edwards C, Shtessel Y. Dual – layer adaptive sliding mode control[C]//2014 American Control Conference. IEEE, 2014: 4524 – 4529.

[43] Edwards C, Shtessel Y. Adaptive dual layer second – order sliding mode control and observation[C]//2015 American Control Conference (ACC). IEEE, 2015: 5853 – 5858.

[44] Boyd S P, et al. Linear Matrix Inequalities in System And Control Theory[M]. Philadelphia: Society for industrial and applied mathematics, 1994.

[45] Utkin V, Guldner J, Shi J. Sliding Mode Control in Electro – Mechanical Systems[M]. Boca Raton: CRC Press, 2009.

[46] 梅红,王勇. 快速收敛的机器人滑模变结构控制[J]. 信息与控制. 2009, 38(5): 552 – 557.

[47] Yang L, Yang J. Nonsingular fast terminal sliding - mode control for nonlinear dynamical systems[J]. International Journal of Robust and Nonlinear Control, 2011, 21(16): 1865 – 1879.

[48] Olver F W J. NIST Handbook of Mathematical Functions Hardback and CD – ROM[M]. Cambridge University Press, 2010.

[49] Han J. From PID to active disturbance rejection control[J]. IEEE Transactions on Industrial Electronics, 2009, 56(3): 900 – 906.

[50] Xia Y, Zhu Z, Fu M, et al. Attitude tracking of rigid spacecraft with bounded disturbances[J]. IEEE Transactions on Industrial Electronics, 2011, 58(2): 647 – 659.

[51] Bohn J, Sanyal A K. Almost global finite – time stable observer for rigid body attitude dynamics[C]//2014 American Control Conference. IEEE, 2014: 4949 – 4954.

[52] Sanyal A K, Izadi M, Bohn J. An observer for rigid body motion with almost global finite – time convergence[C]//ASME 2014 Dynamic Systems and Control Conference. American Society of Mechanical Engineers Digital Collection, 2014.

[53] Chaturvedi N A, Sanyal A K, Mcclamroch N H. Rigid body attitude control: using rotation matrices for continuous, singularity – free control laws[J]. IEEE Control Systems, 2011, 31(3): 30 – 51.

[54] Sanyal A, Fosbury A, Chaturvedi N, et al. Inertia – free spacecraft attitude tracking with disturbance rejection and almost global stabilization[J]. Journal of Guidance Control And Dynamics, 2009, 32(4): 1167 – 1178.

[55] Chaturvedi N A, Mcclamroch N H, Bernstein D S. Asymptotic smooth stabilization of the inverted 3D pendulum[J]. IEEE Transactions on Automatic Control, 2009, 54(6): 1204 – 1215.

[56] Chaturvedi N A, McClamroch N H. Almost global attitude stabilization of an orbiting satellite including gravity gradient and control saturation effects[C]//2006 American Control Conference. IEEE, 2006.

[57] Chao Z, Zongji C, Chen W. Sliding mode disturbance observer – based backstepping control for a transport aircraft[J]. Science China information Sciences, 2014, 57(5): 1 – 16.

第 5 章　考虑执行器饱和的模块变形航天器姿态控制

5.1 引　　言

实际航天器系统与用于控制器设计的数学模型之间不可避免地存在差异，这种差异来自于航天器在轨运行环境中广泛存在的各种外部干扰和完成既定空间任务必然产生的内部参数变化。在内部不确定性和外部扰动影响下，设计控制器完成高性能姿态控制，并使航天器系统具有期望的性能品质，是一项极具挑战性同时也很有意义的工作。第 3 章和第 4 章的控制方案，通过综合运用自适应控制、鲁棒逆最优控制、趋近律技术、二阶滑模控制和微分观测器技术，降低了控制算法对模型的要求，设计出的控制器对系统内部时变不确定性和外部干扰具有很强的鲁棒性，满足了模块变形航天器系统姿态跟踪的快速性和准确性。但是，这些控制方案都没有考虑实际系统中的另一个重要的现象——执行器饱和特性。

执行器饱和特性是在实际航天器系统中必然存在的一种非线性现象。一个可实现的物理系统，其硬件工作能力必然是有限的，航天器系统中的用于产生姿态控制力矩的执行器都会不可避免地存在饱和现象。执行器产生的实际控制力矩不可能无限制地复现控制算法给出的控制力矩指令信号，如果控制指令信号超过一定范围，执行器输出值受到物理限制就不再根据指令信号增大，而是不断逼近或完全保持在某一限定值附近，如图 5.1 所示。执行器饱和特性的存在进一步增加了航天器姿态控制设计的难度，也使得闭环系统的稳定性分析更加复杂。

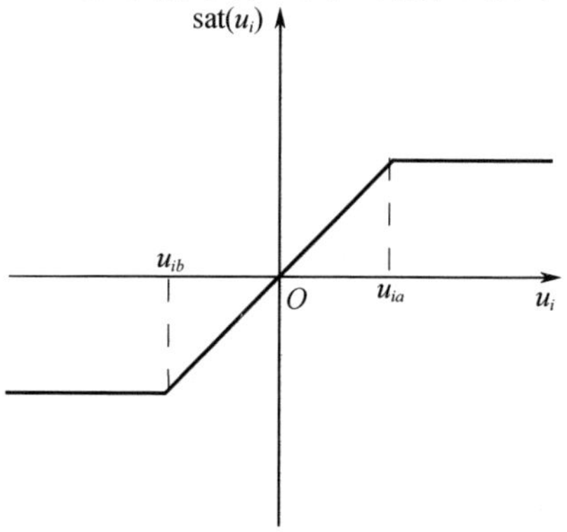

图 5.1　执行器饱和特性

执行器饱和特性存在于一切真实的控制系统中，并会导致控制性能下降甚至引起失稳。数十年来，针对执行器饱和的线性系统的分析和设计得到了充分研究[1-4]，共识性的结论是：对于具有输入饱和特性的开环不稳定的线性系统，仅能实现闭环局部稳定。因此，考虑执行器饱和的控制律设计很自然就变为扩大闭环系统收敛域的问题。但是，准确描述闭环系统的收敛域几乎不可能，许多学者转而研究如何对收敛域进行最大化估计的问题[5-9]。对于具有执行器饱和的非线性系统控制问题，由于系统本身的复杂性给分析和设计带来了更多的困难，大多数研究人员都将注意力聚焦在特定类型的非线性系统上，针对不同类型的系统设计专门的控制律使其稳定。文献[10]研究了一类受状态相关非线性项影响的线性系统的稳定控制和稳定性分析问题。文献[11]针对非线性二次型系统的稳定问题给出了一种状态反馈控制律设计方法。此外，许多文献[12-14]还采用非线性动态逆控制方法研究了输入受限情况下的非线性系统反馈线性化问题。

在航天器姿态控制问题上也出现了一些处理执行器饱和的控制律设计方法，如逆正切函数法[15]、显式饱和函数法[16]、反缠绕方案[17]和其他直接法[18-19]，通过上述这些方法设计的控制律，能够产生执行器饱和范围内的控制指令。此外，航天器系统的执行器饱和问题也可在控制分配环节中处理，如将执行器的饱和特性作为约束，增加到控制力矩分配的二次规划框架内，避免执行器输出达到饱和值，同时获得可以接受的控制效果。

本章将分析转动惯量时变不确定性、外部扰动、执行器饱和的航天器系统姿态跟踪控制问题。控制方案结合了鲁棒逆最优技术、扩张状态观测器技术和反步控制技术的优点，利用扩张状态观测器的精确估计能力补偿总干扰项，利用鲁棒逆最优控制在不增加控制能耗的前提下进一步削弱剩余干扰项的影响，整个闭环系统具有很强的鲁棒性。此外，设计的控制律以方向余弦矩阵作为反馈变量，避免了采用其他姿态参数可能产生的不稳定现象，在反步法框架内，对系统的稳定性和收敛域进行了严格的证明。

本章采用的扩展状态观测器技术源自自抗扰控制（ADRC）技术，自抗扰控制由韩京清最早提出[20]，虽然在一段时间该方法的理论分析和数学证明并不完善，但由于其简洁的概念和良好的控制效果而在工程实践中得到了广泛应用[21-22]，黄一和高志强对该方法的推广与发展做出了卓越的贡献[23-30]。自抗扰控制的核心思想：根据系统输出和输入关系建立简单的积分串联型为标准型，将系统动态中异于标准型的部分视为“总扰动”（包括内扰和外扰），利用扩张状态观测器（ESO）实时地估计和补偿“总扰动”，从而把具有扰动、不确定性和非线性的被控对象还原为标准的积分串联型。一个完整的自抗扰控制律通常包含三个组成部分：①跟踪微分器（TD），用于提取过渡过程信号及其微分信号；②扩张状态观测器，用于估计内部不确定性和外部扰动构成的“总扰动”；③非线性反馈组合（NFC），用于综合出系统的控制输入。

近年来,受到工程应用中越来越多的成功案例激励,人们也开始逐渐重视自抗扰控制的理论分析。文献[31－32]对跟踪微分器的使用范围和收敛性进行了分析。文献[21,33－35]研究了扩张状态观测器的有效性和收敛性问题。文献[36－39]则进一步研究了自抗扰控制律作用下整个闭环系统的稳定性。目前,自抗扰控制也在航空航天领域得到了许多应用,文献[40－45]研究了自抗扰控制方法在航天器姿态稳定问题中的应用。文献[46－47]利用扩张状态观测器估计航天器姿态运动模型的总扰动,通过补偿控制实现了高精度姿态跟踪。就航天器姿态跟踪控制问题而言,先利用扩张状态观测器估计总扰动,再结合其他控制方法设计复合控制律,是一种较为有效的设计思路。

5.2 考虑执行器饱和的姿态控制模型

考虑执行器饱和情况下的模块变形航天器姿态跟踪模型

$$\dot{\widetilde{\boldsymbol{R}}} = \widetilde{\boldsymbol{R}}\widetilde{\boldsymbol{\omega}}^{\times} \tag{5.1}$$

$$\begin{aligned}\boldsymbol{J}\dot{\widetilde{\boldsymbol{\omega}}} = &-(\widetilde{\boldsymbol{\omega}}+\widetilde{\boldsymbol{R}}^{\mathrm{T}}\boldsymbol{\omega}_d)\times\boldsymbol{J}(\widetilde{\boldsymbol{\omega}}+\widetilde{\boldsymbol{R}}^{\mathrm{T}}\boldsymbol{\omega}_d)+\mathrm{sat}(\boldsymbol{u})+\boldsymbol{d}\\ &+[\boldsymbol{\mathcal{H}}(t)-\dot{\boldsymbol{J}}(t)](\widetilde{\boldsymbol{\omega}}+\widetilde{\boldsymbol{R}}^{\mathrm{T}}\boldsymbol{\omega}_d)+\boldsymbol{J}(\widetilde{\boldsymbol{\omega}}\times\widetilde{\boldsymbol{R}}^{\mathrm{T}}\boldsymbol{\omega}_d-\widetilde{\boldsymbol{R}}^{\mathrm{T}}\dot{\boldsymbol{\omega}}_d)\end{aligned} \tag{5.2}$$

式中:$\mathrm{sat}(\boldsymbol{u})=[\mathrm{sat}(u_1),\mathrm{sat}(u_2),\mathrm{sat}(u_3)]^{\mathrm{T}}$ 为执行器产生的实际控制量,$u_i(i\in\{1,2,3\})$为控制力矩 $\boldsymbol{u}$ 的三个分量,$\mathrm{sat}(u_i)$表示执行器的非线性饱和特性

$$\mathrm{sat}(u_i)=\begin{cases}u_{ai}(u_i>u_{ai})\\ u_i(u_{bi}<u_i<u_{ai})\\ u_{bi}(u_i<u_{bi})\end{cases} \tag{5.3}$$

其中:标量 $u_{ai}>0$ 和 $u_{bi}<0$ 为执行器所能提供的最大和最小控制量,$\mathrm{sat}(u_i)$的函数如图5.1所示。

针对模型(5.1)和(5.2),控制目标是考虑存在转动惯量时变不确定性、外部扰动和执行器饱和特性的航天器系统设计状态反馈控制律,使得航天器跟踪期望的姿态轨迹和角速度,即$\lim\limits_{t\to\infty}\widetilde{\boldsymbol{R}}(t)=\boldsymbol{I}$ 和$\lim\limits_{t\to\infty}\widetilde{\boldsymbol{\omega}}(t)=\boldsymbol{0}$。

假设 5.1 姿态跟踪模型(5.1)和(5.2)中的转动惯量 $\boldsymbol{J}=\boldsymbol{J}_0+\Delta\boldsymbol{J}$,其中 $\boldsymbol{J}_0$ 为非奇异的转动惯量标称值,是正定对称矩阵,满足 $\lambda_{\min}(\boldsymbol{J}_0)>\inf\limits_{t\geqslant 0}\{\lambda_{\min}(\boldsymbol{J}(t))\}$ 和 $\lambda_{\max}(\boldsymbol{J}_0)<\sup\limits_{t\geqslant 0}\{\lambda_{\max}(\boldsymbol{J}(t))\}$,其中 $\lambda_{\min}(\cdot)$和 $\lambda_{\max}(\cdot)$分别为矩阵的最小特征值和最大特征值; $\Delta\boldsymbol{J}$ 为时变不确定性,满足 $\|\Delta\boldsymbol{J}\|\leqslant J_\delta$,其中 $J_\delta>0$ 是未知上界。

假设 5.2 姿态跟踪模型(5.1)和(5.2)中的外部扰动是有界的,即满足

$\| \boldsymbol{d} \| \leqslant d_\delta$,其中 $d_\delta > 0$ 是未知标量。

假设 5.3 姿态跟踪模型(5.1)和(5.2)中的期望角速度和角加速度是有界的,即满足 $\| \boldsymbol{\omega}_d \| \leqslant c_1$ 和 $\| \dot{\boldsymbol{\omega}}_d \| \leqslant c_2$,其中 $c_1 > 0$ 和 $c_2 > 0$ 是未知标量。

假设 5.4 姿态跟踪模型(5.1)和(5.2)中的执行器非线性饱和特性满足

$$u_{ai} > \sup_{t \geqslant 0} \{ -\boldsymbol{\omega}_d^{\times} \boldsymbol{J} \boldsymbol{\omega}_d + \boldsymbol{d} + (\mathcal{H} - \dot{\boldsymbol{J}}) \boldsymbol{\omega}_d - \boldsymbol{J} \dot{\boldsymbol{\omega}}_d \}_i$$

$$u_{bi} < \inf_{t \geqslant 0} \{ -\boldsymbol{\omega}_d^{\times} \boldsymbol{J} \boldsymbol{\omega}_d + \boldsymbol{d} + (\mathcal{H} - \dot{\boldsymbol{J}}) \boldsymbol{\omega}_d - \boldsymbol{J} \dot{\boldsymbol{\omega}}_d \}_i$$

式中:$\{ \boldsymbol{x} \}_i$ 为 $\forall \boldsymbol{x} \in \mathbb{R}^3$ 的第 i 维元素。

在实际的物理系统中转动惯量一定是有界的,同时未知的真实转动惯量范围相对容易估算,选择标称值在真实值范围内是可行的,因此假设 5.1 是合理的;由于实际外部环境干扰、太阳辐射、磁力影响都是有界的,所以假设 5.2 也是合理的;实际航天任务中航天器跟踪的姿态轨迹和角速度往往是有界的,因而假设 5.3 也合理;假设 5.4 是为了实现姿态跟踪,执行器所需满足的最低条件,即要求执行器必须提供足够抵消外部扰动和姿态跟踪惯性的控制量。

5.3 基于扩张状态观测器的控制方案设计

本节在存在转动惯量不确定性、外部扰动和执行机构饱和情况下,结合反步控制技术、非线性阻尼技术和扩张状态观测器技术设计了控制律,完成了模块变形航天器系统高精度姿态跟踪控制。

通过观察可知,模型(5.1)和(5.2)是一个非线性级联系统,即运动学子系统(5.1)的稳定只能间接地通过控制角速度矢量 $\tilde{\boldsymbol{\omega}}$ 才能完成。对于级联系统,综合反步法是解决其稳定问题的有效工具。在反步法中,式(5.1)中的 $\tilde{\boldsymbol{\omega}}$ 被视为虚拟控制输入,因此首先设计控制量 $\tilde{\boldsymbol{\omega}}_V$ 使运动学子系统稳定,然后在不破坏闭环运动学子系统的稳定性的前提下,设计实际控制量 $\boldsymbol{u}$ 使动力学子系统(5.2)稳定。

5.3.1 反步法设计

1. 运动学子系统控制

将式(5.1)中的 $\tilde{\boldsymbol{\omega}}$ 视为虚拟控制输入,设计虚拟控制律为

$$\tilde{\boldsymbol{\omega}}_V = -\boldsymbol{K}\boldsymbol{S}(\tilde{\boldsymbol{R}}) \tag{5.4}$$

式中:$\boldsymbol{K} = \boldsymbol{K}^{\mathrm{T}} \in \mathbb{R}^{3 \times 3}$ 是正定的;$\boldsymbol{S}(\cdot): \mathrm{SO}(3) \to \mathbb{R}^3$ 的定义与第 3 章和第 4 章中相同,即 $\boldsymbol{S}(\tilde{\boldsymbol{R}}) = \sum_{i=1}^{3} a_1 (\tilde{\boldsymbol{R}}^{\mathrm{T}} \boldsymbol{e}_i) \times \boldsymbol{e}_i$,其中,$a_1 > a_2 > a_3 > 0$,$[e_1, e_2, e_3] = \boldsymbol{I}$。对于姿

态变量 $\widetilde{\boldsymbol{R}}(t)$ 的收敛性，有以下引理成立。

引理 5.1 在控制律(5.4)的驱动下，当姿态子系统(5.1)中的初始状态满足 $\widetilde{\boldsymbol{R}}(0)\notin\mathcal{C}\subset\mathrm{SO}(3)$ 时，状态 $\widetilde{\boldsymbol{R}}(t)$ 渐近收敛到 SO(3) 的单位元 $\boldsymbol{I}$，集合 $\mathcal{C}\subset\mathrm{SO}(3)$ 定义为 $\mathcal{C}=\{\mathrm{diag}(1,-1,-1),\mathrm{diag}(-1,1,-1),\mathrm{diag}(-1,-1,1)\}\subset\mathrm{SO}(3)$。

证明：为证明控制律(5.4)作用下的闭环运动学子系统(5.1)渐近收敛到平衡点 $\widetilde{\boldsymbol{R}}=\boldsymbol{I}$，考虑摩尔－李雅普诺夫函数 $V_a=\mathrm{trace}(\boldsymbol{A}-\boldsymbol{A}\widetilde{\boldsymbol{R}})$，其中，$\boldsymbol{A}=\mathrm{diag}(a_1,a_2,a_3)$。显然 $V_a\geqslant 0$，当且仅当 $\widetilde{\boldsymbol{R}}=\boldsymbol{I}$ 时"="成立。V_a 沿闭环子系统轨迹的导数为

$$\dot{V}_a=\boldsymbol{S}^{\mathrm{T}}\widetilde{\boldsymbol{\omega}}=-\boldsymbol{S}^{\mathrm{T}}\boldsymbol{K}\boldsymbol{S}\leqslant-\lambda_{\min}(\boldsymbol{K})\|\boldsymbol{S}\|^2\leqslant 0 \tag{5.5}$$

可见闭环子系统的最大不变子集 $\dot{V}_a^{-1}(0)=\{\widetilde{\boldsymbol{R}}:\boldsymbol{S}(\widetilde{\boldsymbol{R}})=\boldsymbol{0}\}$，性质 3.2 已指出：如果 $\boldsymbol{S}(\widetilde{\boldsymbol{R}})=\boldsymbol{0}$，当且仅当 $\widetilde{\boldsymbol{R}}\in\{\boldsymbol{I}\}\cup\mathcal{C}$。因此闭环子系统的最大不变子集为 $\dot{V}_a^{-1}(0)=\{\boldsymbol{I}\}\cup\mathcal{C}$。根据拉萨尔不变集原理：所有从集合 $\mathcal{I}=\{\widetilde{\boldsymbol{R}}:V_a(\widetilde{\boldsymbol{R}})\leqslant V_a(\widetilde{\boldsymbol{R}}(0))\}$ 中出发的系统轨迹都收敛到最大不变集 $\dot{V}_a^{-1}(0)$，再考虑到集合 $\mathcal{C}$ 中的元素均即为摩尔函数 V_a 的非退化临界点且对 $\forall\widetilde{\boldsymbol{R}}\in\mathrm{SO}(3)$ 有 $V_a(\widetilde{\boldsymbol{R}})\leqslant V_a(\mathrm{diag}(-1,-1,1))$[48]，因此最大不变子集 $\dot{V}_a^{-1}(0)=\{\boldsymbol{I}\}\cup\mathcal{C}$ 的收敛域是全局的。接下来利用非欧空间中的线性化方法，分析最大不变集 $\dot{V}_a^{-1}(0)$ 中各元素的局部稳定性。

设平衡点附近的摄动初始姿态 $\widetilde{\boldsymbol{R}}(0,\varepsilon)=\boldsymbol{R}_e\exp(\varepsilon\boldsymbol{\theta}_0^{\times})$，其中 $\boldsymbol{R}_e\in\dot{V}_a^{-1}(0)$，$\theta_0=\mathbb{R}^3$；摄动初始角速度为 $\widetilde{\boldsymbol{\omega}}(0,\varepsilon)=\varepsilon\boldsymbol{\omega}_0$，其中 $\boldsymbol{\omega}_0\in\mathbb{R}^3$。注意：如果 $\varepsilon=0$，则 $(\widetilde{\boldsymbol{R}}(0,0),\widetilde{\boldsymbol{\omega}}(0,0))=(\boldsymbol{R}_e,\boldsymbol{0})$，对所有 $t\geqslant 0$，系统将保持在平衡点上，即有 $(\widetilde{\boldsymbol{R}}(t,0),\widetilde{\boldsymbol{\omega}}(t,0))\equiv(\boldsymbol{R}_e,\boldsymbol{0})$。在摄动初始状态影响下，闭环子系统的微分方程为

$$\begin{cases}\dot{\widetilde{\boldsymbol{R}}}(t,\varepsilon)=\widetilde{\boldsymbol{R}}(t,\varepsilon)\widetilde{\boldsymbol{\omega}}(t,\varepsilon)^{\times}\\ \widetilde{\boldsymbol{\omega}}(t,\varepsilon)=-\boldsymbol{K}\boldsymbol{S}(\widetilde{\boldsymbol{R}}(t,\varepsilon))\end{cases}$$

等号两边同时对 ε 求偏微分，并令 $\varepsilon=0$，得到

$$\begin{cases}\dot{\widetilde{\boldsymbol{R}}}_{\varepsilon}(t,0)=\boldsymbol{R}_e\boldsymbol{\omega}_{\varepsilon}(t,0)^{\times}\\ \widetilde{\boldsymbol{\omega}}_{\varepsilon}(t,0)=-\boldsymbol{K}\boldsymbol{S}(\widetilde{\boldsymbol{R}}_{\varepsilon}(t,0))\end{cases} \tag{5.6}$$

式中

$$\widetilde{\boldsymbol{\omega}}_{\varepsilon}(t,0)=\left.\frac{\partial\widetilde{\boldsymbol{\omega}}(t,\varepsilon)}{\partial\varepsilon}\right|_{\varepsilon=0},\widetilde{\boldsymbol{R}}_{\varepsilon}(t,0)=\left.\frac{\partial\widetilde{\boldsymbol{R}}(t,\varepsilon)}{\partial\varepsilon}\right|_{\varepsilon=0}$$

定义线性化状态变量 $\Delta\boldsymbol{\omega},\Delta\boldsymbol{\theta}\in\mathbb{R}^3$ 分别为

$$\Delta\boldsymbol{\omega}(t)=\widetilde{\boldsymbol{\omega}}_{\varepsilon}(t,0),\Delta\boldsymbol{\theta}(t)^{\times}=\boldsymbol{R}_e^{\mathrm{T}}\boldsymbol{R}_{\varepsilon}(t,0)$$

式(5.6)可改写为

$$\begin{cases}\Delta\dot{\boldsymbol{\theta}}(t)^{\times}=\boldsymbol{R}_e^{\mathrm{T}}\dot{\boldsymbol{R}}_{\varepsilon}(t,0)=\boldsymbol{\omega}_{\varepsilon}(t,0)^{\times}=\Delta\boldsymbol{\omega}(t)^{\times}\\ \Delta\boldsymbol{\omega}(t)=-\boldsymbol{K}\boldsymbol{S}(\boldsymbol{R}_e\Delta\boldsymbol{\theta}(t)^{\times})\end{cases}$$

略去时间变量 t,并代入 $\boldsymbol{S}(\cdot)$ 的定义,最终得到线性化方程

$$\Delta\dot{\boldsymbol{\theta}}+\overline{\boldsymbol{K}}\Delta\boldsymbol{\theta}=0 \tag{5.7}$$

式中

$$\begin{aligned}\overline{\boldsymbol{K}}&=-\left[\boldsymbol{K}\sum_{i=1}^{3}a_i\boldsymbol{e}_i^{\times}(\boldsymbol{R}_e\boldsymbol{e}_i)^{\times}\right]\\&=\begin{cases}\boldsymbol{K}\mathrm{diag}(a_2+a_3,a_1+a_3,a_1+a_2)\;(\boldsymbol{R}_e=\boldsymbol{I})\\-\boldsymbol{K}\mathrm{diag}(a_2+a_3,a_3-a_1,a_2-a_1)\;(\boldsymbol{R}_e=\mathrm{diag}(1,-1,-1))\\-\boldsymbol{K}\mathrm{diag}(a_3-a_2,a_1+a_3,a_1-a_2)\;(\boldsymbol{R}_e=\mathrm{diag}(-1,1,-1))\\-\boldsymbol{K}\mathrm{diag}(a_2-a_3,a_1-a_3,a_1+a_2)\;(\boldsymbol{R}_e=\mathrm{diag}(-1,-1,1))\end{cases}\end{aligned}$$

由于 $a_1>a_2>a_3>0$,只有当 $\boldsymbol{R}_e=\boldsymbol{I}$ 时 $\overline{\boldsymbol{K}}$ 是正定的,而当 $\boldsymbol{R}_e\in\mathcal{C}$ 时 $\overline{\boldsymbol{K}}$ 至少有一个实部为负的特征值。这说明最大不变集 $\dot{V}_a^{-1}(0)=\{\boldsymbol{I}\}\cup\mathcal{C}$ 中,只有 $\widetilde{\boldsymbol{R}}=\boldsymbol{I}$ 为局部稳定平衡点,而 $\widetilde{\boldsymbol{R}}\in\mathcal{C}$ 为不稳定平衡点。由于从不稳定平衡点附近任何邻域内出发的状态轨迹都会远离该不稳定平衡点,因此 $\mathcal{C}\subset\dot{V}_a^{-1}(0)$ 的收敛域只是其本身。

综合以上分析可知,由于最大不变子集 $\dot{V}_a^{-1}(0)=\{\boldsymbol{I}\}\cup\mathcal{C}$ 的收敛域是全局的,而 $\mathcal{C}\subset\dot{V}_a^{-1}(0)$ 的收敛域只是其本身,因此平衡点 $\widetilde{\boldsymbol{R}}=\boldsymbol{I}$ 的收敛域为 $SO(3)/\mathcal{C}$。

2. 航天器全系统控制

接下来研究如何使动力学子系统(5.2)稳定跟踪虚拟控制律 $\widetilde{\boldsymbol{\omega}}_V$。根据假设5.1,系统(5.1)和(5.2)中的转动惯量 $\boldsymbol{J}=\boldsymbol{J}_0+\Delta\boldsymbol{J}$,其中 $\boldsymbol{J}_0$ 已知的常值正定对称矩阵,$\Delta\boldsymbol{J}$ 为未知的不匹配时变不确定项。执行器饱和特性可以表述为

$$\mathrm{sat}(\boldsymbol{u})=\boldsymbol{\sigma}_u(t)+\boldsymbol{u}(t) \tag{5.8}$$

式中:$\boldsymbol{\sigma}_u(t)=[\sigma_{u1}(t),\sigma_{u2}(t),\sigma_{u3}(t)]^{\mathrm{T}}$ 为超过饱和限制的控制信号,$\sigma_{ui}(t)\,(i\in\{1,2,3\})$ 定义为

$$\sigma_{ui}(t)=\begin{cases}u_{ai}-u_i(t) & (u_i>u_{ai})\\0 & (u_{bi}<u_i<u_{ai})\\u_{bi}-u_i(t) & (u_i<u_{bi})\end{cases} \tag{5.9}$$

再引入记号

$$\boldsymbol{z}=\widetilde{\boldsymbol{\omega}}-\boldsymbol{\omega}_d=\widetilde{\boldsymbol{\omega}}+\boldsymbol{K}\boldsymbol{S} \tag{5.10}$$

$$\boldsymbol{u}_c=\boldsymbol{H}(\boldsymbol{\omega}_d,\dot{\boldsymbol{\omega}}_d,\widetilde{\boldsymbol{R}}) \tag{5.11}$$

$$\boldsymbol{u}_o=\hat{\boldsymbol{G}}(\cdot) \tag{5.12}$$

$$\boldsymbol{u}_e=\boldsymbol{u}+\boldsymbol{u}_o+\boldsymbol{u}_c \tag{5.13}$$

则可得

$$\boldsymbol{J}_0\dot{\boldsymbol{z}}=\boldsymbol{F}+\boldsymbol{u}_e+\boldsymbol{G}-\hat{\boldsymbol{G}} \tag{5.14}$$

式中：$\boldsymbol{H}\in\mathbb{R}^3$、$\boldsymbol{F}\in\mathbb{R}^3$和$\boldsymbol{G}\in\mathbb{R}^3$分别为

$$\boldsymbol{H}(\cdot)=-(\widetilde{\boldsymbol{R}}^{\mathrm{T}}\boldsymbol{\omega}_d)^{\times}\boldsymbol{J}_0\widetilde{\boldsymbol{R}}^{\mathrm{T}}\boldsymbol{\omega}_d-\boldsymbol{J}_0\widetilde{\boldsymbol{R}}^{\mathrm{T}}\dot{\boldsymbol{\omega}}_d \tag{5.15}$$

$$\boldsymbol{F}(\cdot)=-(\widetilde{\boldsymbol{\omega}}+\widetilde{\boldsymbol{R}}^{\mathrm{T}}\boldsymbol{\omega}_d)^{\times}\boldsymbol{J}_0\widetilde{\boldsymbol{\omega}}+(\boldsymbol{J}_0\widetilde{\boldsymbol{R}}^{\mathrm{T}}\boldsymbol{\omega}_d)^{\times}\widetilde{\boldsymbol{\omega}}-\boldsymbol{J}_0(\widetilde{\boldsymbol{R}}^{\mathrm{T}}\boldsymbol{\omega}_d)^{\times}\widetilde{\boldsymbol{\omega}}+\boldsymbol{J}_0\boldsymbol{K}\boldsymbol{M}\widetilde{\boldsymbol{\omega}} \tag{5.16}$$

$$\begin{aligned}
\boldsymbol{G}(\cdot)&=-\boldsymbol{\omega}_b^{\times}\Delta\boldsymbol{J}\boldsymbol{\omega}_b+(\mathcal{H}-\Delta\dot{\boldsymbol{J}})\boldsymbol{\omega}_b+\Delta\boldsymbol{J}(\widetilde{\boldsymbol{\omega}}^{\times}\widetilde{\boldsymbol{R}}^{\mathrm{T}}\boldsymbol{\omega}_d-\widetilde{\boldsymbol{R}}^{\mathrm{T}}\dot{\boldsymbol{\omega}}_d)-\Delta\boldsymbol{J}\dot{\widetilde{\boldsymbol{\omega}}}+\boldsymbol{\sigma}_u+\boldsymbol{d}\\
&=-\boldsymbol{\omega}_b^{\times}\Delta\boldsymbol{J}\boldsymbol{\omega}_b+(\mathcal{H}-\Delta\dot{\boldsymbol{J}})\boldsymbol{\omega}_b+\Delta\boldsymbol{J}(\widetilde{\boldsymbol{\omega}}^{\times}\widetilde{\boldsymbol{R}}^{\mathrm{T}}\boldsymbol{\omega}_d-\widetilde{\boldsymbol{R}}^{\mathrm{T}}\dot{\boldsymbol{\omega}}_d)\\
&\quad-\Delta\boldsymbol{J}(\dot{\boldsymbol{\omega}}_b-\dot{\widetilde{\boldsymbol{R}}}^{\mathrm{T}}\boldsymbol{\omega}_d-\widetilde{\boldsymbol{R}}^{\mathrm{T}}\dot{\boldsymbol{\omega}}_d)+\boldsymbol{\sigma}_u+\boldsymbol{d}\\
&=-\boldsymbol{\omega}_b^{\times}\Delta\boldsymbol{J}\boldsymbol{\omega}_b-\Delta\boldsymbol{J}\dot{\boldsymbol{\omega}}_b+(\mathcal{H}-\Delta\dot{\boldsymbol{J}})\boldsymbol{\omega}_b+\boldsymbol{\sigma}_u+\boldsymbol{d}\\
&=[-\boldsymbol{\omega}_b^{\times}\Delta\boldsymbol{J}+\Delta\boldsymbol{J}\boldsymbol{J}^{-1}\boldsymbol{\omega}_b^{\times}\boldsymbol{J}+(\boldsymbol{I}-\Delta\boldsymbol{J}\boldsymbol{J}^{-1})(\mathcal{H}-\Delta\dot{\boldsymbol{J}})]\boldsymbol{\omega}_b\\
&\quad+(\boldsymbol{I}-\Delta\boldsymbol{J}\boldsymbol{J}^{-1})\boldsymbol{d}+\boldsymbol{\sigma}_u-\Delta\boldsymbol{J}\boldsymbol{J}^{-1}\mathrm{sat}(\boldsymbol{u})\\
&=(-\boldsymbol{\omega}_b^{\times}\Delta\boldsymbol{J}+\Delta\boldsymbol{J}\boldsymbol{J}^{-1}\boldsymbol{\omega}_b^{\times}\boldsymbol{J})\boldsymbol{\omega}_b+(\boldsymbol{I}-\Delta\boldsymbol{J}\boldsymbol{J}^{-1})[(\mathcal{H}-\Delta\dot{\boldsymbol{J}})\boldsymbol{\omega}_b+\boldsymbol{d}+\boldsymbol{\sigma}_u]-\Delta\boldsymbol{J}\boldsymbol{J}^{-1}\boldsymbol{u}
\end{aligned} \tag{5.17}$$

其中：$\boldsymbol{M}(\cdot):\mathrm{SO}(3)\to\mathbb{R}^3$为满足$\dot{\boldsymbol{S}}=\boldsymbol{M}(\widetilde{\boldsymbol{R}})\widetilde{\boldsymbol{\omega}}$的矩阵函数，其定义在第3章和第4章中均有给出，即

$$\boldsymbol{M}(\widetilde{\boldsymbol{R}})=-\sum_{i=1}^{3}a_i\boldsymbol{e}_i^{\times}(\widetilde{\boldsymbol{R}}^{\mathrm{T}}\boldsymbol{e}_i)^{\times}$$

注释5.1 式(5.14)中$\boldsymbol{F}(\cdot)$和$\boldsymbol{H}(\cdot)$的推导时引用了叉乘运算的性质：$\forall\boldsymbol{a},\boldsymbol{b}\in\mathbb{R}^3,\boldsymbol{a}^{\times}\boldsymbol{b}=-\boldsymbol{b}^{\times}\boldsymbol{a}$。总不确定项$\boldsymbol{G}(\cdot)$的推导过程中，综合运用了角速度跟踪误差和航天器角速度的关系式$\boldsymbol{\omega}_b=\widetilde{\boldsymbol{\omega}}+\widetilde{\boldsymbol{R}}^{\mathrm{T}}\boldsymbol{\omega}_d$，以及航天器姿态动力学方程$\boldsymbol{J}\dot{\boldsymbol{\omega}}_b=-\boldsymbol{\omega}_b^{\times}\boldsymbol{J}\boldsymbol{\omega}_b+(\mathcal{H}-\Delta\dot{\boldsymbol{J}})\boldsymbol{\omega}_b+\mathrm{sat}(\boldsymbol{u})+\boldsymbol{d}$，获得了更为优化的总不确定项表达式(5.17)。结合假设5.1~假设5.3，可以看出，$\boldsymbol{G}(\cdot)$的上界满足$\|\boldsymbol{G}(\cdot)\|\leqslant\delta_0+\delta_1\|\widetilde{\boldsymbol{\omega}}\|+\delta_2\|\widetilde{\boldsymbol{\omega}}\|^2+\delta_u\|\boldsymbol{u}\|$，其中$\delta_0,\delta_1,\delta_2,\delta_u>0$为未知常数。

至此，设计控制量$\boldsymbol{u}(t)$使动力学子系统(5.2)中变量$\widetilde{\boldsymbol{\omega}}$跟踪虚拟控制量$\widetilde{\boldsymbol{\omega}}_V$的问题，转换为设计辅助控制量$\boldsymbol{u}_e(t)$和$\boldsymbol{u}_o(t)=\hat{\boldsymbol{G}}(\cdot)$使微分系统(5.14)中变量$\boldsymbol{z}$稳定到原点的问题。根据式(5.10)，当$\boldsymbol{z}\to\boldsymbol{0}$时有$\widetilde{\boldsymbol{\omega}}\to-\boldsymbol{K}\boldsymbol{S}(\widetilde{\boldsymbol{R}})$，此时如引理5.1所分析的那样，运动学子系统是殆全局渐近稳定的，即随着$t\to\infty$姿态变

量 $\widetilde{\boldsymbol{R}}(t)\to\boldsymbol{I}$，进而又有 $\boldsymbol{S}(\widetilde{\boldsymbol{R}})\to\boldsymbol{0}$ 和$\widetilde{\boldsymbol{\omega}}\to\boldsymbol{0}$。

剩下的问题就是设计反馈控制律 $\boldsymbol{u}_e=\boldsymbol{\alpha}(\boldsymbol{J}_0,\widetilde{\boldsymbol{\omega}},\widetilde{\boldsymbol{R}},\boldsymbol{\omega}_d,\boldsymbol{K})$ 和干扰观测器$\boldsymbol{u}_o=\hat{\boldsymbol{G}}(\cdot)$，使得完整模型系统[式(5.1)和式(5.14)]在总不确定项 $\boldsymbol{G}(\cdot)$ 存在的情况下稳定。一旦 $\boldsymbol{u}_e$ 和 $\boldsymbol{u}_o$ 完成设计，可根据式(5.13)获得实际控制指令 $\boldsymbol{u}=\boldsymbol{u}_e-\boldsymbol{u}_o-\boldsymbol{u}_c$。注意 $\boldsymbol{u}_c$ 独立于角速度跟踪误差 $\widetilde{\boldsymbol{\omega}}$。

5.3.2 扩张状态观测器

首先定义观测量 $\boldsymbol{Z}=\boldsymbol{J}_0\boldsymbol{z}$，并将控制律(5.13)代入微分系统(5.14)中，得到

$$\dot{\boldsymbol{Z}}_1=\widetilde{\boldsymbol{F}}+\boldsymbol{u}+\boldsymbol{G} \tag{5.18}$$

式中：$\widetilde{\boldsymbol{F}}=\boldsymbol{F}+\boldsymbol{H}$。

运用 ESO 技术[21]定义扩张状态变量 $\boldsymbol{Z}_2=\boldsymbol{G}$，其一阶导数$\dot{\boldsymbol{Z}}_2=\dot{\boldsymbol{G}}=\boldsymbol{g}(t)$。这样微分系统(5.18)就扩张为

$$\begin{cases}\dot{\boldsymbol{Z}}_1=\widetilde{\boldsymbol{F}}+\boldsymbol{u}+\boldsymbol{Z}_2\\ \dot{\boldsymbol{Z}}_2=\boldsymbol{g}(t)\end{cases} \tag{5.19}$$

其中，假设 $\boldsymbol{g}(t)$ 是有界的，即 $|g_i(t)|\leqslant\bar{g}(i=\{1,2,3\})$，上界 $\bar{g}>0$ 是未知常数。

引理 5.2[49]　考虑微分系统(5.19)以及 ESO

$$\begin{cases}\dot{\hat{\boldsymbol{Z}}}_1=\hat{\boldsymbol{Z}}_2+\widetilde{\boldsymbol{F}}+\boldsymbol{u}-\beta_0\mathrm{sgn}(\widetilde{\boldsymbol{Z}}_1)-\beta_1\widetilde{\boldsymbol{Z}}_1\\ \dot{\hat{\boldsymbol{Z}}}_2=-\beta_2\widetilde{\boldsymbol{Z}}_1-\beta_3|\mathrm{sgn}(\widetilde{\boldsymbol{Z}}_1)|^{\alpha}\mathrm{sgn}(\mathrm{sgn}(\widetilde{\boldsymbol{Z}}_1))-\beta_4\mathrm{sgn}(\mathrm{sgn}(\widetilde{\boldsymbol{Z}}_1))\end{cases} \tag{5.20}$$

式中：$\widetilde{\boldsymbol{Z}}_1=\hat{\boldsymbol{Z}}_1-\boldsymbol{Z}_1$；$\beta_i>0(i=\{0,1,2,3,4\})$为 ESO 增益。

选择合适的参数 α 以及 $\beta_i(i=\{0,1,2,3,4\})$ 可以在有限时间内使得观测器(5.20)输出$\hat{\boldsymbol{Z}}_1$ 和$\hat{\boldsymbol{Z}}_2$ 分别收敛到微分系统(5.19)的状态 $\boldsymbol{Z}_1$ 和 $\boldsymbol{Z}_2$。

证明：严格的证明参见文献[49]，这里只给出证明的思路。

根据式(5.19)和式(5.20)建立观测误差微分方程

$$\begin{cases}\dot{\widetilde{\boldsymbol{Z}}}_1=\widetilde{\boldsymbol{Z}}_2-\beta_0\mathrm{sgn}(\widetilde{\boldsymbol{Z}}_1)-\beta_1\widetilde{\boldsymbol{Z}}_1\\ \dot{\widetilde{\boldsymbol{Z}}}_2=-\boldsymbol{g}-\beta_2\widetilde{\boldsymbol{Z}}_1-\beta_3|\mathrm{sgn}(\widetilde{\boldsymbol{Z}}_1)|^{\alpha}\mathrm{sgn}(\mathrm{sgn}(\widetilde{\boldsymbol{Z}}_1))-\beta_4\mathrm{sgn}(\mathrm{sgn}(\widetilde{\boldsymbol{Z}}_1))\end{cases} \tag{5.21}$$

式中：$\widetilde{\boldsymbol{Z}}_2=\hat{\boldsymbol{Z}}_2-\boldsymbol{Z}_2$。

考虑李雅普诺夫函数 $V_1=\dfrac{1}{2}(\beta_1\widetilde{\boldsymbol{Z}}_1^{\mathrm{T}}\widetilde{\boldsymbol{Z}}_1+\widetilde{\boldsymbol{Z}}_2^{\mathrm{T}}\widetilde{\boldsymbol{Z}}_2)$，求导后可得

$$\dot{V}_1 \leqslant -(\beta_1^2\tilde{\boldsymbol{Z}}_1^{\mathrm{T}}\tilde{\boldsymbol{Z}}_1+\beta_2\tilde{\boldsymbol{Z}}_2^{\mathrm{T}}\tilde{\boldsymbol{Z}}_2)+l\sqrt{\tilde{\boldsymbol{Z}}_1^{\mathrm{T}}\tilde{\boldsymbol{Z}}_1+\tilde{\boldsymbol{Z}}_2^{\mathrm{T}}\tilde{\boldsymbol{Z}}_2}$$
$$\leqslant -(\min\{\beta_1^2,\beta_2\}\sqrt{\tilde{\boldsymbol{Z}}_1^{\mathrm{T}}\tilde{\boldsymbol{Z}}_1+\tilde{\boldsymbol{Z}}_2^{\mathrm{T}}\tilde{\boldsymbol{Z}}_2}-l)\frac{V_1^{1/2}}{\max\{\beta_1^2,\beta_2\}}$$

式中：$l=\sqrt{3^\alpha}\beta_3+\sqrt{3}\beta_4+\sqrt{3}\beta_4$。

这表明，观测误差$(\tilde{\boldsymbol{Z}}_1,\tilde{\boldsymbol{Z}}_2)$在有限时间内收敛到集合

$$\mathcal{D}_1=\left\{(\tilde{\boldsymbol{Z}}_1,\tilde{\boldsymbol{Z}}_2):\sqrt{\tilde{\boldsymbol{Z}}_1^{\mathrm{T}}\tilde{\boldsymbol{Z}}_1+\tilde{\boldsymbol{Z}}_2^{\mathrm{T}}\tilde{\boldsymbol{Z}}_2}\leqslant\frac{l}{\min\{\beta_1^2,\beta_2\}}\right\}$$

选择另一个李雅普诺夫函数 $V_2=\frac{1}{2}\tilde{\boldsymbol{Z}}_1^{\mathrm{T}}\tilde{\boldsymbol{Z}}_1$，求得后有$\dot{V}_2\leqslant-(\beta_0-\|\tilde{\boldsymbol{Z}}_2\|)\|\tilde{\boldsymbol{Z}}_1\|$。若选择$\beta_0\geqslant\|\tilde{\boldsymbol{Z}}_2\|+\lambda$，则可以得到$\dot{V}_2\leqslant-\lambda\sqrt{2V_2}$，这表明$\tilde{\boldsymbol{Z}}_1$可以在有限时间收敛到原点$\tilde{\boldsymbol{Z}}_1=\boldsymbol{0}$。由于是有限时间收敛，因而有$\dot{\tilde{\boldsymbol{Z}}}_1=\boldsymbol{0}$。根据式(5.21)第一式可知，此时$\mathrm{sgn}(\tilde{\boldsymbol{Z}}_1)=\frac{1}{\beta_0}\tilde{\boldsymbol{Z}}_2$，进而式(5.21)第二式简化为

$$\dot{\hat{\boldsymbol{Z}}}_2=-\boldsymbol{g}-\beta_3\left|\frac{1}{\beta_0}\tilde{\boldsymbol{Z}}_2\right|^\alpha\mathrm{sgn}\left(\frac{1}{\beta_0}\tilde{\boldsymbol{Z}}_2\right)-\beta_4\mathrm{sgn}\left(\frac{1}{\beta_0}\tilde{\boldsymbol{Z}}_2\right)$$

再选择另一个李雅普诺夫函数 $V_3=\frac{1}{2}\tilde{\boldsymbol{Z}}_2^{\mathrm{T}}\tilde{\boldsymbol{Z}}_2$，求导可得

$$\dot{V}_3\leqslant-\frac{\beta_3}{\beta_0}\|\tilde{\boldsymbol{Z}}_2\|^{1+\alpha}-(\beta_4-\sqrt{3}\bar{g})\|\tilde{\boldsymbol{Z}}_2\|$$

若选择$\beta_4\geqslant\sqrt{3}\bar{g}$，则有

$$\dot{V}_3\leqslant-\frac{\beta_3}{\beta_0}(2V_3)^{(1+\alpha)/2}$$

这表明，当$\alpha\in(0,1)$时，$\tilde{\boldsymbol{Z}}_2$可以在有限时间收敛到原点。

注释 5.2　引理 5.2 及其证明过程说明，如果组合扰动项 $\boldsymbol{G}$ 的一阶导数存在且有界，那么任意正的 ESO 增益 $\beta_i>0(i=\{0,1,2,3,4\})$都可以使观测值$(\hat{\boldsymbol{Z}}_1,\hat{\boldsymbol{Z}}_2)$收敛到实际状态和扰动$(\boldsymbol{Z}_1,\boldsymbol{G})$的附近，并且增大$\beta_1$和$\beta_2$或减小$\beta_3$和$\beta_4$可以获得更小的估计误差。进一步，如果选择观测器增益满足

$$\begin{cases}\beta_0>\dfrac{\sqrt{3^\alpha}\beta_3+\sqrt{3}\beta_4+\sqrt{3}\bar{g}}{\min\{\beta_1^2,\beta_2\}}+\lambda\\ \beta_4\geqslant\sqrt{3}\bar{g}\end{cases}\tag{5.22}$$

（其中：$0<\alpha<1,\lambda>0,\bar{g}>0$ 为组合不确定项 $\boldsymbol{G}$ 的上界），就可以完全消除观测误差。

引理 5.3[50]　考虑微分系统(5.19)以及 ESO

$$\begin{cases}\dot{\hat{\boldsymbol{Z}}}_1=\hat{\boldsymbol{Z}}_2+\widetilde{\boldsymbol{F}}+\boldsymbol{u}-\beta_{01}\widetilde{\boldsymbol{Z}}_1\\ \dot{\hat{\boldsymbol{Z}}}_2=-\beta_{02}\mathrm{fal}(\widetilde{\boldsymbol{Z}}_1,\alpha,\delta)\end{cases}\tag{5.23}$$

其中：$\widetilde{\boldsymbol{Z}}_1=\hat{\boldsymbol{Z}}_1-\boldsymbol{Z}_1$；$\beta_{01},\beta_{02}>0$ 为 ESO 增益。

$\forall \boldsymbol{x}\in\mathbb{R}^3$，函数 $\mathrm{fal}(\boldsymbol{x},\alpha,\delta)$ 定义为

$$\mathrm{fal}(\boldsymbol{x},\alpha,\delta)=[\mathrm{fal}(x_1,\alpha,\delta),\mathrm{fal}(x_2,\alpha,\delta),\mathrm{fal}(x_3,\alpha,\delta)]^{\mathrm{T}}$$

$\forall x_i\in\mathbb{R}$，$\mathrm{fal}(x_i,\alpha,\delta)(i\in\{1,2,3\})$ 定义为

$$\mathrm{fal}(x_i,\alpha,\delta)=\begin{cases}|x_i|^{\alpha}\mathrm{sgn}(x_i) & (|x_i|>\delta)\\ x_i/\delta^{1-\alpha} & (|x_i|\leqslant\delta)\end{cases}$$

选择合适的参数 α、δ 以及 $\beta_{0i}>0(i=\{1,2\})$，可以使观测器(5.23)的输出 $\hat{\boldsymbol{Z}}_1$ 和 $\hat{\boldsymbol{Z}}_2$ 分别收敛到微分系统(5.19)的状态 $\boldsymbol{Z}_1$ 和 $\boldsymbol{Z}_2$。

证明：详细的证明过程参见文献[50]，这里不再赘述。

注释 5.3　ESO 系统(5.23)对原系统(5.19)的估计误差微分方程为

$$\begin{cases}\dot{\widetilde{\boldsymbol{Z}}}_1=\widetilde{\boldsymbol{Z}}_2-\beta_{01}\widetilde{\boldsymbol{Z}}_1\\ \dot{\widetilde{\boldsymbol{Z}}}_2=-\boldsymbol{g}(t)-\beta_{02}\mathrm{fal}(\widetilde{\boldsymbol{Z}}_1,\alpha,\delta)\end{cases}\tag{5.24}$$

式中：$\widetilde{\boldsymbol{Z}}_2=\hat{\boldsymbol{Z}}_2-\boldsymbol{Z}_2$。

如果 $\boldsymbol{g}(t)$ 有界，并选择 $0<\alpha<1,\delta>0$ 和 $\beta_{0i}>0(i=\{1,2\})$ 时，估计误差 $(\widetilde{\boldsymbol{Z}}_1,\widetilde{\boldsymbol{Z}}_2)$ 将收敛到包含原点的有界区域内。当系统(5.24)稳定后，微分向量 $\dot{\widetilde{\boldsymbol{Z}}}_1=\dot{\widetilde{\boldsymbol{Z}}}_2=\boldsymbol{0}$，因此估计误差可写为

$$\begin{cases}\widetilde{\boldsymbol{Z}}_2=\beta_{01}\mathrm{fal}^{-1}(-\boldsymbol{g}(t)/\beta_{02})\\ \widetilde{\boldsymbol{Z}}_1=\mathrm{fal}^{-1}(-\boldsymbol{g}(t)/\beta_{02})\end{cases}$$

设 $\widetilde{\boldsymbol{Z}}_1=[Z_{11},Z_{12},Z_{13}]^{\mathrm{T}}$，$\boldsymbol{g}(t)=[g_1(t),g_2(t),g_3(t)]^{\mathrm{T}}$，当 $|\widetilde{Z}_{1i}|>\delta$ 时，估计误差分量为

$$\begin{cases}|\widetilde{Z}_{1i}|=|g_i(t)/\beta_{02}|^{1/\alpha}\\ |\widetilde{Z}_{2i}|=\beta_{01}|g_i(t)/\beta_{02}|^{1/\alpha}\end{cases}\tag{5.25}$$

当 $|\widetilde{Z}_{1i}|\leqslant\delta$ 时，估计误差分量为

$$\begin{cases}|\widetilde{Z}_{1i}|=|g_i(t)\delta^{1-\alpha}|/\beta_{02}\\ |\widetilde{Z}_{2i}|=\beta_{01}|g_i(t)\delta^{1-\alpha}|/\beta_{02}\end{cases}\tag{5.26}$$

由式(5.25)和式(5.26)可知，通过选择足够大的 β_{02} 以及足够小的 β_{01}、δ 和 α，

可以使($\tilde{\boldsymbol{Z}}_1,\tilde{\boldsymbol{Z}}_2$)收敛到足够小的区域内,这意味着可以使观测值($\hat{\boldsymbol{Z}}_1,\hat{\boldsymbol{Z}}_2$)更接近于实际状态和扰动($\boldsymbol{Z}_1,\boldsymbol{G}$)。

利用扩张状态观测器式(5.20)或式(5.23),得到了组合扰动项 $\boldsymbol{G}$ 的实时估计 $\hat{\boldsymbol{Z}}_2$。至此,在扩张状态观测器的作用下,原微分系统(5.14)变为

$$\boldsymbol{J}_0\dot{\boldsymbol{z}}=\boldsymbol{F}+\boldsymbol{u}_e+\tilde{\boldsymbol{d}} \tag{5.27}$$

式中:$\tilde{\boldsymbol{d}}$ 为扩展状态观测器补偿后的剩余扰动,$\tilde{\boldsymbol{d}}=\boldsymbol{G}-\hat{\boldsymbol{Z}}_2=\boldsymbol{Z}_2-\hat{\boldsymbol{Z}}_2=-\tilde{\boldsymbol{Z}}_2$。

5.3.3 非线性阻尼设计

考虑备选李雅普诺夫函数为

$$V_b=\frac{1}{2}\boldsymbol{z}^{\mathrm{T}}\boldsymbol{J}_0\boldsymbol{z}+k_s\mathrm{trace}(\boldsymbol{A}-\boldsymbol{A}\tilde{\boldsymbol{R}})$$

沿微分系统(5.27)的解求导得到

$$\begin{aligned}\dot{V}_b&=\boldsymbol{z}^{\mathrm{T}}(\boldsymbol{F}+\boldsymbol{u}_e+\tilde{\boldsymbol{d}})+k_s\boldsymbol{S}^{\mathrm{T}}\tilde{\boldsymbol{\omega}}\\&=\boldsymbol{z}^{\mathrm{T}}(\boldsymbol{F}+\boldsymbol{u}_e)+k_s\boldsymbol{S}^{\mathrm{T}}(\boldsymbol{z}-\boldsymbol{KS})+\boldsymbol{z}^{\mathrm{T}}\tilde{\boldsymbol{d}}\\&=-k_s\boldsymbol{S}^{\mathrm{T}}\boldsymbol{KS}+\boldsymbol{z}^{\mathrm{T}}(\boldsymbol{F}+\boldsymbol{u}_e+k_s\boldsymbol{S})+\boldsymbol{z}^{\mathrm{T}}\tilde{\boldsymbol{d}}\end{aligned} \tag{5.28}$$

注释 5.4 如果采用非线性消除法,设计 $\boldsymbol{u}_e$ 为

$$\boldsymbol{u}_e=-\boldsymbol{F}-k_s\boldsymbol{S}-(\boldsymbol{K}_1+\gamma^{-2}\boldsymbol{I})\boldsymbol{z} \tag{5.29}$$

式中:$\boldsymbol{K}_1$ 为正定矩阵;$\gamma>0$。

则有

$$\dot{V}_b=-k_p\boldsymbol{S}^{\mathrm{T}}\boldsymbol{KS}-\boldsymbol{z}^{\mathrm{T}}\boldsymbol{K}_1\boldsymbol{z}-\gamma^{-2}\|\boldsymbol{z}\|^2+\boldsymbol{z}^{\mathrm{T}}\boldsymbol{d}$$

运用 Young 不等式

$$\boldsymbol{z}^{\mathrm{T}}\tilde{\boldsymbol{d}}\leqslant\frac{\gamma^2}{4}\|\tilde{\boldsymbol{d}}\|^2+\frac{1}{\gamma^2}\|\boldsymbol{z}\|^2$$

得到

$$\dot{V}_b\leqslant-k_s\boldsymbol{S}^{\mathrm{T}}\boldsymbol{KS}-\boldsymbol{z}^{\mathrm{T}}\boldsymbol{K}_1\boldsymbol{z}+\frac{\gamma^2}{4}\|\tilde{\boldsymbol{d}}\|^2 \tag{5.30}$$

显然,存在常数 $c_3,c_4>0$ 使得

$$\dot{V}_b\leqslant-c_3\|\boldsymbol{S}\|^2-c_4\|\tilde{\boldsymbol{\omega}}\|^2+(4\lambda_{\min}(\boldsymbol{K}_1))^{-1}\|\tilde{\boldsymbol{d}}\|^2$$

只要 $\tilde{\boldsymbol{d}}$ 是有界的,非线性消除控制律(5.29)驱动下的闭环系统就是 $\tilde{\boldsymbol{d}}-(\boldsymbol{S},\tilde{\boldsymbol{\omega}})$ 稳定的,即 ISS 稳定,且干扰 $\tilde{\boldsymbol{d}}$ 到状态($\boldsymbol{S},\tilde{\boldsymbol{\omega}}$)的 $\mathcal{L}_2$ 增益为 $\gamma/(2\sqrt{\max\{c_3,c_4\}})$。这说明,通过增大控制参数 k_s 和矩阵 $\boldsymbol{K}$、$\boldsymbol{K}_1$ 的最小特征值,以及减小 $|\gamma|$,就可以使 $\mathcal{L}_2$ 增益任意小,也就是说可以通过调节参数以增大控制

量 $\boldsymbol{u}_e$ 为代价,任意提高控制精度。

采用与第 3 章相似的非线性阻尼设计法构造控制律 $\boldsymbol{u}_e$,需要考虑确定性项 $\boldsymbol{F}$ 的非线性特性(5.16),继续如下推导:

$$\begin{aligned}
\dot{V}_b &= -k_s\boldsymbol{S}^{\mathrm{T}}\boldsymbol{K}\boldsymbol{S}+\boldsymbol{z}^{\mathrm{T}}\tilde{\boldsymbol{d}}+\boldsymbol{z}^{\mathrm{T}}[k_s\boldsymbol{S}+\boldsymbol{u}_e-(\tilde{\boldsymbol{\omega}}+\tilde{\boldsymbol{R}}^{\mathrm{T}}\boldsymbol{\omega}_d)^{\times}\boldsymbol{J}_0(\boldsymbol{z}-\boldsymbol{K}\boldsymbol{S})\\
&\quad +(\boldsymbol{J}_0\tilde{\boldsymbol{R}}^{\mathrm{T}}\boldsymbol{\omega}_d)^{\times}(\boldsymbol{z}-\boldsymbol{K}\boldsymbol{S})-\boldsymbol{J}_0(\tilde{\boldsymbol{R}}^{\mathrm{T}}\boldsymbol{\omega}_d)^{\times}(\boldsymbol{z}-\boldsymbol{K}\boldsymbol{S})+\boldsymbol{J}_0\boldsymbol{K}\boldsymbol{M}(\boldsymbol{z}-\boldsymbol{K}\boldsymbol{S})]\\
&= -k_s\boldsymbol{S}^{\mathrm{T}}\boldsymbol{K}\boldsymbol{S}+\boldsymbol{z}^{\mathrm{T}}\tilde{\boldsymbol{d}}+\boldsymbol{z}^{\mathrm{T}}\boldsymbol{u}_e+\boldsymbol{z}^{\mathrm{T}}[k_s\boldsymbol{S}\\
&\quad +(\tilde{\boldsymbol{R}}^{\mathrm{T}}\boldsymbol{\omega}_d)^{\times}\boldsymbol{J}_0\boldsymbol{K}\boldsymbol{S}+(\boldsymbol{J}_0\boldsymbol{K}\boldsymbol{S})^{\times}\boldsymbol{K}\boldsymbol{S}-(\boldsymbol{J}_0\tilde{\boldsymbol{R}}^{\mathrm{T}}\boldsymbol{\omega}_d)^{\times}\boldsymbol{K}\boldsymbol{S}\\
&\quad +\boldsymbol{J}_0(\tilde{\boldsymbol{R}}^{\mathrm{T}}\boldsymbol{\omega}_d)^{\times}\boldsymbol{K}\boldsymbol{S}-\boldsymbol{J}_0\boldsymbol{K}\boldsymbol{M}\boldsymbol{K}\boldsymbol{S}\\
&\quad +\boldsymbol{J}_0\boldsymbol{K}\boldsymbol{M}\boldsymbol{z}-\tilde{\boldsymbol{\omega}}^{\times}\boldsymbol{J}_0\boldsymbol{z}-(\tilde{\boldsymbol{R}}^{\mathrm{T}}\boldsymbol{\omega}_d)^{\times}\boldsymbol{J}_0\boldsymbol{z}-\boldsymbol{J}_0(\tilde{\boldsymbol{R}}^{\mathrm{T}}\boldsymbol{\omega}_d)^{\times}\boldsymbol{z}\\
&\quad -(\boldsymbol{J}_0\boldsymbol{K}\boldsymbol{S})^{\times}\boldsymbol{z}+(\boldsymbol{J}_0\tilde{\boldsymbol{R}}^{\mathrm{T}}\boldsymbol{\omega}_d)^{\times}\boldsymbol{z}]\\
&= -k_s\boldsymbol{S}^{\mathrm{T}}\boldsymbol{K}\boldsymbol{S}+\boldsymbol{z}^{\mathrm{T}}\tilde{\boldsymbol{d}}+\boldsymbol{z}^{\mathrm{T}}\boldsymbol{u}_e+\boldsymbol{z}^{\mathrm{T}}[k_s\boldsymbol{K}^{-1}+(\tilde{\boldsymbol{R}}^{\mathrm{T}}\boldsymbol{\omega}_d)^{\times}\boldsymbol{J}_0\\
&\quad +(\boldsymbol{J}_0\boldsymbol{K}\boldsymbol{S})^{\times}-(\boldsymbol{J}_0\tilde{\boldsymbol{R}}^{\mathrm{T}}\boldsymbol{\omega}_d)^{\times}\\
&\quad +\boldsymbol{J}_0(\tilde{\boldsymbol{R}}^{\mathrm{T}}\boldsymbol{\omega}_d)^{\times}-\boldsymbol{J}_0\boldsymbol{K}\boldsymbol{M}]\boldsymbol{K}\boldsymbol{S}+\boldsymbol{z}^{\mathrm{T}}[\boldsymbol{J}_0\boldsymbol{K}\boldsymbol{M}-\tilde{\boldsymbol{\omega}}^{\times}\boldsymbol{J}_0]\boldsymbol{z}\\
&\quad +\boldsymbol{z}^{\mathrm{T}}[(\boldsymbol{J}_0\tilde{\boldsymbol{R}}^{\mathrm{T}}\boldsymbol{\omega}_d)^{\times}-(\boldsymbol{J}_0\boldsymbol{K}\boldsymbol{S})^{\times}-(\tilde{\boldsymbol{R}}^{\mathrm{T}}\boldsymbol{\omega}_d)^{\times}\boldsymbol{J}_0-\boldsymbol{J}_0(\tilde{\boldsymbol{R}}^{\mathrm{T}}\boldsymbol{\omega}_d)^{\times}]\boldsymbol{z}
\end{aligned}$$

定义矩阵 $\boldsymbol{\Psi}_1\in\mathbb{R}^{3\times3}$、$\boldsymbol{\Psi}_2\in\mathbb{R}^{3\times3}$ 和 $\boldsymbol{H}_1\in\mathbb{R}^{3\times3}$ 分别为

$$\begin{aligned}
\boldsymbol{\Psi}_1^{\mathrm{T}} &= k_s^{-1/2}[k_s\boldsymbol{K}^{-1}+(\tilde{\boldsymbol{R}}^{\mathrm{T}}\boldsymbol{\omega}_d)^{\times}\boldsymbol{J}_0+(\boldsymbol{J}_0\boldsymbol{K}\boldsymbol{S})^{\times}\\
&\quad -(\boldsymbol{J}_0\tilde{\boldsymbol{R}}^{\mathrm{T}}\boldsymbol{\omega}_d)^{\times}+\boldsymbol{J}_0(\tilde{\boldsymbol{R}}^{\mathrm{T}}\boldsymbol{\omega}_d)^{\times}-\boldsymbol{J}_0\boldsymbol{K}\boldsymbol{M}]\boldsymbol{K}^{1/2}
\end{aligned}\tag{5.31}$$

$$\boldsymbol{\Psi}_2=\boldsymbol{J}_0\boldsymbol{K}\boldsymbol{M}-\tilde{\boldsymbol{\omega}}^{\times}\boldsymbol{J}_0+\frac{1}{\gamma^2}\boldsymbol{I}\tag{5.32}$$

$$\boldsymbol{H}_1=(\boldsymbol{J}_0\tilde{\boldsymbol{R}}^{\mathrm{T}}\boldsymbol{\omega}_d)^{\times}-(\boldsymbol{J}_0\boldsymbol{K}\boldsymbol{S})^{\times}-(\tilde{\boldsymbol{R}}^{\mathrm{T}}\boldsymbol{\omega}_d)^{\times}\boldsymbol{J}_0-\boldsymbol{J}_0(\tilde{\boldsymbol{R}}^{\mathrm{T}}\boldsymbol{\omega}_d)^{\times}\tag{5.33}$$

式中:$\gamma>0$。

显然,因为 $\boldsymbol{J}_0$ 为对称矩阵,$(\boldsymbol{J}_0\tilde{\boldsymbol{R}}^{\mathrm{T}}\boldsymbol{\omega}_d)^{\times}$、$(\boldsymbol{J}_0\boldsymbol{K}\boldsymbol{S})^{\times}$ 和 $(\tilde{\boldsymbol{R}}^{\mathrm{T}}\boldsymbol{\omega}_d)^{\times}$ 为斜对称矩阵,有 $\boldsymbol{H}_1=-\boldsymbol{H}_1^{\mathrm{T}}$ 成立,所以 $\boldsymbol{z}^{\mathrm{T}}\boldsymbol{H}_1\boldsymbol{z}=0$。整理得到

$$\begin{aligned}
\dot{V}_b &= -k_s\boldsymbol{S}^{\mathrm{T}}\boldsymbol{K}\boldsymbol{S}+\sqrt{k_s}\boldsymbol{z}^{\mathrm{T}}\boldsymbol{\Psi}_1^{\mathrm{T}}\boldsymbol{K}^{1/2}\boldsymbol{S}+\boldsymbol{z}^{\mathrm{T}}\boldsymbol{\Psi}_2\boldsymbol{z}+\boldsymbol{z}^{\mathrm{T}}\boldsymbol{u}_e-\gamma^{-2}\|\boldsymbol{z}\|^2+\boldsymbol{z}^{\mathrm{T}}\tilde{\boldsymbol{d}}\\
&= -\frac{k_s}{2}\boldsymbol{S}^{\mathrm{T}}\boldsymbol{K}\boldsymbol{S}-\frac{1}{2}\boldsymbol{z}^{\mathrm{T}}\boldsymbol{K}_1\boldsymbol{z}-\gamma^{-2}\|\boldsymbol{z}\|^2+\boldsymbol{z}^{\mathrm{T}}\tilde{\boldsymbol{d}}\\
&\quad -\frac{1}{2}[\boldsymbol{z}^{\mathrm{T}}\boldsymbol{\Psi}_1^{\mathrm{T}}\boldsymbol{\Psi}_1\boldsymbol{z}-2\sqrt{k_s}\boldsymbol{z}^{\mathrm{T}}\boldsymbol{\Psi}_1^{\mathrm{T}}\boldsymbol{K}^{1/2}\boldsymbol{S}+k_s\boldsymbol{S}^{\mathrm{T}}\boldsymbol{K}\boldsymbol{S}]\\
&\quad -\frac{1}{2}(\boldsymbol{z}^{\mathrm{T}}\boldsymbol{K}_1\boldsymbol{z}-2\boldsymbol{z}^{\mathrm{T}}\boldsymbol{\Psi}_2\boldsymbol{z}+\boldsymbol{z}^{\mathrm{T}}\boldsymbol{\Psi}_2^{\mathrm{T}}\boldsymbol{K}_1^{-1}\boldsymbol{\Psi}_2\boldsymbol{z})\\
&\quad +\boldsymbol{z}^{\mathrm{T}}\left[\boldsymbol{u}_e+\left(\boldsymbol{K}_1+\frac{\boldsymbol{\Psi}_1^{\mathrm{T}}\boldsymbol{\Psi}_1}{2}+\frac{\boldsymbol{\Psi}_2^{\mathrm{T}}\boldsymbol{K}_1^{-1}\boldsymbol{\Psi}_2}{2}\right)\boldsymbol{z}\right]
\end{aligned}$$

$$= -\frac{k_s}{2}\boldsymbol{S}^{\mathrm{T}}\boldsymbol{K}\boldsymbol{S} - \frac{1}{2}z^{\mathrm{T}}\boldsymbol{K}_1 z - \frac{1}{2}\|\boldsymbol{\Psi}_1 z - \sqrt{k_s}\boldsymbol{K}^{1/2}\boldsymbol{S}\|^2 - \frac{1}{2}z^{\mathrm{T}}(\boldsymbol{K}_1 - \boldsymbol{\Psi}_2)^{\mathrm{T}}\boldsymbol{K}_1^{-1}(\boldsymbol{K}_1 - \boldsymbol{\Psi}_2)z$$

$$+ z^{\mathrm{T}}\left[\boldsymbol{u}_e + \left(\boldsymbol{K}_1 + \frac{\boldsymbol{\Psi}_1^{\mathrm{T}}\boldsymbol{\Psi}_1}{2} + \frac{\boldsymbol{\Psi}_2^{\mathrm{T}}\boldsymbol{K}_1^{-1}\boldsymbol{\Psi}_2}{2}\right)z\right] - \gamma^{-2}\|z\|^2 + z^{\mathrm{T}}\tilde{\boldsymbol{d}} \tag{5.34}$$

式中：$\boldsymbol{K}_1 = \boldsymbol{K}_1^{\mathrm{T}}$ 为正定矩阵。

根据式(5.34)设计反馈控制律 $\boldsymbol{u}_e(t)$ 为

$$\boldsymbol{u}_e = -\beta\left[\boldsymbol{K}_1 + \frac{\boldsymbol{\Psi}_1^{\mathrm{T}}\boldsymbol{\Psi}_1}{2} + \frac{\boldsymbol{\Psi}_2^{\mathrm{T}}\boldsymbol{K}_1^{-1}\boldsymbol{\Psi}_2}{2}\right]z = -\beta\boldsymbol{R}^{-1}z \tag{5.35}$$

式中：$\beta \geqslant 1$。

注意到 $z^{\mathrm{T}}\boldsymbol{R}^{-1}z \geqslant z^{\mathrm{T}}\boldsymbol{K}_1 z$，式(5.34)可进一步推导为

$$\begin{aligned}
\dot{V}_b &= -\frac{k_s}{2}\boldsymbol{S}^{\mathrm{T}}\boldsymbol{K}\boldsymbol{S} - \frac{1}{2}z^{\mathrm{T}}\boldsymbol{K}_1 z - \frac{1}{2}\|\boldsymbol{\Psi}_1 z - \sqrt{k_s}\boldsymbol{K}^{1/2}\boldsymbol{S}\|^2 \\
&\quad - \frac{1}{2}z^{\mathrm{T}}(\boldsymbol{K}_1 - \boldsymbol{\Psi}_2)^{\mathrm{T}}\boldsymbol{K}_1^{-1}(\boldsymbol{K}_1 - \boldsymbol{\Psi}_2)z \\
&\quad - (\beta - 1)z^{\mathrm{T}}\boldsymbol{R}^{-1}z - \gamma^{-2}\|z\|^2 + z^{\mathrm{T}}\tilde{\boldsymbol{d}} \\
&\leqslant -\frac{k_s}{2}\boldsymbol{S}^{\mathrm{T}}\boldsymbol{K}\boldsymbol{S} - \frac{2\beta - 1}{2}z^{\mathrm{T}}\boldsymbol{K}_1 z + \frac{\gamma^2}{4}\|\tilde{\boldsymbol{d}}\|^2
\end{aligned}$$

上式表明，只要 $\tilde{\boldsymbol{d}}$ 是有界的，非线性阻尼控制律(5.35)驱动下的闭环系统就是 $\tilde{\boldsymbol{d}}-(\boldsymbol{S},\tilde{\boldsymbol{\omega}})$ 稳定的，即 ISS 稳定的。并且通过增大控制参数 k_s 和矩阵 $\boldsymbol{K}$、$\boldsymbol{K}_1$ 的最小特征值，以及减小 $|\gamma|$，可以使 $\tilde{\boldsymbol{d}}$ 到状态 $(\boldsymbol{S},\tilde{\boldsymbol{\omega}})$ 的 $\mathcal{L}_2$ 增益任意小。

5.4 闭环系统稳定性分析

定理 5.1 考虑执行器饱和航天器系统(5.1)和(5.2)，一定存在合适的参数 α 和 $\beta_i > 0(i = \{0,1,2,3,4\})$，以及 $\gamma > 0$，$\beta \geqslant 1$，$\boldsymbol{K}_1 = \boldsymbol{K}_1^{\mathrm{T}} > 0$，$\boldsymbol{K} \geqslant 0$，在控制律

$$\begin{cases}
\boldsymbol{u} = \boldsymbol{u}_e - \boldsymbol{H} - \hat{\boldsymbol{Z}}_2 \\
\boldsymbol{u}_e = -\beta\boldsymbol{R}^{-1}(\tilde{\boldsymbol{\omega}} + \boldsymbol{K}\boldsymbol{S}) \\
\dot{\hat{\boldsymbol{Z}}}_1 = \boldsymbol{F} + \boldsymbol{u}_e - \beta_0 \operatorname{sgn}(\tilde{\boldsymbol{Z}}_1) - \beta_1\tilde{\boldsymbol{Z}}_1 \\
\dot{\hat{\boldsymbol{Z}}}_2 = -\beta_2\tilde{\boldsymbol{Z}}_1 - \beta_3|\operatorname{sgn}(\tilde{\boldsymbol{Z}}_1)|^{\alpha}\operatorname{sgn}(\operatorname{sgn}(\tilde{\boldsymbol{Z}}_1)) - \beta_4\operatorname{sgn}(\operatorname{sgn}(\tilde{\boldsymbol{Z}}_1))
\end{cases} \tag{5.36}$$

驱动下，闭环系统是殆全局渐近稳定的，即当 $t\to\infty$ 时，如果 $(\tilde{\boldsymbol{R}}(0),\tilde{\boldsymbol{\omega}}(0)) \notin \mathcal{C}\times\{\boldsymbol{0}\}$，则有 $(\tilde{\boldsymbol{R}}(t),\tilde{\boldsymbol{\omega}}(t))\to(\boldsymbol{I},\boldsymbol{0})$ 成立。其中，$\tilde{\boldsymbol{Z}}_1 = \boldsymbol{J}_0(\tilde{\boldsymbol{\omega}} + \boldsymbol{K}\boldsymbol{S}) - \hat{\boldsymbol{Z}}_1$，$\boldsymbol{R}^{-1}$ 定义为式(5.35)，$\boldsymbol{H}(\cdot)$ 和 $\boldsymbol{F}(\cdot)$ 分别定义为式(5.15)和式(5.16)。

证明:将式(5.36)中($\dot{\hat{\boldsymbol{Z}}}_1,\dot{\hat{\boldsymbol{Z}}}_2$)等式的 $\boldsymbol{u}_e$ 替换为 $\boldsymbol{u}$,得到 ESO 微分系统(5.20)。如果 $\boldsymbol{G}(\cdot)$ 一阶导数存在,即 $\dot{\boldsymbol{G}}=\boldsymbol{g}(t)$,根据式(5.17)和式(5.36)可知,$\boldsymbol{G}(\cdot)$ 的一阶导数的上界满足 $\|\boldsymbol{g}(t)\|\leqslant\bar{g}_0+\bar{g}_1(\|\tilde{\boldsymbol{\omega}}(t)\|)$,其中 $\bar{g}_0>0$ 为未知常数,$\bar{g}_1(\cdot)$ 为 $\mathcal{K}$ 类函数。根据引理 5.2 的证明过程可得,当 $\beta_i>0(i=\{0,1,2,3,4\})$ 时,$\hat{\boldsymbol{Z}}_1$ 对 $\boldsymbol{J}_0(\tilde{\boldsymbol{\omega}}+\boldsymbol{KS})$ 以及 $\hat{\boldsymbol{Z}}_2$ 对 $\boldsymbol{G}(t)$ 的跟踪误差($\tilde{\boldsymbol{Z}}_1,\tilde{\boldsymbol{Z}}_2$)在有限时间内收敛到集合

$$\mathcal{D}_2=\left\{(\tilde{\boldsymbol{Z}}_1,\tilde{\boldsymbol{Z}}_2):\sqrt{\tilde{\boldsymbol{Z}}_1^{\mathrm{T}}\tilde{\boldsymbol{Z}}_1+\tilde{\boldsymbol{Z}}_2^{\mathrm{T}}\tilde{\boldsymbol{Z}}_2}\leqslant\frac{\sqrt{3^{\alpha}}\beta_3+\sqrt{3}\beta_4+\sqrt{3}(\bar{g}_0+\bar{g}_1(\|\tilde{\boldsymbol{\omega}}\|))}{\min\{\beta_1^2,\beta_2\}}\right\}$$

选择李雅普诺夫函数

$$V_b=\frac{1}{2}(\tilde{\boldsymbol{\omega}}+\boldsymbol{KS})^{\mathrm{T}}\boldsymbol{J}_0(\tilde{\boldsymbol{\omega}}+\boldsymbol{KS})+k_s\mathrm{trace}(\boldsymbol{A}-\boldsymbol{A}\tilde{\boldsymbol{R}})$$

求导并代入 $\boldsymbol{u}_e$ 可得

$$\begin{aligned}\dot{V}_b&\leqslant-k_s\boldsymbol{S}^{\mathrm{T}}\boldsymbol{KS}-(\tilde{\boldsymbol{\omega}}+\boldsymbol{KS})^{\mathrm{T}}\boldsymbol{K}_1(\tilde{\boldsymbol{\omega}}+\boldsymbol{KS})+\frac{\gamma^2}{4}\|\tilde{\boldsymbol{Z}}_2\|^2\\&\leqslant-k_s\boldsymbol{S}^{\mathrm{T}}\boldsymbol{KS}-(\tilde{\boldsymbol{\omega}}+\boldsymbol{KS})^{\mathrm{T}}\boldsymbol{K}_1(\tilde{\boldsymbol{\omega}}+\boldsymbol{KS})+\left(\frac{\sqrt{3^{\alpha}}\beta_3+\sqrt{3}\beta_4+\sqrt{3}(\bar{g}_0+\bar{g}_1(\|\tilde{\boldsymbol{\omega}}\|))}{\min\{\beta_1^2,\beta_2\}}\right)^2\end{aligned}$$

这表明,轨迹($\boldsymbol{S}(t),\tilde{\boldsymbol{\omega}}(t)$)将收敛到集合

$$\mathcal{D}_3=\{(\boldsymbol{S},\tilde{\boldsymbol{\omega}}):k_s\lambda_{\min}(\boldsymbol{K})\|\boldsymbol{S}\|^2+\lambda_{\min}(\boldsymbol{K}_1)\|\tilde{\boldsymbol{\omega}}+\boldsymbol{KS}\|^2-g_1(\|\tilde{\boldsymbol{\omega}}\|)\leqslant g_0\}$$

式中:$g_0>0$ 为未知参数;$g_1(\cdot)$ 为另一个 $\mathcal{K}$ 类函数。

可见,闭环系统是一致有界的,总不确定项 $\boldsymbol{G}(\cdot)$ 的一阶导数也是有界的,其上界为

$$\|\boldsymbol{g}(t)\|\leqslant\bar{g}_0+\sup_{(\boldsymbol{S},\tilde{\boldsymbol{\omega}})\in\mathcal{D}_3}\bar{g}_1(\|\tilde{\boldsymbol{\omega}}(t)\|)=\bar{g}$$

根据引理 5.2 可知,如果 $\boldsymbol{G}(\cdot)$ 一阶导数存在且有界,则一定存在合适的参数 α 和 $\beta_i>0(i=\{0,1,2,3,4\})$ 在有限时间内使得 $\hat{\boldsymbol{Z}}_1\to\boldsymbol{J}_0(\tilde{\boldsymbol{\omega}}+\boldsymbol{KS})$,$\hat{\boldsymbol{Z}}_2\to\boldsymbol{G}(\cdot)$,进而使得 $\boldsymbol{J}_0(\dot{\tilde{\boldsymbol{\omega}}}+\boldsymbol{K}\dot{\boldsymbol{S}})=\boldsymbol{F}+\boldsymbol{u}_e$。此时,李雅普诺夫函数沿闭环系统轨迹的导数满足

$$\dot{V}_b\leqslant-\frac{k_s}{2}\boldsymbol{S}^{\mathrm{T}}\boldsymbol{KS}-\frac{2\beta-1}{2}\boldsymbol{z}^{\mathrm{T}}\boldsymbol{K}_1\boldsymbol{z}$$

这说明当 $t\to\infty$ 时,$\forall[\boldsymbol{S}(0)^{\mathrm{T}},\tilde{\boldsymbol{\omega}}(0)]^{\mathrm{T}}\in\mathbb{R}^3\times\mathbb{R}^3$,有 $\boldsymbol{S}(t)\to0$ 和 $\tilde{\boldsymbol{\omega}}(t)\to-\boldsymbol{KS}(t)$,进而有 $\tilde{\boldsymbol{\omega}}\to0$。再根据引理 5.1 可知,当 $\tilde{\boldsymbol{\omega}}(t)=-\boldsymbol{KS}(t)$ 时,如果 $\tilde{\boldsymbol{R}}(t)\notin\mathcal{C}$,则姿态运动子系统(5.1)中的 $\tilde{\boldsymbol{R}}(t)\to\boldsymbol{I}$。特别地,如果$[\boldsymbol{S}(0)^{\mathrm{T}},\tilde{\boldsymbol{\omega}}(0)^{\mathrm{T}}]=[\boldsymbol{0},\boldsymbol{0}]^{\mathrm{T}}$,那

么$\forall t \geqslant 0$有$\widetilde{\boldsymbol{R}}(t) \in \mathcal{C} \cup \{\boldsymbol{I}\}$和$\widetilde{\boldsymbol{\omega}}(t) = \boldsymbol{0}$成立。

定理 5.2 考虑执行器饱和航天器系统(5.1)和(5.2),选择参数满足$0 < \alpha < 1, \delta > 0, \beta_{0i} > 0(i = \{1,2\})$,以及$\gamma > 0, \beta \geqslant 1, \boldsymbol{K}_1 = \boldsymbol{K}_1^{\mathrm{T}} > 0, \boldsymbol{K} = \boldsymbol{K}^{\mathrm{T}} \geqslant 0$,在控制律

$$\begin{cases} \boldsymbol{u} = \boldsymbol{u}_e - \boldsymbol{H} - \hat{\boldsymbol{Z}}_2 \\ \boldsymbol{u}_e = -\beta \boldsymbol{R}^{-1}(\widetilde{\boldsymbol{\omega}} + \boldsymbol{K}\boldsymbol{S}) \\ \dot{\hat{\boldsymbol{Z}}}_1 = \boldsymbol{F} + \boldsymbol{u}_e - \beta_{01}\widetilde{\boldsymbol{Z}}_1 \\ \dot{\hat{\boldsymbol{Z}}}_2 = -\beta_{02}\mathrm{fal}(\widetilde{\boldsymbol{Z}}_1, \alpha, \delta) \end{cases} \tag{5.37}$$

驱动下,闭环系统是一致有界稳定的。其中,$\widetilde{\boldsymbol{Z}}_1 = \boldsymbol{J}_0(\widetilde{\boldsymbol{\omega}} + \boldsymbol{K}\boldsymbol{S}) - \hat{\boldsymbol{Z}}_1$,$\boldsymbol{R}^{-1}$定义为式(5.35),$\boldsymbol{H}(\cdot)$和$\boldsymbol{F}(\cdot)$分别定义为式(5.15)和式(5.16)。

证明:将式(5.37)中($\dot{\hat{\boldsymbol{Z}}}_1, \dot{\hat{\boldsymbol{Z}}}_2$)等式的$\boldsymbol{u}_e$替换为$\boldsymbol{u}$,得到 ESO 微分系统(5.23)。根据引理 5.3 可知,如果总不确定项$\boldsymbol{G}(t)$的一阶微分存在$\dot{\boldsymbol{G}}(t) = \boldsymbol{g}(t)$,则选择合适的参数$0 < \alpha < 1, \delta > 0, \beta_{0i} > 0(i = \{1,2\})$,可以使观测量$\hat{\boldsymbol{Z}}_1$和$\hat{\boldsymbol{Z}}_2$分别收敛到$\boldsymbol{J}_0(\widetilde{\boldsymbol{\omega}} + \boldsymbol{K}\boldsymbol{S})$和$\boldsymbol{G}(t)$,其中观测误差由式(5.25)或式(5.26)确定,式中$g_i(t)$为$\boldsymbol{g}(t)$的第i个分量,进一步说明较大的β_{02}以及较小的β_{01}可以使($\widetilde{\boldsymbol{Z}}_1, \widetilde{\boldsymbol{Z}}_2$)收敛到很小的值。

接下来考虑李雅普诺夫函数$V_b(\cdot)$,在控制律(5.37)驱动下李雅普诺夫函数的导数满足

$$\begin{aligned} \dot{V}_b &\leqslant -\frac{k_s}{2}\boldsymbol{S}^{\mathrm{T}}\boldsymbol{K}\boldsymbol{S} - \frac{2\beta - 1}{2}(\widetilde{\boldsymbol{\omega}} + \boldsymbol{K}\boldsymbol{S})^{\mathrm{T}}\boldsymbol{K}_1(\widetilde{\boldsymbol{\omega}} + \boldsymbol{K}\boldsymbol{S}) + (\widetilde{\boldsymbol{\omega}} + \boldsymbol{K}\boldsymbol{S})^{\mathrm{T}}(\boldsymbol{G} - \hat{\boldsymbol{Z}}_2) \\ &\leqslant -\frac{k_s}{2}\lambda_{\min}(\boldsymbol{K})\|\boldsymbol{S}\|^2 - \frac{2\beta - 1}{2}\lambda_{\min}(\boldsymbol{K}_1)\|\widetilde{\boldsymbol{\omega}} + \boldsymbol{K}\boldsymbol{S}\|^2 + \|\widetilde{\boldsymbol{\omega}} + \boldsymbol{K}\boldsymbol{S}\|\|\boldsymbol{G} - \hat{\boldsymbol{Z}}_2\| \end{aligned}$$

这表明,系统轨迹($\boldsymbol{S}(t), \widetilde{\boldsymbol{\omega}}(t)$)收敛到集合

$$\mathcal{D}_4 = \left\{(\boldsymbol{S}, \widetilde{\boldsymbol{\omega}}) : \frac{k_s}{2}\frac{\lambda_{\min}(\boldsymbol{K})\|\boldsymbol{S}\|^2}{\|\widetilde{\boldsymbol{\omega}} + \boldsymbol{K}\boldsymbol{S}\|} + \frac{2\beta - 1}{2}\lambda_{\min}(\boldsymbol{K}_1)\|\widetilde{\boldsymbol{\omega}} + \boldsymbol{K}\boldsymbol{S}\| < \|\boldsymbol{G} - \hat{\boldsymbol{Z}}_2\|\right\}$$

这就证明了闭环系统的有界稳定性。分析集合$\mathcal{D}_4$可知,由于观测器存在估计误差,调高设计参数k_s、$\boldsymbol{K}$、$\boldsymbol{K}_1$和β可以保证状态变量$\boldsymbol{S}(t)$和$\widetilde{\boldsymbol{\omega}}(t)$非常小,保证了控制的精确性和鲁棒性。

注释 5.5 如果状态变量$[\boldsymbol{S}(t), \widetilde{\boldsymbol{\omega}}(t)] \in \mathbb{R}^3 \times \mathbb{R}^3$收敛到包含原点的邻域内,姿态矩阵$\widetilde{\boldsymbol{R}}(t) \in \mathrm{SO}(3)$就会收敛到包含单位元$\boldsymbol{I} \in \mathrm{SO}(3)$的领域内。根据引理 5.1,当$[\boldsymbol{S}(t), \widetilde{\boldsymbol{\omega}}(t)]$收敛到原点时,$\widetilde{\boldsymbol{R}}(t)$对应的平衡位置有四个

$$\{\boldsymbol{I},\mathrm{diag}(-1,-1,1),\mathrm{diag}(-1,1,-1),\mathrm{diag}(1,-1,-1)\}$$

其中只有单位元 $\boldsymbol{I}\in\mathrm{SO}(3)$ 是稳定平衡点。其余三个为不稳定平衡点。由非线性系统理论可知,$\widetilde{\boldsymbol{R}}(t)$ 的轨迹最终会离开非稳定平衡点附近的任意范围的邻域,而收敛到稳定平衡点的邻域内。

定理 5.3 考虑执行器饱和航天器系统(5.1)和(5.2)以及控制李雅普诺夫函数

$$V_b=\frac{1}{2}(\widetilde{\boldsymbol{\omega}}+\boldsymbol{KS})^{\mathrm{T}}\boldsymbol{J}_0(\widetilde{\boldsymbol{\omega}}+\boldsymbol{KS})+k_s\mathrm{trace}(\boldsymbol{A}-\boldsymbol{A}\widetilde{\boldsymbol{R}})$$

假设 ESO 微分系统(5.20)或(5.23)对总扰动项 $\boldsymbol{G}(t)$ 的扰动估计 $\hat{\boldsymbol{Z}}_2$ 存在误差,即 $\widetilde{\boldsymbol{d}}(t)=\hat{\boldsymbol{Z}}_2-\boldsymbol{G}\neq\boldsymbol{0}$,如果选择 $\beta\geqslant 2$,$\boldsymbol{K}$、$\boldsymbol{K}_1$ 为正定对称矩阵,那么控制律

$$\begin{cases}\boldsymbol{u}=\boldsymbol{u}_e-\boldsymbol{H}-\hat{\boldsymbol{Z}}_2\\ \boldsymbol{u}_e=-\beta\boldsymbol{R}^{-1}(\widetilde{\boldsymbol{\omega}}+\boldsymbol{KS})\end{cases}\tag{5.38}$$

就是能够使代价函数(5.39)最小化的逆最优控制律。其中

$$J_a=\sup_{\widetilde{\boldsymbol{d}}\in\mathcal{D}}\left\{\lim_{T\to\infty}\left[2\beta V_b(\widetilde{\boldsymbol{R}}(T),\widetilde{\boldsymbol{\omega}}(T))+\int_0^T\left(l(\widetilde{\boldsymbol{R}},\widetilde{\boldsymbol{\omega}})+\boldsymbol{u}_e^{\mathrm{T}}\boldsymbol{R}\boldsymbol{u}_e-\frac{\beta\gamma^2}{2}\|\widetilde{\boldsymbol{d}}\|^2\right)\mathrm{d}t\right]\right\}\tag{5.39}$$

$$l(\widetilde{\boldsymbol{R}},\widetilde{\boldsymbol{\omega}})=-2\beta(k_s\boldsymbol{S}^{\mathrm{T}}\widetilde{\boldsymbol{\omega}}+z^{\mathrm{T}}\boldsymbol{F})+\beta^2z^{\mathrm{T}}\boldsymbol{R}^{-1}z-\frac{2\beta}{\gamma^2}z^{\mathrm{T}}z\tag{5.40}$$

$$\boldsymbol{R}^{-1}=\boldsymbol{K}_1+\frac{\boldsymbol{\Psi}_1^{\mathrm{T}}\boldsymbol{\Psi}_1}{2}+\frac{\boldsymbol{\Psi}_2^{\mathrm{T}}\boldsymbol{K}_1^{-1}\boldsymbol{\Psi}_2}{2}\tag{5.41}$$

$\boldsymbol{\Psi}_1(\cdot)$、$\boldsymbol{\Psi}_2(\cdot)$ 定义分别为式(5.31)和式(5.32)。

证明:按照式(5.10)引入辅助变量 $z=\widetilde{\boldsymbol{\omega}}+\boldsymbol{KS}$,将控制律(5.38)代入系统(5.1)和(5.2)整理得到微分系统(5.27),该微分系统对应辅助系统

$$\boldsymbol{J}_0\dot{z}=\boldsymbol{F}+\boldsymbol{u}_{au}+\frac{z}{\gamma^2}\tag{5.42}$$

式中:$\boldsymbol{F}(\cdot)$ 定义为式(5.16)。

控制李雅普诺夫函数 V_b 沿辅助系统(5.42)轨迹的导数为

$$\begin{aligned}\dot{V}_b&=z^{\mathrm{T}}\left(\boldsymbol{F}+\boldsymbol{u}_{au}+\frac{1}{\gamma^2}z\right)+k_s\boldsymbol{S}^{\mathrm{T}}\widetilde{\boldsymbol{\omega}}\\&=-k_s\boldsymbol{S}^{\mathrm{T}}\boldsymbol{KS}+z^{\mathrm{T}}\left(\boldsymbol{F}+\boldsymbol{u}_{au}+\frac{1}{\gamma^2}z+k_s\boldsymbol{S}\right)\end{aligned}$$

将 $\boldsymbol{F}(\cdot)$ 按照定义式(5.16)展开,同时考虑 $\boldsymbol{\Psi}_1(\cdot)$ 和 $\boldsymbol{\Psi}_2(\cdot)$ 定义式(5.31)和式(5.32),$\dot{V}_b$ 可重写为

$$\dot{V}_b = -k_s\boldsymbol{S}^{\mathrm{T}}\boldsymbol{K}\boldsymbol{S} + \sqrt{k_s}\boldsymbol{z}^{\mathrm{T}}\boldsymbol{\Psi}_1^{\mathrm{T}}\boldsymbol{K}^{1/2}\boldsymbol{S} + \boldsymbol{z}^{\mathrm{T}}\boldsymbol{\Psi}_2\boldsymbol{z} + \boldsymbol{z}^{\mathrm{T}}\boldsymbol{u}_{au}$$

设控制律为

$$\boldsymbol{u}_{au} = -\boldsymbol{R}^{-1}(\tilde{\boldsymbol{\omega}} + \boldsymbol{K}\boldsymbol{S}) = -\boldsymbol{R}^{-1}\boldsymbol{z} \tag{5.43}$$

代入后得到

$$\dot{V}_b \leqslant -\frac{k_s}{2}\boldsymbol{S}^{\mathrm{T}}\boldsymbol{K}\boldsymbol{S} - \frac{1}{2}\boldsymbol{z}^{\mathrm{T}}\boldsymbol{K}_1\boldsymbol{z} = -W(\tilde{\boldsymbol{R}},\tilde{\boldsymbol{\omega}}) \leqslant 0$$

这表明,在控制律(5.43)驱动下,辅助系统(5.1)和(5.44)是殆全局稳定的,因为$t\to\infty$时,根据$\dot{V}_b\leqslant 0$,有$\boldsymbol{S}\to\boldsymbol{0}$,$\boldsymbol{z}\to\boldsymbol{0}$,进而根据引理5.1可知,若$(\tilde{\boldsymbol{R}}(0),\tilde{\boldsymbol{\omega}}(0))\notin\mathcal{C}\times\{\boldsymbol{0}\}$则$\tilde{\boldsymbol{R}}\to\boldsymbol{I}$和$\tilde{\boldsymbol{\omega}}\to\boldsymbol{0}$。根据上述闭环辅助系统(5.42)和(5.43)的分析,可得

$$k_s\boldsymbol{S}^{\mathrm{T}}\tilde{\boldsymbol{\omega}} + \boldsymbol{z}^{\mathrm{T}}\left(\boldsymbol{F} - \boldsymbol{R}^{-1}\boldsymbol{z} + \frac{1}{\gamma^2}\boldsymbol{z}\right) \leqslant -W(\tilde{\boldsymbol{R}},\tilde{\boldsymbol{\omega}})$$

这意味着

$$l(\tilde{\boldsymbol{R}},\tilde{\boldsymbol{\omega}}) \geqslant 2\beta W(\tilde{\boldsymbol{R}},\tilde{\boldsymbol{\omega}}) + \beta(\beta-2)\boldsymbol{z}^{\mathrm{T}}\boldsymbol{R}^{-1}\boldsymbol{z}$$

如果$\beta\geqslant 2$,$l(\tilde{\boldsymbol{R}},\tilde{\boldsymbol{\omega}})$就是正定的。因此$J_a(\cdot)$是一个综合了姿态跟踪误差$\tilde{\boldsymbol{R}}(t)$、$\tilde{\boldsymbol{\omega}}(t)$以及控制量$\boldsymbol{u}_e(t)$能耗的有意义的代价函数。将$l(\tilde{\boldsymbol{R}},\tilde{\boldsymbol{\omega}})$的定义式(5.40)代入到式(5.39)中,并设$\boldsymbol{\nu} = \boldsymbol{u}_e + \beta\boldsymbol{R}^{-1}\boldsymbol{z}$,可进行如下推导:

$$\begin{aligned}
J_a &= \sup_{\tilde{\boldsymbol{d}}\in\mathcal{D}}\left\{\lim_{T\to\infty}\left[2\beta V_b(\tilde{\boldsymbol{R}}(T),\tilde{\boldsymbol{\omega}}(T))\right.\right.\\
&\quad\left.\left.+\int_0^T\left(-2\beta(k_s\boldsymbol{S}^{\mathrm{T}}\tilde{\boldsymbol{\omega}} + \boldsymbol{z}^{\mathrm{T}}\boldsymbol{F}) - 2\beta\boldsymbol{z}^{\mathrm{T}}\boldsymbol{u}_e + \boldsymbol{\nu}^{\mathrm{T}}\boldsymbol{R}\boldsymbol{\nu} - \frac{2\beta}{\gamma^2}\boldsymbol{z}^{\mathrm{T}}\boldsymbol{z} - \frac{\beta\gamma^2}{2}\|\tilde{\boldsymbol{d}}\|^2\right)\mathrm{d}t\right]\right\}\\
&= \sup_{\tilde{\boldsymbol{d}}\in\mathcal{D}}\left\{\lim_{T\to\infty}\left[2\beta V_b(\tilde{\boldsymbol{R}}(T),\tilde{\boldsymbol{\omega}}(T)) - 2\beta\int_0^T\left[k_s\boldsymbol{S}^{\mathrm{T}}\tilde{\boldsymbol{\omega}} + \boldsymbol{z}^{\mathrm{T}}(\boldsymbol{F} + \boldsymbol{u}_e + \tilde{\boldsymbol{d}})\right]\mathrm{d}t\right.\right.\\
&\quad\left.\left.-\int_0^T\left(\frac{2\beta}{\gamma^2}\boldsymbol{z}^{\mathrm{T}}\boldsymbol{z} - 2\beta\boldsymbol{z}^{\mathrm{T}}\tilde{\boldsymbol{d}} + \frac{\beta\gamma^2}{2}\|\tilde{\boldsymbol{d}}\|^2\right)\mathrm{d}t + \int_0^T\boldsymbol{\nu}^{\mathrm{T}}\boldsymbol{R}\boldsymbol{\nu}\mathrm{d}t\right]\right\}\\
&= \sup_{\tilde{\boldsymbol{d}}\in\mathcal{D}}\left\{\lim_{T\to\infty}\left[2\beta V_b(\tilde{\boldsymbol{R}}(T),\tilde{\boldsymbol{\omega}}(T))\right.\right.\\
&\quad\left.\left.-2\beta\int_0^T\left[\frac{\mathrm{d}}{\mathrm{d}t}V_b(\tilde{\boldsymbol{R}},\tilde{\boldsymbol{\omega}})\right]\mathrm{d}t - \frac{\beta\gamma^2}{2}\int_0^T\left\|\frac{2}{\gamma^2}\boldsymbol{z} - \tilde{\boldsymbol{d}}\right\|^2\mathrm{d}t + \int_0^T\boldsymbol{\nu}^{\mathrm{T}}\boldsymbol{R}\boldsymbol{\nu}\mathrm{d}t\right]\right\}\\
&= 2\beta V_b(\tilde{\boldsymbol{R}}(0),\tilde{\boldsymbol{\omega}}(0)) + \int_0^\infty(\boldsymbol{\nu}^{\mathrm{T}}\boldsymbol{R}\boldsymbol{\nu})\mathrm{d}t + \frac{\beta\gamma^2}{2}\sup_{\tilde{\boldsymbol{d}}\in\mathcal{D}}\left\{-\int_0^\infty\left\|\frac{2}{\gamma^2}\boldsymbol{z} - \tilde{\boldsymbol{d}}\right\|^2\mathrm{d}t\right\}
\end{aligned}$$

式中:$\mathcal{D}$为总不确定项估计误差$\tilde{\boldsymbol{d}}(t)$可能取的所有函数的集合。

显然

$$\sup_{\tilde{d}\in\mathcal{D}}\left\{-\int_0^{\infty}\left\|\frac{2}{\gamma^2}z-\tilde{\boldsymbol{d}}\right\|^2\mathrm{d}t\right\}=0$$

也就是说,使得 J_a 增大的“最差估计误差 $\tilde{\boldsymbol{d}}$”为 $\tilde{\boldsymbol{d}}^*(\tilde{\boldsymbol{R}},\tilde{\boldsymbol{\omega}})=(2/\gamma^2)z$。此时有

$$J_a=2\beta V_b(\tilde{\boldsymbol{R}}(0),\tilde{\boldsymbol{\omega}}(0))+\int_0^{\infty}(\boldsymbol{\nu}^{\mathrm{T}}\boldsymbol{R}\boldsymbol{\nu})\mathrm{d}t$$

可见,当 $\boldsymbol{\nu}=\boldsymbol{0}$,即 $\boldsymbol{u}_e=-\beta\boldsymbol{R}^{-1}z$ 时,代价函数式(5.39)取得最小值 $J_a^*=2\beta V_b(\tilde{\boldsymbol{R}}(0),\tilde{\boldsymbol{\omega}}(0))$。

5.5 仿真分析

针对姿态跟踪系统(5.1)和(5.2),设计的实际控制 $\boldsymbol{u}=\boldsymbol{u}_e-\boldsymbol{H}-\hat{\boldsymbol{Z}}_2$,其中,$\hat{\boldsymbol{Z}}_2$ 为 ESO 观测器输出的总不确定项估计值,$\boldsymbol{u}_e$ 为非线性反馈控制项,$\boldsymbol{H}$ 为确定性补偿控制项。本章给出了两种 ESO 观测器(5.20)和(5.23)以及两种不同的非线性反馈控制律(5.29)和(5.35)。为叙述方便,不妨称 ESO 观测器(5.20)为“Ding's ESO”,称观测器(5.23)为“Han's ESO”,称非线性反馈控制(5.29)为“非线性消除”,反馈控制(5.35)为“非线性阻尼”。将不同的 ESO 观测器与不同的非线性反馈控制进行组合,得到了四种控制方案:

方案一:观测器(5.20)+反馈控制(5.29)。

方案二:观测器(5.20)+反馈控制(5.35)。

方案三:观测器(5.23)+反馈控制(5.29)。

方案四:观测器(5.23)+反馈控制(5.35)。

接下来,通过数值仿真验证这四种控制方案的有效性,同时对控制性能进行比较。仿真中考虑的航天器不确定时变参数 $\boldsymbol{J}(t)$、$\dot{\boldsymbol{J}}(t)$、$\mathcal{H}(t)$ 以及外部扰动 $\boldsymbol{d}(t)$ 与第 4 章相同。转动惯量标称值为

$$\boldsymbol{J}_0=\begin{bmatrix}20 & 1.2 & 0.9\\ 1.2 & 17 & 1.4\\ 0.9 & 1.4 & 15\end{bmatrix}$$

目标姿态初值为 $\boldsymbol{R}_d(0)=\boldsymbol{I}$,目标角速度 $\boldsymbol{\omega}_d=[0.1,-0.1,0.2]^{\mathrm{T}}\mathrm{rad/s}$,姿态误差初值 $\tilde{\boldsymbol{R}}(0)=\mathrm{diag}(-1,-1,1)$,角速度误差初值 $\tilde{\boldsymbol{\omega}}(0)=[0.1,0.1,0.1]^{\mathrm{T}}(°)/\mathrm{s}$。

5.5.1 无执行机构饱和情况下的仿真

本节先考虑无执行机构饱和的情况,选择控制参数 $k_s=0.1$,$\boldsymbol{K}=\boldsymbol{K}_1=$

diag(0.1,0.1,0.1)，$\gamma = 0.5$，$\beta = 2.01$；“Ding's ESO”观测器参数选为 $\beta_0 = \beta_3 = \beta_4 = 0.01$，$\beta_1 = \beta_2 = 1.00$，$\alpha = 0.5$；“Han's ESO”观测器参数选为 $\beta_{01} = \beta_{02} = 1.00$，$\alpha = 0.5$，$\delta = 0.1$。注意，“Han's ESO”参数 β_{01}、β_{02} 与“Ding's ESO”参数 β_1、β_2 的作用是相同的，因为当 $\beta_0 = \beta_3 = \beta_4 = 0$ 时，“Ding's ESO”退化为 $|\tilde{Z}_{1i}| < \delta$ 且 $\delta = 1$ 情况下的“Han's ESO”。

姿态跟踪误差如图 5.2(a) 所示，存在时变不确定性和外部扰动的情况下，这四种控制方案均能保证航天器姿态能够快速、精确地跟踪参考姿态。比较而言，在控制参数相同的前提下，采用非线性阻尼技术的控制方案能够获得更高的稳态精度，由图中可见，非线性阻尼的跟踪误差要更小 2 个量级。采用不同的 ESO 观测器也会造成稳态精度的差异，基于前面给出的观测器参数，采用“Han's ESO”观测器的控制方案可以获得稍高的稳态精度，但优势并不明显，考虑到“Han's ESO”观测器需要调节的参数更少，更适合于工程应用。

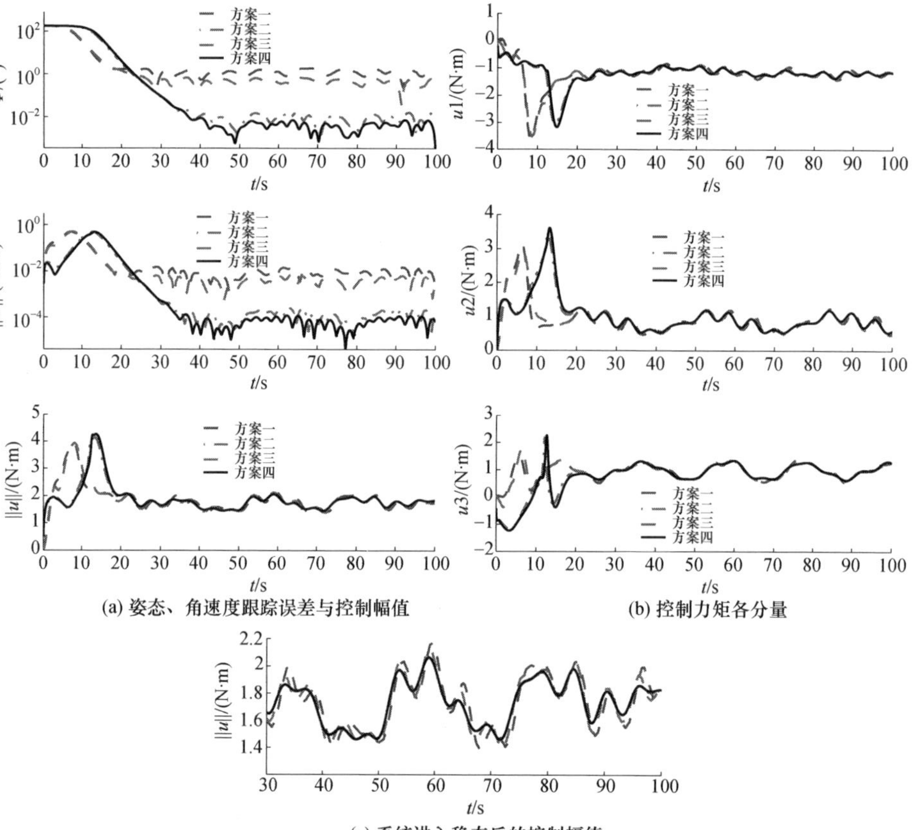

(a) 姿态、角速度跟踪误差与控制幅值

(b) 控制力矩各分量

(c) 系统进入稳态后的控制幅值

图 5.2 四种控制方案作用下的跟踪误差与控制力矩对比

图 5.2(b) 对比了四种控制方案综合出的控制力矩,从控制力矩幅值来看,采用非线性阻尼的方案具有更大的控制量峰值,但从控制力矩分量仿真结果来看,非线性阻尼方案的控制峰值也不一定大于非线性消除方案,如图 5.2(b) 所示,非线性消除方案的控制力矩分量 u_1 的峰值就更大。图 5.2(c) 给出了稳态时($t \geqslant 30s$) 控制幅值变化的细节,可以看出,当系统状态收敛到最大不变集后,非线性阻尼技术的控制量变化范围更小,说明在保持稳态跟踪时能够减少控制能耗。以上分析说明,采用非线性阻尼技术可以在不增加控制能耗的前提下显著提高控制精度。

图 5.3(a) 为控制方案1 和方案3 中“Ding's ESO” 与“Han's ESO” 两种观测器对总不确定项 $\boldsymbol{G}(\cdot)$ 的估计误差仿真结果;图 5.3(b) 为控制方案 2 和方案 4 中两种观测器的估计误差结果。可以看出,采用非线性消除设计或非线性阻尼设计并不影响 ESO 估计的精度,而不同的 ESO 算法直接影响干扰估计精度,在前述 ESO 参数设置下,“Han's ESO” 估值精度优于“Ding's ESO”。

以上仿真结果和分析说明:不存在执行机构饱和的情况下,非线性阻尼反馈技术结合“Han's ESO” 干扰估计器可以获得优异的控制性能,不仅控制精度最高,在系统进入稳态后,控制能耗也更少,有利于维持长时间高精度姿态跟踪。

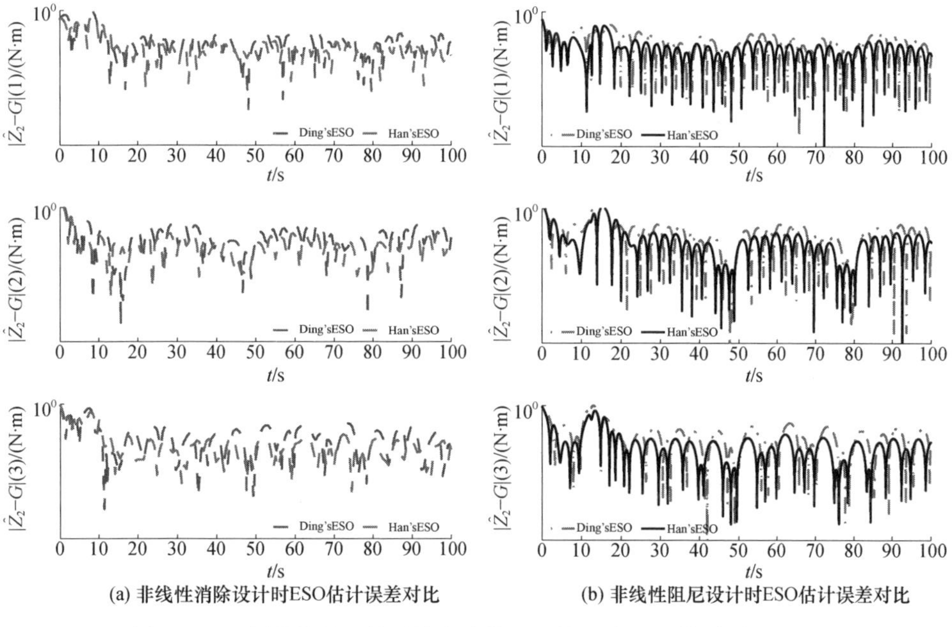

图 5.3　不同非线性反馈设计方法作用下的两种 ESO 估计误差对比

5.5.2 执行机构饱和情况下的仿真

本节继续阐述四种控制方案在执行机构饱和情况下的有效性，设执行机构输出力矩的上、下界分别为 $u_{ai} = u_{\max}$ 和 $u_{bi} = -u_{\max}$。图5.4 ~ 图5.7 给出了前述四种方案在执行机构饱和值为 $u_{\max} = 2.5\text{N} \cdot \text{m}$ 情况下的姿态跟踪结果。

图5.4 为方案一的仿真结果，可见姿态跟踪误差小于1.6°，角速度跟踪误差小于0.008rad/s，控制力矩中 $u(1)$ 和 $u(2)$ 分量出现饱和。图5.5 为方案二仿真结果，姿态跟踪误差小于0.01°，角速度跟踪误差小于0.001rad/s，控制力矩三个分量均出现饱和。图5.6 为方案三仿真结果，姿态跟踪误差小于1.6°，角速度跟踪误差小于0.008rad/s，控制力矩 $u(1)$ 和 $u(2)$ 分量出现饱和。图5.7 为方案四仿真结果，姿态跟踪误差小于0.01°，角速度跟踪误差小于0.001rad/s，控制力矩三个分量均出现饱和。从仿真结果中还可以看出：执行机构存在饱和时，四种控制方案的跟踪误差收敛速率均有所减慢。此外，非线性阻尼反馈设计更容易出现控制饱和。

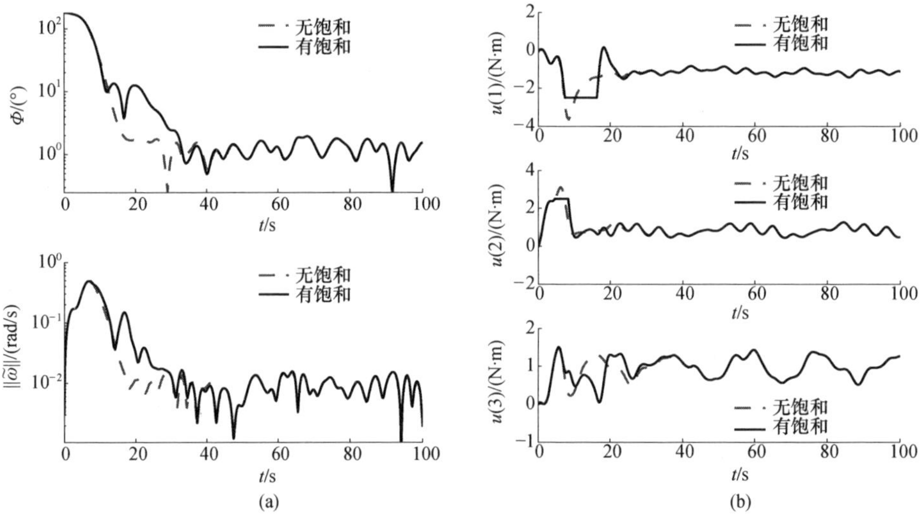

图5.4 考虑执行器饱和的控制方案一仿真结果

在本章中，外部干扰和姿态跟踪产生的组合扰动项

$$\boldsymbol{\Delta} = -\boldsymbol{\omega}_d^{\times}\boldsymbol{J}\boldsymbol{\omega}_d + \boldsymbol{d} + (\mathcal{H} - \dot{\boldsymbol{J}})\boldsymbol{\omega}_d - \boldsymbol{J}\dot{\boldsymbol{\omega}}_d$$

的变化如图5.8 所示，可见 $\sup\limits_{t \geqslant 0, i \in \{1,2,3\}} \{\boldsymbol{\Delta}_i\} < 1.5\text{N} \cdot \text{m}$，$\inf\limits_{t \geqslant 0, i \in \{1,2,3\}} \{\boldsymbol{\Delta}_i\} > -1.5\text{N} \cdot \text{m}$，根据假设5.4 可知，只要 $u_{\max} \geqslant 1.5\text{N} \cdot \text{m}$，就可以确保控制方案在执行机构饱和情况下是稳定的。

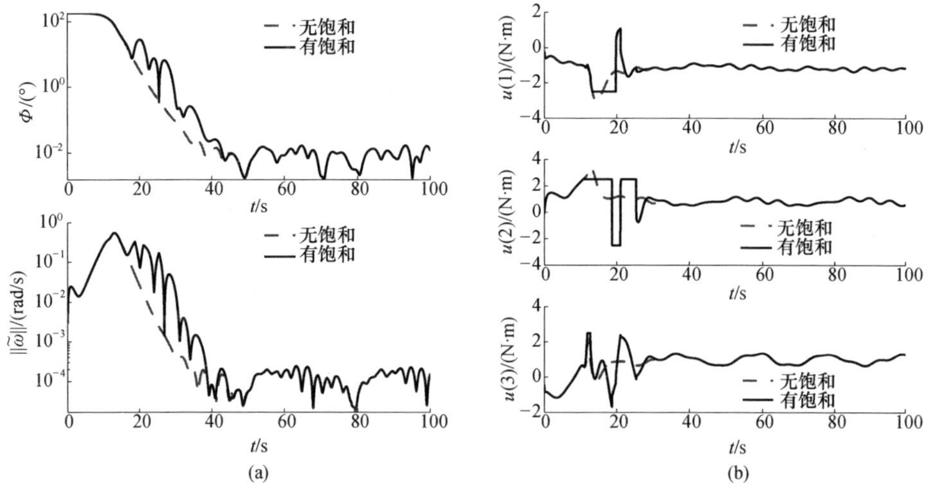

图 5.5　考虑执行器饱和的控制方案二仿真结果

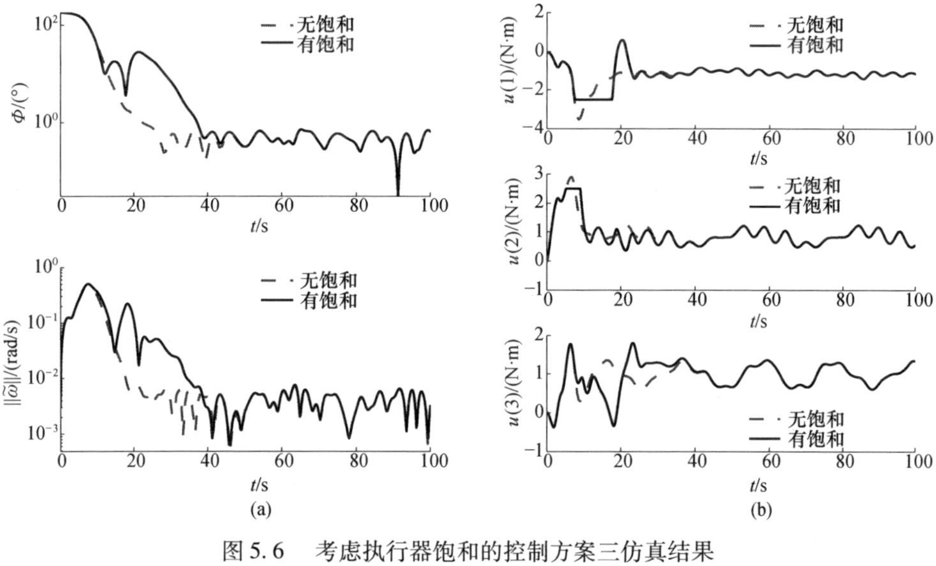

图 5.6　考虑执行器饱和的控制方案三仿真结果

图 5.9 给出了执行机构饱和值 $u_{max} = 2.5\mathrm{N\cdot m}$，$u_{max} = 2.0\mathrm{N\cdot m}$ 和 $u_{max} = 1.5\mathrm{N\cdot m}$ 时，控制方案四的仿真结果。可以看到：跟踪误差收敛到稳态的时间随着执行机构输出能力的降低而延长，同时误差收敛轨迹的超调量也随之增大，说明执行机构的非线性饱和特性会损害控制系统暂态性能。但也可以看到：执行机构饱和值的变化并不影响系统的稳态精度，当系统进入稳态后，执行器不同饱和值的稳态精度是相同的。

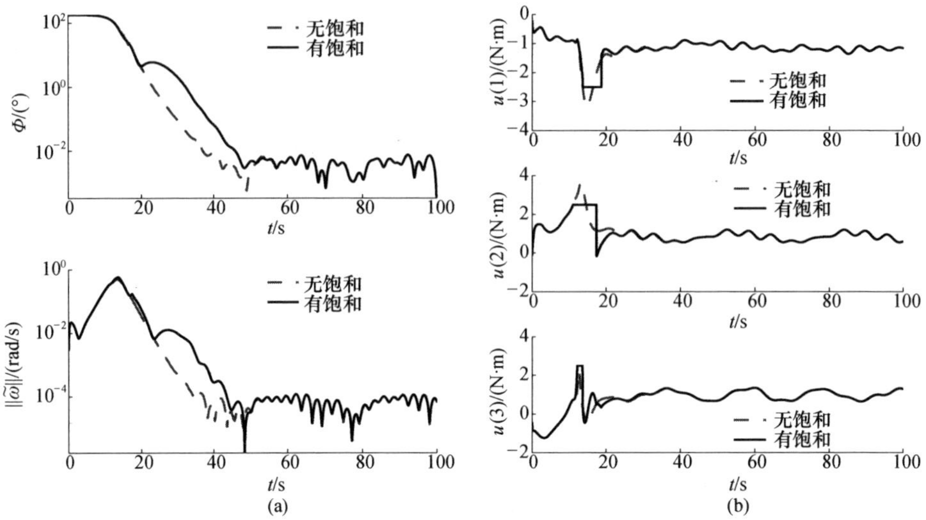

图 5.7　考虑执行器饱和的控制方案四仿真结果

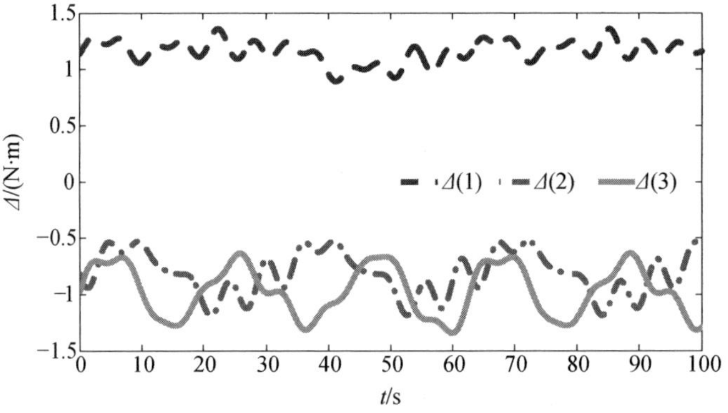

图 5.8　外部干扰和姿态跟踪产生的组合扰动项

图 5.10 对比了执行器饱和值 $u_{max} = 2N \cdot m$ 时，控制参数 γ 分别为 1.00、0.50 和 0.25 时的姿态跟踪控制结果，可以看到，减小 γ 可以提高姿态跟踪精度，对跟踪误差收敛速率没有显著影响。此外，较小的 γ 对应的控制力矩变化范围也更小，这有利于降低控制能耗。

本章研究了模块变形航天器在转动惯量不确定、外部扰动和执行器饱和情况下的姿态跟踪问题。在利用扩张状态观测器技术对总不确定项进行快速精确估计的基础上，结合反步控制技术和鲁棒逆最优控制方法，实现了高性能的姿态跟踪控制。基于“殆全局稳定性” 理论，以及反步法设计的反馈控制律中直接使用误差方向余弦矩阵描述姿态，避免了使用其他姿态参数将产生的不稳定退绕

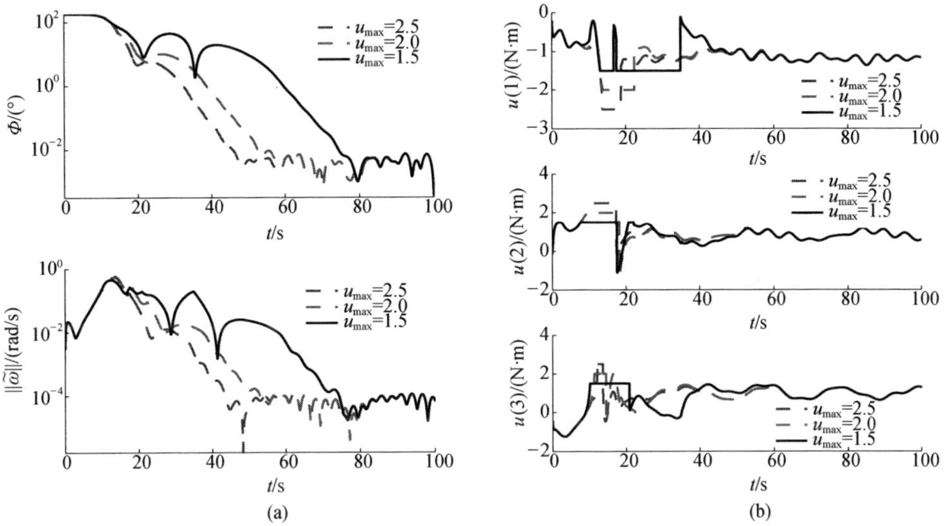

图 5.9　不同执行机构饱和度作用下的方案四仿真结果

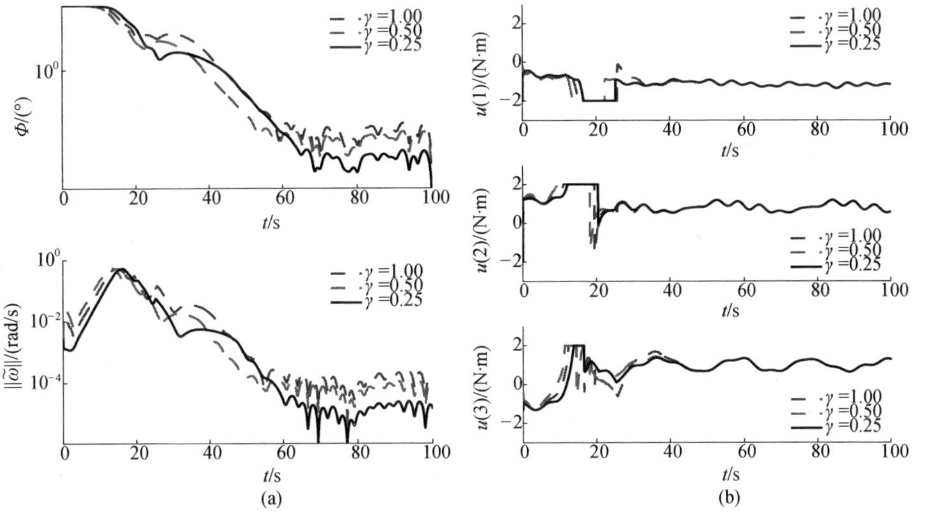

图 5.10　不同控制参数 r 取值作用下的方案四仿真结果

现象，能够提供连续控制力矩实现大范围姿态跟踪。基于非线性阻尼设计的鲁棒逆最优控制结合自抗扰控制的扩张状态观测器可以发挥各自优势并起到相互补充的作用：观测器干扰估计误差对系统的影响可以被鲁棒逆最优控制削弱，同时鲁棒逆最优控制的稳态误差也被干扰观测器的估计值直接补偿，观测器的观测范围也可通过鲁棒逆最优的快速收敛性所弥补。仿真结果验证了提出方案的可行性和有效性,通过与非线性消除设计方案的对比,验证了逆最优控制方案的优越性。

参考文献

[1] Dai D, Hu T, Teel A R, et al. Output feedback design for saturated linear plants using deadzone loops[J]. Automatica, 2009, 45(12): 2917 - 2924.

[2] Lin Z, Saberi A. Semi - global exponential stabilization of linear systems subject to input saturation via linear feedbacks[J]. Systems & Control Letters, 1993, 21(3): 225 - 239.

[3] Sontag E D. An algebraic approach to bounded controllability of linear systems[J]. International Journal of Control, 1984, 39(1): 181 - 188.

[4] Weston P F, Postlethwaite I. Linear conditioning for systems containing saturating actuators[J]. Automatica, 2000, 36(9): 1347 - 1354.

[5] Cao Y Y, Zongli L, Ward D G. An antiwindup approach to enlarging domain of attraction for linear systems subject to actuator saturation[J]. IEEE Transactions on Automatic Control, 2002, 47(1): 140 -145.

[6] Da Silva J M G, Tarbouriech S. Local stabilization of discrete - time linear systems with saturating controls: an LMI - based approach[J]. IEEE Transactions on Automatic Control, 2001, 46(1): 119 - 125.

[7] Li Y, Lin Z. Design of saturation - based switching anti - windup gains for the enlargement of the domain of attraction[J]. IEEE Transactions on Automatic Control, 2013, 58(7): 1810 - 1816.

[8] Lu L, Lin Z. A switching anti - windup design using multiple 李雅普诺夫 functions[J]. IEEE Transactions on Automatic Control, 2010, 55(1): 142 - 148.

[9] Zhou B, Zheng W X, Duan G R. An improved treatment of saturation nonlinearity with its application to control of systems subject to nested saturation[J]. Automatica, 2011, 47(2): 306 - 315.

[10] Castelan E B, Tarbouriech S, Queinnec I. Control design for a class of nonlinear continuous - time systems[J]. Automatica, 2008, 44(8): 2034 - 2039.

[11] Zhang M, Chen F, Wang Y. State - feedback design for input - saturating quadratic systems with disturbance attenuation[J]. Transactions of the Institute of Measurement and Control, 2014, 36(2): 147 - 154.

[12] Gubner T, Jost M, Adamy J. Controller design for a class of nonlinear systems with input saturation using convex optimization[J]. Systems & Control Letters, 2012, 61(1): 258 - 265.

[13] Herrmann G, Menon P P, Turner M C, et al. Anti - windup synthesis for nonlinear dynamic inversion control schemes[J]. International Journal of Robust and Nonlinear Control, 2010, 20(13): 1465 -1482.

[14] Yoon S S, Park J K, Yoon T W. Dynamic anti - windup scheme for feedback linearizable nonlinear control systems with saturating inputs[J]. Automatica, 2008, 44(12): 3176 - 3180.

[15] Ali I, Radice G, Kim J. Backstepping control design with actuator torque bound for spacecraft attitude maneuver[J]. Journal of Guidance, Control, and Dynamics, 2010, 33(1): 254 - 259.

[16] Boskovic J D, Li S M, Mehra R K. Robust adaptive variable structure control of spacecraft under control input saturation[J]. Journal of Guidance, Control, and Dynamics, 2001, 24(1): 14 – 22.
[17] Bang H, Tahk M J, Choi H D. Large angle attitude control of spacecraft with actuator saturation[J]. Control Engineering Practice, 2003, 11(9): 989 – 997.
[18] Hu Q, Li B, Zhang Y. Nonlinear proportional – derivative control incorporating closed – loop control allocation for spacecraft[J]. Journal of Guidance, Control, and Dynamics, 2014, 37(3): 799 – 812.
[19] Sun W, Zhao Z, Gao H. Saturated adaptive robust control for active suspension systems[J]. IEEE Transactions on Industrial Electronics, 2013, 60(9): 3889 – 3896.
[20] 韩京清. 自抗扰控制器及其应用[J]. 控制与决策. 1998,13(1):19 – 23.
[21] Han J. From PID to active disturbance rejection control[J]. IEEE Transactions on Industrial Electronics. 2009, 56(3): 900 – 906.
[22] 韩京清. 自抗扰控制技术：估计补偿不确定因素的控制技术[M]. 北京：国防工业出版社, 2008.
[23] Huang Y, Xue W. Active disturbance rejection control: methodology and theoretical analysis[J]. ISA Transactions, 2014, 53(4): 963 – 976.
[24] Huang Y, Xue W, Zhiqiang G, et al. Active disturbance rejection control: Methodology, practice and analysis[C]//Control Conference (CCC), 2014 33rd Chinese. IEEE, 2014: 1 – 5.
[25] 高志强. 自抗扰控制思想探究[J]. 控制理论与应用, 2013, 30(12): 1498 – 1510.
[26] 黄一, 薛文超. 自抗扰控制：思想、应用及理论分析[J]. 系统科学与数学, 2012, 32(10): 1287 –1307.
[27] Zheng Q, Gao L Q, Gao Z. On validation of extended state observer through analysis and experimentation[J]. Journal of Dynamic Systems, Measurement, and Control, 2012, 134(2): 245 –255.
[28] 黄一,薛文超,赵春哲. 自抗扰控制纵横谈[J]. 系统科学与数学, 2011,31(9): 1111 – 1129.
[29] 赵春哲, 黄一. 基于自抗扰控制的制导与运动控制一体化设计[J]. 系统科学与数学, 2010, 30(6): 742 – 751.
[30] 黄一,张文革. 自抗扰控制器的发展[J]. 控制理论与应用, 2002,19(4): 485 – 492.
[31] Xue W, Huang Y, Yang X. What kinds of system can be used as tracking – differentiator[C]//Proceedings of the 29th Chinese Control Conference, IEEE, 2010: 6113 – 6120.
[32] Guo B Z, Zhao Z L. On convergence of tracking differentiator[J]. International Journal of Control, 2011, 84(4): 693 –701.
[33] Yoo D, Yau S S T, Gao Z. Optimal fast tracking observer bandwidth of the linear extended state observer[J]. International Journal of Control, 2007, 80(1): 102 – 111.
[34] Guo B Z, Zhao Z L. On convergence of non – linear extended state observer for multi – input multi – output systems with uncertainty[J]. IET Control Theory & Applications, 2012, 6(15): 2375 – 2386.
[35] Baozhu G, Zhiliang Z. On the convergence of an extended state observer for nonlinear systems with uncertainty[J]. Systems & Control Letters, 2011, 60: 420 – 430.
[36] Xue W, Huang Y. On frequency – domain analysis of ADRC for uncertain system[C]//2013 American Control Conference. IEEE, 2013: 6637 – 6642.
[37] Xue W, Huang Y. On performance analysis of ADRC for nonlinear uncertain systems with unknown dynamics and discontinuous disturbances[C]// Control Conference (CCC), 2013 32nd Chinese.

IEEE, 2013: 1102 - 1107.

[38] Xue W, Huang Y. On performance analysis of ADRC for a class of MIMO lower - triangular nonlinear uncertain systems[J]. ISA transactions, 2014, 53(4): 955 - 962.

[39] Guo B Z, Zhao Z L. On convergence of the nonlinear active disturbance rejection control for MIMO systems[J]. SIAM Journal on Control and Optimization, 2013, 51(2): 1727 - 1757.

[40] 吴忠,黄丽雅,魏孔明. 航天器姿态自抗扰控制[J]. 控制理论与应用, 2013, 12(12): 1617 - 1622.

[41] 赖爱芳,郭毓,郑立君. 航天器姿态机动及稳定的自抗扰控制[J]. 控制理论与应用, 2012, 29(3): 401 - 407.

[42] 周黎妮,唐国金,李海阳. 航天器姿态机动的自抗扰控制器设计[J]. 系统工程与电子技术, 2007, 29(12): 2122 -2126.

[43] 李顺利, 李立涛, 杨旭. 柔性多体卫星自抗扰控制系统的研究[J]. 宇航学报, 2007, 28(4): 845 -849.

[44] 朱承元,杨涤,杨旭. 大挠性多体卫星的自抗扰姿态控制系统设计[J]. 航天控制, 2004, 22(6): 25 -31.

[45] 康莹,李东海,老大中. 航天器姿态的自抗扰控制与滑模控制的性能比较[J]. 控制理论与应用, 2013, 12(12): 1623 - 1629.

[46] Lu K, Xia Y, Fu M. Controller design for rigid spacecraft attitude tracking with actuator saturation[J]. Information Sciences, 2013(220): 343 - 366.

[47] Xia X, Fu M. Compound Control Methodology for Flight Vehicles[M]. Berlin: Springer - Verlag, 2013.

[48] Chaturvedi N A, McClamroch N H. Almost global attitude stabilization of an orbiting satellite including gravity gradient and control saturation effects[C]//2006 American Control Conference. IEEE, 2006: 6.

[49] Li B, Hu Q, Ma G. Extended State Observer based robust attitude control of spacecraft with input saturation[J]. Aerospace Science and Technology, 2016, 50: 173 - 182.

[50] Xia Y, Zhu Z, Fu M, et al. Attitude tracking of rigid spacecraft with bounded disturbances[J]. IEEE Transactions on Industrial Electronics, 2011, 58(2): 647 - 659.

第6章　总结与展望

6.1　本书总结

在轨服务技术具有巨大的经济效益和广泛的应用前景，受到各航天强国的高度重视，经过多年的理论研究和工程试验，逐步朝着实用化和商业化方向发展。目前，随着控制技术的不断进步，“自主式”在轨服务模式的实现已成为可能，凭借其成本低、风险小、利用价值高等特点，必将成为未来在轨服务任务的主流模式。本书以自主式在轨服务技术为背景，重点研究了模块变形航天器转动惯量辨识与姿态控制两个方面的实际问题，主要工作如下：

(1) 研究了服务操作过程中模块变形航天器姿态动力学建模方法。介绍了航天器姿态的定义及其参数化描述方法，分别给出了旋转矩阵描述和四元数描述的姿态运动方程；分析了典型在轨服务任务流程，根据在轨服务操作的特点，将模块变形航天器系统抽象为由一个主刚体和若干子体组成的多体系统，综合考虑各子体质量、转动惯量的时变特性以及相对主刚体的平移和旋转运动，采用牛顿—欧拉方法建立了模块变形航天器姿态动力学方程；应用李雅普诺夫稳定性判据研究了模块变形航天器的姿态运动稳定性：当系统转动惯量持续增大时，姿态动力学系统是全局指数稳定。

(2) 研究了模块变形航天器转动惯量在轨辨识的最优输入设计方法。根据最小二乘解的稳定性理论，提出以法矩阵条件数作为评估参数辨识精度的指标函数，将最优输入设计问题转换为一类包含有动态约束、路径约束和边界条件的动态优化问题；基于拉道伪谱法将动态优化问题进一步转换为静态的非线性规划问题，并采用从可行解到优化解的串行优化策略进行求解，获得离散的最优输入轨迹；采用双重无迹卡尔曼滤波结构，将姿态运动状态和转动惯量参数分别置于两个相对独立的滤波计算流程进行估计，在仅有姿态测量信息的条件下实现了转动惯量的实时估计；通过数值仿真，对比了正弦输入轨迹和最优输入轨迹激励下的转动惯量估计结果，仿真结果证明最优输入轨迹能够有效提高参数估计的收敛速度和辨识精度。

(3) 研究了模块变形航天器姿态自适应控制方法。针对在轨服务操作过程中模块变形航天器受内部参数时变特性和外部扰动影响的问题，考虑系统时变参数为部分已知的情况，提出了无退绕的逆最优自适应控制算法。首先，基于必然等价性原理和非线性消除技术设计了经典的自适应控制算法，实现了对时变参数中未知常值系数的实时估计，应用李雅普诺夫稳定性理论证明了闭环系统在无外扰条件下的殆全局渐近稳定性；然后，采用光滑投影函数对经典自适应律进行修正，使得未知系数的估计值能够收敛到合理范围内，得到了光滑投影自适应控制算法；最后，采用非线性阻尼技术对控制算法进行修正，得到前述两种控制算法的鲁棒逆最优改进型，应用 ISS 稳定性理论和控制李雅普诺夫方法（CLF）分别证明了闭环系统在持续外部扰动影响下的一致有界性和逆最优性。仿真结果表明：当闭环系统为渐近稳定时，光滑投影自适应律能够加快姿态跟踪误差的收敛速度，进而提高有限时间内的跟踪精度；当闭环系统相对干扰力矩为 ISS 稳定时，逆最优自适应控制能够通过调节 L_2 增益参数抑制外部扰动的影响，提高了系统抗外部干扰的鲁棒性。

（4）研究了模块变形航天器姿态有限时间控制方法。由于自适应控制方案仅能实现渐近稳定，且需要已知模型参数的时变规律。为加快系统响应速度和提高控制精度，降低控制算法对模型先验信息的要求，本书对有限时间控制方法进行了深入研究。首先，在现有的超螺旋算法基础上提出了两种新型变增益快速超螺旋算法，给出了新算法中常值参数的整定方法和变增益参数的在线调节方法，应用有限时间稳定理论证明了新算法的二阶滑模特性，并得到了收敛时间上界的估计；其次，结合快速幂次趋近律和双幂次趋近律的优点，提出了一种双幂次组合函数趋近律，证明了新趋近律的固定时间收敛特性，并得到了收敛时间和稳态误差上界的估计；再次，采用误差旋转矩阵和误差角速度测量信息设计了非奇异的有限时间收敛滑模面，证明了系统状态到达滑模面后的有限时间收敛特性，并得到了状态收敛到平衡点的剩余时间上界；最后，将变增益快速超螺旋算法和双幂次组合函数趋近律结合，设计了两种姿态跟踪控制方案，即“基于超螺旋算法的二阶滑模控制方案”和“基于趋近律和微分观测器的控制方案”，证明了闭环系统的殆全局有限时间稳定性。数值仿真结果证实了设计方案的有效性和合理性：控制算法能够在持续参数时变和外部扰动的条件下于有限时间内实现零稳态误差姿态跟踪，提高了系统的响应速度和控制精度；同时，还能够产生光滑连续的控制力矩，抑制传统滑模控制带来的抖振现象。

（5）研究了执行器饱和条件下的模块变形航天器姿态控制方法。由于实际控制系统中广泛存在着执行器饱和问题，本书同时考虑时变参数不确定、外部扰动和执行器饱和的影响，结合反步设计法、非线性反馈控制和扩张状态观测器技术，提出了四种控制算法。首先，利用姿态跟踪模型为级联系统的特性，针对旋转矩阵描述的姿态运动子系统设计了虚拟控制律,应用拉萨尔不变原理和 SO(3)空间的李群性质证明了姿态运动学闭环子系统的稳定性,并得到了稳定平衡点的收敛域;其次,考虑全系统控制,通过定义新的运动状态将姿态跟踪控制问题转换为状态稳定问题,得到了更为简洁的被控对象模型;最后,分别采用两种扩张状态观测器对被控对象中的总不确定项进行实时估计,并分别结合非线性消除技术和非线性阻尼技术,设计了四种控制算法,应用李雅普诺夫稳定性理论证明了闭环系统的稳定性,并得到了稳态误差的范围。仿真结果表明:虽然执行器饱和特性的存在会损害闭环系统的暂态性能,但提出的控制算法均能够在执行器饱和条件下实现对目标姿态轨迹的准确跟踪,与非线性消除方案相比,采用非线性阻尼设计的控制算法保存了系统的非线性耦合特性,不仅缩短了执行器处于饱和状态的时间,而且提高了姿态跟踪控制精度。

6.2 本书的主要贡献

本书的主要贡献在于:

(1) 提出了一种转动惯量参数在轨辨识的最优输入轨迹设计方法。第 3 章研究的最优输入设计方法,本质上是一类包含有动态约束、路径约束和边界条件的动态优化问题。本书以法矩阵条件数作为最优轨迹的性能指标,将法矩阵中的独立元素作为增广状态扩充到动态约束中,构造出只与终端时刻状态有关的标准 Mayer 型代价函数,避免了求解动态优化问题时每一步迭代计算中的数值积分运算,降低了计算量。本书还采用拉道伪谱法离散状态轨迹和输入轨迹,设计了从可行解到最优解的两步优化策略,提高轨迹优化的计算效率。

(2) 提出了一种无退绕的逆最优自适应姿态控制方案。本书在研究自适应姿态跟踪控制问题时,提出了一种结合自适应控制技术与逆最优控制技术的复合控制方案。在该方案中,自适应控制不能补偿外部扰动的问题被逆最优控制的天然鲁棒性所弥补,而逆最优控制所需的模型参数则可通过自适应技术实时估计,发挥了各自的优点且弥补了彼此的不足。该控制方案还采用旋转矩阵描述姿态,在综合出连续控制力矩的同时避免了采用其他姿态描述法可能产生的退绕现象。

(3) 提出了无退绕的有限时间姿态跟踪控制方案。本书对有限时间控制进行了深入研究,设计了无退绕的有限时间姿态控制算法,完成了对时变不确定性和干扰的有效抑制,实现了快速、高精度的姿态跟踪控制。控制方案中包含了三个创新点:① 提出了变增益快速超螺旋算法,利用双层自适应技术调节增益,解决了过估计问题和控制增益选取困难的问题,并且不依赖系统内部不确定性和外部干扰的任何信息,提供了比传统超螺旋算法更快的收敛速度;② 提出了双幂次组合函数趋近律,其结合了现有的快速幂次趋近律和双幂次趋近律,具有收敛速度快、稳态误差小的优点;③ 设计了基于旋转矩阵和角速度反馈的有限时间收敛滑模面,其避免了采用四元数等其他全局不唯一姿态描述法可能出现的退绕问题,并解决了终端滑模的奇异问题。

(4) 考虑执行器饱和特性,提出了无退绕的姿态跟踪复合控制方案。本书研究了参数时变、外部扰动、执行器饱和共同影响模块变形航天器系统情况下的姿态跟踪控制问题,设计了四种复合控制算法。研究结果中包含了两项创新点:① 针对旋转矩阵描述的姿态运动学子系统,提出了使闭环子系统稳定的虚拟控制律,应用拉萨尔不变原理和 SO(3) 空间的李群特性证明了闭环子系统的殆全局渐近稳定性,并得到了平衡点收敛域的精确描述;② 提出了非线性阻尼技术结合扩张状态观测器的复合控制方案,利用观测器对总不确定项进行实时估计和补偿,利用非线性阻尼设计保留了系统中的非线性耦合特性,使得控制负担能够被合理地分配于各个控制通道,缩短了执行器处于饱和状态的时间。

6.3 问题展望

本书对模块变形航天器的动力学建模方法、转动惯量在轨辨识技术以及姿态控制问题进行了研究,取得了一些有益的成果。但由于在轨服务技术体系的复杂性,本书在研究过程中难免有所取舍甚至遗漏,因此无论从理论分析还是工程应用角度来看,有以下问题值得进一步探讨和研究:

(1) 挠性附件影响下的模块变形航天器建模和控制问题。本书建立了模块变形航天器系统的多体动力学模型,基于该模型研究了姿态控制问题,并没有考虑挠性附件振动及其耦合动力学特性对模块变形航天器姿态的影响。实际中挠性附件是大型航天器平台的重要组成部分,后续研究将考虑带挠性附件的模块变形航天器运动学和动力学模型,并将本书提出的控制方案推广到挠性航天器模型中,进一步增强课题研究的实际应用价值。

(2) 不依赖角速度测量信息的姿态控制问题。本书设计的所有控制方案均需要同时获取姿态和角速度测量信息,而在实际工程中,由于测量噪声的存在,可能导致测量信息不准确。如果只采用姿态测量信息作为控制算法的输入,将降低控制算法对测量敏感器件的要求。因此,在本书提出的姿态控制方案基础上,可以进一步研究不依赖角速度测量信息的姿态反馈控制算法。

(3) 固定时间姿态控制问题。本书研究了无退绕的有限时间姿态控制问题。目前,在有限时间控制理论的基础上又出现了固定时间控制的新概念,具有固定时间收敛特性的系统，其收敛时间上界与初始状态无关，为控制系统瞬态性能的改善提供一条新途径。因此，在本书提出的有限时间姿态控制方案基础上，可以对“无退绕的固定时间姿态控制问题”进行一些探索。

（4）多执行器协同控制问题。本书提出的最优输入设计方法和姿态控制算法解决了控制指令的计算问题，但在实际工程中，还需通过执行器产生实际的控制力矩。空间对接形成的模块变形航天器上，至少包含了两个单元航天器原有的执行机构，具有很高的控制冗余度。因此，后续研究可以围绕着控制执行环节展开，包括控制指令分配、控制系统重构和不同种类执行器协同等问题。

附录 A　控制理论相关概念

本附录包括了设计姿态控制律和分系统稳定性时所需的非线性系统相关定义和引理。

定义 A.1　（$\mathcal{K}$类函数）　如果一个连续函数 $\alpha:[0,a)\to[0,\infty)$ 是严格递增的，并满足 $\alpha(0)=0$，该函数就属于 K 类函数。

定义 A.2　（$\mathcal{K}_\infty$ 类函数）　如果一个连续函数 $\alpha:[0,a)\to[0,\infty)$ 属于 $\mathcal{K}$ 类函数，并且当 $a\to\infty$ 时有 $\alpha(a)\to\infty$，该函数就属于 $\mathcal{K}_\infty$ 类函数。

定义 A.3　（$\mathcal{KL}$ 类函数）　如果一个连续函数 $\beta:[0,a)\times[0,\infty)\to[0,\infty)$，当 s 取固定值时 $\beta(r,s)$ 属于 $\mathcal{K}$ 类函数，当 r 取固定值时 $\beta(r,s)$ 关于 s 递减并且当 $s\to\infty$ 时 $\beta(r,s)\to 0$，该函数就属于 $\mathcal{KL}$ 类函数。

定义 A.4　（一致有界）　考虑非线性系统 $\dot{\boldsymbol{x}}=f(\boldsymbol{x},\boldsymbol{u})$，$\boldsymbol{y}=\boldsymbol{h}(\boldsymbol{x})$，其中 $\boldsymbol{x}$ 为状态向量，$\boldsymbol{u}$ 为控制输入向量，$\boldsymbol{y}$ 为输出向量。如果对任意的 $\boldsymbol{x}(t_0)=\boldsymbol{x}_0$ 和 $t\geqslant t_0+T$，存在 $\varepsilon>0$ 和 $T(\varepsilon,x_0)$ 使得 $\|\boldsymbol{x}(t)\|\leqslant\varepsilon$，非线性系统的解 $\boldsymbol{x}(t)$ 就是一致最终有界的。

定理 A.1　（Barbalat 引理）　设 $\phi:[0,\infty)\to\mathbb{R}$ 是一致连续函数，如果 $\lim\limits_{t\to\infty}\int_0^t\phi(\tau)\mathrm{d}\tau<\infty$，则有 $\lim\limits_{t\to\infty}\phi(t)=0$。注意，如果导数 $\dot{\phi}(t)$ 是一致有界的，$\phi(t)$ 就是一致连续函数。

定理 A.2　（拉萨尔不变原理）　考虑自治系统 $\dot{\boldsymbol{x}}=\boldsymbol{f}(\boldsymbol{x})$，假设 $\mathcal{D}$ 为包含原点 $\boldsymbol{x}=\boldsymbol{0}$ 的邻域，$V:\mathcal{D}\to\mathbb{R}$ 为连续的可微正定函数，其沿系统轨迹的导数 $\dot{V}$ 是半负定的。设 $\mathcal{I}$ 为所有包含在集合 $V^{-1}(0)=\{\boldsymbol{x}\in\mathcal{D}\mid\dot{V}(\boldsymbol{x})=0\}$ 中的完整轨迹的并集。那么就存在包含原点的另一个邻域 $\mathcal{U}$，使得每一条从 $\mathcal{U}$ 中出发的轨迹 $\boldsymbol{x}(t)\subseteq\mathcal{I}$。

定义 A.5　（输入－状态稳态）　考虑系统 $\dot{\boldsymbol{x}}=\boldsymbol{f}(t,\boldsymbol{x},\boldsymbol{u})$，如果存在一个 $\mathcal{KL}$ 类函数 β 和一个 $\mathcal{K}$ 类函数 γ，使得任何初始状态 $\boldsymbol{x}(t_0)$ 和有界输入 $\boldsymbol{u}(t)$ 的解 $\boldsymbol{x}(t)$ 对所有 $t\geqslant t_0$ 都存在，且满足 $\|\boldsymbol{x}(t)\|\leqslant\beta(\|\boldsymbol{x}(t_0)\|,t-t_0)+\gamma(\sup\limits_{t_0\leqslant\tau\leqslant t}\|\boldsymbol{u}(\tau)\|)$，系统就是输入－状态稳定的。

定理 A.3　（ISS 定理）　若存在径向无界函数 $V(\boldsymbol{x})$，一个 $\mathcal{K}$ 类函数 β 和

一个 $\mathcal{K}_\infty$ 类函数 $\boldsymbol{\gamma}$,使得任何初始状态 $\boldsymbol{x}(t_0)$ 和有界输入 $\boldsymbol{u}(t)$ 的解 $\boldsymbol{x}(t)$ 对所有 $t \geqslant t_0$ 都存在,且满足 $\dot{V} \leqslant -\gamma(\|\boldsymbol{x}(t)\|)+\beta(\|\boldsymbol{u}\|)$,则系统是 ISS 的。

附录B　第2章相关滤波算法和迭代算法

B.1　UKF 非线性滤波算法

考虑加性噪声情况下的非线性状态方程：

$$\begin{cases}\boldsymbol{x}_{k+1}=\boldsymbol{F}(\boldsymbol{x}_k)+\boldsymbol{W}_k\\ \boldsymbol{y}_k=\boldsymbol{h}(\boldsymbol{x}_k)+\boldsymbol{V}_k\end{cases}\tag{B.1}$$

式中：$\boldsymbol{x}$ 为系统的 n 维状态变量；$\boldsymbol{y}_k$ 为 m 维观测向量；$\boldsymbol{W}_k$ 和 $\boldsymbol{V}_k$ 为零均值正态不相关过程噪声和观测噪声，方差为 $\boldsymbol{Q}_k$ 和 $\boldsymbol{R}_k$；$\boldsymbol{F}(\cdot)$ 和 $\boldsymbol{h}(\cdot)$ 为非线性函数；初始状态 $\boldsymbol{x}_0\sim N(0,\boldsymbol{P}_0)$，$\boldsymbol{P}_k$ 为状态协方差。

UKF 算法的基本思想是采用与 EKF 算法类似的一套递推公式，通过状态统计特性的递推与测量更新来估计状态的均值和方差。将 EKF 算法中状态统计特性传播方式的线性化近似用 Unscented 变换方法去替代，即可得到 UKF 非线性滤波。具体计算步骤如下：

（1）滤波初始化，输入滤波初始状态$\hat{\boldsymbol{x}}_{0|0}=\boldsymbol{x}_0$，初始协方差 $\boldsymbol{P}_{0|0}=\boldsymbol{P}_0$。

（2）在 $\boldsymbol{x}_{k-1|k-1}$附近计算 $2n+1$ 个采样点及其权重

$$\boldsymbol{\chi}_{0,k-1}=\hat{\boldsymbol{x}}_{k-1|k-1},W_0=\tau/(n+\tau)\tag{B.2}$$

$$\boldsymbol{\chi}_{i,k-1}=\hat{\boldsymbol{x}}_{k-1|k-1}+\sqrt{n+\tau}(\sqrt{\boldsymbol{P}_{k-1|k-1}})_i,W_i=1/[2(n+\tau)]\tag{B.3}$$

$$\boldsymbol{\chi}_{i+n,k-1}=\hat{\boldsymbol{x}}_{k-1|k-1}-\sqrt{n+\tau}(\sqrt{\boldsymbol{P}_{k-1|k-1}})_i,W_{i+n}=1/[2(n+\tau)]\tag{B.4}$$

式中：$\tau\in\mathbb{R}$；如果 $\boldsymbol{P}_{k-1|k-1}=\boldsymbol{A}^{\mathrm{T}}\boldsymbol{A}$，$(\sqrt{\boldsymbol{P}_{k-1|k-1}})_i$ 取 $\boldsymbol{A}$ 的第 i 行，当 $\boldsymbol{P}_{k-1|k-1}=\boldsymbol{A}\boldsymbol{A}^{\mathrm{T}}$ 时，$(\sqrt{\boldsymbol{P}_{k-1|k-1}})_i$ 取 $\boldsymbol{A}$ 的第 i 列。$\boldsymbol{A}$ 可通过求 $P_{k-1|k-1}$的 cholevsky 分解得到。通常选取 $n+\tau=3$，当 $\tau<0$ 时，计算出的估计值误差协方差 $P_{k|k-1}$有可能是负定的。

（3）状态变量及其协方差预测

$$\boldsymbol{\chi}_{i,k|k-1}=\boldsymbol{F}(\chi_{i,k-1})\tag{B.5}$$

$$\hat{\boldsymbol{x}}_{k|k-1}=\sum_{i=0}^{2n}W_i\boldsymbol{\chi}_{i,k|k-1}\tag{B.6}$$

$$\boldsymbol{P}_{k|k-1}=\sum W_i[\boldsymbol{\chi}_{i,k|k-1}-\hat{\boldsymbol{x}}_{k|k-1}][\boldsymbol{\chi}_{i,k|k-1}-\hat{\boldsymbol{x}}_{k|k-1}]^{\mathrm{T}}+\boldsymbol{Q}_k\tag{B.7}$$

式中：$\boldsymbol{F}(\cdot)$为式(B.1)中的非线性系统状态方程。

(4) 观测量及其协方差预测

$$\boldsymbol{y}_i = \boldsymbol{h}(\boldsymbol{\chi}_{i,k|k-1}) \tag{B.8}$$

$$\boldsymbol{y}_{k|k-1} = \sum W_i \boldsymbol{y}_{i,k|k-1} \tag{B.9}$$

$$\boldsymbol{P}_{k|k-1}^{yy} = \sum \boldsymbol{W}_i [\boldsymbol{y}_{i,k|k-1} - \hat{\boldsymbol{y}}_{k|k-1}][\boldsymbol{y}_{i,k|k-1} - \hat{\boldsymbol{y}}_{k|k-1}]^{\mathrm{T}} + \boldsymbol{R}_k \tag{B.10}$$

式中：$\boldsymbol{h}(\cdot)$为式(B.1)非线性系统测量方程。

(5) 新息协方差及滤波增益计算

$$\boldsymbol{P}_{k|k-1}^{xy} = \sum W_i [\boldsymbol{\chi}_{i,k|k-1} - \hat{\boldsymbol{x}}_{k|k-1}][\boldsymbol{y}_i - \hat{\boldsymbol{y}}_{k|k-1}]^{\mathrm{T}} \tag{B.11}$$

$$\boldsymbol{K}(k) = \boldsymbol{P}_{k|k-1}^{xy}(\boldsymbol{P}_{k|k-1}^{yy})^{-1} \tag{B.12}$$

(6) 状态更新

$$\hat{\boldsymbol{x}}_{k|k} = \hat{\boldsymbol{x}}_{k|k-1} + \boldsymbol{K}(k)[\boldsymbol{y}_k - \hat{\boldsymbol{y}}_{k|k-1}] \tag{B.13}$$

(7) 状态协方差更新

$$\boldsymbol{P}_{k|k} = \boldsymbol{P}_{k|k-1} - \boldsymbol{K}(k)\boldsymbol{R}_k\boldsymbol{K}^T(k) \tag{B.14}$$

(8) 返回步骤(2)。

UKF 算法是一种最小方差估计。它基于 Unscented 变换选取一组确定性的离散采样点(sigma 点)来近似状态变量的分布，逼近系统状态变量的均值和方差，并将得到的均值和方差引入卡尔曼滤波器逐步递推过程，完成状态参数及其协方差阵的递推和更新。因此，UKF 算法也称为采样卡尔曼滤波算法。

B.2 总体最小二乘的迭代解法

考虑系数矩阵含误差的最小二乘模型：

$$(\boldsymbol{A} + \Delta\boldsymbol{A})\boldsymbol{X} = \boldsymbol{Y} + \Delta\boldsymbol{Y} \tag{B.15}$$

式中：$\boldsymbol{X}$为 n 维待估参数变量；$\boldsymbol{Y}$为 m 维观测变量；$\boldsymbol{A}$为 $m \times n$ 维回归矩阵；$\Delta\boldsymbol{A}$为系数矩阵误差；$\Delta\boldsymbol{Y}$为观测误差；通常要求 $m > n$。

与标准的最小二乘模型 $\boldsymbol{AX} = \boldsymbol{Y} + \Delta\boldsymbol{Y}$ 相比，式(B.15)左侧增加了一项回归矩阵的误差，需要在总体最小二乘准则的范畴内进行求解。

式(B.15)可改写为

$$([\boldsymbol{A} \quad \boldsymbol{Y}] + \boldsymbol{E})\begin{bmatrix} \boldsymbol{X} \\ -1 \end{bmatrix} = 0 \tag{B.16}$$

式中：$\boldsymbol{E} = [\Delta\boldsymbol{A} \quad \Delta\boldsymbol{Y}]$。

求解方程组(B.16)的总体最小二乘法就是求解向量$[\boldsymbol{X};\ -1]$，使得扰动矩阵 $\boldsymbol{E}$ 的 Frobenius 范数最小。因此，总体最小二乘准则可写为

$$\min \operatorname{trace}(\boldsymbol{E}\boldsymbol{E}^{\mathrm{T}}) = \operatorname{trace}(\Delta\boldsymbol{A}\Delta\boldsymbol{A}^{\mathrm{T}} + \Delta\boldsymbol{Y}\Delta\boldsymbol{Y}^{\mathrm{T}}) = \operatorname{trace}(\Delta\boldsymbol{A}\Delta\boldsymbol{A}^{\mathrm{T}}) + \Delta\boldsymbol{Y}^{\mathrm{T}}\Delta\boldsymbol{Y} \tag{B.17}$$

对增广矩阵进行奇异值分解：

$$[\boldsymbol{A} \quad \boldsymbol{Y}] = [\boldsymbol{U}_1 \quad \boldsymbol{U}_2]\begin{bmatrix}\boldsymbol{\Sigma}\\0\end{bmatrix}\boldsymbol{V}^{\mathrm{T}} = \boldsymbol{U}_1\boldsymbol{\Sigma}\boldsymbol{V}^{\mathrm{T}} \tag{B.18}$$

式中

$$\boldsymbol{U}_1 = [\boldsymbol{U}_{11} \quad \boldsymbol{U}_{12}] \tag{B.19}$$

$$\boldsymbol{\Sigma}\boldsymbol{V}^{\mathrm{T}} = \begin{bmatrix}\boldsymbol{\Sigma}_1 & \\ & \boldsymbol{\Sigma}_2\end{bmatrix}\begin{bmatrix}\boldsymbol{V}_{11} & \boldsymbol{V}_{12}\\ \boldsymbol{V}_{21} & \boldsymbol{V}_{22}\end{bmatrix}^{\mathrm{T}} \tag{B.20}$$

由 Eckart - Young - Mirsky 矩阵逼近理论可知，未知参数 $\boldsymbol{X}$ 的估计值为

$$\hat{\boldsymbol{X}} = -\boldsymbol{V}_{12}\boldsymbol{V}_{22}^{-1} \tag{B.21}$$

并且奇异值 σ_{m+1} 与特征向量 $[\hat{\boldsymbol{X}}; -1]$ 满足关系

$$\begin{bmatrix}\boldsymbol{A}^{\mathrm{T}}\boldsymbol{A} & \boldsymbol{A}^{\mathrm{T}}\boldsymbol{Y}\\ \boldsymbol{Y}^{\mathrm{T}}\boldsymbol{A} & \boldsymbol{Y}^{\mathrm{T}}\boldsymbol{Y}\end{bmatrix}\begin{bmatrix}\hat{\boldsymbol{X}}\\ -1\end{bmatrix} = \sigma_{m+1}^2\begin{bmatrix}\hat{\boldsymbol{X}}\\ -1\end{bmatrix} \tag{B.22}$$

当观测误差 $\Delta\boldsymbol{Y}$ 与系数误差 $\Delta\boldsymbol{A}$ 均满足

$$\begin{bmatrix}\Delta\boldsymbol{Y}\\ \operatorname{vec}(\Delta\boldsymbol{A})\end{bmatrix} \sim \left(\begin{bmatrix}0\\0\end{bmatrix}, \sigma_0^2\begin{bmatrix}\boldsymbol{I}_m & \\ & \boldsymbol{I}_n \times \boldsymbol{I}_m\end{bmatrix}\right) \tag{B.23}$$

时，可以得到单位权方差及估计参数的协方差矩阵：

$$\operatorname{trace}(\hat{\boldsymbol{E}}\hat{\boldsymbol{E}}^{\mathrm{T}}) = \operatorname{trace}(\Delta\hat{\boldsymbol{A}}\Delta\hat{\boldsymbol{A}}^{\mathrm{T}} + \Delta\hat{\boldsymbol{Y}}\Delta\hat{\boldsymbol{Y}}^{\mathrm{T}}) = \operatorname{trace}(\Delta\hat{\boldsymbol{A}}\Delta\hat{\boldsymbol{A}}^{\mathrm{T}}) + \Delta\hat{\boldsymbol{Y}}^{\mathrm{T}}\Delta\hat{\boldsymbol{Y}} = \sigma_{m+1}^2 \tag{B.24}$$

$$D(\hat{\boldsymbol{X}}) \approx \frac{\sigma_{m+1}^2}{n-m}(\boldsymbol{A}^{\mathrm{T}}\boldsymbol{A} - \sigma_{m+1}^2\boldsymbol{I})^{-1}\boldsymbol{A}^{\mathrm{T}}\boldsymbol{A}(\boldsymbol{A}^{\mathrm{T}}\boldsymbol{A} - \sigma_{m+1}^2\boldsymbol{I})^{-1} \tag{B.25}$$

上面的解法称为总体最小二乘的奇异值分解法。在工程应用中，还可以采用总体最小二乘的迭代解法：

（1）利用最小二乘设置迭代初值

$$\hat{v} = 0, \hat{\boldsymbol{X}}_0 = (\boldsymbol{A}^{\mathrm{T}}\boldsymbol{A})^{-1}\boldsymbol{A}^{\mathrm{T}}\boldsymbol{Y} \tag{B.26}$$

（2）计算 $\hat{v}_k$

$$\hat{v}_k = \frac{(\boldsymbol{Y} - \boldsymbol{A}\hat{\boldsymbol{X}}_k)^{\mathrm{T}}(\boldsymbol{Y} - \boldsymbol{A}\hat{\boldsymbol{X}}_k)}{1 + \hat{\boldsymbol{X}}_k^{\mathrm{T}}\hat{\boldsymbol{X}}_k} \tag{B.27}$$

（3）更新 $\hat{\boldsymbol{X}}_k$

$$\hat{\boldsymbol{X}}_{k+1} = (\boldsymbol{A}^{\mathrm{T}}\boldsymbol{A})^{-1}(\boldsymbol{A}^{\mathrm{T}}\boldsymbol{Y} + \hat{\boldsymbol{X}}_k\hat{v}_k) \tag{B.28}$$

（4）判断精度是否满足要求，当

$$\| \hat{\boldsymbol{X}}_{k+1} - \hat{\boldsymbol{X}}_k \| < \varepsilon \tag{B.29}$$

时结束迭代，否则返回步骤(2)。

B.3 卡尔曼线性滤波算法

考虑加性噪声情况下的线性状态方程：

$$\begin{cases} \boldsymbol{x}_{k+1} = \boldsymbol{F}_{k+1|k}\boldsymbol{x}_k + \boldsymbol{W}_k \\ \boldsymbol{y}_k = \boldsymbol{H}_k\boldsymbol{x}_k + \boldsymbol{V}_k \end{cases} \tag{B.30}$$

式中：$\boldsymbol{x}$ 为系统的 n 维状态变量；$\boldsymbol{y}_k$ 为 m 维观测向量；$\boldsymbol{W}_k$ 和 $\boldsymbol{V}_k$ 为零均值正态不相关过程噪声和观测噪声，方差为 $\boldsymbol{Q}_k$ 和 $\boldsymbol{R}_k$；$\boldsymbol{F}_{k+1|k}$ 和 $\boldsymbol{H}_k$ 为状态转移矩阵和观测矩阵；初始状态 $\boldsymbol{x}_0 \sim N(0,\boldsymbol{P}_0)$，$\boldsymbol{P}_k$ 为状态协方差。

对模型(B.30)可以采用 KF 线性滤波算法获得状态估计 $\hat{\boldsymbol{x}}_k$。具体计算步骤如下：

（1）输入初始状态 $\boldsymbol{x}_{0|0}$ 和初始协方差 $\boldsymbol{P}_{0|0}$ 矩阵。

（2）状态变量、观测变量预测

$$\hat{\boldsymbol{x}}_{k+1|k} = \boldsymbol{F}_{k+1|k}\hat{\boldsymbol{x}}_{k|k} \tag{B.31}$$

$$\hat{\boldsymbol{y}}_{k+1|k} = \boldsymbol{H}_k \hat{\boldsymbol{x}}_{k+1|k} \tag{B.32}$$

（3）状态协方差预测

$$\boldsymbol{P}_{xx} = \boldsymbol{F}_{k+1|k}\hat{\boldsymbol{x}}_{k+1|k}\boldsymbol{F}_{k+1|k}^{\mathrm{T}} + \boldsymbol{Q}_k \tag{B.33}$$

$$\boldsymbol{P}_{xy} = \boldsymbol{P}_{xx}\boldsymbol{H}_k^{\mathrm{T}} \tag{B.34}$$

$$\boldsymbol{P}_{yy} = \boldsymbol{H}_k\boldsymbol{P}_{xx}\boldsymbol{H}_k^{\mathrm{T}} + \boldsymbol{R}_k \tag{B.35}$$

（4）滤波增益计算

$$\boldsymbol{K} = \boldsymbol{P}_{xy}\boldsymbol{P}_{yy}^{-1} \tag{B.36}$$

（5）状态更新

$$\hat{\boldsymbol{x}}_{k+1|k+1} = \hat{\boldsymbol{x}}_{k+1|k} + \boldsymbol{K}(\boldsymbol{y}_{k+1} - \hat{\boldsymbol{y}}_{k+1|k}) \tag{B.37}$$

（6）状态协方差更新

$$\boldsymbol{P}_{k+1|k+1} = [\boldsymbol{I} - \boldsymbol{K}\boldsymbol{H}_{k+1|k+1}]\boldsymbol{P}_{xx} \tag{B.38}$$

（7）返回步骤(2)，继续下一时刻滤波计算。

内 容 简 介

模块变形航天器因系统动力学参数随时间变化,给姿态控制带来了新的挑战。本书围绕模块变形航天器转动惯量在轨辨识与组合航天器姿态控制两个方面的问题进行了深入研究。内容包括:模块变形航天器姿态动力学建模方法;航天器转动惯量在轨辨识;最优激励轨迹设计;时变参数航天器自适应控制;航天器有限时间姿态控制;执行器饱和条件下的姿态跟踪控制;无退绕姿态控制等。本书的特色在于将姿态控制律在特殊正交李群 SO(3)上进行设计,避免了不稳定的退绕现象。本书提出的控制方法和辨识方法,可为航空宇航科学与技术专业研究生、高年级本科生和相关研究人员提供参考。

The modular deformation spacecraft brings new challenges to attitude control due to changes in system dynamics parameters over time. In this book, the problems of the on - orbit identification of the spacecraft's inertia and the attitude control of the combined spacecraft are studied in depth. The content includes: module deformation spacecraft attitude dynamics modeling method, spacecraft moment of inertia on - orbit identification, optimal excitation trajectory design, time - varying parameter spacecraft adaptive control, spacecraft finite - time attitude control, actuator saturation Attitude tracking control, no unwinding attitude control, etc. The characteristic of this book is to design the attitude control law on the special orthogonal Lie group SO(3) to avoid the unstable unwinding phenomenon. The control methods and identification methods proposed in this book can provide reference for graduate students in aviation aerospace science and technology, senior undergraduates and related researchers.